国家出版基金项目
NATIONAL PUBLICATION FOUNDATION

中国猪业科学与技术创新系列丛书

猪病毒病研究与防控

王靖飞 主编

Research and Control of
Swine Viral Diseases

中国农业大学出版社
China Agricultural University Press
·北京·

内 容 简 介

病毒病是威胁我国养猪业健康持续发展的重要因素之一。当前，新发猪病毒病如非洲猪瘟等的传入和大范围流行，给养猪业造成了巨大损失；同时，引起传统猪病的病毒的持续变异，也给现有疫病防控体系带来了新的挑战。因此，对猪病毒病的研究及防控是一项长期且艰巨的任务。针对猪病毒病研究和防控的需求，以认识病毒、了解病毒学研究的基本方法、探究病毒研究及防控新技术和未来发展趋势，以及掌握常见猪病毒病的流行现状、病原特征、防控手段等为宗旨，组织专家筹划和编撰相关内容成册，以期为本领域研究人员及从业者提供一本实用的参考工具书。

图书在版编目(CIP)数据

猪病毒病研究与防控/王靖飞主编.--北京：中国农业大学出版社，2023.1
(中国猪业科学与技术创新系列丛书)
ISBN 978-7-5655-2930-6

Ⅰ.①猪…　Ⅱ.①王…　Ⅲ.①猪病-病毒病-防治　Ⅳ.①S858.28

中国国家版本馆 CIP 数据核字(2023)第 018365 号

书　名　猪病毒病研究与防控
Zhu Bingdubing Yanjiu yu Fangkong
作　者　王靖飞　主编

总 策 划　席　清　丛晓红
策　　划　韩元凤　赵　中
责任编辑　韩元凤
封面设计　李尘工作室
出版发行　中国农业大学出版社
社　　址　北京市海淀区圆明园西路 2 号
邮政编码　100193
电　　话　发行部 010-62733489，1190
编辑部 010-62732617，2618
读者服务部 010-62732336
出　版　部 010-62733440
网　　址　http://www.caupress.cn
E-mail cbsszs@cau.edu.cn
经　　销　新华书店
印　　刷　涿州市星河印刷有限公司
版　　次　2023 年 3 月第 1 版　2023 年 3 月第 1 次印刷
规　　格　185 mm×260 mm　16 开本　22 印张　553 千字
定　　价　156.00 元

丛书编委会

本书编委会

主　　编　王靖飞

编写人员　（按姓氏拼音排序）

安同庆　曹宗喜　陈建飞　丛郢颖　付利芝

郭慧琛　何希君　华荣虹　黄立平　李亮亮

刘　飞　刘春国　刘建波　刘在斯　罗玉子

乔传玲　王　铭　王世达　王靖飞　魏丽丽

杨德成　余远迪　张　斌　赵东明

序一

养猪产业作为畜牧业占比最大的产业，改革开放40年以来，特别是“863”和“973”计划实施以来，取得了巨大的进步，保持着持续快速的发展。但是，我们也应该清楚地看到，与先进国家相比，与现实需求和国家整体战略发展目标相比，还存在着相当大的差距。

目前中国养猪业面临的环保、效率、疫病等问题与挑战仍十分严峻。近几年的蓝耳病和非洲猪瘟，更是给生猪产业造成严重的损失。不论是消费需求还是生产供给，两个方面都出现了新的特点。这种局面昭示中国猪业大生态发生重大变化，进入了转型攻坚新阶段。我国养猪业如何进一步转型升级，提高竞争力，克服资源和环境的约束难题，走出一条健康、稳定、可持续发展之路，是行业内专家和管理者需要认真思考和回答的问题。

到本世纪中叶，我国将建成为富强民主文明和谐美丽的社会主义现代化强国。在未来30年，中国猪业将进入一个高质量发展的快车道。作为产业发展的重要驱动力，科技在养猪产业未来发展中将起到越来越关键支撑作用。基于此，由行内多位优秀专家编写的、聚焦当前我国生猪产业链重要技术领域热点、难点，以及未来走向等问题的这套《中国猪业科学与技术创新系列丛书》，对于解决当前问题，引导行业未来的健康发展，有着特别重要的意义。

从已经提交的书稿来看，本系列专著是基于产业发展的需要，全面阐述养猪业具有前沿性的创新性科研成果。《猪基因组选择》论述了应用现代生物信息学技术、大数据理论和人工智能技术结合的全基因育种技术，将性状选择从单一性状跨越到多性状选择的新阶段，会极大改变中国猪育种现状，大大提高育种效率。该书对于猪的良种选育工作很有价值。猪病已经是制约生猪产业发展的瓶颈，必须从理论上突破，《基因编辑与猪抗病育种》介绍了基因编辑技术在猪抗病育种方面的最新研究成果，并提出了利用基因编辑技术进行抗病育种的新策略，对于抗病育种工作有重要的参考价值。《猪主要传染病与防控新技术》《猪病毒病研究与防控》和《疫苗免疫与养猪生产》专著，基于生猪产业疫病防控理论与方法的创新，把现代猪病防治理论突破与实践结合在一起。猪的肠道健康是决定猪健康水平和养猪生产效益的关键因素之一，《猪肠道健康与营养调控》作为国内第一本系统论述猪的肠道健康研究的专著，对于猪精细化、高效化健康养殖提供了重要的理论和技术支撑。《福利化养猪与工程防疫》专著，论述养猪生态补偿的创新性机制，并从系统工程理论提出工程防疫的概念和技术。《人工智能与智能养猪》将信息技术与智能养猪新技术导入猪业生产系统，全面提高饲养效率。基于人类健康与生物安全，《无抗饲料营养调控》与《饲用抗生素替代品》代表了最新的对于无抗饲养要求下饲料的营养调控理论与技术，以及抗生素替代品的研发及应用。《中国地方猪种质资源特性研究》对我国现有地方猪种保种理论与方法的研究进行系统分析，对于我国地方品种猪的品种保护、品种选育、遗传资源保护都具有重要意义。总之，各分册专著，都体现了养猪主要领域的国内外最新研究、技术发展的成果。

系列专著各分册主编年龄都是在 45～60 岁之间，是我国猪科学研究领域里的中坚力量。他们一直紧跟猪业科技国际研究水平，结合中国猪业生产实际开展和承担国家相关科学研究项目，很多成果已获得国家级科技进步奖。这些学者多年研究的成果，是中国猪业科学研究领域不可多得的宝贵财富。

本套专著作为一批优秀专家学者前瞻性科技创新成果的集成，具有战略引领意义，将为中国养猪业未来高质量的发展发挥重要导向和推动作用。相信这套系列专著的出版，将促进中国养猪生产整体水平的极大提升。

吴常信院士 吴常信

2022 年 10 月

— 序二 —

经过改革开放40年的发展，中国养猪业取得了举世瞩目的成绩，猪肉产销量占全世界一半以上，生产方式从最初的分散小规模饲养走向规模化机械化，正在向智能化发展。随着规模化养殖集约化程度的日益增强，一些矛盾逐步显现，猪业发展与资源环境、疾病暴发、养猪福利等矛盾越来越突出，生产力提高与品质风味下降、品种单一、退化等矛盾不断加大，养猪成本高，市场供给大起大落，未来养猪产业仍面临多种挑战。尤其近几年非洲猪瘟的暴发，更是集中暴露了养猪行业业已存在亟待解决的问题。全社会对于高质量健康食物的要求，生态环境对于产业发展的要求，促使养猪业必须反思过去，重新选择新的发展道路，选择基于健康、绿色、环保理念的新的道路和策略。面对这样的发展瓶颈，迫切需要行业内有识之士、行业内科学家共同研究和提出系统化的应对策略，用前瞻性的理论和理念、创新性技术指导产业转型升级。

非常欣喜地看到，集合行业内众多领军科学家的集体智慧，共同编著的这套《中国猪业科学与技术创新系列丛书》，具有鲜明的针对性、创新性和引领性，全角度反映了养猪业目前迫切关注和需要解决的核心问题的最新研究进展，特别对于猪基因组选择、肠道营养、基因编辑与抗病育种等新的抗病防病机制的研究，对于工程防疫、智能化养殖、无抗饲料的理论研究与技术研制，以及我国猪种质资源的研究等，这些科学家在自身扎实的研究基础上，结合国内外最新研究进展提出的新理论新技术新方法，对于解决我国目前猪业发展中面临的问题，推进我国养猪业健康发展，争取在本世纪中叶真正实现绿色、健康、环保和高效的目标，有着重要的战略引领意义和技术指导作用，是不可多得的全角度系统化集中反映养猪业前沿研究成果的高水平系列专著。

本套著作立意高远，作者队伍权威。各分册均由高等院校、科研院所获得过国家及省部级奖励的长江学者、国家杰青等正在岗位上工作的中年骨干学者专家担任主要编著者，以他们研究团队多年的科研成果为基础集体完成。本套专著是创新性科技成果集成的再创新，对于中国养猪业未来的发展具有重要的战略引领作用和科学技术支撑作用。

李德发院士 李德发

2022年10月

— 前言 —

病毒是在细胞内寄生的具有高度传染性的病原微生物，其感染可引起细胞的严重损伤。病毒的种类繁多、遗传多样性丰富，能感染包括动物、植物和细菌等在内的多种宿主，在动物可引起急性致死性感染、肿瘤以及隐性感染等不同类型及严重程度的疾病。目前已知的能感染猪并引起猪发病的病毒超过 30 种，部分猪病毒病如非洲猪瘟、口蹄疫等不但给流行地区造成了巨大的经济损失，还严重威胁全球养猪业的健康发展。

猪病毒病是长期以来造成我国养猪业经济损失的重要原因之一。新中国成立以来，经过几代科学家的共同努力，我国在猪病毒病防控方面取得显著进展，使得像猪瘟和猪伪狂犬病等传统疫病的流行水平显著降低。然而，近十年来，猪病毒病又出现了一些新的流行特点，如猪瘟病毒、伪狂犬病毒和猪蓝耳病病毒等出现变异株，给原有的以疫苗免疫为主的防控技术体系带来新的挑战；由于没有有效的防控手段，非洲猪瘟等新发病的暴发和大范围流行重创了我国的养猪业；病毒和细菌混合感染在临床上普遍存在，成为困扰养猪业的难题等。

面对我国猪病毒病防控的严峻形势，加强科学研究无疑是解决这些难题的关键所在。猪病毒病的研究着重聚焦在两个目标：认识病毒和研发应用技术。人类社会进入 21 世纪以来，病毒学的研究方法和手段取得了突飞猛进的发展，以病毒基因组操作技术、二代测序技术、超高分辨率显微成像技术以及冷冻电镜三维重构技术等为主的新型研究手段的广泛应用，从宏观及微观层面均极大地拓展了人们对病毒的认识，由此产生了大量的有关病毒病的新知识和新理论，这些知识亟须及时系统总结和传播，以用于指导猪病毒病的防控实践。在应用技术领域，以诊断方法及疫苗为主的病毒病防控技术也处于不断革新中。适合不同应用场景的新型诊断技术，如胶体金试纸条、基因芯片和宏病毒组检测技术等不断涌现；亚单位疫苗、活载体疫苗、DNA 疫苗、mRNA 疫苗等基因工程疫苗技术体系逐渐成熟，相关产品也逐步推向市场。对新型防控技术优势的充分认识有利于其在猪病毒病防控中的推广和应用。

本书针对当前国际及国内猪病毒病流行的特点，结合病毒学领域研究的最新研究进展，以普及猪病毒病最新知识为目的，旨在为从事猪病毒病研究的科学家、青年学者、本学科的研究生和本科生提供一本内容新颖的工具书。本书内容分为两个篇章:第一篇章介绍病毒学基本知识和研究进展,内容涵盖病毒简介、病毒研究方法、病毒病防控技术以及合成生物学等交叉学科在病毒学研究中的应用等;第二篇章为猪病毒病各论,按照DNA病毒病在前,RNA病毒病在后的顺序介绍了33种常见猪病毒病的病原特征、流行现状、致病机制以及防控技术等。本书的编者以活跃在猪病毒病基础及应用研究一线的青年科学家为主,他们中有多个重要新发或再发病毒的最初分离和鉴定者、多种重要病毒感染及致病机制的发现者,以及新型防控技术的创立者,他们的最新研究成果都会在本书中得以体现。这本书将会给相关读者的研究工作和知识学习提供有益帮助。

编　者

2021年9月

目录

第1篇 病毒学基础及研究方法

第2篇 猪病毒病各论

第1篇
病毒学基础及研究方法

第1章 病毒概论

本章提要

人类认识和研究病毒的起因是发现一些病毒可以引起人、动物以及植物等生物体发病，但随着科学家们对病毒研究的深入，发现病毒在自然界分布之广泛、数量之庞大、遗传多样性之丰富，以及其在自然界中发挥的作用远不止于此，需持续不断地研究和探索，才能更好地认识病毒、有效防治病毒病以及发掘更多的病毒应用价值。针对认识病毒的需要，本章主要介绍认识病毒所需的一些基本概念和知识，如病毒的结构、生命周期和分类等。

1.1 病毒简介

病毒(virus)是地球上最小、最简单的生物体，它们营细胞内寄生，利用细胞的复制元件完成自身增殖。病毒几乎可以感染任何类型的细胞，包括真核细胞(eukaryote)和原核细胞(prokaryote)。病毒感染的真核细胞主要包括脊椎动物细胞、无脊椎动物细胞、植物细胞和真菌等；感染的原核细胞主要为细菌和古菌，这类病毒称为噬菌体(bacteriophage)。

当前的研究认为，病毒可能是地球上最早的生命形式之一，已经有了数十亿年的进化历史，但人类在19世纪末才开始认识病毒。在19世纪的最后10年，俄国科学家Dimitrii Ivanovski和荷兰科学家Martinus Beijerinck在各自独立的实验中发现，引起烟草花叶病的因子可以通过细菌无法通过的细土或陶瓷滤器，从而认为是一些比细菌小的感染性因子引起该类疾病。随后针对牛的口蹄疫以及人的黄热病也做了类似的实验，这些里程碑式的实验证实，一些比细菌更小的滤过性粒子引起了这些疾病。但是，在随后的一段时间内还无法确定这些粒子是一些可溶性小分子，还是和细菌类似但可通过滤器的小粒子。

到20世纪30—40年代，科学家们围绕烟草花叶病毒(tobacco mosaic virus，TMV)做了大量的工作，逐步揭示了病毒的组成及形态。Wendell Stanley在20世纪30年代中期发现纯化的烟草花叶病毒可以形成结晶，该发现震惊了整个科学界，因该发现把病毒归类在了活的生命体和化合物之间。在20世纪30年代末期，电子显微镜的发明，为科学家研究病毒提供了更为先进的手段。借助电子显微镜，科学家第一次直接观察到了不同病毒的形态，如烟草花叶病毒呈长棒状、T4噬菌体的多角形头部及管状的尾部，以及球状的牛痘病毒等。利用电子显微镜直接观察到病毒粒子是病毒学研究进入快速发展阶段的重要标志之一，开启了全面进行病毒研究的新纪元。

人类对病毒研究的初衷大体可以分为三类：如何阻止病毒感染对人类生命、健康及发展的影响，如何利用病毒提供我们需要的生物材料或资源，以及更为深刻地了解、认识病毒本身及其在生态系统中发挥的重要作用。

人类认识病毒的起因是一些病毒感染会引起宿主诸如人、动物和植物等发病，通过这种肉眼可以观察到的显著的临床特征，从而认识疾病的存在，进而在病因的探索过程中发现并认识到病毒，随后基于对病毒病防治的需要，人们开始了对病毒更为深入的研究。然而，并不是所有病毒感染宿主后都会引起发病或产生临床可见的症状。非致病性病毒感染后，在宿主体内处于活动或静默状态，但对宿主细胞不造成损伤，这种病毒感染后，如不进行特异性检测，很难发现其感染的存在。一些病毒可以将其基因组整合到宿主基因组中，通过宿主基因组的复制而复制，在许多生物体的基因组中都整合有古病毒的基因组。除存在于动植物等宿主体内外，环境、土壤和水中也存在大量的病毒，这些也是宿主感染的主要来源，而各种环境中噬菌体的数量以及种类更为惊人。

防治由病毒感染引起的人、动物和植物等的疾病是开展病毒相关研究的最为主要的目的之一。人类的很多传染病是由病毒感染引起的，从最为常见的由甲型流感病毒、杯状病毒和冠状病毒等引起的流感、腹泻和呼吸道感染等，到由逆转录病毒、乙型肝炎病毒、乳头状瘤病毒和疱疹病毒等引起的肿瘤等。据考察，最早记载人因感染病毒而致病的历史可以追溯到古埃及时期，考古学家曾在距今 3 000 多年的木乃伊上发现了天花病毒，在同时期的雕塑作品上也看到了类似脊髓灰质炎造成的病人形象，说明从古至今病毒病一直是困扰人类生存和发展的重要问题之一。不同病毒，因其在感染及致病能力方面存在差异，其导致的后果也不尽相同，能引起全球大流行疫情且会引起严重疾病的病毒，会对全人类的健康和生命带来重大威胁。如甲型流感病毒在历史曾引起过三次大流行，造成数千万人的死亡。当前正在全球范围内流行的新型冠状病毒（SARS-CoV-2）已经造成上亿人感染，疫情还在持续蔓延之中。而病毒感染引起动物发病，一方面可以造成因动物死亡或发病带来的经济损失，如口蹄疫病毒和非洲猪瘟病毒的大范围传播，可在家畜中引起严重发病，对所在地区的动物生产及贸易造成巨大损失；另一方面，一些人兽共患病病毒，如流感病毒和狂犬病毒等，也对公共卫生安全造成严重威胁。植物病毒感染是引起作物减产的重要原因之一，会降低粮食、水果等的供给数量及质量，从而间接对人的健康产生影响。

有些病毒可以用于生产我们需要的生物材料以及防控疾病。在生物实验中，我们通常会用到很多酶，这些酶部分来源于病毒，其中的反转录酶来源于逆转录病毒，RNA 聚合酶来源于噬菌体。病毒可用于生物防控及作为杀虫剂使用。在澳大利亚和新西兰，野兔为外来物种，由于其在澳洲大陆没有天敌，因而被引入后大量繁殖造成了巨大的生态灾难，兔出血热病毒和肉瘤病毒被释放到环境中用于控制野兔的数量。杆状病毒被作为杀虫剂使用杀灭一些有害昆虫。噬菌体作为细菌的寄生体，一方面可以用来鉴定细菌，因某些噬菌体只寄生在某类细菌中；另外，也可以用作抗菌药制剂使用，用来控制细菌感染。

由于病毒是细胞内寄生体，仅编码和表达很少的病毒基因，因此，是细胞内生物过程研究的理想工具。在对噬菌体侵入细菌的研究过程中，科学家们发现了细胞生物学和遗传学的一些基本原理。如 1952 年 Alfred Hershey 和 Martha Chase 发表了他们对大肠杆菌和 T2 噬菌体的研究结果，证实基因的本质是 DNA。在对猿猴病毒 40 的研究中发现了增强子、转录子以及核定位信号。在对致瘤 DNA 病毒（多瘤病毒、乳头瘤病毒和腺病毒）的研究中发现了致瘤基因，其蛋白表达产物可以同细胞的许多通路互作，刺激细胞的生长及分裂。

对致瘤 RNA 病毒(如逆转录病毒)的研究中发现了逆转录酶,该酶可利用一个 RNA 分子合成一个 DNA 分子。真核细胞 mRNA 的 5′端帽子结构是在痘病毒和一个逆转录病毒的研究中发现的。这些研究成果极大地推动了现代分子生物学和遗传学的发展,同时也开拓了病毒学研究的内容。

近年来,随着生物技术的快速进步,特别是基于二代测序的宏基因组技术的发明及广泛应用,使得人们对病毒分布及多样性的认识更为深入。利用宏病毒组学技术对土壤以及海水样本的研究发现,在土壤及海水中存在大量的噬菌体,其数量之庞大超出了人们的想象。在每毫升海水中,噬菌体的平均数量为 1 000 万到 5 000 万个,而在土壤中甚至更多。由于地球上存在巨量的海水,因此,科学家通过计算估计地球上存在 10^{31} 个噬菌体,是地球上细菌数量的 10 倍以上,如果换算成质量则约为 1 亿 t,或者相当于 100 万只蓝鲸的重量。如此巨量的病毒,特别是细菌及古菌的噬菌体,在生态系统的平衡中发挥着重要作用。在海洋中,95%~98%的生物为微生物,其余的 2%~5%为其他形式的生命体,如鱼、海洋无脊椎动物、哺乳动物和植物等,微生物特别是病毒在海洋生态中的作用由此可见一斑。另外,地球大气中的氧气约一半由海洋微生物的光合作用产生,而海洋中每天有 20%的微生物因病毒感染而死亡,因此,病毒对地球大气中的碳和氧循环的调节也至关重要。

综上所述,病毒与人类的健康和发展密切相关,同时也是整个地球生态系统稳态调控的重要参与者,病毒学研究为病毒病防治提供有力武器,也为利用病毒来提升生产力及构建和谐的地球生态系统提供技术支撑及理论依据。

1.2 病毒结构

病毒主要由核酸及包裹于其外的蛋白质组成。病毒在细胞外以病毒粒子的形态存在,病毒粒子是其基因组的传送系统。病毒的核酸一般对外界环境中的一些因素,如温度、紫外线以及某些化学物质等比较敏感,较长时间暴露于这些因素会导致病毒丧失感染能力,因此,在病毒的基因组外面一般包裹一层蛋白外壳,称为病毒的衣壳(capsid)。衣壳除了起到保护病毒的基因组的作用之外,还具有帮助病毒吸附及入侵等功能。有些病毒在衣壳外面还包裹一层脂质双层膜,称为病毒的囊膜(envelope),有囊膜的病毒称为囊膜病毒。囊膜病毒表面装配有糖蛋白,这些蛋白负责病毒吸附及侵入宿主细胞,同时也是病毒的主要抗原蛋白,是诊断工具以及疫苗研究的主要靶标。另外有一些病毒具有更为复杂的结构,如非洲猪瘟病毒,病毒粒子由内而外分别由核心(基因组)、内壳、内膜、衣壳和外囊膜组成,各层组成以及在病毒感染宿主细胞中的作用还有待研究。还有一种特殊的病毒为朊病毒(prion),它是一种感染性蛋白分子,它没有核酸组分。朊病毒感染人引起的疾病称为克雅氏病(Creutzfeldt Jakob disease, CJD),感染牛引起牛海绵状脑病(也称为疯牛病)。

不同病毒在形态和结构上存在较大差异。从大小上来说,不同种类的病毒之间差异较大,目前发现最小的病毒为圆环病毒,其直径为 14～18 nm;而最大的病毒是巨病毒(mimivirus),其直径可达 500 nm。在形态上,大部分病毒粒子为球形颗粒,但也有形态为杆状、丝状、弹状,以及不规则形的病毒。按照结构组成,可分为无囊膜病毒和裸病毒,以及复杂结构病毒等(图 1-1)。

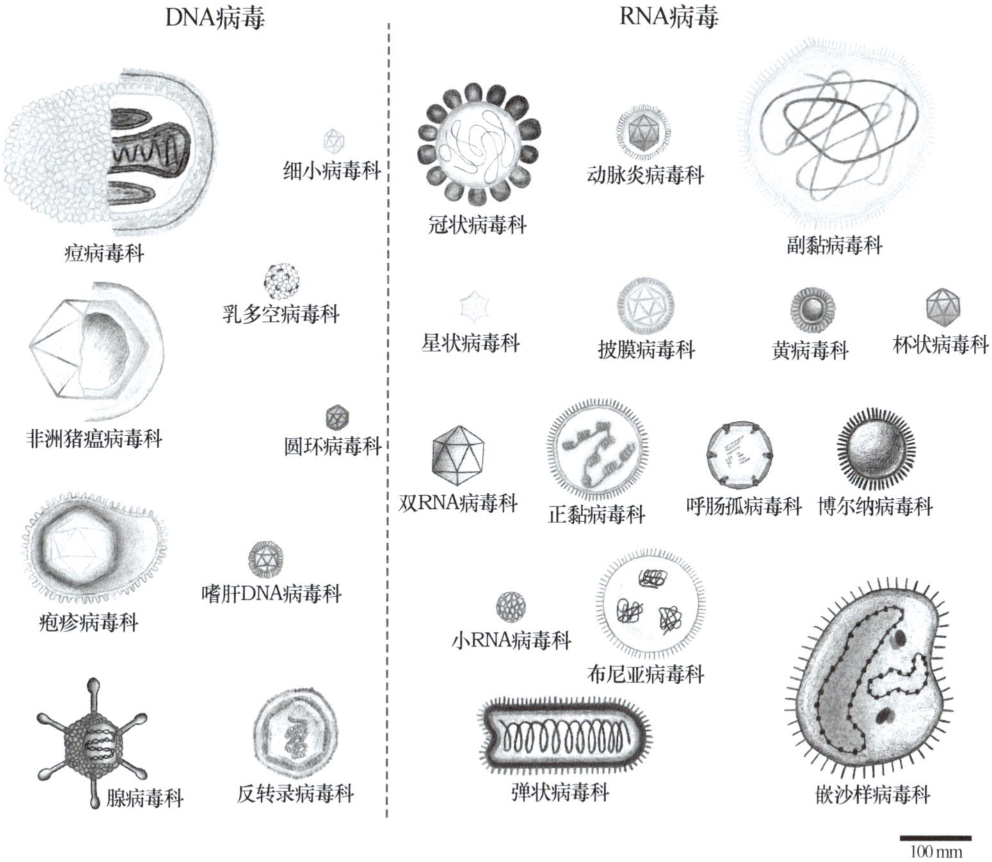

图 1-1 病毒的形态及大小

1.2.1 基因组

基因组是指在一个病毒粒子中编码病毒遗传信息的一个或多个核酸分子。每种病毒的核酸只能是 DNA，或者 RNA，从来没发现两者都有的病毒。要鉴定一个新分离的病毒的核酸是 DNA 还是 RNA 时，可以用核糖核酸酶(ribonuclease)或脱氧核糖核酸酶(deoxyribonuclease)进行检测。如果病毒的核酸可被核糖核酸酶降解，则该病毒核酸类型为 RNA；反之，能被脱氧核糖核酸酶降解的则为 DNA。按照核酸的类型，可以对病毒的基因组进行分类，如 RNA 基因组或 DNA 基因组。除核酸的类型之外，按照核酸的结构可对病毒的基因组进行进一步的分类。病毒的核酸可能是单链或双链，根据核酸这个特性可以将病毒的基因组分为 4 类：双链 DNA(dsDNA)、单链 DNA(ssDNA)、双链 RNA(dsRNA)以及单链 RNA(ssRNA)。在单链 RNA 病毒中，其基因组 RNA 还有正链[(+)ssRNA]和负链[(−)ssRNA]之分(图 1-2)。还可以根据病毒基因组末端的状态对其进行分类，如果 5′及 3′端是游离的，则称为线性基因组；如果 5′及 3′端通过共价键结合而闭合，则称为环状基因组。大部分病毒的基因组是由一个片段组成，但有些病毒的基因组由多个片段组成，这些病毒主要为 RNA 病毒，如流感病毒，其基因组由 8 个 ssRNA 片段组成，每个病毒粒子中包含一个拷贝的完整基因组；多数 dsRNA 病毒，如呼肠孤病毒的基因组也是分节段的。病毒基因组类型是病毒分类的重要依据之一。

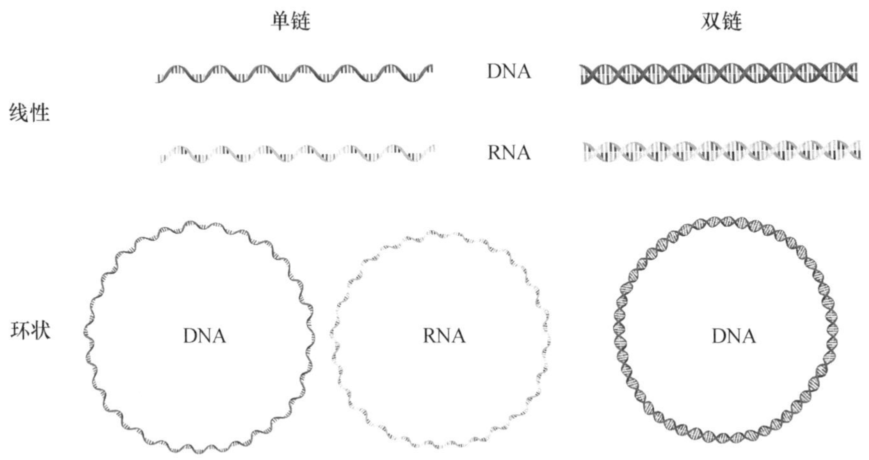

图 1-2　病毒核酸类型模式图

(1)单链 DNA　单链 DNA 病毒的基因组及病毒粒子都比较小。如猪圆环病毒是目前知道的动物病毒里面最小的病毒，其基因组为环状的 ssDNA，仅有 1 700 nt，病毒粒子直径约为 18 nm，呈二十面体对称。单链 DNA 病毒的基因组一般在其末端会形成发卡状结构或形成闭环，这样可以防止被核酸酶降解。

(2)双链 DNA　dsDNA 基因组一般对环境的耐受性强，不易突变。感染脊椎动物的 dsDNA病毒主要有腺病毒、多瘤病毒、疱疹病毒、痘病毒和非洲猪瘟病毒等，这些病毒粒子的衣壳多为二十面体对称，部分病毒(疱疹和非洲猪瘟病毒)有囊膜。巨病毒是已发现的最大的 dsDNA 病毒，其基因组大小为 1.2 Mbp，其病毒粒子的直径约 500 nm，用光学显微镜都可以观察到。

(3)双链 RNA　所有双链 RNA 病毒的衣壳均呈二十面体对称，多数病毒的基因组分节段，一般一个节段编码一个病毒蛋白的 mRNA。双链 RNA 病毒的转录机制不同于单链 RNA，装配在病毒衣壳内部的 RNA 聚合酶可以在病毒粒子或亚结构完整的情况下转录出病毒的 mRNA，然后将转录的 mRNA 释放至细胞质中来完成病毒蛋白的合成。病毒的衣壳则为病毒的 RNA 聚合酶提供了一个工作场所，保证其不断转录病毒的 mRNA。由于部分 RNA 病毒有自己的转录机器，它们对宿主细胞环境的依赖度相对较低，因而其宿主范围相对较宽，可以感染并适应许多不同种类的生物体，如呼肠孤病毒科的成员可以感染脊椎动物、无脊椎动物、植物和真菌等。

(4)单股正链 RNA　除了少数非常小的卫星病毒(satellite virus)和类病毒(viroid)的基因组为环状结构外，其他已知的单股正链 RNA 病毒的基因组均为线性。在 RNA 病毒中，大多数植物病毒及一部分脊椎动物病毒的基因组为正链 RNA，这些病毒基因组的大小一般在 5 000～19 000 nt。冠状病毒的基因组最大，为 31 000 nt。和单链的 DNA 一样，单链 RNA 很容易被核酸酶或阳离子作用而降解，这个特性决定了其基因组不能过于庞大。许多基因组小于 10 000 nt 的病毒为无囊膜病毒，而一些基因组较大的病毒则有囊膜，如黄病毒科、披膜病毒科、动脉炎病毒科以及冠状病毒科的成员均有囊膜，囊膜可以为其基因组提供除衣壳之外的另一层保护。

(5)单股负链 RNA　许多对人和动物非常重要的病毒具有负链 RNA 基因组，如麻疹病毒、流感病毒、狂犬病病毒等，这些病毒都具有螺旋状的核衣壳。负链 RNA 病毒的基因组大小一般在 9 000～19 000 nt，其中副黏病毒科、弹状病毒科、丝状病毒科以及博纳病毒科的成员具有单链 RNA，而其他病毒科如正黏病毒科成员则为分节段的 RNA。负链 RNA 基因组在复制的过程中必须转录成正链 mRNA，而螺旋状的核衣壳为这个过程提供了稳定的结构。分节段的负链 RNA 病毒面临的另一个问题是在组装过程中保证一个成熟病毒粒子中所有基因片段均能包装进去。目前发现的感染哺乳动物的负链 RNA 病毒均有囊膜。

1.2.2 衣壳

衣壳最主要的功能是保护病毒的基因组，是一种亚稳态（metastable）的结构。病毒的基因组暴露在细胞外环境中时，很容易受到一些物理的、化学的及酶的作用而失活。因此，在细胞外的环境中衣壳需足够稳定才可能达到保护病毒核酸的作用；而当病毒入侵宿主细胞时，衣壳蛋白则吸附到宿主细胞表面的受体上并产生一定的构象变化，以便于病毒粒子或核酸释放进入细胞质或细胞核。囊膜病毒由于最外层由囊膜包裹，其衣壳又称为核衣壳（nucleocapsid）。

病毒的衣壳通常由一个或多个蛋白组成。蛋白的二级结构主要有α折叠和β片层等，其三级结构一般不具对称性。病毒衣壳的组装不消耗能量，其驱动力主要来源于疏水作用力和静电势能，仅在极少数情况下，蛋白亚基之间通过共价键稳定在一起，这意味着病毒衣壳是一个自由能最小化的状态。由于病毒衣壳是由重复亚基通过弱相互作用力自组装形成的，完整的衣壳通常具有对称性。衣壳的对称性结构主要包括螺旋对称和正二十面体对称（图 1-3）。

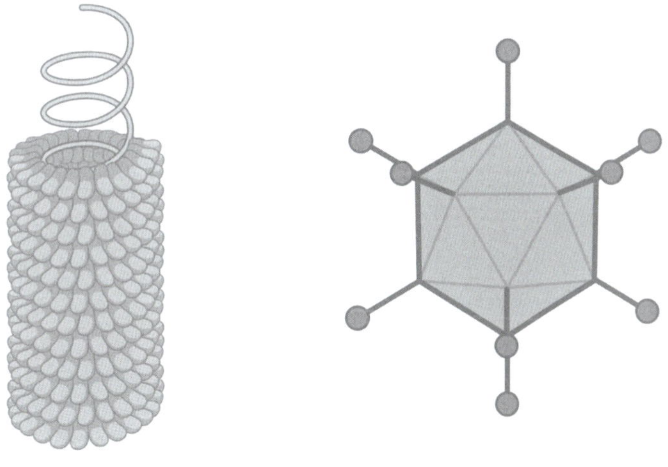

图 1-3 螺旋对称和二十面体对称模式图

1.螺旋状对称衣壳（helical capsids）

烟草花叶病毒（TMV）是衣壳为螺旋对称结构的病毒的代表。理论上旋转对称是将多个完全一样的蛋白单元组装起来的最简单的方法，形状不规则的蛋白围绕在一个圆的圆周形成一个盘状结构，多个盘状结构由下到上堆积在一起就形成了一个圆柱体，病毒的基因组由这些蛋白外壳包裹或装载在圆柱体的中心。通过对 TMV 结晶结构的解析发现，病毒的衣壳并不是由盘状结构堆积在一起形成的，而是形成了一个螺旋。对螺旋进行数学描述时通常用两个参数：直径（diameter）和螺距（pitch）。对于单个蛋白形成的亚单位，描述螺旋线的参数包括形成一圈螺旋的蛋白亚基的个数 μ 和每个亚基的轴向高度 p，这样螺旋的螺距 P 的计算公式就为：

$$P = \mu \times p$$

对于 TMV，$\mu = 16.3$，指螺旋每旋转一圈，需要 16.3 个衣壳蛋白，$p = 0.14$ nm，这样 TMV 的螺距就为 $16.3 \times 0.14 = 2.28$ nm。TMV 的结构为刚性的棒状结构，而有些病毒的螺旋对称衣壳则为柔性的，柔性结构相比刚性结构有好多好处，由于能弯曲则降低了断裂或结构破坏的可能性。

丝状噬菌体科(*Inoviridae*)的成员为螺旋对称结构。病毒粒子的结构主要由一种蛋白亚基组成，如 M13 的主要衣壳蛋白(g8p)是其基因 8 的表达产物，次要结构蛋白(g3p，g6p，g7p 和 g9p)主要位于丝状病毒粒子的末端。由于这类噬菌体的基因组装载于螺旋状病毒粒子的内部，因此，其基因组的长度决定了病毒粒子的长度。利用这个特性，生物学家将 M13 改造为一个基因克隆载体。在插入外源基因后，丝状重组噬菌体粒子的长度就会大于野毒粒子的长度。但是，随着插入基因长度的增加，重组病毒的复制效率就会下降。当插入基因组长度的 1%～10% 长的外源基因时，重组病毒的复制效率和野毒无明显差别；当插入基因组长度的 10%～50%长的外源基因时，重组病毒的复制效率显著下降；当长度大于 50%时几乎无法分离到重组病毒粒子。

有螺旋对称核衣壳的动物病毒均有囊膜，这可能是由其生物学特性及传播机制决定的。在这些病毒中，有许多和人及动物的重要疫病相关，如流感病毒、麻疹病毒和弹状病毒等，其基因组均为负链单股 RNA，RNA 在感染宿主细胞内同核酸结合蛋白互作，形成螺旋状核衣壳，这种蛋白和核酸形成复合物可以为病毒的基因组提供物理及化学损伤保护，另外也在病毒的基因组复制中发挥着重要作用。

2.二十面体对称(icosahedral symmetry)

病毒衣壳的另一种装配模式，这种模式下病毒结构蛋白亚单位组装成为一个中空的类球体，在其中包裹病毒的基因组。蛋白亚单位排列在一个实体表面比起螺旋对称结构相对复杂。在理论上，只有为数不多的实体形状可以由重复的亚单位组成，如正四面体(有 4 个三角形面)、正六面体(有 6 个正方形的面)、正八面体(有 8 个三角形面)、正十二面体(有 12 个五边形面)以及正二十面体(有 20 个三角形面)(图 1-4)。早在 20 世纪 60 年代初，在利用电子显微镜对小的球状病毒观察的时候发现，这些病毒的结构呈二十面体对称。呈二十面体对称的病毒

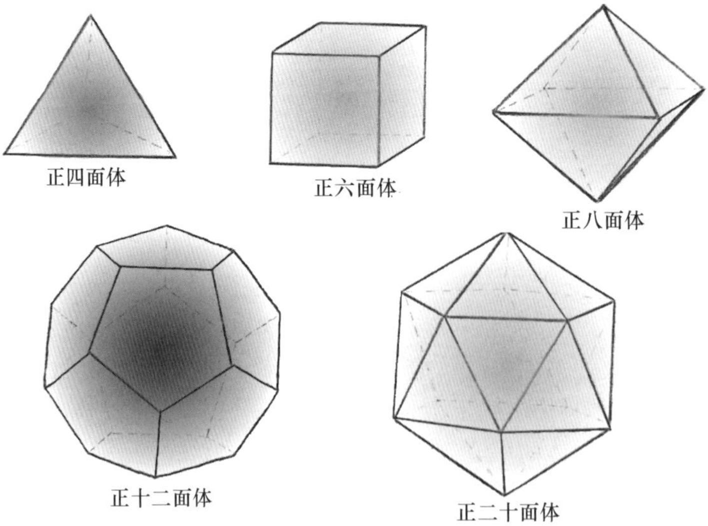

图 1-4　正多面体示意图

粒子是由 20 个三角形面、12 个顶点以及 30 条边组成的对称状结构，有 2 倍轴、3 倍轴以及 5 倍轴的旋转对称性。2 倍轴是指沿二十面体的每个棱呈旋转 180°对称的结构单元；3 倍轴是指以每个三角形面的中心呈旋转 120°对称的结构单元；5 倍轴则是指以每个定点为中心呈旋转 72°对称的结构单元(图 1-5)。每个三角形面可以沿 3 次对称轴分为 3 个对称性完全一样的单元，称为二十面体的非对称单元。在一个由一种结构蛋白组成的衣壳中，每个三角形面至少需要 3 个这种蛋白构成，因此，整个衣壳总共由 60 个拷贝的结构蛋白组成。如杯状病毒，其衣壳主要由 60 个拷贝的主要衣壳蛋白 VP1 组成。

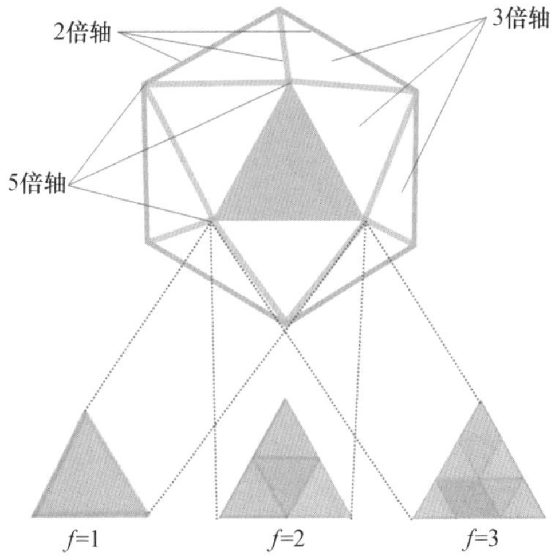

图 1-5　二十面体对称轴及 *f* 值示意图

然而，由于病毒的结构蛋白组成的衣壳亚单位并不是完全相同的规则三角形。在大多数情况下，病毒的衣壳由多于 60 个拷贝的蛋白亚单位组成，这样它们就不可能像由 60 个拷贝的亚单位组成的衣壳那样，蛋白亚单位互作界面的结构及化学键非常保守且稳定。为解决这个问题，1962 年英国剑桥大学的 Donald Caspar 和 Aaron Klug 提出了类对称理论(theory of quasi-equivalence)，即在空间上位于类似位置的亚单位在与相邻单元以近似相同结合方式互作，这可以允许多种亚单位以自组装的模式形成二十面体对称。依据该理论创建人的姓名，也将该理论称为 CK 理论。基于 CK 理论，通过把一个二十面体的 20 个没有折叠的三角形面投射到一个由六边形网格(hexagonal lattice)组成的二维平面图上(图 1-6)，就可以枚举出二十面体表面网格的所有可能组成。这个平面图假设所有网格均为完全一样的规则六边形组成，而在每个三角形的顶点位置必须是一个五边形(pantagon)，这些五边形的存在可以使六边形网格弯曲从而形成一个球状。

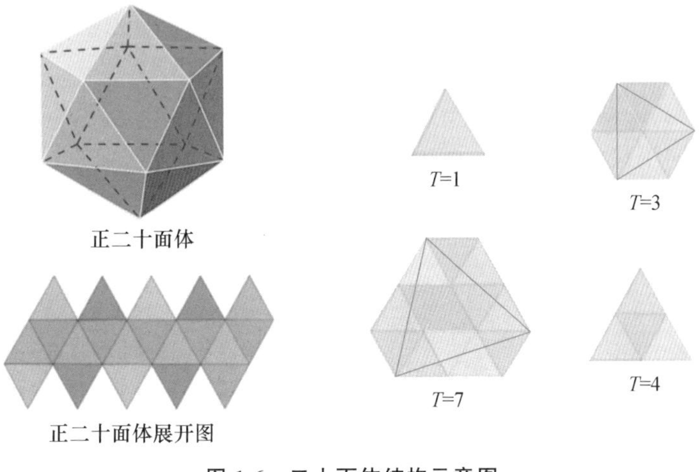

图 1-6　二十面体结构示意图

对于这些高度有序的二十面体，可以用三角剖分数(triangulation number, T)来描述它们的对称性。*T* 是指每个三角形面能进一步划分成单元三角形的个数，因此，每个二十面体

就有 $20T$ 个三角剖分数。T 的计算公式为：

$$T = f^2 \times P$$

这里 f 指每个三角形面的边可以再分割为亚单位的个数；f^2 则是组成每个三角形面的小三角形的个数；$P = h^2 + hk + k^2$，h 和 k 为任何非负整数，且 h 必须大于 k。按照这个定义，则一个二十面体的 T 值为 1，3，4，7，9，12，13，16，19，21，25，27，28 等这个整数数列中的其中之一。当 $P=1$ 或 3 时，可以形成规则的正二十面体；P 为其他值时形成的为“斜”二十面体，沿每条棱的三角形面的组装并不完全对称。

小 RNA 病毒的衣壳结构相对研究得比较清楚。以口蹄疫病毒为例，病毒的结构蛋白分别为 VP1、VP2 、VP3 和 VP4，其中 VP1～3 位于衣壳的表面，而 VP4 位于衣壳的内侧面。病毒的三角剖分数 $T=3$，每个三角形面由 3 个非对称单元组成，而每个非对称单元则由一个拷贝的 VP1、VP2 和 VP3 组成，这样组成整个病毒衣壳的亚基数量为 180 个。

1.2.3 囊膜

病毒的囊膜来源于细胞的膜结构，有些来源于细胞膜，而另外一些则来源于细胞内的膜结构，如内质网膜、核膜以及高尔基体膜等。流感病毒通过向细胞外出芽的方式完成病毒粒子的释放。在出芽过程中，病毒的核衣壳接近已经插入了病毒糖蛋白的细胞膜，然后细胞膜将其包裹形成病毒颗粒，通过神经氨酸酶的切割使病毒粒子释放到细胞间隙，因此，流感病毒的囊膜中磷脂和胆固醇的含量和细胞膜相同。而对于黄病毒，其在装配过程中向内质网腔出芽，其囊膜的成分则和内质网膜的成分相似，其中胆固醇的含量明显低于流感病毒。

病毒囊膜同细胞膜在功能上类似，可以为病毒的基因组提供物理屏障，防止核酸酶及其他化学及物理因子的破坏。在一些囊膜病毒，有囊膜的保护后就不再需要其结构蛋白在装配过程中严格排列，因而其表面的囊膜糖蛋白在分布数量和排列上相对比较随机，没有严格的几何特征。而另一些囊膜病毒，如黄病毒科及披膜病毒科成员，在囊膜内部有呈正二十面体对称结构的衣壳，在衣壳蛋白的对应位置，囊膜糖蛋白也呈现出严格的对称特性，病毒粒子整体具有二十面体对称的结构特性。

病毒囊膜的脂质双层膜来源于宿主细胞，而膜蛋白则为病毒基因组编码蛋白。囊膜蛋白通常有两类，一类为多聚糖蛋白，在病毒表面形成“纤突”；另一类为基质蛋白，为非糖基化蛋白，主要镶嵌于膜内，这些蛋白的存在增加了囊膜的刚性。大多数糖蛋白的结构类似，主要包括三部分：一个突出于病毒囊膜表面的膜外区，由 20 个左右的氨基酸组成的疏水跨膜区以及膜内一个短尾区。目前对病毒糖蛋白结构及功能的研究发现主要存在三种类型：Ⅰ型、Ⅱ型和Ⅲ型。这三种类型的膜蛋白可以在不同种类的病毒中观察到，不同类型的糖蛋白介导的病毒吸附及入侵宿主细胞机制存在差异。囊膜蛋白通常由结合在内质网上的核糖体合成，在内质网腔中完成折叠及修饰（如糖基化），有些糖蛋白的修饰过程是在高尔基体完成的，之后通过细胞的正常转运途径转移至细胞膜并整合到细胞膜表面。

1.3 病毒的生命周期

病毒的生命周期通常也指病毒的增殖过程，是指一个病毒粒子从感染宿主细胞开始，到子代病毒粒子从该细胞释放的全过程。为方便对病毒生命周期的描述，本书中将病毒的增殖过程主要分为五个阶段:吸附及侵入、基因组复制、病毒蛋白的表达及装配,以及子代病毒粒子释放(图 1-7)。不同病毒其复制周期存在一定的差异。

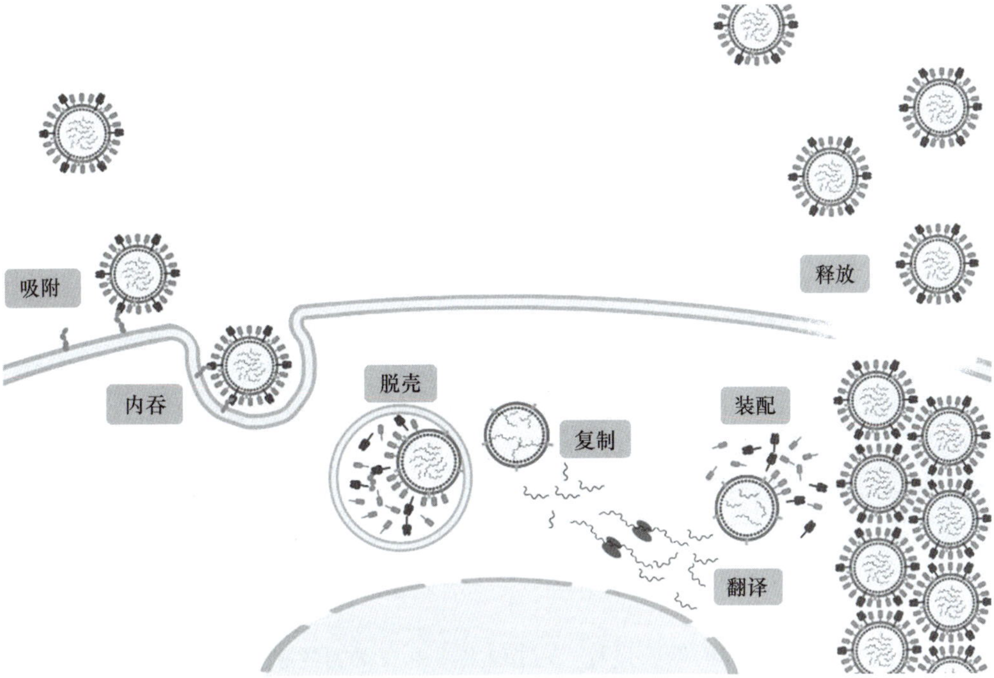

图 1-7　呼肠孤病毒生命周期模式图

1.3.1　吸附及入侵

为启动复制周期从而产生子代病毒粒子,病毒首先必须进入一个细胞。病毒进入细胞的过程是由病毒特异性地吸附(attachment)到细胞表面的分子——细胞受体(receptor)而启动的,该过程会导致整个或部分病毒粒子,或者病毒的基因组进入细胞。病毒的受体为宿主细胞表面的蛋白、碳水化合物,极少数情况下脂类也可作为病毒的受体。病毒同受体结合是一个特异性的识别过程,同种病毒可能利用相同的受体。通常把表达有病毒受体蛋白的细胞称为易感细胞(susceptible cells),但并非所有易感细胞均支持完成病毒的感染和复制,其中的原因是某些细胞中可能缺乏病毒复制所必需的一些细胞组分。那些能支持病毒吸附、侵入、复制、装配及子代病毒粒子释放的细胞被称为允许细胞(permissive cells)。

经典的关于病毒受体的定义是细胞表面介导病毒吸附和侵入的分子。但最近的研究表明,许多病毒利用不同的分子来介导其吸附及吸附后的内化过程。我们通常把辅助病毒入侵细胞的其他分子称为病毒的辅助受体(co-receptor)。受体鉴定是病毒研究的重要内容之一,因病毒的受体是细胞表面的一种特定分子,因此,在受体鉴定时就是要证明病毒同该分子的结合是一个特异性的过程。

病毒受体鉴定最为常用的方法是直接观察病毒结合到细胞表面的某种分子上。细胞表面的这些受体分子无法直接通过现有的设备观察,因此需要对其进行标记,常用的标记物包括放射性同位素、链接一个荧光标签,或者对其进行间接免疫荧光染色等,在做受体结合试验时需要用纯化的病毒。大多数病毒可以利用免疫电镜技术观察病毒和细胞表面受体分子的结合。如果利用光学显微镜开展病毒-受体结合验证试验，则需要对病毒和受体用不同颜色的荧光进行同时标记，利用共聚焦显微镜或超高分辨率显微镜进行观察。

在鉴定受体时，观察到病毒可能同某种分子结合后，可以通过抑制试验来验证该结合是否是特异性的。通常采用的抑制剂包括能和潜在的受体分子特异性结合的化合物、单克隆抗体等，当这些特异性的结合发生后，再利用病毒做吸附或侵入试验，通过观察吸附及入侵效率证明是否是特异性的结合。也可以通过用某些酶特异性地消化或切割掉细胞表面的这些分子来验证在做受体抑制试验。

病毒侵入（viral entry）是指病毒粒子吸附到宿主细胞表面之后，将病毒基因组释放到复制场所（细胞质或细胞核）的一系列过程。通常病毒在吸附到细胞表面的受体上后，通过两种途径进入细胞：细胞内吞途径（endocytic route）或非细胞内吞途径（non-endocytic route）。细胞内吞途径通常包括网格蛋白介导的细胞内吞（clathrin-mediated endocytosis）、巨胞饮（macropinocytosis）以及窖蛋白介导的细胞内吞（caveolae-mediated endocytosis）等。流感病毒、口蹄疫病毒和 SV40 等都是通过细胞内吞途径侵入细胞的。非细胞内吞途径是病毒在中性环境中完成穿膜，如 HIV-1 病毒可以直接在细胞表面通过膜融合，将基因组释放到细胞质中。利用非细胞内吞途径的病毒通常也可以利用细胞内吞途径进入细胞。不管病毒通过何种途径进入细胞，都需要病毒处于一种亚稳态，以在特定时机通过结构蛋白产生构象变化启动病毒囊膜同细胞膜的融合或穿膜。

膜融合是囊膜病毒特有的侵入过程，该过程主要由病毒的囊膜糖蛋白介导，三类囊膜糖蛋白介导的病毒入侵过程存在一定的差异。

Ⅰ类膜融合蛋白包括正黏病毒科、副黏病毒科、逆转录病毒科、丝状病毒科和冠状病毒科成员的膜融合糖蛋白。Ⅰ类糖蛋白的结构特征为在病毒表面形成由蛋白酶切割二聚体（如流感病毒 HA）或异源二聚体（如副黏病毒 F 蛋白和 HN 蛋白）形成三聚体纤突，纤突在结构上由球形的头部、杆状茎部和跨膜区组成。在Ⅰ类膜融合蛋白中，流感病毒的 HA 是在结构和功能上研究得最为清楚的，其过程为：HA 结合受体后，启动细胞内吞作用，在内吞体中低 pH 的作用下，HA1 的头部经蛋白酶的切割而脱落，暴露 HA2 的膜融合肽，HA2 构象发生变化并结合到细胞膜上，在细胞膜和病毒囊膜中间形成桥状链接，随后 HA2 再次折叠，形成发卡状结构，使膜融合肽同 C 端的跨膜螺旋再次接近，从而将细胞膜和病毒囊膜牵引接近并融合，最终形成稳定的融合孔，为病毒核酸释放进入细胞质提供结构基础。

Ⅱ类膜融合蛋白常见于黄病毒科、布尼亚病毒科和披膜病毒科的病毒，这些病毒粒子的特点是有囊膜，但其结构为二十面体对称结构。以披膜病毒科的甲病毒为例，其膜融合蛋白为 E1，E1 有一个伴侣蛋白 pE2，E1 和 pE2 由一个基因编码的前体蛋白在内质网中合成后经蛋白酶切割形成，pE2 在高尔基体经弗林蛋白酶再次切割形成 E2 和 E3，在成熟的病毒粒子表面形成 240 个 E1：E2：E3 异源三聚体纤突，这些蛋白组成 $T=4$ 的二十面体对称单元。在某些病毒中也存在 E3 从病毒粒子表面脱落的情况。E1 胞外区有三个结构域 D1、D2 和 D3。D1 为一个 β-三明治结构，其 C 端通过一个柔性环（loop）同跨膜螺旋连接，N 端则延伸为两个长的通过二硫键稳定的环状结构 D2，在 D2 头部形成疏水的膜融合环（fusion loop），D3 是一个免疫球蛋白状的结构，其末端则为一个杆状结构，同跨膜螺旋连接。E2 的跨膜区和 E1 的相邻，其膜外区沿 E1 突出，覆盖着 E1 的膜融合环，起到保护 E1 的作用，另外 E2 有一个受体结合域，负责结合病毒的细胞受体。在进行膜融合时，E1 和 E2 形成的异源三聚体必须解离并发生构象改变，位于 E1 的 D2 结构域顶端的膜融合环插入目标膜上，然后 E1 的三聚体重新折叠使得膜融合环接近其跨膜区，牵引目标膜同病毒囊膜接近并融合。

Ⅲ类膜融合蛋白常见于疱疹病毒科、弹状病毒科和杆状病毒科成员。水疱性口炎病毒（vesicular stomatitis virus，VSV）的 G 蛋白、单纯疱疹病毒的 gB 以及昆虫杆状病毒的 gp64 属于Ⅲ类病毒膜融合蛋白。对 VSV G 蛋白的研究表明，Ⅲ类膜融合蛋白的膜融合过程分为三个阶段：第一个阶段为在 pH 的诱导下依赖的 G 蛋白构象改变，由融合前构象伸展为融合中间体，暴露每个单体的膜融合环，该过程可逆；第二个阶段为每个膜融合环单体重新聚合为三聚体，并插入细胞膜上；第三个阶段为伸展的三聚体回折形成融合前三聚体的构象，将细胞膜和病毒囊膜牵拉在一起发生融合（Kim et al.，2017）。

1.3.2 基因组复制

DNA 病毒的基因组复制通常在细胞核内进行，而典型的 RNA 病毒则在细胞质中完成其基因组的复制。但是，两种病毒的蛋白表达均发生在细胞质中，利用宿主细胞的蛋白合成机器来完成。病毒的基因组复制和其感染的细胞一样，都需要有一个聚合酶延伸所必需的含有游离 3′—OH 的短核酸引物。但由于病毒的基因组类型多样，其复制过程又存在一定的差异。

（1）双链 DNA 病毒　这类病毒的基因组复制发生在细胞核中，如腺病毒和疱疹病毒，其 DNA 转录成为 mRNA 的过程是按次序分阶段进行的，对应为最早期、早期及后期的蛋白表达。这种次序进行蛋白表达是由病毒基因组编码的因子调控的，这些因子可启动后期蛋白的表达。感染最初阶段复制的病毒基因组被宿主的聚合酶降解，而后期基因表达产物则为介导子代病毒基因组装配的结构蛋白和酶。

（2）单链 DNA 病毒　单链 DNA 病毒的基因组也在细胞核内进行，在复制过程中以双链 DNA 中间体或复制型基因组为模板来完成复制。病毒通过掠夺宿主的 DNA 修复酶，以单链 DNA 为模板，合成另一条互补链，进而形成双链复制型 DNA。在有些情况下，双链 DNA 中间体通过“滚环”(rolling-circle)模式进行复制，由此产生一个包含多个基因组的线性 DNA，疱疹病毒以此模式进行基因组的复制。在这种情况下，尽管病毒基因组复制完成了，但在子代病毒装配过程中，需要病毒的结构蛋白(核酸酶)对基因组进行切割并装载，以保证一个成熟的病毒粒子中装配一个拷贝的基因组。

（3）双链 RNA 病毒　双链 RNA 基因组可能含有多个顺反子或多个片段的双链分子。每个片段会转录为编码一种蛋白的 mRNA。这些病毒结构中包含有自己的 RNA 依赖的 RNA 聚合酶(RNA-dependent RNA polymerase，RdRp)，在病毒感染进入宿主细胞质后不久，RdRp 就开始转录病毒的基因组。早期转录的正链 RNA 在装配进入成熟的衣壳后，开始转录另外一条 RNA 链。

（4）单链 RNA 病毒　单链 RNA 病毒包括单股正链 RNA 病毒和单股负链 RNA 病毒。单股正链 RNA 病毒和双链 RNA 病毒不同，它们含有一个多顺反子的 RNA 基因组，在感染时这个 RNA 基因组可能被用作 mRNA，也可能直接翻译成一条多肽，然后由细胞质内的蛋白酶切割成为单个的蛋白。在这些病毒的包裹蛋白中也有 RdRp，负责在细胞质中合成互补的负链 RNA。后期合成的病毒结构蛋白同 RNA 聚合酶产物的正链 RNA 结合，这些多顺反子的 RNA 就装配进成熟的病毒粒子中。单股负链 RNA 病毒可能含有一个或多个顺反子，在这两种情形下，病毒的负链 RNA 基因组由装配于病毒衣壳内的 RNA 聚合酶转录为单顺反子的 mRNA，在细胞质中按照先转录翻译调控蛋白，后转录翻译结构蛋白的模式完成病毒组装。

(5)有 DNA 中间体的单股正链 RNA 病毒　这类病毒主要为逆转录病毒，包含人免疫缺陷病毒(human immunodeficiency virus, HIV)。这类病毒的基因组为正链 RNA，但是该 RNA 基因组不用作 mRNA，而是作为病毒反转录酶的模板用于合成 DNA。该酶是一个多功酶，也可水解合成病毒 DNA 的第二条链。逆转录病毒的基因组中含有一些特殊的基序称为“长末端重复序列”，在病毒基因组 DNA 被转运进入细胞核时，该基序帮助病毒的基因组以共价结合的方式整合到宿主的基因组中，这个整合过程由病毒的一个整合酶催化。整合进入宿主基因组的病毒基因组被称为前病毒(provirus)，病毒的基因组随细胞分裂时宿主基因组的复制而复制。前病毒也可能被宿主的转录机器转录为编码病毒复制蛋白的 mRNA，转录也可能产生病毒的正链基因组，进而装配成为成熟的病毒粒子。

(6)有 RNA 中间体的双链 DNA 病毒　这类病毒的典型代表是肝病毒，目前对这些病毒的认识没有同其他病毒那样深刻。基于目前的认识，认为该类病毒的基因组进入宿主细胞核后，启动病毒 mRNA 的转录，病毒 mRNA 既可以翻译为病毒蛋白，也可以作为模板复制病毒的基因组。复制的病毒基因组 mRNA 在装配进入衣壳后，在病毒反转录酶/聚合酶的催化下合成病毒的双链 DNA 基因组。

1.3.3　基因表达及调控

为表达蛋白，DNA 病毒的基因组必须转录为正义 mRNA，然后翻译成多肽。对于感染真核细胞的病毒来说，还有个过程非常重要，RNA 通常存在加帽及多腺苷化等修饰，需要剪切后才成为功能 mRNA，该过程发生在细胞核中，而 mRNA 只有在细胞质中才能翻译。因此，从转录到蛋白翻译后的修饰，此过程中的每个环节都可对病毒基因表达进行调控。

对于双链 DNA 病毒，可以利用双链直接转录出病毒的 mRNA，但是单链 DNA 病毒和基因组中存在缺口的双链 DNA 病毒，则需要合成完整的双链 DNA 才能进行转录。除痘病毒、虹彩病毒以及非洲猪瘟病毒需要在细胞核中转录外，其他 DNA 病毒均利用宿主细胞的转录及 RNA 修饰机器完成自身基因组 mRNA 的合成。疱疹病毒的基因组为 dsDNA，其基因表达的调控因其感染宿主的状态不同而存在差异。

疱疹病毒的基因组长度为 130～230 kbp，在不同疱疹病毒基因组中存在一些保守的区域，推测这些区域编辑病毒增殖相关的关键基因。在对疱疹病毒基因表达及调控研究中，单纯疱疹病毒 1 型(herpes simplex virus type 1, HSV1)是研究最多的对象之一。HSV1 基因组编码 70 个基因，和其他 DNA 病毒不同，HSV1 的转录是由不同的启动元件分别控制的，并且在 mRNA 的合成过程中很少剪切。

HSV1 的基因表达是具有时相特征的，根据表达时间的不同分为立即早期、早期以及晚期表达基因，也称为 α、β 和 γ 基因。α 基因主要编码病毒基因表达的调控因子；β 基因编码的蛋白主要是病毒基因组复制所必需的蛋白；而 γ 基因编码的蛋白主要有为子代病毒装配所需的结构蛋白。这几个阶段的蛋白表达是相互关联的，前一个阶段的蛋白表达会激活下一个阶段的蛋白表达，同样，如果前一阶段的蛋白表达受阻，则会引起后期蛋白表达不能被激活。如 HSV1 的 α 基因产物 ICP4 以及 IE175 可以激活 β 基因的转录。

基因组为 RNA 的病毒基因表达过程同宿主和 DNA 病毒不同。然而，病毒的基因组

RNA 也必须转录为正义的 mRNA 才能被宿主核糖体翻译为蛋白质。所有 RNA 病毒的基因组 mRNA 都是利用其负链 RNA 分子。宿主的酶不能以 RNA 为模板进行转录，因此，所有病毒必须编码自己的 RNA 依赖的 RNA 聚合酶。dsRNA 以及负链 ssRNA 病毒的聚合酶作为结构的必备成分装配进病毒粒子中，当病毒感染宿主细胞后，可以立刻启动基因组的转录。

RNA 病毒的基因表达的时间控制特征不如 DNA 病毒那么明显。各基因表达的差异主要体现在数量上。虽然基因同时表达，但表达量存在一定的差异，一些基因在某个特定的时间其表达量可能会比其他基因高，如甲病毒的早期基因在感染的晚期也会表达。由于 RNA 病毒合成的 mRNA 一般不进行加帽或多腺苷化修饰，或者两种修饰都没有，这就需要其在进行 mRNA 翻译时利用同 DNA 病毒不同的机制。不同 RNA 病毒，基因表达及翻译的调控机制也存在一定的差异。

1.呼肠孤病毒基因表达调控

呼肠孤病毒的基因组为 dsRNA，对其基因组 RNA 做的凝胶电泳分析显示，其基因组由 10 个片段组成，根据大小可以分为 3 类：L（大片段，分别为 L1～L3，大小约为 4 500 bp）、M（中片段，M1～M3，大小约为 2 300 bp）和 S（小片段，S1～S4，大小约为1 200 bp）。根据基因的大小，其编码的蛋白也分为三类，分别命名为 λ、μ 和 σ。呼肠孤病毒的 mRNA 转录在病毒粒子中完成，当病毒感染进入细胞后，外层衣壳蛋白 μ1c 结合到病毒核心上，激活病毒聚合酶转录病毒 mRNA。

呼肠孤病毒蛋白翻译的调控主要由启动子的利用效率来决定。病毒的 S1 片段编码一个大的阅读框文（ORF）和一个小的 ORF。在接近大的 ORF 的 5′端有一个翻译起始密码子 AUG，这个密码子指导翻译一个大小为 455 个氨基酸的病毒结构蛋白 σ1。从 5′端进一步延伸，还存在另一个启动密码子 AUG，以这个密码子为起始还编码另一个蛋白 σ1s，其长度为 120 个氨基酸。这两个蛋白由不同的 ORF 编码，它们之间没有共同的氨基酸序列。但在翻译的时候，由 5′端 AUG 启动的翻译效率要远远高于另一个 AUG，因此，表达的 σ1 的量要远远大于 σ1s。研究发现，启动子指导的 ORF 翻译效率主要决定于其周围的核苷酸序列，大多数情况下，具有 G/AnnAUG(G)特征的序列具有更高的翻译效率，由于该特征是 Marilyn Kozak 首次发现的，也称为 Kozak 规则。

2.甲病毒基因表达调控

甲病毒的基因组为单股正义 RNA 分子，大小约为 11 400 nt，沉淀系数为 42 S。在感染细胞中，会产生两种大小不同的正义基因组 RNA：一种的沉淀系数为 42 S，和基因组的大小完全一致；另一种的大小为 26 S，其长度大约是整个基因组长度的 1/3。这两种正义 RNA 分子都有 5′端的帽子结构以及 3′-ployA 末端，它们都可以作为 mRNA 指导蛋白翻译。大小为 26 S 的 mRNA 代表的是病毒基因组的 3′端的部分，该部分翻译成病毒的结构蛋白。最初的翻译产物为前体蛋白，经蛋白酶切割产生功能蛋白。

甲病毒的 26 S mRNA 位于病毒的基因组内部，而全部基因组不能直接指导合成结构蛋白，这意味着核糖体不能识别位于病毒基因组中间的起始位置。在感染细胞中，仅发现沉淀系数为 42 S 的负义 RNA，说明正义的 42 S 及 26 S 的 RNA 分子是以该负义 RNA 分子为模板合成的。为实现该目的，病毒的聚合酶一定具有以负义 RNA 的 3′端启动转录，同时也具有从离 5′端约三分之一基因组长度的地方启动转录的能力。当前还不清楚病毒控制 26 S mRNA 转录水平的机制，但是，这种从基因组内部启动的高效转录能指导大量合成病毒的结构蛋白，保障了子代病毒粒子的装配。

1.3.4 装配及释放

在病毒结构的介绍中，我们提到病毒粒子是一个亚稳态的结构，在外界环境中，病毒也需要有一个比较稳定的结构以保护核酸不被各种因素破坏，同时也需要保证病毒入侵细胞时发生构象变化，以使病毒可以吸附到细胞表面并完成入侵及核酸释放。因此，病毒粒子在装配时需要有这种“开关”，它可以在某种因素刺激下，如受体结合或 pH 降低能使病毒粒子由稳定状态转换成不稳定状态。

病毒进入宿主细胞后启动其基因组的复制及蛋白表达，当细胞内基因组及结构蛋白到达一定数量时，核酸和病毒蛋白开始组装，形成核衣壳；如果是囊膜病毒，则病毒的组装过程还包括包膜。下面以蓝舌病病毒（bluetongue virus，BTV）、HIV 和伪狂犬病病毒（pseudorabies virus，PRV）为例，简要介绍病毒的装配及成熟过程。

1.BTV 装配及成熟

BTV 属于呼肠孤病毒科，其基因组为 10～12 个片段组成的线性双链 RNA，这些基因表达 10～13 个病毒蛋白。成熟病毒粒子为无囊膜、呈二十面体对称结构的球状颗粒，在病毒核心外面包裹有典型的双层衣壳。

BTV 通过 VP2 结合到细胞表面的唾液酸受体后，由网格蛋白介导的细胞内吞途径进入细胞，核内体的酸性环境导致外层衣壳蛋白 VP2 解离，暴露内层衣壳蛋白 VP5，核内体内 pH 的持续降低导致 VP5 发生构象变化，诱导核内体膜形成孔洞，VP5 随即从 VP7 上脱离，至此病毒的双层衣壳完全解离，病毒核心由核内体膜上形成的孔洞中释放到细胞质中，在细胞质中的病毒核心不再解离。

释放到细胞质中的病毒核心包括两个主要结构蛋白 VP7、VP3，具有酶活性的次要结构蛋白 VP1、VP4、VP6，以及病毒基因组 10 个片段的 dsRNA。病毒的基因组复制和 dsDNA 类似，是一种半保留的复制机制。以 10 个基因组片段的负链 ssRNA 为模板合成正链 ssRNA，这些正链 ssRNA 转录子被排出到细胞质过程中要进行加帽和甲基化修饰。在释放后，正链 ssRNA 一方面可以作为模板合成负链 ssRNA，并最终形成病毒基因组 dsRNA；另一方面可作为模板指导翻译病毒蛋白。10 个 mRNA 片段表达 11 种病毒蛋白，其中有两个片段分别编码两种蛋白，片段 9 编码 VP6 和 NS4，片段 10 则编码 NS3 的两种蛋白亚型（NS3 和 NS3A）。

病毒的复制复合体由 VP1、VP4 和 VP6 组成，它们负责病毒 RNA 的转录、加帽及甲基化等酶催化过程。VP1 是 RNA 依赖的 RNA 聚合酶（RdRp），其分子质量为 149.5 kDa。VP4 是一个分子质量为 76 kDa 加帽酶。VP1 和 VP4 共同作用，合成加帽的正链 ssRNA，作为基因组复制及蛋白翻译的模板。VP6 的分子质量为 36 kDa，其功能为解旋酶。

BTV 感染细胞后，会在细胞核周围形成包涵体，在包涵体中有大量的 NS2 蛋白，NS2 可能在病毒粒子装配过程中起骨架或聚集新合成的蛋白以及病毒 RNA 的作用。VP3 在表达后首先形成二聚体，随后组装为十聚体，同病毒 RNA 结合，形成病毒亚核心。病毒 VP7 表达后形成三聚体，再以 VP3 形成的亚核心颗粒作为骨架，由 260 个 VP7 三聚体组装为 $T=13$ 的二十面体内层衣壳，衣壳骨架的形成有利于病毒次要蛋白 VP1、VP4 及 VP6 的整合。随后，病毒外层衣壳蛋白在 VP2 和 VP5 通过同 VP7 互作，组装成外壳。共有 120 个 VP5 三聚体同内层衣壳上的 VP7 链接，60 拷贝的 VP2 三聚体则组成了病毒表面最突出的蛋白。VP5 则装配在病毒核心的Ⅱ型及Ⅲ型通道上，起将新合成的病毒 mRNA 排出核心的门通道的作用。

成熟的 BTV 病毒粒子可能通过两种途径释放到细胞外：一是细胞裂解途径，这是大部分无囊膜病毒释放的主要途径；另一种是非细胞裂解途径，在 BTV 感染昆虫细胞时，通常不造成细胞病变。在非细胞裂解途径中，病毒的 NS3 蛋白可能发挥类似囊膜病毒的糖蛋白的作用，通过招募细胞的 ESCRT 机器，以类似出芽的方式将病毒粒子释放到细胞间隙中（Mohl and Roy，2014）。

2.HIV-1 装配及成熟

在人和动物病毒中，HIV-1 的装配机制研究相对更为清楚一些。HIV-1 的复制周期基本上可以分为早期和晚期两个阶段。早期是指从病毒吸附开始，包括细胞侵入、基因组逆转录成 DNA、脱衣壳、病毒 DNA 入核以及病毒 DNA 整合到宿主细胞基因组；晚期则包括病毒 RNA 转录、RNA 出核、病毒蛋白 Gag 等的表达、病毒蛋白的转运、病毒装配以及出芽，是病毒装配及成熟的阶段。

HIV-1 的装配在细胞质中进行。病毒基因转录后从细胞核输出到细胞质中，启动病毒蛋白的合成。初始合成的病毒蛋白主要包括 55 kDa 的 Gag 多蛋白和 160kDa 大小的 GagPol 多蛋白前体。Gag 前体蛋白包括基质蛋白（MA）、衣壳蛋白（CA）、核衣壳蛋白（NC）、p6 结构域，以及两条间隔肽 SP1 和 SP2。GagPol 多蛋白前体主要包括病毒装配及基因组复制相关的酶（蛋白酶、逆转录酶及整合酶等）。病毒囊膜糖蛋白复合体 Env 由球蛋白样的 GP120 和 gp41 组成三聚体纤突，其在内质网中合成，随后转运至高尔基体中进行糖基化等修饰，最后通过细胞外泌途径分布到细胞膜。

HIV-1 的装配起始于 Gag 多蛋白的合成。Gag 多蛋白合成后由细胞质转运至细胞膜内侧，在此过程中，Gag 招募胆固醇、鞘磷脂以及磷脂酰肌醇在细胞膜上形成脂筏，MA 则通过其富含碱性氨基酸的区域同细胞上磷脂酰肌醇（4，5）二磷酸静电吸附、RNA 结合以及 N 末端豆蔻酸暴露等作用下插入脂筏所在细胞膜上。RNA 在细胞核内合成后，转运至细胞质，一部分指导翻译病毒蛋白；另一部分则装配到新的病毒粒子中。Gag 的 NC 结构域包含两个锌指样功能域，对 RNA 具有高亲和力，负责病毒 RNA 的装载，在 Gag 转运途中或转运至装配场所后与病毒 RNA 二聚体结合，形成 Gag-RNA 复合体。GagPol 多蛋白前体转运至装配场所，同 Gag-RNA 复合体结合，形成成熟前病毒粒子。目前对病毒糖蛋白复合体 Env 的整合机制还不是十分清楚。成熟前病毒粒子形成后，Gag 招募并劫持细胞 ESCRT 机器介导病毒向细胞表面出芽，离开细胞表面后由蛋白酶在多个位点切割 Gag 及 GagPol 多蛋白前体，促使 HIV-1 病毒成熟（Freed，2015）。

3.PRV 装配及成熟

PRV 通过表面的囊膜糖蛋白 gC 蛋白与细胞表面硫酸乙酰肝素蛋白聚糖（heparan sulfate proteoglycan，HSPG）结合，形成不稳定的附着；然后，gD 蛋白与细胞表面特异性受体结合，使病毒粒子吸附于细胞表面。在糖蛋白 gB、gH、gL 介导下囊膜与细胞膜融合，使衣壳和被膜蛋白入侵到细胞中。病毒粒子在磷酸化作用下，外层被膜蛋白 UL11、UL46、UL47、UL48 和 UL49 迅速与衣壳分离。衣壳和内层被膜蛋白与细胞内动力蛋白互作沿着微管从细胞外周运输到核孔附近，PRV 基因组沿核孔进入细胞核。VP16 蛋白定位于细胞核上，并激活 IE180 基因（细胞 RNA 聚合酶Ⅱ）的转录，IE180 是 PRV 唯一的立即早期基因（immediate-early），在感染 40 min 内可以检测到转录物，IE180 基因编码的蛋白调节与复制相关以及具有酶功能的早期基因表达。立即早期蛋白合成后转运至细胞核，激活早期基因(early)EP0 的转录，在病毒感染后 2h 即可检测到，该蛋白能激活病毒的 IE180、UL23(TK)和 US4(gG)基因启动子，合成两类早期蛋白，其中一类早期蛋白(15 种)参与病毒 DNA 合成，包括 UL5、UL8、UL9/OBP、UL29/ssDNABP、UL30/DNA Pol、UL42/Pap、UL52、UL28、UL39(RR1)、UL40(RR2)、UL23(TK)、UL8.5(OBPc)、UL50、UL12、UL2，其中 7 种蛋白(UL5、UL8、UL9/OBP、UL29/ssDNABP、UL30/DNA Pol、UL42/Pap 和 UL52)是病毒 DNA 复制所必需的；另一类早期蛋白被认为是转录的反式激活因子，包括 EPO(ICP0)、US1(ICP22)、UL54(ICP27)，DNA 合成的开始标志着 PRV 复制周期的开始。病毒 DNA 合成后，翻译出晚期蛋白(衣壳蛋白)，合成的衣壳蛋白被转运至细胞核，围绕由 UL26 和 UL26.5 蛋白组成的支架进行组装，成熟的衣壳由 5 种蛋白组成。在多数细胞中，UL6 蛋白是病毒基因组 DNA 进入衣壳的入口。UL32、UL33、UL15(Ex2)和 UL17 都参与病毒 DNA 的剪切与包装。在 UL31、UL34 蛋白以及 US3 激酶作用下，组装完成的核衣壳以出芽的方式暂时进入核周间隙，核衣壳脱去初级囊膜，通过与被膜和囊膜蛋白结合获得最终囊膜以出芽方式进入反式高尔基体，最后被转运至细胞表面，进行细胞间的传播。PRV 感染后 4～5 h 即可检测到子代病毒粒子。

1.4 病毒分类

病毒无论从数量、宿主范围，还是从多样性考虑，无疑是地球上最成功的生物体。研究数量如此庞大而且又复杂多样的病毒是一件非常困难的事，为使该工作成为可能，就需要对病毒进行分类，通过对每一类中代表性病毒进行研究，可以帮助我们了解那些和代表株相近的病毒的生物学特性。对病毒的分类有多种方法，每种方法都有其局限性。常见的分类方法有巴尔的摩分类法和 ICTV 分类法等。

1.巴尔的摩分类法

病毒仅由蛋白质和核酸组成，在复制过程中，病毒蛋白需要借助宿主细胞中的核糖体来翻译病毒 mRNA 上的遗传信息。因此，病毒 mRNA 的产生过程是病毒生命周期中至关重要的一个环节。根据该特点，美国病毒学家 David Baltimore 根据病毒基因组产生 mRNA 的方式不同建立了一种病毒分类方法称为巴尔的摩分类法(图 1-8)。根据该分类方法将病毒分为七类：

(1)双链 DNA 病毒(dsDNA viruses)，如非洲猪瘟病毒、痘病毒、疱疹病毒、巨细胞病毒、腺病毒、乳头瘤病毒、多瘤病毒等；

(2)有缺口的双链 DNA 病毒(gapped dsDNA viruses)，如乙肝病毒；

(3)单链 DNA 病毒(ssDNA viruses)，如细小病毒、圆环病毒；

(4)双链 RNA 病毒(dsRNA viruses)，如呼肠孤病毒、轮状病毒；

(5)单链正义 RNA 病毒[(+)ssRNA viruses]，如冠状病毒、小 RNA 病毒、杯状病毒、黄病毒、披膜病毒；

(6)单链负义 RNA 病毒[(－)ssRNA viruses]，如副黏病毒、弹状病毒、丝状病毒、正黏病毒等；

(7)逆转录病毒(RT viruses)，如逆转录病毒。

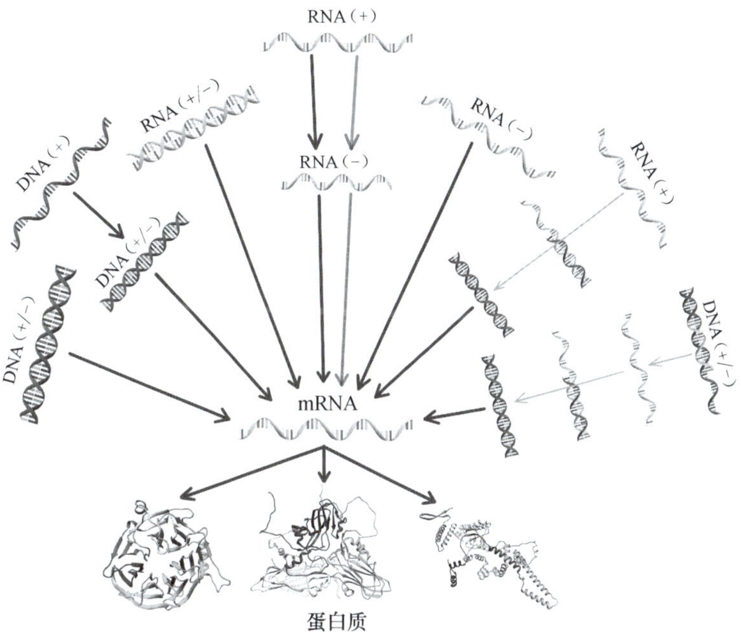

图 1-8 巴尔的摩分类法示意图

2.ICTV 分类法

ICTV 是国际病毒分类委员会(International Committee on Taxonomy of Viruses)的简称,是当前国际上提供最新病毒分类信息的权威机构,在其网站(https://talk.ictvonline.org)上会即时发布有关病毒分类的最新进展和报告。ICTV 的病毒分类是通过比较描述一个病毒的各种相关信息,建立起的层级分类规范。主要依据的信息包括:①病毒形态,大小、形状和有无囊膜等;②理化特性,热稳定性、消毒剂稳定性以及分子质量等;③基因组,核酸类型、大小、结构以及核酸链组成等;④蛋白质,数量、大小以及序列等;⑤脂肪,含量、特性等;⑥碳水化合物,含量、特性等;⑦基因组组织及复制,复制策略、ORF 数量、转录和翻译策略、病毒装配及释放场所;⑧抗原特性,血清型;⑨生物特性,宿主范围、传播途径、致病性、组织嗜性、地理分布等。

依据以上特性,结合生物学层级分类规范,制定了病毒的 15 个层级分类系统,分别为:域(Realm,后缀为-viria)、亚域(Subrealm)、界(Kingdom,后缀为-virae)、亚界(Subkingdom)、门(Phylum,后缀为-viricota)、亚门(Subphylum)、纲(Class,后缀为-viricetes)、亚纲(Subclass)、目(Order,后缀为-virales)、亚目(Suborder)、科(Family,后缀为-viridae)、亚科(Subfamily,后缀为-virinae)、属(Genus)、亚属(Subgenus)和种(Species)。根据 2020 年发布的最新分类目录,目前发现的病毒分属于 6 个域 10 个界 17 个门 2 个亚门 39 个纲 59 个目 8 个亚目 189 个科 136 个亚科 2 224 个属 70 个亚属 9 110 种。

1.5 病毒的传播

病毒感染一个宿主后,如果不能有效传播给新的宿主,以产生更多的病毒粒子,则病毒可能会被该宿主的抗病毒感染系统清除而灭亡。因此,在不同宿主间传播是病毒赖以生存的特性之一，也是病毒性疾病得以扩散的原因。

1.5.1 病毒感染宿主的途径

不同病毒感染宿主的途径存在差异，以脊椎动物病毒为例，其可以通过多种途径进入机体，如皮肤、黏膜、消化道和呼吸道等。

（1）皮肤　皮肤是人和动物防御病毒侵入的最为有效的屏障。通常在皮肤的最外层，有一层角质化的死细胞，这些细胞不能支持病毒的复制。通过皮肤感染的病毒通常是因为皮肤存在创伤、被蚊虫及其他动物叮或咬，以及皮下注射等引起感染。另外一些通过皮肤感染的病毒，如疱疹病毒和乳头瘤病毒，它们的侵入可能也需要皮肤表皮破损作为条件。

（2）黏膜　眼结膜以及生殖道黏膜是病毒侵入机体最为重要的途径之一。通过结膜感染的病毒有腺病毒、小 RNA 病毒等；可通过生殖道黏膜感染的病毒很多，常见的有疱疹病毒、逆转录病毒、乳头瘤病毒等。

（3）消化道　病毒可以通过消化道的不同部位感染机体，如口腔、咽部、肠道及直肠等。动物需要经常喝水及摄取食物，因此，为病毒通过消化道途径感染宿主创造了大量机会。通过肠道感染的病毒通常需要具备在消化道严苛的环境，如非常低的 pH 条件以及大量的消化酶的存在等条件下存活的能力，但是，当病毒到达肠道部位时，局部组织中存在的大量肠道上皮细胞及淋巴结为病毒提供了很好的复制环境。能通过消化道途径感染宿主的病毒主要包括：疱疹病毒（口腔及咽部）、腺病毒（小肠）、杯状病毒（小肠）、冠状病毒（小肠）和呼肠孤病毒（小肠）等。

（4）呼吸道　呼吸道是病毒最容易侵入的途径之一。和消化道一样，在呼吸过程中，呼吸道表面的细胞需要同从外界环境中吸入的空气进行接触，从而暴露于气溶胶中携带的病毒颗粒。呼吸道系统也进化出抵抗病毒感染的机制，如鼻窦会过滤掉一部分吸入的颗粒状物质，而在下呼吸道细胞表面则存在大量抗体。许多病毒可以通过呼吸道感染，其中最为常见的有正黏病毒、冠状病毒、副黏病毒和腺病毒等。

1.5.2 病毒在体内的扩散途径

成功进入一个潜在的宿主后，病毒必须进入易感细胞以启动复制。病毒在感染初期同宿主的互作结果通常会决定仅引起局部感染，或者扩散到全身引起系统感染。在一些情况下，病毒从感染细胞的释放方式决定了其引起局部感染或全身感染。如果病毒感染局部宿主细胞后，子代病毒释放后只能进入邻近的细胞，引起邻近细胞感染并导致细胞病变，该类病毒仅可引起局部感染的发生；如果病毒还可以通过血流以及神经系统扩散，则可能导致全身感染。

（1）通过血流扩散　病毒可能通过直接注射途径进入血液，如虫媒叮咬、共用污染了的注射器针头等。病毒进入血液后，有些病毒随血浆自由移动，如披膜病毒和肠道病毒；有些则吸附在红细胞、血小板、淋巴细胞或单核细胞上，随着这些细胞被转运到全身其他部位。血液中出现病毒时称为病毒血症。初次病毒血症出现后，病毒随血流被转运到更多的复制场所或在血液中复制，会引起二次病毒血症，此时血液中的病毒滴度更高。

（2）通过神经系统扩散　同通过血流扩散类似，病毒扩散到神经系统一般发生在初次病毒血症之后。在一些情况下，神经系统感染可能发生在感染局部，病毒通过直接接触神经元细胞而感染神经系统；另外一些情况下，则可能是通过血流途径感染神经系统的。病毒一旦感染外周神经细胞后，可以通过轴突逆向扩散到中枢神经系统。单纯疱疹病毒 1 型是一种典型的具有神经系统嗜性的病毒，该病毒能穿过突触连接，可以从一个细胞跳到另一个细胞中。

1.5.3 病毒的传播方式

自然环境是病毒感染的一个有效屏障。大部分病毒对一些自然环境中的因素如高温、干燥和紫外线等因素敏感，一般很难在这样的环境中长时间存活。而当病毒存在于污染的水和食物中时，则增加了其成功感染宿主的机会。一方面，在这些介质中有利于病毒在环境中存活；另一方面，可以经受胃环境而到达小肠。另外，有些病毒存在第二宿主如昆虫，在第二宿主身体中帮助克服环境对其影响，并利用第二宿主生活习性感染初级宿主。按照病毒在宿主之间传播的方式，可分为水平传播和垂直传播。

(1)水平传播(horizontal transmission)　水平传播指病毒在宿主之间直接传播。这种传播方式依赖于在宿主之间有较高的感染率，从而有足够量的病毒以维持传播的可能性。病毒可能通过多种途径经水平传播感染新的宿主。

经空气传播：感染呼吸系统的病毒主要通过空气途径进行传播。感染者经呼吸道或其他途径排毒后，病毒附着于飞沫、尘埃等载体上飘浮于空气中，易感者通过呼吸吸入而感染。

经水传播：饮用被病毒污染了的水是消化道传染性病毒病的主要感染途径。

经食物传播：食物中含有病毒时，食用这类未经充分处理的食物会引起易感动物感染而发病。来源于感染猪的泔水以及血粉被认为是非洲猪瘟病毒扩散的主要途径之一。

虫媒传播：节肢动物通过叮咬可以传播许多病毒。虫媒传播通常包括机械携带和生物性传播两种方式。机械携带指病毒不在昆虫媒介体内复制，而生物性传播则是指病毒能在昆虫体内增殖。

直接接触传播：病毒可以通过感染者和易感者之间的直接接触而传播。

间接接触传播：感染者带有病毒的分泌物或排泄物污染其他用品，如车辆、工具以及动物饲养人员的衣物等，易感者接触后可造成感染。

(2)垂直传播(vertical transmission)　垂直传播是指病毒从一代宿主传播到下一代宿主。垂直传播可能发生在胎儿出生之前、生产过程以及出生后不久，病毒直接从精子传播给下一代的情况非常罕见。同水平传播相比，垂直传播需要病毒在宿主体内存活更长时间。

1.6 病毒感染宿主的后果

人们对病毒感染的第一反应基本都是与其引起的疾病关联起来的。但是，推测一种疾病是否由某种病毒引起并不是一件容易的事情。在 19 世纪 80 年代 Robert Koch 提出了著名的科赫法则(Koch postulates)，又称证病律，该法则定义了推断一种疾病是由特定感染因子引起的依据：①在每个病例中均存在该致病因子；②该致病因子能被宿主中分离到并可在体内生长；③用该因子的纯净培养物接种一个健康的易感宿主一定能引起该种疾病；④能从实验感染的宿主中分离出同样的致病因子。

如果进行了上述 4 个步骤，并得到确实的证明，就可以确认该生物即为该病害的病原物。尽管当前在确定传染病病因方面主要依赖于分子生物学和血清学诊断手段，但是对于新发病毒病，科赫法则依然在病因确定中具有生命力。

对于致病性病毒,成功感染则会导致宿主发病。然而,宿主在进化过程中也发展出了非常复杂的对病毒感染进行反应的机制,如免疫反应(天然免疫反应和获得性免疫反应)。病毒感染就是病毒同宿主防御系统之间相互“斗争”的过程,其结果也因双方“力量”的不同而存在差异。

(1)感染失败　病毒感染了一个细胞或宿主,但是没有完成整个复制周期,没有子代病毒粒子的产生,这种感染成为非生产性的感染。然而,这种感染的后果有时候也不能忽视,如SV40感染啮齿动物的非允许细胞可能会导致细胞转化。

(2)急性感染　我们最为熟悉的病毒感染的后果是急性感染,如流感病毒感染。急性感染是指病毒感染的时间相对较短,最终病毒会完全被机体的免疫系统清除。在典型的急性感染中,病毒通常在任何临床症状出现之前就大量复制并排毒,这会给疫病防控造成困难,因无法在早期发现感染者而导致疫情流行。通常引起流行或大流行的病毒,如流感病毒、非洲猪瘟病毒,以及近年正在全球大范围流行的SARS-CoV-2等都是典型的可引起急性感染的病毒。

(3)慢性感染　慢性感染是指相对于急性感染病毒在宿主体内的存在时间显著延长,但最终宿主的免疫系统会将病毒彻底清除。病毒学上的慢性感染和临床所用的术语不同,在临床表现上,急性感染和慢性感染没有明显差别。

(4)持续感染　持续感染是指病毒和宿主器官之间维持一种微妙的平衡关系,病毒通过对自身复制水平及致病力的调节,避免杀死宿主细胞而长期在宿主细胞中存在。持续感染的宿主可能会终生带毒。

(5)潜伏感染　潜伏感染是病毒感染的最为高级的模式。在潜伏感染中,病毒能够下调其基因表达水平,仅维持少数基因表达而不完成病毒复制,从而使其处于非活跃的状态。处于潜伏感染状态的病毒通常也会在宿主体内终生存在。最为典型的潜伏感染病毒是单纯疱疹病毒,病毒感染黏膜上的感觉神经元后将其作为最初的复制场所,随后病毒通过神经轴突转移到中枢神经系统,进入背根神经节潜伏感染。由于免疫系统对神经系统具有“豁免权”,感染病毒的神经细胞无法像其他系统细胞那样被免疫系统清除,造成病毒潜伏在神经细胞中,但最为重要的还是病毒自身对基因复制的调节。当存在某些刺激因素时,病毒会转移到外周感觉神经元并复制,引起明显的唇疱疹或生殖器溃疡等临床症状。

1.7　病毒病的预防及治疗

对病毒感染常用的干预方法有两类:首先是预防感染;其次是对感染者进行治疗。对动物病毒感染的预防措施通常包括生物安全措施及疫苗接种。生物安全措施的主要目的是预防病原输入及扩散。对于养殖场,可以对进入场区的人员、车辆、物资等进行严格的消毒,以防止病毒通过这些途径带入场区;对需要引入的动物,则需要有严格引入检疫及隔离措施;在场内则对生产的各个环节开展诸如环境消毒、及时发现并处理患病动物等措施防止交叉污染及感染等。病毒一旦感染宿主,就会对宿主造成一定的损伤,如果不能及时发现,则有可能进一步扩散,因此,疫苗接种是预防动物病毒感染的最为重要的手段。在生产实践中,对畜禽病毒病的治疗干预较少,而对宠物及其他珍贵动物普通病毒病,在感染和发病后需要采取治疗手段帮助其康复。

1.7.1 疫苗免疫

疫苗接种是为了提供有效的群体免疫屏障，只要在群体中有足够数量的易感个体获得免疫，就可以阻止病毒病的传播，因此，免疫的目的并非一定要使每个易感个体都获得有效的免疫保护反应。

了解宿主对病毒感染的免疫反应，以及病毒复制周期中哪些阶段可以作为免疫干预的靶标对设计有效的疫苗至关重要。高效疫苗需要刺激机体产生尽可能多的防御反应，在实际疫苗开发过程中，在没有引起致病性的情况下模拟自然病毒感染是最为有效的疫苗开发策略，弱毒活疫苗就是基于该策略开发的，如滴鼻接种冷适应流感疫苗。

灭活疫苗是临床上最为常用的疫苗之一。灭活苗的制备原理是利用物理或化学方法使病毒失去感染性，但保留其免疫原性。在灭活的过程中，需要在既灭活病毒又不损失抗原性之间保持平衡，因此，需要对灭活条件进行严格控制。灭活苗的优点是制备容易、抗原性好、质量稳定且安全性高。但是，其也有明显的不足，如不能诱导黏膜及细胞免疫反应，最近科学家对正链 RNA 病毒灭活疫苗的核酸可能引起感染比较关注。

活疫苗是所有类型疫苗中免疫效果最好的疫苗。活疫苗免疫效果好的原因是其具有完全的抗原谱，免疫反应不但可以通过结构蛋白诱导产生，由于病毒在体内可以复制，病毒的非结构蛋白也可以产生细胞介导的免疫反应。活疫苗的活疫苗株可以是天然病毒，也可以是人工致弱病毒。活疫苗最大的优势是其可以诱导高水平、持续时间长及完全的免疫反应。其缺点也很明显，如疫苗株的遗传稳定性和化学稳定性差，一些外界因素如保藏或运输不当会导致其失去感染能力，同时也存在毒力增强的风险。另外，在毒株培养及繁殖过程中可能受到外源病毒的污染。

合成疫苗是指用化学方法合成的短肽。这种疫苗设计的前提是明确病毒蛋白中的主要保护性表位，在此基础上人工合成和这些表位具有相同或相似的氨基酸组成的肽，作为免疫源进行免疫接种。这种疫苗通常效率较低，而且成本比较高。

DNA 疫苗是一种新型疫苗，仅包含表达目标抗原的 DNA。其基本原理是疫苗在接种后，会在体内表达抗原蛋白，从而刺激机体产生针对抗原的特异性免疫反应。除刺激产生体液免疫反应外，DNA 疫苗也可以刺激产生细胞免疫反应。DNA 疫苗的一个重要优势是研发需要的时间短，可在较短时间内制备针对新发病毒的疫苗。目前全球已经有 5 个商品化的 DNA 疫苗上市，其中包括我国的禽流感 DNA 疫苗。

病毒活载体疫苗是利用基因操作技术将一种病毒的保护性抗原基因插入另一个非致病性的病毒的基因组中，构建一种重组活病毒作为疫苗株。其原理是利用一种基因组背景清晰的致弱病毒作为载体，将抗原蛋白进行表达在体内表达并呈递给免疫系统，诱发免疫保护反应。目前有很多病毒可以作为载体开发重组疫苗，包括新城疫病毒、腺病毒、痘病毒等。

疫苗仍是防控病毒病最为有效的手段。目前人类宣布扑灭的病毒病只有人的天花及牛瘟，这两种病毒病扑灭的核心技术均为疫苗接种。除了预防接种外，对某些病毒暴露可以采取紧急接种的策略，以防止全身感染的产生。狂犬病毒暴露后，其感染过程相对较长，通过紧急接种狂犬病疫苗而产生的免疫反应，可以阻止病毒感染中枢神经系统。大多数病毒的抗原性相对保守，只有一个血清型，这些病毒疫苗研究相对容易；但对于流感病毒等，其抗原性在持续发生变异，因此，疫苗株需要根据对病毒抗原性变异监测结果持续更新。

1.7.2 药物治疗

用药物抑制病毒复制是抗病毒感染的重要手段之一。抗病毒药物筛选必须针对病毒复制周期中的关键环节，这需要深入了解病毒的复制机理和靶标蛋白的结构及功能。

针对吸附阶段的药物。病毒感染宿主细胞的第一步是病毒受体结合蛋白吸附到细胞表面受体上，如果能成功阻止病毒吸附，就可以达到抗病毒感染的目标。有两种方式可以阻止病毒吸附，一是用病毒受体结合蛋白的模拟物，通过其结合到病毒受体上，阻止病毒的吸附；二是用病毒受体的模拟物，让其结合到病毒上，从而阻止病毒吸附细胞受体。合成肽是此类病毒抑制剂的最理想的候选者，但是目前存在的问题是其成本较高，且多数合成肽不具成药性。

针对病毒穿膜以及脱衣壳阶段的药物。该阶段药物设计及开发相对比较困难，因为截至目前，大部分病毒的穿膜及脱衣壳机制并不十分清楚。对于脱衣壳，该过程可能借助宿主细胞内的酶来完成，所以很难开展药物设计；穿膜则往往需要多个蛋白的共同参与。抗流感病毒的药物金刚烷胺和金刚脘乙胺是靶标病毒的基质蛋白（M_2）的离子通道，药物作用于离子通道后，可以抑制病毒感染细胞的内吞小体中的 pH 的降低，从而阻断 HA 的膜融合过程，达到抑制流感病毒复制的目的。

针对复制阶段的药物。许多病毒有自己特异性的酶参与基因组复制，这些酶可以作为病毒特异性药物筛选的靶标，这是当前抗病毒药物筛选的主要对象。针对复制酶药物设计主要有两种类型的药物：一类是聚合酶底物（如核苷酸）的类似物。如治疗疱疹病毒感染的阿昔洛韦，这类药物的血浆半衰期较短（1～4 h），且在体内需要磷酸化后才具药物活性；另一类是病毒聚合酶抑制剂。膦甲酸是焦磷酸的类似物，它可以抑制三磷酸腺苷同 DNA 聚合酶的结合。病毒唑对多数负链 RNA 病毒有效，它是一种 RNA 诱变剂，可以导致 RNA 病毒的基因组在一轮复制中产生 10 倍以上的突变基因，从而使 99%的病毒失去感染性。

1.7.3 其他

在酵母乃至哺乳动物体内有许多小的及大的非编码 RNA，它们的功能还不完全了解，但是，已有证据表明这些 RNA 在细胞内稳态调节及疾病发生中有重要作用，许多这种类型的 RNA 能和特异性的 RNA 序列结合，导致基因表达抑制。Fire 和他的同事于 1998 年首次报道了 RNA 干扰（RNA interference, RNAi）实验，他们证实用双链 RNA 对目标基因表达的抑制效率要高于正链或负链 RNA，这种抑制效果和以前在一些植物、动物以及真菌中观察到的小 RNA 在基因转录后沉默通路中发挥着重要作用的结论一致。在随后的实验中，用双链 RNA 或小的抑制 RNA（small interfering RNAs, siRNAs）可以敲除培养的哺乳动物细胞中的目标基因，用多个由 21 个核苷酸组成的双链 RNA 既可以沉默内源基因的表达，对外源基因也有相同的效果。共有三种类型的非编码 RNA 有 RNAi 的功能，包括 piRNA（PIWI-interacting RNA）、miRNA（microRNA）和 siRNA。

RNAi 的机制比较复杂，但是对双链 siRNA 的机制研究则相对清楚。在哺乳动物细胞内，长的双链 RNA 经Ⅲ型 RNA 内切酶 Dicer 切割为小的 siRNA，siRNA 结合到 RNA 诱导的沉默复合体（RNA-induced silencing complex, RISC）上，该复合物含有数个蛋白亚基，包括能切割并释放信使链从而激活 RISC 的 Ago2，激活后并含有 siRNA 的 RISC 被转运至目标 mRNA，通过互补结合抑制其翻译，或通过一种称为 AGO 切片功能活性将其降解。

有大量的研究表明，宿主 miRNA 可以调节哺乳动物病毒的复制。人肝脏专有的 miR-122 可以增强丙型感染病毒的复制；而 miR-199a-3p、miR-210 和 miR-125a-5p 可以抑制乙肝病毒的复制；miR-323、miR-491 和 miR-654 的靶标为流感病毒；miR-27 和 miR-93 的靶标为 VSV；miR-28、miR29a、miR-125b、miR-150、miR-223 和 miR-382 则发现靶向 HIV-1。从目前的研究结果看，RNAi 是宿主抵抗病毒感染的防御体系的重要组成部分，起到抑制病毒在体内复制的作用。

一些感染真核细胞的病毒也编码 miRNA。疱疹病毒能编码多种 miRNA，核内复制的 DNA 病毒编码一到两种 miRNA，而 RNA 病毒和其他细胞质内复制的 DNA 病毒还没发现编码 miRNA。病毒编码的 miRNA 有多种作用：首先，这些 miRNA 可以抑制宿主的天然免疫及获得性免疫相关的调节蛋白，从而降低机体的抗病毒免疫反应效率；其次，病毒 miRNA 可以下调病毒蛋白的表达水平，包括立即早期或早期的关键调节蛋白。疱疹病毒的 miRNA 在潜伏感染时表达水平很高，而在显性感染期则表达量较低，因此，其作用被认为是保障病毒处于稳定的潜伏状态。

参考文献

Bjorn-Patrick Mohl，Polly Roy. Bluetongue Virus Capsid Assembly and Maturation. Viruses，2014，6(8)：3250-3270.

Freed E O.HIV-1 assembly，release and maturation. Nat Rev Microbiol，2015，13(8)：484-496.

Kim I S，Jenni S，Stanifer M L，et al. Mechanism of membrane fusion induced by vesicular stomatitis virus G protein.Proc Natl Acad Sci USA，2017，114(1)：e28-36.

（王靖飞）

第2章 病毒学研究方法

本章提要

对病毒的认识依赖于研究方法和技术手段的建立及革新。本章以传统方法(如病毒培养、分离及鉴定等)和新型研究方法(如冷冻电镜三维重构技术等)相结合的方式,介绍病毒学常用的一些研究方法以及它们的应用场景。

2.1 病毒的培养

开展病毒研究的一项重要工作是病毒培养。病毒是细胞内寄生体,它们利用细胞的分子机器完成自身的增殖,因此,大部分病毒培养需要在活细胞中进行。不同宿主来源的病毒其培养体系存在不同,噬菌体一般利用细菌培养;而植物病毒则需要在可培养的植物或植物细胞中增殖;动物病毒的增殖一般在全组织,如小鼠、鸡胚或昆虫中培养;当前在大多数情况下,如果有病毒适应的可传代细胞系,则利用细胞系来进行病毒培养是最为便利的方法。

2.1.1 动物培养

对于细胞系、鸡胚,以及组织不能培养的病毒,可以用实验动物进行接种培养。常用的实验动物有小鼠、豚鼠、仓鼠、兔子以及灵长类动物。用于病毒接种的动物必须健康,并且没有感染其他传染性疾病病原。通常实验室会选用SPF(specific pathogen free)动物,即无特定病原体动物,是指除清洁动物应排除的病原外,不携带主要潜在感染或条件致病和对科学实验干扰大的病原的实验动物。乳鼠是病毒培养最为常用的实验动物,通常会选择脑内或鼻腔接种途径,有些病毒也选择腹腔或皮下注射途径。接种后病毒在动物体内的复制会导致动物发病,通过对临床症状、发病及死亡情况的观察来描述病毒的致病性相关特征,利用病毒感染的动物的特定组织进行病毒的滴定、分离以及纯化等。用动物进行病毒培养的优势是可以确定病毒感染的流行病学特征、临床症状、病理变化、免疫反应等,也可以用于病毒的分离鉴定。但是也存在动物饲养及感染需要特别的设施、成本高昂、动物福利考虑以及有些病毒找不到合适的感染动物等不利条件。

2.1.2 鸡胚培养

鸡胚培养法是用来培养某些对鸡胚敏感的动物病毒的一种培养方法,可用这种方法对多种病毒进行分离、毒力的滴定、中和试验以及疫苗制备等。鸡胚接种一般用9～12日龄的鸡胚,需要在无菌的环境中进行,操作过程需要对接种部位用碘酒消毒,接种后放入孵化器中孵育,观察鸡胚发育及病变情况。病毒在鸡胚中的生长部位不同,接种时应根据病毒的这种特性将病毒接种于特定的部位。通常病毒接种部位包括:尿囊腔、绒毛尿囊膜、羊膜腔以及卵黄囊等(图 2-1)。流感病毒、黄病毒、狂犬病病毒以及大多数禽病毒可接种于尿囊腔,病毒生长后可引起鸡胚死亡或出血性病变。痘病毒适宜于在绒毛尿囊膜上生长,经培养后,产生肉眼可见的白色痘疱样病变。流感病毒和腮腺炎病毒可以在羊膜腔中接种,病毒的生长情况可以用血凝试验来判定。许多病毒,如柯萨奇病毒、流感病毒等可以通过卵黄囊接种途径培养及分离。用鸡胚进行病毒分离的优势包括大多数禽病毒及一部分哺乳动物病毒可以用该方法分离及培养、成本相对较低、鸡胚资源丰富、工作量相对较小以及可以用于生产疫苗等。不利之处在于接种过病毒的鸡胚废弃物的处理,特别是疫苗生产用鸡胚废弃物处理对环境存在一定程度的污染;另外,不同病毒接种部位不同,在接种过程中需要对病毒生长特性有比较清楚的了解,同时也需掌握一定的接种技巧。

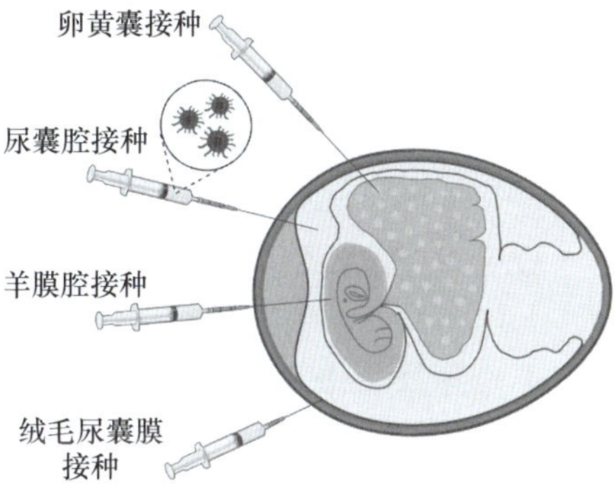

图 2-1 鸡胚接种示意图

2.1.3 细胞培养

组织培养是实验室常用的另一类病毒培养方式,主要包括两类:组织器官培养和细胞培养。组织器官培养是利用离体的部分器官进行敏感病毒的培养和分离,如用气管环培养物分离冠状病毒。细胞培养则是实验室最为常用的病毒分离及培养方法。

用于病毒培养的细胞主要有三类:原代细胞、二倍体细胞以及细胞系。

原代细胞是从动物体分离的正常细胞,只能有限传代,不能持续培养。原代细胞通常被用来分离病毒或生产疫苗。鸡胚成纤维细胞通常被制备用来分离禽类病毒,如禽流感病毒。猪肺泡巨噬细胞被用来分离和培养猪繁殖与呼吸综合征病毒及非洲猪瘟病毒等。原代细胞也可以被用来生产疫苗。

二倍体细胞来源于动物体,具有和父代细胞同等数量的染色体,能在体外有限传代培养,一般可在体外连续传代 50 代以上。二倍体细胞用于分离一些较难分离的细胞,也可以用于生产疫苗。常用的二倍体细胞有人胚肺二倍体细胞、人胚肾二倍体细胞、恒河猴胚细胞等。

细胞系是来源于人或动物癌细胞,为永生化细胞,可以在实验室无限制传代。细胞系可以在无菌状态下亚传代维持或于－70 ℃保存。细胞系常用于病毒分离和致病性等研究,但因其来源于癌细胞而不能用于生产疫苗。

细胞培养需要添加培养基,常用培养基为动物血清,其中含有细胞生长和增殖需要的营养物质。在进行病毒培养时,细菌和支原体污染是常见的问题,因此,细胞培养操作要在生物安全柜中进行,必要时在培养基中添加抗生素及支原体抑制剂。有些细胞需要在高浓度的二氧化碳中才能生长,这类细胞需要在二氧化碳培养箱中培养。培养病毒细胞系按照其在容器里生长方式的不同分为贴壁生长细胞和悬浮生长细胞。贴壁细胞常用玻璃或塑料培养瓶或皿作为容器,利用固体琼脂培养基作为载体,细胞在培养基表面呈单层形式生长。有些细胞可以在液体培养基中悬浮培养，贴壁细胞在经过驯化后也可以悬浮培养。悬浮细胞可以在反应器中直接生产增殖，具有细胞自由生长、培养环境均一、取样简单、培养操作简单可控、放大方便、污染率和成本低等优点，是目前生产用量级病毒培养的趋势。

2.2 病毒纯化

从临床样品中获得的初始病毒材料可能含有多种病原或多种遗传背景的同一种病毒，因此，在利用其作为生物材料开展后续研究之前，需要对其进行分离和纯化。

病毒分离的目的是获得在生物及遗传特性上完全一样的病毒株。蚀斑纯化是实验室病毒分离的最为常用的手段之一，其基本原理是大多数病毒在感染单层宿主细胞后，会在细胞中形成不连续的肉眼可见的区域（蚀斑）。一般假设一个蚀斑是由一个病毒感染一个细胞引起，子代病毒从这个感染的细胞释放后继续感染周围细胞而形成的，这样，挑取一个蚀斑继续培养就可以获得一个纯的病毒株。在实际操作过程中，每个蚀斑有可能是多个遗传背景存在变异的病毒感染造成的，或由细菌感染引起，因此，蚀斑纯化需要开展多轮。

病毒首次分离出来后，最初在细胞系上有可能生长不良。这种情况下，需要对病毒进行连续传代，病毒会逐渐适应细胞系，进而在细胞系上生长良好达到比较高的生长滴度。但是，每一轮传代都有可能引起病毒变异，最终获得的细胞适应株在遗传上可能和最初的野毒株存在一定的差异。

2.3 病毒粒子纯化

分离到病毒后，如果想进行后续的实验室研究，根据实验目的不同，需要对病毒做不同程度的纯化。在做普通的感染试验时，一般需除去病毒液中可能存在的细菌、细胞碎片及其他较大的杂质，此时需要对病毒液做粗纯，粗纯常用的方法是差速离心法。如果需要开展其他更为精确的实验，如病毒成分鉴定、结构解析及制备疫苗候选株等，则需要对病毒进行纯化，纯化的方法通常用密度梯度离心和亲和层析法等。

差速离心（differential centrifugation）是采用不同的离心速度和时间，使沉降速度不同的颗粒在不同批次分离的方法。如图 2-2 所示，在利用差速离心粗纯病毒时，首先利用较低速度和时间离心，将大的细胞碎片及其他杂质沉淀下来，然后再利用较高速度和较长时间离心，将病毒沉淀下来。通常我们将第一步离心称为除碎片，第二步离心称为富集病毒。利用差速离心进行病毒粗纯时，需要根据实验材料来源及病毒的理化特性对离心条件进行调整。

密度梯度离心（density gradient centrifugation）是利用沉降系数不同的颗粒在离心力的作用下，以各自一定的速度沉降，于密度梯度不同区域形成区带，从而将颗粒分离的方法。实验室常用的密度梯度介质有蔗糖、氯化铯以及碘克沙醇等。密度梯度离心通常有两种：区带离心法（rate zonal centrifugation）和等密度离心法（equilibrium centrifugation）。

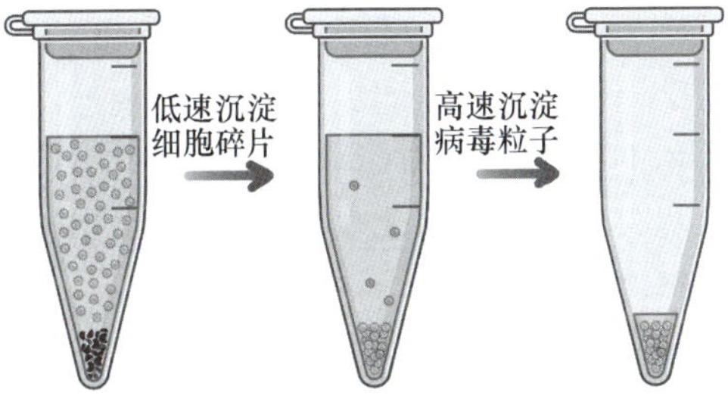

图 2-2 差速离心浓缩病毒过程示意图

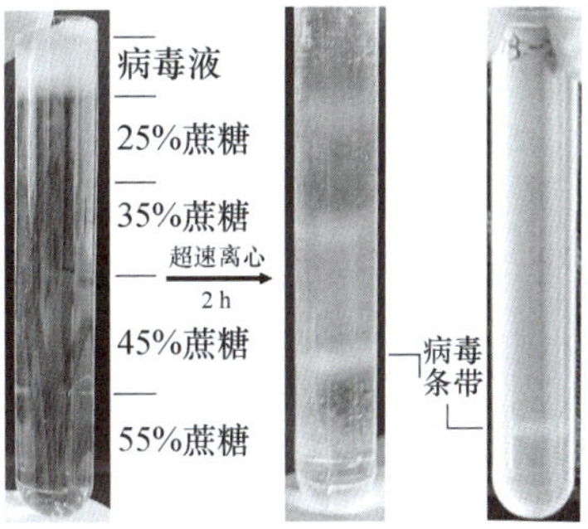

图 2-3 非连续蔗糖密度梯度离心纯化病毒

在区带离心时，一个颗粒在密度介质中以由其沉降系数决定的速率运动，沉降系数主要决定于颗粒的大小。同样大小的颗粒，如病毒粒子会在介质中形成明显的条带，从而可以将其分离出来。区带离心过程如图 2-3 所示。

在等密度离心中，要确保离心管底部介质的密度大于要纯化的病毒或分子的密度，其原理是一个悬浮于密度介质中的粒子，在离心力的作用下运动至介质密度和它的密度相同的点。这种方法可以决定核酸或病毒粒子的浮密度。在病毒学中，用氯化铯确定的浮密度通常作为病毒生化特性的标准之一。

2.4 病毒定量

病毒定量的目的是测量样品里面有感染性的病毒的滴度。主要是通过将病毒接种于适合的细胞或动物，如果感染性的病毒存在，则会产生可以检测到的变化。通常对病毒定量的方法有蚀斑试验、$TCID_{50}$测定以及一步生长曲线。

2.4.1 蚀斑试验

蚀斑试验可以用来对能形成蚀斑的病毒进行定量，病毒滴度用蚀斑形成单位（plaque-forming units，PFU）来表示。

蚀斑试验的基本过程是将病毒接种到平皿或其他容器中的固体培养基中，在能形成蚀斑的条件下进行培养，通过对形成的蚀斑进行计数来确定病毒滴度。在病毒接种时，按照等体积倍比稀释的方法进行稀释，理论上病毒浓度越高，形成蚀斑的数量越多。但是，如果蚀斑数量太多，存在重叠现象，不利于计数，一般选蚀斑数量在 30～300 个/平皿进行计数。

2.4.2 $TCID_{50}$测定

在对病毒进行定量分析中，可以通过对病毒接种后动物或组织细胞后果进行统计。病毒接种后果通常为有反应或没反应，如产生细胞病变，或不产生细胞病变；动物或细胞死亡，或者存活，以此作为标准可以对病毒感染性进行定量。这种分析方法通常是发现能引起 50%的培养物发生反应的病毒量。在用培养的组织细胞进行分析时，用 $TCID_{50}$（50% tissue cultures infectious dose）来描述病毒滴度，是指接种后能引起 50%细胞感染的病毒量；用动物做试验时

则为 LD_{50}(50% lethal dose),指能导致 50%动物致死的病毒量。用细胞培养物测定病毒的 $TCID_{50}$ 较实验动物的 LD_{50} 简便、经济,且易控制实验条件。以 PRV 为例,其 $TCID_{50}$ 的测定过程如下:

(1)细胞准备　准备铺满单层 Vero 细胞的 96 孔板;

(2)病毒稀释　准备 1.5 mL EP 管,每管加入 900 μL 无血清 DMEM,另加入 100 μL 病毒液后涡旋混匀 15 s,取 100 μL 混悬病毒液加入另一含 900 μL 无血清 DMEM 的 EP 管中,再次涡旋混匀,以此类推对病毒进行 10 倍倍比稀释;

(3)病毒接种　将准备好的细胞板使用无血清 DMEM 培养液洗涤 3 次,每孔加入 100 μL 病毒稀释液,每个稀释 8 个重复,最后一列加入无血清 DMEM 培养液作为阴性对照;

(4)培养及观察　将接种好病毒的细胞板放入细胞培养箱,37 ℃,5% CO_2 继续培养,72 h 后观察细胞病变(CPE)并记录,结果如图 2-4 和表 2-1 所示;

(5)计算 $TCID_{50}$

$$距离比例=\frac{高于50\%百分比-50\%}{高于50\%百分比-低于50\%百分比}$$

$lgTCID_{50}$ = 距离比例×稀释度对数间差+高于 50%病变率的稀释度对数

(注:10 倍稀释度对数为 1。)

结果统计:

	10^{-1}	10^{-2}	10^{-3}	10^{-4}	10^{-5}	10^{-6}	10^{-7}	10^{-8}	10^{-9}	10^{-10}	10^{-11}	C
A	⊕	⊕	⊕	⊕	⊕	⊕	⊕	⊖	⊖	⊖	⊖	⊖
B	⊕	⊕	⊕	⊕	⊕	⊕	⊕	⊕	⊖	⊖	⊖	⊖
C	⊕	⊕	⊕	⊕	⊕	⊕	⊖	⊖	⊖	⊖	⊖	⊖
D	⊕	⊕	⊕	⊕	⊕	⊕	⊕	⊖	⊖	⊖	⊖	⊖
E	⊕	⊕	⊕	⊕	⊕	⊕	⊕	⊖	⊖	⊖	⊖	⊖
F	⊕	⊕	⊕	⊕	⊕	⊕	⊕	⊕	⊖	⊖	⊖	⊖
G	⊕	⊕	⊕	⊕	⊕	⊕	⊕	⊖	⊖	⊖	⊖	⊖
H	⊕	⊕	⊕	⊕	⊕	⊕	⊖	⊖	⊖	⊖	⊖	⊖

图 2-4　细胞病变示意图

也可以用病毒的 $TCID_{50}$ 估计 PFU,计算公式为:

$$1\ TCID_{50}=0.7\ PFU$$

表 2-1 细胞病变计数表

稀释度	CPE 数	无 CPE 数	CPE 数累计	无 CPE 数累计	比率
10^{-1}	8	0	56	0	1
10^{-2}	8	0	48	0	1
10^{-3}	8	0	40	0	1
10^{-4}	8	0	32	0	1
10^{-5}	8	0	24	0	1
10^{-6}	8	0	16	0	1
10^{-7}	6	2	8	2	0.8
10^{-8}	2	6	2	8	0.2
10^{-9}	0	8	0	16	0
10^{-10}	0	8	0	24	0
10^{-11}	0	8	0	32	0

2.4.3 一步生长曲线

在测定病毒感染力时常用的一个实验是单菌释放实验，最初为研究噬菌体粒子的数量而建立，所获得的数据用来绘制一步生长曲线(one-step growth curve)。

绘制一步生长曲线时，将适量病毒接种于敏感细胞培养物，以感染时间为横坐标，病毒的效价为纵坐标，用来测定侵染和成熟病毒粒子释放的时间间隔，以及估计每个被侵染的细胞释放出来的新的病毒粒子数量。

一步生长曲线分为三个阶段：隐晦期、裂解期和平稳期。在隐晦期，具有感染力的病毒粒子的数量处于恒定状态，此时病毒处于基因组复制和蛋白表达阶段，没有病毒粒子从感染细胞中释放出来，每个细胞只能形成一个蚀斑。当感染细胞开始死亡，病毒粒子释放时，病毒滴度会迅速升高，此时为裂解期。当所有细胞都裂解，病毒粒子全部释放之后，病毒滴度不再增加，曲线表现为平稳状态，称为平稳期(图 2.5)。一步生长曲线绘制的实验过程如下：

(1)对病毒和细胞进行定量。在绘制一步生长曲线时，要尽可能保证所有细胞同时感染，因此，病毒数量一定要超过细胞数量。病毒粒子和细胞数量之比通常用感染复数(multiplicity of infection，MOI)表示，在绘制一步生长曲线时常用病毒量为 5～10 MOI。

(2)病毒吸附。将病毒在一定条件下(如 4 ℃)与细胞孵育一定时间(如 30 min)，确保吸附完成后，终止吸附过程(如洗去未吸附的病毒或用抗病毒血清中和病毒)。

(3)间隔取样。间隔一定时间取样，直到细胞完全裂解。持续时间随病毒的生长特性不同而不同，从数个小时到数天。

(4)蚀斑实验。利用采集的样品做蚀斑实验。

(5)绘制一步生长曲线。以取样时间为横坐标，绘制病毒滴度曲线。

这个实验能提供病毒在特定的细胞系中复制周期信息，每个细胞中产生的感染性病毒粒子的平均数量可以用如下公式计算：裂解量＝最终病毒滴度/初始病毒滴度。一步生长曲线如图 2-5 所示。

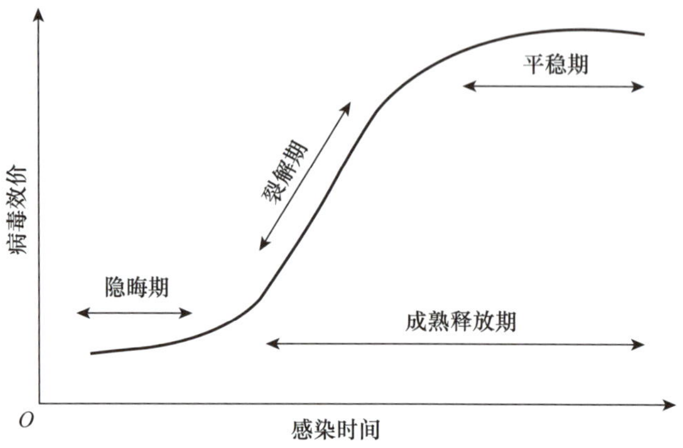

图 2-5　一步生长曲线示意图

2.5　病毒形态与结构研究

病毒结构研究的目的是“看”到病毒粒子的形态、结构、组成，以及病毒在感染宿主细胞过程中的状态及与宿主细胞的互作过程。研究的主要技术手段包括：光学显微镜、电子显微镜、X-光晶体衍射、核磁共振等。

2.5.1　光学显微镜

几乎所有病毒粒子的大小已经超出了光学显微镜的分辨能力，无法用光学显微镜直接观察到病毒粒子。但是，可以利用光学显微镜观察病毒感染引起的细胞病变（cytopathic effects，CPE）和利用标记方法（如间接免疫荧光）观察到病毒感染的细胞内的病毒成分（如蛋白和核酸等）。

细胞病变是病毒的大量复制及增殖造成的细胞死亡或变形、脱落、聚集等现象。常见的细胞病变包括：①细胞全部死亡。这是病毒引起的最为严重的细胞病变，肠道病毒可引起这种病变。②大部分细胞死亡。病毒感染细胞一定时间后，仅留少数细胞仍附着于培养皿表面。披膜病毒、小 RNA 病毒以及副黏病毒等可引起此种病变。③局灶变性。这种病变是病毒从一个细胞释放后，接着感染周围细胞引起的，主要特征为细胞变大、变圆，对光的折射增强，过一定时间细胞脱落。疱疹病毒和痘病毒通常会引起这类病变。④肿胀聚集。腺病毒感染后，会引起细胞水肿、聚集成团，甚至脱落。⑤空泡变性。病毒感染后可在细胞质中形成大量的空泡。观察这种病变需要对细胞进行固定和染色。逆转录病毒和黄病毒感染可造成宿主细胞的空泡变性。⑥合胞体（syncytium）。病毒感染后会导致多个细胞融合形成可观察到多个细胞核的“巨细胞”。副黏病毒和疱疹病毒的细胞病变特征为形成合胞体。⑦包涵体（inclusion bodies）。病毒感染后在细胞质、细胞核或两者中形成的一个或多个异常结构，其中为处于装配阶段的病毒成分或大量成熟的病毒粒子。狂犬病毒感染神经细胞形成的包涵体称为内基小体（negri bodies），嗜酸性，位于细胞质中，呈圆形或椭圆形，是狂犬病的典型病变。

荧光显微镜（fluorescence microscope）：荧光显微镜是光学显微镜的一种，其用荧光或磷光代替反射光或吸收光进行有机物或无机物特性研究。荧光是物质吸收光后产生的激发光。

大多数细胞成分是无色的，在光学显微镜下不能清晰区分，荧光显微镜的最大优势是染色后，可以对染色的细胞成分进行区分。荧光染料，通常称为荧光素是能吸收一定波长(通常为紫外光)的激发光的分子，在吸收光之后能激发出波长更长的光。从吸收到激发之间的时间延迟为纳秒级，通常可以忽略。

用荧光显微镜开展病毒相关研究具有以下优势：①荧光显微镜是目前可用于活细胞动态行为研究的最流行的手段；②具有在没有荧光的背景物质中高特异性地识别单个蛋白分子的能力；③具有很高的敏感性，可以在微米见方的样品中检测到低至 50 个拷贝的分子；④使用不同的荧光染料可以同时对多种分子进行追踪；⑤利用超高分辨的共聚焦显微镜可以研究分子间的互作。当然，荧光显微镜也有其不足，主要体现在：①在经光照射激发后，荧光可以淬灭；②细胞对光，特别是短波光毒性敏感，较长时间照射会造成细胞损伤；③荧光显微镜只能用于标记了荧光素的对象的观察。

超分辨率显微技术的发明突破了传统理论关于光学显微镜因受光源的波长所限而具有极限的认识，使光学显微镜的分辨率达到纳米级别。因在超分辨率显微技术领域的杰出贡献，2014 年瑞典皇家科学院宣布将 2014 年的诺贝尔化学奖授予美国科学家埃里克·白兹格(Eric Betzig)、威廉姆·莫纳尔(William Moerner)和德国科学家施泰方·海尔(Stefan Hell)，以表彰他们在超高分辨率荧光显微技术领域的贡献。目前超高分辨率显微镜主要有：受激发射损耗显微镜(stimulated emission depletion microscopy，STEM)、光敏定位显微镜(photoactivated localization microscopy，PALM)、结构光学显微镜(structured-illumination microscopy，SIM)和随机光学重建显微镜(stochastic optical reconstruction microscopy，STORM)。

2.5.2 透射电镜

大多数病毒粒子因太小无法用光学显微镜直接观察，因此，电子显微镜(电镜)是仅有的可对病毒粒子、病毒亚结构以及病毒蛋白进行直接观察的设备。Ruska 在 1939—1941 年开始用电镜研究病毒，在 20 世纪 50 年代，研究对象扩展到细胞的超薄切片以及纯化的病毒粒子。1959 年，负染色被应用到病毒超微结构的观察中，人类历史上首次看到了病毒的形态及结构特征。

负染色(negative staining)是用来对病毒进行形态学鉴定及结构研究的一种快速、有效的方法。其主要原理是利用重金属盐(如磷钨酸钠、醋酸铀等)对吸附有病毒粒子或蛋白的载网进行染色，因载网的支持膜(如 formal 或碳膜)对染色剂具有高亲和力而铺满一层染料，在突出于载膜上的颗粒样品表面则吸附的染料较少，因重金属染料具有强的电子散射能力，这样电子穿透载网在成像设备(如底片或 CCD)上就形成了反差明显的背景黑暗样品明亮的图像，其基本过程如图 2-6 所示。

利用负染色技术，科学家们对众多病毒粒子的形态和结构进行了研究，描述了这些病毒粒子的基本形态和结构特征。在病毒粒子识别和鉴定层面，描述一个病毒粒子的参数主要有：大小(通常用直径表示)、表面特征(如是否光滑、有纤突等)、有无囊膜、形态(如球形、杆状、弹状、丝状、二十面体对称等)等。通常，一个病毒科的病毒具有相似的形态特征，因此，可以根据这些特征结合病毒感染的宿主种类、临床表现等，初步确定病毒种属。图 2-7 所示为几种常见病毒粒子的负染色电镜照片，从中可以看出其结构特征及明显差异。

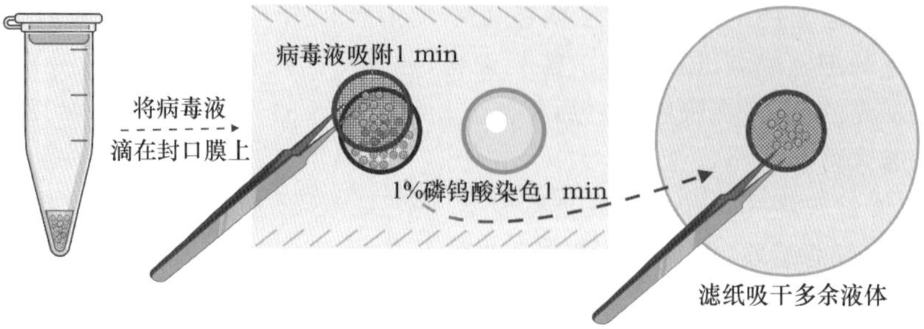

图 2-6　负染色基本过程

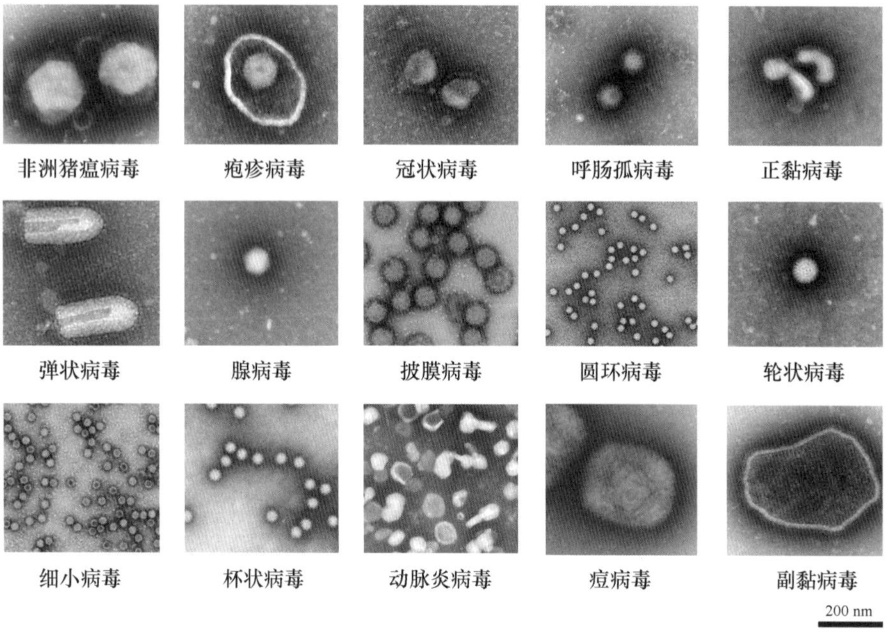

图 2-7　常见病毒负染色电镜照片

除用于样品中病毒粒子进行检测和鉴定外，负染色在由新病毒引起的新发疫情诊断中具有其他方法不可替代的优势，主要表现在：

（1）速度快。从拿到病毒液开始电镜制样到完成检测可在 30 min 内完成。

（2）临床样品可以直接用来检测。一些病毒感染宿主后，会在局部病变灶中含有大量的病毒粒子，如痘病毒和疱疹病毒引起的皮肤水泡的水泡液，可以抽取水泡直接制备电镜样品检测病毒的存在。

（3）可用于新发疫情诊断。在由新病毒引起的新发病毒病出现时，因没有针对病原的特异性的诊断方法可用，临床诊断十分困难。电子显微镜则是该阶段为数不多的可用手段之一，历史很多新发病毒病是用电镜检测确诊的，如 SARS、SARS-CoV-2 等。

但是，利用电镜进行病毒病的诊断也存在其不足，主要有：

（1）敏感性低。利用负染色进行病毒检测时，病毒液中的病毒粒子含量需要在 10^6/mL 以上才能用电镜检测到。

（2）需要有经验丰富的专家。利用电子显微镜进行病毒检测依赖于检测人员对病毒形态的丰富知识和检测经验。

在利用负染色进行病毒检测及形态学鉴定时，样品的前处理非常关键。前处理的目的是尽可能增加样品中病毒粒子的数量，尽可能除去细胞碎片及其他杂质。样本的预处理通常采用差速离心的方法，即先用较低转速，4 000*g* 离心 15 min，去掉沉淀后再高速离心浓缩样本。其中需要特别注意的是：

(1)直径在 100 nm 左右的病原，如疱疹病毒、副黏病毒等在 13 000*g* 即可达到一定的浓缩效果，直径小于 50 nm 的病毒，如圆环病毒、小 RNA 病毒等则需达到 30 000*g* 左右的离心力方可达到浓缩效果。

(2)组织研磨/匀浆液样本中碎片较多，离心时病原很有可能被碎片压至离心管底部，可以用缓冲液重悬沉淀，反复低速离心来增加病原浓度。

(3)鸡胚/鸭胚尿囊液样本要小心收集，避免收集到血清、卵黄液或脂类杂质，此类杂质会在样本表面覆盖而且无法通过差速离心的办法除去，影响观察效果。

(4)样本在进行高速离心浓缩时，通常情况下不会出现肉眼可见的团块，若有则可能是未清除干净的细胞碎片，建议稍微提高低速离心时的转速。

负染色是直接对液体中的病毒粒子进行观察的方法，病毒作为严格的细胞内寄生物，其在宿主细胞中的复制过程也是科学家们关注的焦点之一，对这个过程进行可视化研究则用到另一种电镜技术——超薄切片。我们知道，电子因受到其他原子或分子作用，在空气中的运动距离非常短，因此，在透射电镜设计中，一方面，通过施加高电压(120～300 kV)使电子获得较高能量，以增加其运动距离；另一方面，为电子的运动通道(镜筒)提供一个高真空的环境。这要求细胞样品不能太厚(一般 50～100 nm)、需不含水、结构尽可能接近自然状态。超薄切片技术则是为满足这些需求而建立的。超薄切片(ultrathin section)的一般流程为样品采集(组织或培养细胞)、固定、脱水、浸透、包埋、切片、染色和镜检(图 2-8)。在超薄切片制作过程中的基本要求包括：①细胞的精细结构保存良好，没有产生明显的物质凝集、丢失或添加等人工效应；②切片厚度应为 50 nm 左右，最厚不能超过 100 nm；③切片应该能经受住电子束的照射；④切片应具有良好的反差，观察目标结构清晰可见；⑤切片应均匀、没有出现褶皱、刀痕、颤痕等，且无染色剂污染。

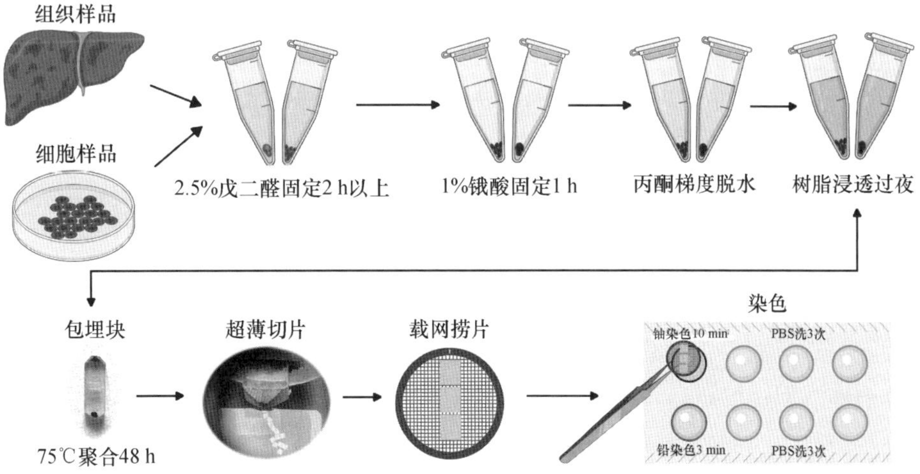

图 2-8　超薄切片制备过程

超薄切片是研究病毒入侵及装配机制的主要手段之一。通过对病毒吸附、侵入、装配、外出等过程的电镜观察，进而对整个过程进行建模，如疱疹病毒的装配过程，在一个感染细胞内甚至可以观察到整个病毒发生过程。另外，在新发疫情诊断过程中，在病毒感染形成的病灶的细胞中，观察到病毒粒子的存在可以为疫病病原的确定及诊断提供重要线索。图2-9所示分别为呈短杆状的流感病毒沿细胞膜出芽（图2-9A）；腺病毒在感染细胞中形成的金格样排列（图2-9B）；冠状病毒感染细胞中形成大量的有多层膜的泡状结构，并为病毒装配提供了场所（图2-9C）；细胞质中的一个非洲猪瘟病毒装配工厂，其内部可见大量处于不同装配状态的非洲猪瘟病毒粒子（图2-9D）；轮状病毒装配过程中在细胞质中形成的电子密度较低的场所，已经成熟的病毒粒子排列整齐（图2-9E）；甲病毒在成熟过程中向细胞内囊泡出芽（图2-9F）；弹状病毒出芽时在细胞内囊泡和细胞膜附近可见子弹状的病毒粒子（图2-9G）；疱疹病毒在细胞质中二次包膜及成熟过程（图2-9H）。在最近的新型冠状病毒（SARS-CoV-2）引起的肺炎诊断中，在感染病人的肺脏组织中看到冠状病毒粒子的存在为疾病确诊提供了充分证据。

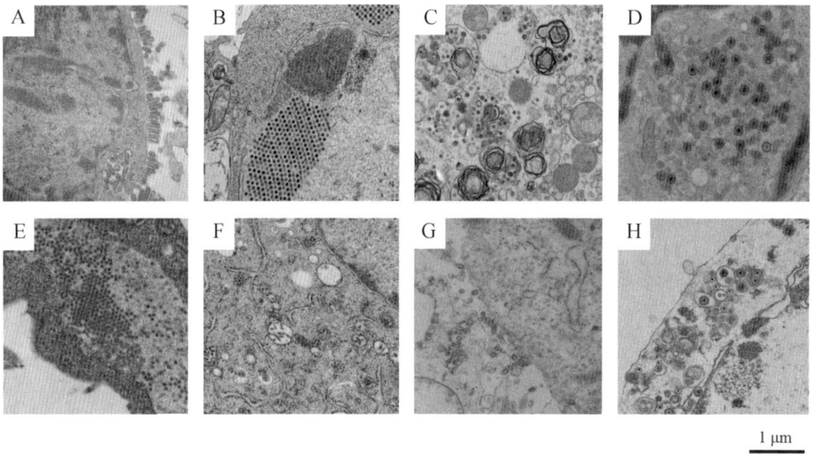

图2-9　病毒感染细胞的超薄切片电镜照片

A.流感病毒　B.腺病毒　C.冠状病毒　D.非洲猪瘟病毒　E.轮状病毒　F.甲病毒　G.弹状病毒　H.疱疹病毒

免疫电镜技术是在常规的负染色和超薄切片技术的基础上，结合免疫学的基本原理而发展起来的电镜技术。基于负染色的免疫电镜技术通常应用于病毒富集、特异性检测以及对病毒表面蛋白的鉴定与识别。基于超薄切片的免疫电镜技术则主要用于在细胞水平上标记病毒成分（蛋白）以及与病毒有互作的宿主蛋白及细胞器等。

基于负染色的免疫电镜方法主要用于检测时富集病毒以提高检测的敏感性以及标记病毒表面的蛋白。其基本流程为在负染色的基础增加了特异性抗原抗体反应。在利用电镜检测临床样品中的小病毒（如口蹄疫病毒）时，可以用阳性血清吸附病毒，这样可以观察到抗体将病毒吸附成簇的现象，提高了在复杂背景下发现病毒存在的概率。近年来，重组病毒疫苗研究越来越多，为证明插入的抗原蛋白得到表达并装配在重组病毒表面，就可以利用免疫电镜对插入的抗原蛋白进行标记。重组禽流感-新城疫病毒活疫苗就是利用新城疫病毒疫苗株（lasota）作为载体，在其基因组中插入禽流感病毒的HA蛋白，再用抗HA的单克隆抗体做免疫标记后，电镜下可看到新城疫病毒表面标记有胶体金颗粒，证明重组病毒构建成功。

2.5.3 冷冻电镜

1.冷冻电镜简介

冷冻电镜(cryo-electron microscopy, cryo-EM)技术是将生物大分子(如蛋白复合物、病毒等)快速冷冻后,在低温环境下利用透射电子显微镜对样品进行成像的显微技术。结构生物学研究的目的之一是帮助人们了解关键生物过程,如果获得的结构数据越接近原子分辨率,则可提供更为详细的结构特征细节,其揭示的生物过程也更为精细。在结构生物学领域,最为常用的研究方法有三种:X 射线晶体学(X-ray crystallography)、核磁共振(nuclear magnetic resonance,NMR)和冷冻电镜技术。从提交到蛋白数据库(protein data bank, PDB)中的绝大部分原子分辨率的结构数据看,绝大部分数据是通过 X-射线晶体学方法获得的。但是,由于近年来冷冻电镜在分辨率方面取得的突破,以及其具有在解析结构过程中可以保持生物样品的活性功能与状态,以及可以解析难以结晶的生物大分子及其复合物的结构等优势,使其逐渐成为当前结构生物学领域的主流手段。

电子显微镜在成像的过程中,高能电子会对生物样品造成损伤。为解决这个问题,Kenneth Taylor 和 Robert Glaeser 于 1974 年提出了冷冻电镜技术,并且用于实验研究(Taylor and Glaeser,1974)。该方法是将样品快速冷冻在一薄层玻璃样冰中,将该样品维持在液氮温度下进行图像采集,在二维图像的基础上,结合 Donald Caspar 和 Aaron Klug 的类对称理论,建立了冷冻电镜单颗粒三维重构方法。早期的实验评估及理论推测认为,冷冻电镜单颗粒分析方法可以将分子质量接近 100 kDa 的大分子结构解析到原子水平。然而,该估计还是过于乐观,在随后的 30 多年发展中,冷冻电镜的应用并没有获得预期的进展。在 2012 年,电子直接探测相机(direct electron-detection detector, DDD)的发明,这种相机在成像过程中可以更敏感、更快速地保存原子分辨率的信息,从而使冷冻电镜的分辨率逐渐得到了提高。除此之外,冷冻电镜领域的科学家也一直致力于制样方法、电镜技术、图像处理方法以及三维重构算法的优化。在这些方面取得的进展的共同推动下,高分辨率冷冻电镜结构数据增长迅猛,甚至一些以前难以解决的结构生物学难题都得到了突破,如膜蛋白以及超大复合物结构的解析。在 2013 年程一凡等利用装配有 DDD 的冷冻电镜获得了分辨率为 3.4 Å($1\ \text{Å}=10^{-10}\ m$)瞬时受体电位(transient receptor potential, TRP)通道的结构(Liao et al.,2013),这证明冷冻电镜可以成为膜蛋白结构研究的利器,开创了冷冻电镜应用的新纪元。冷冻电镜领域研究成果的广泛认可也使其主要发明人 Jacques Dubochet、Joachim Frank 和 Richard Henderson 获得了 2017 年的诺贝尔化学奖,以表彰他们“研发了解析溶液中生物分子高分辨率结构的冷冻电镜”(Shen,2018)。

病毒结构解析是冷冻电镜应用的一个重要领域。由于一些病毒结构具有严格的对称性,这为冷冻电镜在解析病毒结构时获得高分辨率提供了便利条件。利用冷冻电镜获得的第一个中等分辨率(约 7 Å)的病毒结构为乙型肝炎病毒的衣壳(bottcher et al.,1997),第一个近原子分辨率的病毒结构是周正红实验室于 2008 年发表的分辨率为 3.88 Å 的质多角体病毒(Cytoplasmic polyhedrosis virus, CPV)的结构(Yu et al.,2008)。2013 年之后,用装配有 DDD 的冷冻电镜采集的数据重构全病毒结构变得更为容易,对具有二十面体对称结构的病毒解析中,采集较少的颗粒(如 8 000 个左右)就可以重构出原子分辨率的全病毒结构。另外,一些新的算法的应用,如局部重构方法(block-based method)使可以解析的病毒的尺度也迅速增大。疱疹病毒的衣壳为 $T=16$ 的二十面体，直径约为 125 nm，由 3 000 多个衣壳蛋白组成，对其结构解析是一项极具挑战性的工作，王祥喜课题组于 2018 年解析了分辨率为 3.1 Å 单纯疱疹病毒 2 型的衣壳结构（Yuan et al.，2018），这是冷冻电镜在解析大病毒结构上的一个突破，该记录又很快在非洲猪瘟病毒衣壳解析中被刷新。非洲猪瘟病毒的衣壳结构更为复杂，其直径约为 250 nm，由 17 280 个蛋白组成 $T=277$ 的近二十面体对称结构（Wang et al.，2019）。

2.冷冻电镜技术

冷冻电镜三维重构最为常用的方法有两种：单颗粒分析方法（single-particle analysis，SPA）和电子断层成像技术（cryo-electron tomography，cryo-ET）。

（1）单颗粒分析方法　单颗粒分析方法适用于解析在结构上具有同一性的样品，通过大量采集一个样品不同旋转角度上的二维投影，利用中心截面定律和傅立叶变换重构出样品的三维结构，是目前冷冻电镜三维重构领域的主要结构解析方法（图 2-10）。该方法可用来解析生物大分子、具有高度对称性结构的病毒粒子以及病毒粒子复合物（病毒-抗体复合物、病毒-受体复合物等）的结构。

单颗粒分析方法的流程如图 2-10 所示，基本包括样品准备、冷冻制样、图像采集、图像处理及结构分析等五个阶段（Cheng et al.，2015）。整个工作流程可能需要根据分析过程中的结果以及出现的问题进行调整，以获得最理想的结构数据。

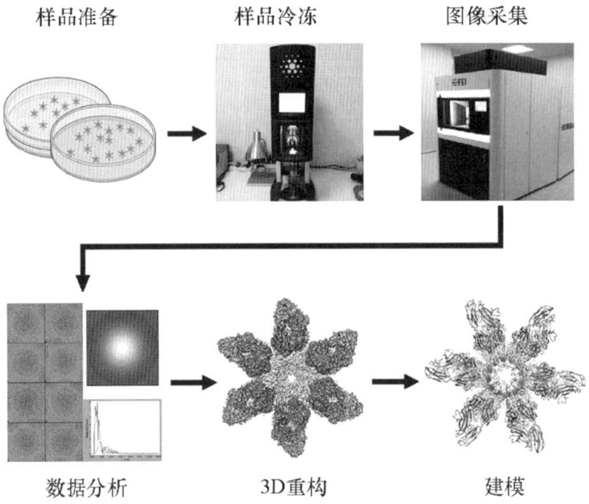

图 2-10　单颗粒冷冻电镜三维重构

①样品准备　样品准备是获得高分辨率结构数据的关键环节之一。由于单颗粒分析方法依赖于对大量的单个颗粒图像进行计算平均，所以在样品准备阶段需将样品的多样性降到最低，以获得高纯度、高浓度和结构均一的颗粒。蛋白样品在纯化后，仅通过 SDS-PAGE 及凝胶过滤层析等生化方法检测其是否达到了电镜分析的目的是不充分的。如果检测的样品是一个复合物，这些方法都无法确定样品中是否存在不完整的亚复合物，或者有多种构象的复合物的存在，最为直接的方法是通过负染色电镜进行样品检测。在负染色图像中，高衬度的样品图像可以很容易检测样品的质量，同时由于样品通常会以少数特定的方向吸附到碳膜上，这有利于判断样品的均一性。病毒样品也是如此，通常在纯化病毒后，利用负染色检查病毒的完整性和

是否存在较多杂质。

蛋白复合物的不均一性通常是指目标蛋白在组成或构象上存在多样性，在一定程度上可通过优化复合物制备消除。缓冲液是其中最为重要的因素之一，选择适合的缓冲液条件在某些特殊情况下是一项很有挑战性的工作，可能需要根据复合物的性质做较长时间的摸索，此时，参考以前建立的一些方法以及别人成功的经验会起到事半功倍的作用（Ericsson et al.，2006）。在纯化过程中，复合物的部分组分同完整复合物具有相同的亲和力，无法通过亲和层析等方法分离，因此，在纯化之前可通过如化学交联等方法使其结构稳定下来，常用的化学交联剂为戊二醛。消除构象多样性则更为困难，构象多样性主要由于复合物中存在一个或多个柔性很强的亚基造成。构象多样性也可以用化学交联剂来解决，但是通过这种方法稳定下来的构象是否具有复合物的天然活性及构象需要评估。另外，也可以通过同其他分子结合将复合物的结构稳定在某种功能状态，如抑制剂、配体、抗体以及存在互作的其他分子等。

②冷冻制样　对于生物样品，电子显微镜镜筒中的高真空环境会导致样品脱水而变形，另外高能量电子的直接照射也会引起样品的辐照损伤。冷冻制样的目的是将样品快冷冻在玻璃样冰中，以使样品在观察或图像采集过程中可以经受电镜中的环境。

单颗粒电镜的制样是将纯化的生物大分子吸附到覆有碳膜的铜网上，并对样品进行快速冷冻。对负染色，常用的是覆盖有完整碳膜的铜网；制备玻璃态样品，则用碳膜上有孔洞的铜网。碳膜通常不稳定，且在低温条件下导电性很差，电子的辐照通常会引起漂移，为减少漂移的产生，可以在制样过程尝试不同材质的支持网，如更稳定的金网。另外，为增加样品对碳膜的亲和力，在制样之前需要对铜网做辉光放电处理。

理想的玻璃态样品要求冰层要足够薄，以保证各种方向的样品在其中均匀分布，且清晰可见。如果冰层中的样品在肉眼下不容易识别，这样样品一般不能用来收数据。现在制样通常采用FEI公司的半自动化制样机器人Vitrobot来完成，通过按照以往经验对制样参数的调整，就可以相对容易地制备出理想冰层的样品。但在样品冷冻转移以及上样过程中需格外小心，避免造成样品融化导致的冰污染。

在制样过程中常见的问题是样品制备完成后发现冰层中的颗粒很少，这主要是在吸附多余样品时，大量的样品颗粒被吸附到滤纸上，解决这个问题的方法是在样品准备时提高样品的浓度。而另一方面，样品的浓度也不能太高，如果发现冰层中的样品有大部分重叠现象，则需要对样品进行一定程度的稀释，以保证样品可以分散开来，便于单颗粒的选取。在某些特殊情况下，即使样品的浓度很高，而在孔中的样品数量却比较少，这主要是样品对碳膜具有较高亲和力，解决方法是可以加两次样。另外一个常见问题是冰中的样品有优势取向，可以通过增加冰层厚度，或可以通过切除或连接分子标签的方式改变蛋白的性质来加以改善。

③图像采集　生物样品图像采集需要对欠焦值和电子剂量进行较严格的控制。玻璃态冰中的生物样品的衬度很低，如果在正焦情况下采集图像，在图像中样品的信息将很少，因此，通常需要将电镜调节至明场模式，在欠焦条件下采集数据。增加欠焦会增加低分辨图像的衬度，同时减弱高分辨图像的衬度。在图像采集过程中，用衬度传递函数（contrast transfer function，CTF）对图像进行矫正，以在图像衬度及高分辨之间找到平衡点。高剂量的电子会增加图像的衬度，但是却会对样品造成辐照损伤。因此，一般对于一次曝光的图像，需要将电子剂量控制在约 $20e^-/\text{Å}^2$ 之下。在调节电子剂量时需要考虑用哪种类型的相机采集数据，如果用CCD采集，高剂量的电子曝光时间需要控制在1 s或更少；如果用DDD进行单幅图像采

集，也需要采用较短的曝光时间；如果用DDD的影像模式采集，则可采用较长的曝光时间。现在大部分电镜都装配了支持影像模式的DDD，在用该模式进行图像采集时，电子被按比例分配到连续图像的每一帧中，在这些图像对齐时可以消除电子辐照引起的图像漂移或模糊，在对所有帧对齐后进行平均，获得的图像用于结构解析。

④图像处理　图像处理是整个单颗粒三维重构工作中非常重要的一环。图像处理主要包括图像CTF矫正、单颗粒挑选、建立初始模型、模型优化、模型评估以及结构特征分析等。目前可用于图像处理的软件有：RELION、EMAN2、SPIDER、FREALIGN等，其中前两者是应用最广的软件。

CTF矫正：准确估计CTF参数对图像质量评估以及后期重构非常重要。计算CTF需要知道加速电压、球差、欠焦值、像散以及衬度振幅百分比。当CTF参数确定后，就会获得不同欠焦的粒子数据集，从而对图像的CTF影响进行矫正。最终获得的3D结构也需要用倒易空间包络函数去矫正。

单颗粒挑选：在对采集的影像数据进行对齐及平均后，需要从中挑选好的电镜照片用于单颗粒挑选。单颗粒挑选是一个非常耗费人力的工作，通常用软件自动挑选、半自动挑选以及完全人工挑选几种策略。在选颗粒的最初阶段，如果对蛋白的形状和取向完全未知，最好采取人工挑选的方式。人工挑选需要有经验的人去做，通常在选择颗粒的时候，我们倾向于选择自己熟悉及看起来清楚的颗粒，这会导致其他取向的颗粒没被选上，影响后期重构。半人工的方式是先用软件自动挑选，然后人工删除质量不好的颗粒。自动挑选通常分为三类：一是利用一个专门的步骤通过降噪和增强衬度来搜寻在背景上凸显出来的给定大小的区域；二是从可能含有颗粒且进行了分类的区域提取方向依赖性统计特征；三是利用模板作为参考选择单颗粒。

通过2D分类将原始数据集分为同质亚集，利用分类后的亚数据集就可以剔除不正确的颗粒，发现颗粒的图像是否存在优势取向以及构建随后在高质量分类中所有的初始3D结构。单颗粒分析方法中2D分类方法是在K均值聚类算法的基础上开发的。

初始模型构建：在进行结构解析时，如果没有结构作为模板，或者没有关于结构的任何线索，对获得高分辨结构来说，构建初始模型是非常必要的。如果有当前研究的结构的3D模板，如X-射线晶体结构或同源结构的电镜密度图，则可以用该模板作为初始模型来开展随后的结构解析；如果没有3D模板，则可以用负染色图像构建初始模型。

模型优化：在获得初始模型后，必须对模型进行优化，以获得最终的密度图。模型优化是一个迭代过程，主要通过评估当前获得的结构与投影的匹配程度，简而言之，就是利用初始模型获得参考图像，通过同采集的单颗粒图像进行比对，根据比对结果更新空间方位角参数，然后构建新的结构模型，再利用新的模型同图像进行比对，逐步优化结构模型，最终获得结构密度。在优化过程中，傅立叶壳层关联函数（fourier shell correlation，FSC）是最为常用的评估模型结果的参数之一。

模型评估及分析：对于一个新构建的结构模型，仅依赖于FSC不能完全反映一个结构数据的有效性。即使在重构过程中采用两个相互独立的数据集来提高分辨率，但是可能在重构过程中利用同一个初始模型，而无法避免其对结构有效性的影响。可以采用计算局部分辨率或与FSC类似的方法对结构进行进一步评估。

⑤结构分析　利用冷冻电镜获得不同分辨率的结构数据，其可以揭示结构信息的不同。当前，根据分辨率高低，通常将密度图分为三类：低分辨率密度图，其分辨率一般＞10 Å，可以

确定复合物的整体外形，如果是复合物，可以确定亚基之间的相对位置关系；中等分辨率密度图，结构模型的分辨率在4～10 Å之间，达到该分辨率的结构可以用来分析蛋白的二级结构、复合物亚基之间的组合模式，以及可以同高分辨的X射线晶体衍射结构模型进行匹配分析；高分辨率密度图，分辨率＜4Å，这样的结构可以准确、清晰解析二级结构组成，可对单个残基的骨架以及侧链构象变化进行分析，可以匹配高分辨的X射线晶体衍射结构。FSC曲线提供的分辨率参数仅仅是反应模型质量的重要指标之一，但在评估模型的有效性时，需要结合生物大分子的生物化学、生物物理以及功能等相关知识进行综合评判，以保障结构分析的科学性。

(2)电子断层成像技术　该方法是通过对一个物体多个角度的连续拍摄的二维投影图像进行重构获得物体结构的技术。其工作原理和医院的CT扫描类似，通过样品杆沿着电子束垂直方向的旋转，每旋转一个角度，采集一张这个角度上的物体的二维投影像，将这些图像的中心配准后，利用二维投影反向重构的方法获得物体的三维结构数据。和单颗粒分析方法针对结构均一的生物分子不同，电子断层成像技术是用来对细胞、组织以及结构不均一的生物机器、生物大分子(如囊膜病毒)进行三维结构分析。在病毒结构解析中，像痘病毒、正黏病毒、副黏病毒、逆转录病毒等，其病毒颗粒在形态、结构，甚至组成成分上都可能存在差异，因此，无法用单颗粒方法进行结构解析，而电子断层成像技术则可用来对这类病毒的结构进行解析。

电子断层成像技术的工作流程和单颗粒分析技术类似，基本上分为样品制备、图像采集、图像处理及结构特征分析几个阶段。

①样品制备　利用电子断层成像技术可以对组织、细胞、细胞器以及囊膜病毒等进行三维重构。不同对象，可以采用不同的制样方式。连续切片是传统的组织及细胞制样方法，但在此过程中，高温聚合等过程会造成组织和细胞形变乃至结构损伤，目前相对较少采用这种方法开展三维重构样品的制备。在传统连续切片的基础上，采用高压冷冻及冷冻替代方式进行制样，能在最大限度上保持样品的天然状态，但这种方式制样对条件及操作要求很高，制样的成功率比较低。对于小的细胞、细胞器或病毒等样品，可以采用同单颗粒一样的制备方式，通过对样品的快速冷冻，使其保存于玻璃态的冰中，在冷冻电镜中通过旋转样品杆的方式采集电镜图像。近年来，随着聚焦离子束(focused ion beam，FIB)技术的成熟，将其和场发射扫描电镜的结合，制造出了FIB-SEM，并且同超高分辨率光学显微镜的联用，可以从不同视觉对冷冻的活细胞进行观察和三维重构，是电子断层成像技术应用的未来趋势(Hoffman et al.，2020)。

②图像采集　用于电子断层数据采集的常用软件有Xplore3D、SerialEM、UCSF Tomo、Leginon等。不同电镜，其样品杆旋转角度存在一定的差异，通常在$-70°\sim+70°$之间。在数据采集时，一般需要设定的参数包括：①样品杆的倾转角度，需要根据样品的厚度、位置以及样品杆本身的一些参数进行调节；②倾转角度步长，即设定每次样品杆倾转的度数，需要根据预期设定的分辨率大小进行调整，通常在$0.5°\sim2.0°$之间；③电子剂量及曝光时间，电子断层图像采集过程需要连续对样品进行拍照，避免电子辐照损伤是在电子剂量及曝光时间设定时需要考虑的重要因素，应根据样品类型、制样方法以及对分辨率的要求进行设定。

③图像处理　对电子断层图像进行三维重构，首先需要对不同角度的投影图像进行配准。图像配准主要是通过对样品台倾转过程中图像中心偏移量的计算，矫正图像的中心，从而使所获得的图像可以通过中心点而对齐。图像配准常用的方法有两种：一种是通过标记点作为参照进行配准，常用的标记物为胶体金，根据不同角度二维投影中的胶体金的位置对该投影的图

像中心及倾转轴取向进行优化；另一种是利用图像关联分析对不同角度的投影图像进行配准。图像配准后，就可以开始三维重构。常用的三维重构软件有 emClarity、pyTOM、Jsub-Tomo、Dynam、Eman2、RELION、PEET、Protomo、IMOD 等。最为常用的算法是加权背投影（weighted back projection，WBP），其基本原理是将每个二维投影图像背向其记录时的倾斜角方向投影到三维空间中，所有背投影图像在三维空间中叠加形成研究对象的三维结构。

④结构特征分析　对细胞或组织的三维结构进行进一步分析，并去除背景信号干扰的常用方法是对结构进行局部分割（segmentation），利用图像分析软件将感兴趣的目标，如细胞膜、细胞核、细胞器、病毒颗粒等分割出来，然后对其进行表面渲染，这样就可以实现对观察目标以及与其他细胞机器之间的相互关系做进一步分析。

2.5.4　X 射线晶体学

X 射线晶体学是一门利用 X 射线来研究晶体中原子排列的学科。其基本原理是电子对 X 射线有散射作用，通过对衍射数据采集及分析，从而获得晶体的结构数据。X 射线晶体衍射技术应用于生物大分子的结构解析开始于 20 世纪 50 年代。John Kendrew 在 1957 年首次看到了抹香鲸肌红蛋白的晶体，最初解析分辨率为 6 Å，并很快将分辨率提升至 2 Å。在 1980 年，MRC 分子生物学实验室解析了 DNA 分子的双螺旋结构。蛋白质及 DNA 分子结构的解析，开启了现代分子生物学的新纪元。早期利用 X 射线衍射技术主要解析了一些生物体内的含量丰富的蛋白以及酶，如肌红蛋白、血红蛋白、核糖核酸酶等的结构。随后，X 射线晶体衍射技术成为生物分子结构解析的核心技术，对 PDB 中的结构数据统计结果显示，截至 2014 年 8 月，数据库中的 88.7%的结构是利用 X 射线晶体衍射技术解析的。利用 X 射线晶体衍射技术解析病毒结构开始于 20 世纪 70 年代末期，最初主要解析了一些植物的小 RNA 病毒的结构，如番茄丛矮病毒（1978）、南方菜豆花叶病毒（1980）、烟草坏死微型病毒（1982）。到 90 年代，病毒的晶体学技术获得了突破，可解析一些比较大的病毒的结构，如蓝舌病病毒（直径为 70 nm）。囊膜病毒一般不形成结晶，无法利用 X 射线晶体衍射技术对其结构进行解析。但对于病毒蛋白来说，则可通过重组表达或从感染细胞中纯化获得可以用于结晶的大量蛋白，因此，利用 X 射线晶体衍射技术解析了很多病毒蛋白的结构，如重组表达的 HIV-1 的 gp120、流感病毒的 HA 等，这些结构对认识病毒的生物学特性及应用技术研究有重要价值。

利用 X 射线晶体衍射技术解析生物分子结构主要包括蛋白表达及纯化、结晶、衍射数据收集以及结构解析这几个主要过程。

（1）蛋白表达及纯化　早期利用 X 射线晶体学方法做结构解析的蛋白大多来源于动物的组织或器官，通过化学纯化的方式获得。在 20 世纪 70 年代末期，由于限制性内切酶的发现，促使了基因工程技术的快速发展，利用该酶可以将目的 cDNA 快速插入能在大肠杆菌中高效表达的载体中，进而获得大量的重组蛋白。利用重组方法也可以对复合物的亚基进行原核表达和组装。但是，对于由多个结构域组成，或表面存在柔性区域的蛋白，结晶通常比较困难，因此，在重组蛋白表达时需要发现可以结晶的结构域。另外，真核蛋白在原核表达系统中表达可能会导致折叠不正确，也不能对目标蛋白进行糖基化、磷酸化等修饰。真核重组表达系统则可以弥补原核表达系统的一些不足，常用的真核表达系统有酵母、杆状病毒以及哺乳细胞等。稳定表达目标蛋白的哺乳动物细胞系或利用质粒瞬时转染都可获得大量的可以用于结晶的蛋白，利用 CHO 细胞甚至可以获得微克水平的蛋白。对全病毒而言，如果有敏感细胞系，病毒的培养及纯化则相对容易。

(2)结晶　早期结晶时缓冲液中使用的沉淀剂主要是硫酸铵，它对分子质量较小、热稳定性好的蛋白有很好的沉淀效果。结晶技术也是随着研究需求的增加而不断改进的，当前已经有大量的商品化试剂盒可用于不同性质的蛋白的结晶，也建立了用于膜蛋白的结晶方法，如脂立方相(lipidic cubic phase，LCP)、脂碟(bicelles)、纳米脂盘(nanodiscs)等被广泛应用于膜蛋白的结晶。除对缓冲液体系进行优化外，根据蛋白的生化以及生物学特性对其进行改造也是改善其在缓冲液中行为的重要途径。

(3)衍射数据收集　获得晶体之后，需要进行衍射数据收集，即利用 X 射线对晶体进行照射，产生衍射数据并进行采集。在室温条件下，利用 X 射线收集数据会很快造成生物大分子结构的辐照损伤，因此，通常在冷冻(100 K)条件下进行数据收集。常用的 X 射线源有两种，一种是 X 射线仪，利用高能电子轰击铜靶(或钼靶)，产生多个波长的 X 射线对样品进行照射，获得衍射数据；另一种就是利用同步辐射光源所产生的 X 射线，其波长可以调控。单晶数据收集最为常用的方法为震荡或旋转法。

(4)结构解析　X 射线结晶数据收集、处理、结构解析以及建模方法处于持续不断的改进之中。在 20 世纪，对蛋白质结构解析主要采用单对或多对同晶取代法，该方法是用一种重元素取代蛋白质分子中的某种元素，但不改变或极少改变原蛋白的结构。另一种方法是分子置换法，是用估计与要解析的分子有相似结构的分子为模板，通过逐步修正方法以获得目标分子结构的方法。也可以一个相似片段或局部结构为模板进行结构模型搭建，随着结构数据库中的结构数量迅速增长，该方法的应用愈加方便。在多波长反常衍射法发明后，利用该方法基于单晶就可以解析生物大分子的结构，成为该领域最为常用的方法，当前 80%～90% 的大分子结构是用此法测定的。该方法是改变 X 射线的波长至靠近一种晶体中所含元素的吸收边，此时会发生反常散射，收集反常散射数据，通过对多套反常散射数据整合分析，就可获得更为准确和完整的相位信息。

2.5.5　核磁共振

核磁共振技术是 20 世纪 40 年代发展起来的新分析技术，应用该技术可以在不破坏样品的情况下确定物质的化学结构，其基本原理是利用一定频率的电磁波照射处于磁场中的原子核，原子核在电磁波的作用下发生共振，吸收电磁波的能量，随后又发射电磁波，即发出磁共振信号。由于不同原子核吸收和发射电磁波的频率不同，因此，可以利用核磁共振信号来确定物质的成分及分布密度。目前，核磁共振技术是唯一能够测定液体环境中生物大分子的方法，由于生物分子处于液体环境中，所以利用该方法除可以研究生物分子的结构和功能外，也可研究生物大分子之间的互作、蛋白的折叠，以及生物分子的动态行为等。但是，该方法相对于 X 射线晶体衍射以及冷冻电镜三维重构，其研究的生物分子的大小有限，一般为分子质量在 40～60 kDa 蛋白。目前，在蛋白质结构数据库(PDB)中，约有 15%的结构数据是通过核磁共振方法获得的。

2.6　病毒核酸检测

每种病毒只含有一种类型的核酸分子(RNA 或 DNA)，利用分子生物学方法对病毒的核酸进行鉴定或检测是目前病毒分离鉴定以及临床病毒感染诊断的最为主要的手段。目前，检测病毒核酸的方法主要有原位杂交、PCR 以及基因芯片等。

2.6.1 核酸探针

针对病毒的基因组或病毒 mRNA，设计携带有标记物的序列特异性的 DNA 探针，通过探针和核酸杂交后对标记信号的检测来指示病毒核酸的存在与否。常用的标记物有酶、荧光素、金颗粒以及放射性同位素等。在实际应用中，可在 Southern 印迹（DNA）或 Northern 印迹（RNA）膜上进行杂交，也可利用 DNA 探针对组织切片上的特异核酸进行检测，将这种方法称为原位杂交。

2.6.2 PCR

在实验室或临床检测中，如果病毒核酸的拷贝数很低，则可以利用特异性扩增的方法放大病毒基因的拷贝数，从而达到可以检测到的目的。对 DNA 病毒，可以用 PCR 方法直接扩增；而对于 RNA 病毒，则需要对 RNA 进行反转录后扩增，即 RT-PCR 方法进行扩增。由针对病毒基因序列设计特异性寡核苷酸引物扩增的特定大小的目标序列，可以通过凝胶电泳对其量以及特异性进行检测。

2.6.3 实时荧光定量 PCR

实时荧光定量 PCR（real-time fluorescent quantitative PCR）技术是指在 PCR 反应体系中加入荧光基团或荧光染料，利用在 PCR 过程中荧光信号的积累来实时监测扩增过程，最后通过绘制标准曲线来对体系中未知模板进行定量分析的方法。荧光定量 PCR 检测常用的荧光化学方法有两种：荧光染料法和荧光探针法。

（1）荧光染料法（SYBR Green）　Ⅰ是常用的化学染料，其原理是 SYBR Green Ⅰ可以特异性地和双链 DNA 结合而发光。在 PCR 扩增时，给反应体系中加入过量 SYBR 荧光染料，SYBR 荧光染料特异性地结合到 DNA 双链后，发射出荧光信号；而没有同 DNA 结合的 SYBR 染料分子不发射荧光信号，从而保证荧光信号的增加与 PCR 产物的增加完全同步。

（2）TaqMan 探针法　当探针完整时，报告基团发射的荧光信号被淬灭基团吸收；PCR 扩增时，Taq 酶的 5′—3′外切酶活性将探针酶切降解，使报告荧光基团和淬灭荧光基团分离，从而荧光监测系统可接收到荧光信号，即每扩增一条 DNA 链，就有一个荧光分子形成，实现了荧光信号的累积与 PCR 产物的形成完全同步。

2.6.4 基因芯片

基因芯片（DNA microarray or DNA chip）又称为核酸芯片，是指利用微阵列技术，将许多特定的核酸探针有序地、高密度地排列固定于支持物上，待测的样品核酸分子经过标记，与固定在载体上的 DNA 阵列中的探针按碱基互补杂交原理同时进行杂交，然后对杂交信号进行读取和分析的高通量检测方法。

基因芯片的最大优势在于其高通量，芯片上可以固定多达上万个探针，可对同样数量的分子进行同时检测，其效率是传统方法的成百上千倍。基因芯片可以对基因序列及功能进行大规模、高通量研究，可用于基因测序、基因表达检测、病原体诊断及检测、药物筛选等领域。

2.7 血清学检测

血清学检测是利用抗体特异性识别特定抗原的原理而设计的。临床上用于病毒检测的血清学方法主要有如下几种。

(1)病毒中和实验　病毒需要进入敏感细胞内完成自身增殖。中和实验是指病毒和特异性的中和抗体结合后，通过阻止病毒侵入细胞，而使其失去感染性的实验。病毒中和实验可以在培养细胞、鸡胚或动物上进行，一般将抗体做稀释，与一定量的病毒混合，然后检测其在细胞培养、鸡胚或动物上的感染性。终点以抑制细胞病变(细胞培养)或病毒复制(鸡胚或动物)的抗体最高稀释度来表示。

(2)血凝抑制试验　有些病毒(如正黏病毒科和副黏病毒科成员)表面的糖蛋白能和红细胞表面的糖结合，导致红细胞凝集；而当病毒特异性抗体同病毒结合后，就会抑制病毒的血凝活性。血凝抑制试验(HI)则是利用该原理，在病毒悬液中加入特异性抗体，当抗体量足够时，就可以完全抑制病毒结合引起的血凝现象。

(3)酶联免疫吸附试验　酶联免疫吸附试验(enzyme-linked immunosorbent assay，ELISA)被认为是免疫分析方法的金标准，该方法非常敏感且可对检测对象进行定量分析，既可以用来检测抗体，也可以检测抗原。这种方法的基本原理是将抗原或抗体结合到固相载体的表面，用酶对抗原或抗体进行标记，检测时利用洗涤方法将抗原抗体复合物和其他物质分开，最后加入酶的底物，底物被催化后产生有色物质，有色物质的量和其颜色深度呈直接相关，通过对颜色的深浅或有无对检测的目标抗原或抗体进行定性或定量分析。临床上常用的 ELISA 检测方法根据其原理的不同分为三类，分别为竞争 ELISA、夹心 ELISA 和间接 ELISA，它们的基本区别如图 2-11 所示。

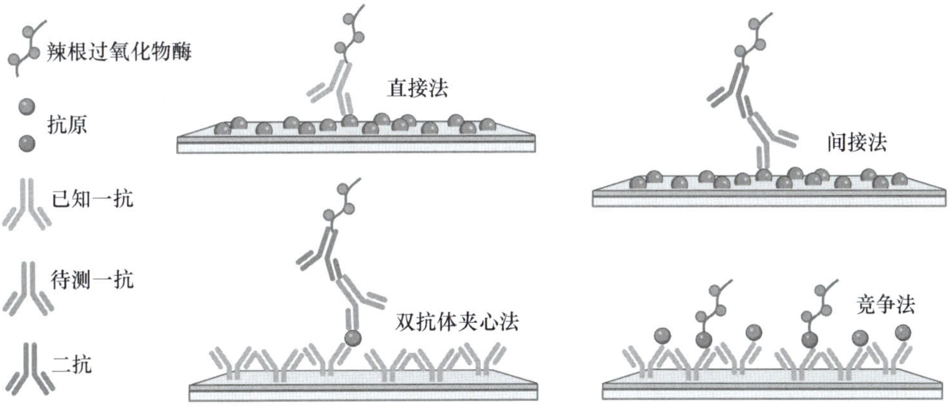

图 2-11　ELISA 基本原理

(4)间接免疫荧光试验　免疫荧光试验分为直接免疫荧光试验和间接免疫荧光试验，因后者在日常检测中使用更为普遍，在此主要对后者做一简单介绍。间接免疫荧光试验(indirect immunofluorescence assay，IFA)是用特异性抗体与标本中相应抗原反应后，再用荧光素标记的第二抗体(抗抗体)与抗原-抗体复合物中第一抗体结合，洗涤后在荧光显微镜下观察特异性荧光，以检测未知抗原或抗体。

（5）免疫组织化学　免疫组织化学（immunohistochemistry，IHC）是利用抗原与抗体特异性结合的原理，通过化学反应使用显色剂（如酶、金属离子和同位素等）标记抗体显色，来对组织及细胞内的病毒抗原蛋白的存在以及定位进行定性及定量分析。图 2-12 为感染了非洲猪瘟病毒的淋巴结中 pB602L 蛋白的分布情况。

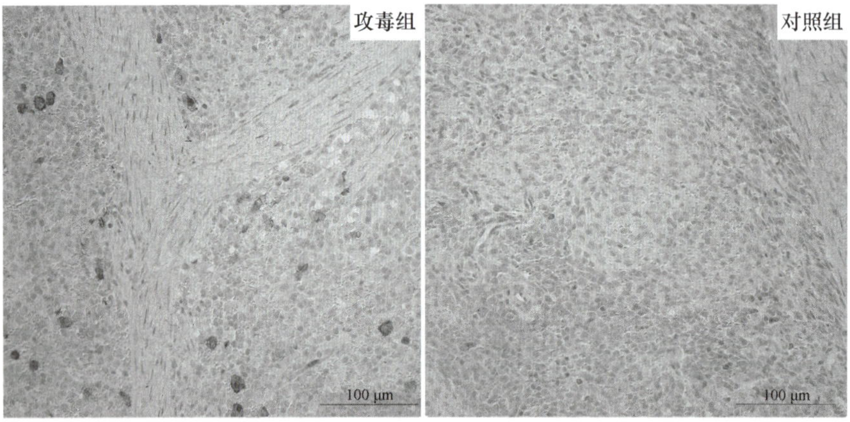

图 2-12　感染了非洲猪瘟病毒的淋巴结中 pB602L 的分布情况

参考文献

Bottcher B，Wynne S A，Crowther R A. Determination of the fold of the core protein of hepatitis B virus by electron cryomicroscopy. Nature，1997，386(6620)：88-91.

Cheng Y，Grigorieff N，Penczek P A，et al. A primer to single-particle cryo-electron microscopy. Cell，2015，161(3)：438-449.

Ericsson U B，Hallberg B M，Detitta G T，et al. Thermofluor-based high-throughput stability optimization of proteins for structural studies. Anal Biochem，2006，357(2)：289-298.

Hoffman D P，Shtengel G，Xu C S，et al. Correlative three-dimensional super-resolution and block-face electron microscopy of whole vitreously frozen cells. Science，2020，367(6475)：eaaz5357.

Liao M，Cao E，Julius D，et al. Structure of the TRPV1 ion channel determined by electron cryo-microscopy. Nature，2013，504(7478)：107-112.

Shen P S. The 2017 Nobel Prize in Chemistry：cryo-EM comes of age. Anal Bioanal Chem，2018，410(8)：2053-2057.

Taylor K A，Glaeser R M. Electron diffraction of frozen，hydrated protein crystals. Science，1974，186(4168)：1036-1037.

Wang N，Zhao D，Wang J，et al. Architecture of African swine fever virus and implications for viral assembly. Science，2019，366(6465)：640-644.

Yu X，Jin L，Zhou Z H. A structure of cytoplasmic polyhedrosis virus by cryo-electron microscopy. Nature，2008，453(7193)：415-419.

Yuan S，Wang J，Zhu D，et al. Cryo-EM structure of a herpesvirus capsid at 3.1 Å. Science，2018，360(6384)：eaao7283.

（王靖飞）

第 3 章 疫苗研究

本章提要

疫苗是接种后能使机体对特定病原体产生特异性免疫力的生物制品的统称。疫苗接种是预防病毒病最为重要的手段之一。本章主要就疫苗免疫的机理、不同类型疫苗的特点、基于结构的疫苗设计以及佐剂研究等几个方面介绍疫苗研究的最新进展及未来的趋势。

18 世纪末期，爱德华尝试用牛痘感染的生物材料免疫人群来预防天花，从而引入了疫苗（vaccine）这个概念，尽管科学界普遍认为此时为人类认识免疫系统、并利用免疫学原理开展传染病防治的开始。但是，我国有历史资料记载，在唐朝开元年间（712—756）就有“江南赵氏始传鼻苗种痘之法”，比国外的相关记录早近千年。19 世纪中叶，巴斯德创立了细菌致弱方法，萨蒙和史密斯建立了微生物灭活方法。将这些技术结合，创立了一个新的学科领域——疫苗学。20 世纪中叶，在细胞中培养病毒技术的建立及成熟进一步促进了疫苗学的发展，疫苗研究和生产进入了一个黄金时代。最初阶段生产的疫苗主要以弱毒活疫苗为主，包括人的脊髓灰质炎疫苗、麻疹疫苗、流行性腮腺炎疫苗和风疹疫苗等。这些疫苗的广泛应用极大地降低了一些病毒病给全球公共卫生以及经济发展带来的负担，同时在一些全球流行的重大疫病有效防控中发挥了关键作用，如通过疫苗免疫结合其他措施，人类于 1981 年宣布消灭了天花，于 1990 年宣布消灭了牛瘟。

尽管疫苗免疫在部分病毒性疾病的防治中取得了很好的效果，但是，仍然有一些病毒病的疫苗尚未研究成功或需持续优化。导致部分病毒病疫苗研究受阻的主要原因有：①病原复杂。如非洲猪瘟病毒，该病毒的结构是目前已知病毒中结构最复杂的病毒之一，多层结构及大量功能未知蛋白的存在增加了疫苗研究的难度。②病原抗原性变异频繁。如流感病毒和 PRRSV，频繁的变异和重组使得疫苗研究和应用始终落后于变异株的流行。③一些病原的免疫机制还不十分明确。解决以上问题，需要对这些病原诱导宿主机体产生的免疫反应及其机制有更深入的认识。

3.1 疫苗免疫机理

宿主对病原的免疫反应有三个特征：可诱导性、特异性和免疫记忆。这些特性也是疫苗研发过程中追求的目标。可诱导性是指处于静默状态的免疫反应可以被病原感染或疫苗接种高效、迅速激活。特异性是指免疫系统仅针对特定的病原或疫苗进行反应，起到消灭特定病原的目的。记忆性是指免疫系统可以对以前感染过的病原产生迅速、高效的免疫反应能力。理想的疫苗是能满足以上三个特性，能诱导机体产生特异性的、长期的免疫反应。

参与宿主机体对病原免疫反应的系统主要包括天然免疫系统和获得性免疫系统(图 3-1)。天然免疫包括细胞及生物化学防御机制，一般早于感染或在感染的当下就发挥作用，它是宿主抗病原微生物感染的第一道防线。获得性免疫系统是抗原特异性，需要较长的时间才能被激活。

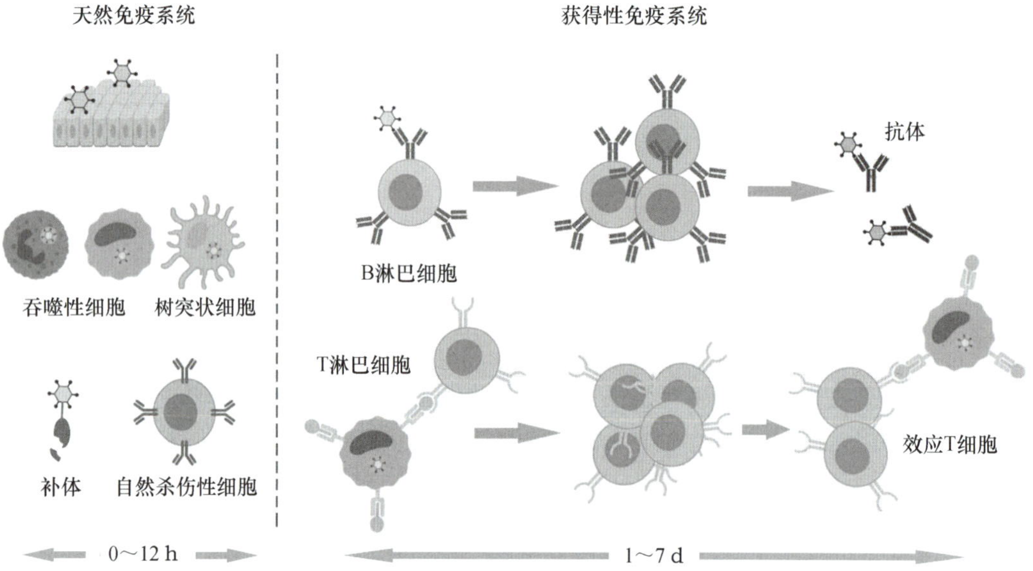

图 3-1　免疫系统示意图

3.1.1　天然免疫系统

天然免疫系统的主要构成包括：①物理及化学屏障，如上皮细胞及细胞分泌的具有抗微生物特性的化学物质；②吞噬性细胞，包括巨噬细胞(macrophages)、中性粒细胞(neutrophils)、树突状细胞(dendritic cells, DCs)、自然杀伤性细胞(natural killer, NK)以及其他淋巴细胞等；③细胞因子，包括补体及其他炎症调节因子。天然免疫系统中的细胞能识别病原相关分子模式(pathogen-associated molecular patterns, PAMPs)，而不是特定的抗原，它们诱导炎症反应以及激活获得性免疫系统以清除感染。

3.1.2　获得性免疫系统

不同于天然免疫，还有其他的一些免疫反应是由特定病原暴露引起的，当再次暴露于这个病原时会引起防御能力更强的反应，这种免疫反应被称为适应性免疫(adaptive immunity)，也称为特异性(specific)或获得性免疫(acquired immunity)。获得性免疫的特点包括：具有区分不同抗原的能力，称之为特异性；能对一种微生物的重复暴露产生更激烈的反应，称之为免疫记忆。获得性免疫系统又分为细胞免疫系统和体液免疫系统。

获得性免疫反应的激活需要捕捉抗原并递呈给特定的淋巴细胞，发挥这个功能的细胞称为抗原递呈细胞(antigen-presenting cells, APCs)。在所有类型的 APCs 中，树突状细胞

(dendritic cells, DCs)是递呈能力最特异的一种。当 DCs 捕获到微生物抗原后,移行到附近淋巴结,将抗原递呈给幼稚 T 细胞(naïve T cell)从而启动免疫反应。被抗原激活的淋巴细胞随即激发很多机制来清除抗原。抗原清除需要的细胞称为效应细胞(effector cells)。激活的淋巴细胞、单核巨噬细胞以及白细胞都能发挥效应细胞的作用。

淋巴细胞能特异性地识别抗原递呈细胞展示在其表面的抗原,进而介导体液及细胞免疫反应。B 淋巴细胞能特异性地识别细胞外以及细胞表面的抗原,并能分化为抗体分泌型的浆细胞,从而介导体液免疫反应。T 淋巴细胞能识别细胞内的微生物,它们或者介导巨噬细胞杀死细胞内的微生物,或者杀死感染的细胞。T 细胞表面的抗原受体分子不同于抗体,但和抗体有相似的结构。T 细胞受体对抗原的识别有严格的特异性,它们能识别的是结合在主要组织相容性复合体(major histocompatibility complex, MHC)上、来源于微生物的抗原蛋白的多肽,而不能识别可溶性抗原。

T 淋巴细胞按照功能分为辅助 T 细胞(helper T cells)和细胞毒性 T 细胞(cytotoxic T lymphocytes, CTLs)。被抗原激活后,辅助 T 淋巴细胞分泌细胞因子,这些细胞因子作为信使分子激活天然以及获得性免疫反应。辅助 T 淋巴细胞分泌的细胞因子同时也刺激 T 细胞以及其他细胞(B 细胞、巨噬细胞和白细胞等)增殖及分化。CTLs 杀死产生外源抗原的细胞。还有一些 T 淋巴细胞主要起抑制免疫反应的作用,称为调节型 T 细胞(regulatory T cells)。

3.1.3 细胞因子

细胞因子(cytokines)是一大类具有多样结构及功能的蛋白,能调控或协同许多天然及获得性免疫细胞的功能。免疫系统中的所有细胞都可以分泌多种细胞因子以及表达多种细胞因子的特异性信号受体。对细胞因子的命名并不一致,有一些被命名为白介素(interleukin)后面加数字;另外一些则根据它们最初发现的功能来命名,如肿瘤坏死因子(tumor necrosis factor, TNF)或干扰素(interferon)。有一类细胞因子亚群,它们在结构上和细胞因子相关,主要功能是调控细胞迁移,称之为趋化因子(chemokines)。

3.1.4 微生物免疫反应

1.天然免疫反应

天然免疫系统是防御微生物感染的第一道防线,其主要功能是阻止微生物进入体内、消灭体表微生物以及限制已经入侵到局部组织的微生物的增殖。在机体同外界环境接触的组织和器官(皮肤、呼吸道、肠道以及肺脏等)表面都覆盖有一层连续的上皮细胞,起到阻止环境中的微生物进入体内的作用。细胞天然免疫反应主要包括炎症反应和抗病毒防御。炎症主要是招募血液中的血浆蛋白和白细胞聚集到感染组织局部,杀死病原微生物的过程。在天然免疫反应过程中有大量的由 DCs、巨噬细胞以及其他细胞分泌的细胞因子参与。参与炎症反应的白细胞中数量最多的是吞噬细胞、中性粒细胞和单核细胞。吞噬细胞将病原微生物以及死亡的细胞内吞,然后在其细胞质中的囊泡中消化。抗病毒防御包括细胞因子介导的病毒感染细胞内部的抗病毒反应和通过 NK 细胞杀死病毒感染的细胞。

当微生物突破了天然免疫的第一道防线进入血液后,它们可能会被循环系统中的天然免疫蛋白识别。血浆蛋白中最为重要的天然免疫蛋白是来源于补体系统的补体蛋白。当补体结合到微生物表面时被激活,自身具有裂解微生物的能力,裂解产物以及被补体包裹的微生物可以进一步介导炎性反应以及促进吞噬细胞吞噬。

天然免疫反应是十分高效的免疫反应系统。但是，许多病毒具有突破天然免疫屏障的能力，或者获得了抵抗天然免疫反应的机制。机体对这类病原微生物的抵抗需要更加强有力的武器系统。

2.获得性免疫反应

获得性免疫系统通过三种手段同微生物作战：抗体、吞噬作用和细胞杀伤作用。获得性免疫反应是一个顺序启动的过程，主要包括微生物抗原的摄取和递呈、抗原识别、细胞免疫反应、体液免疫反应以及免疫记忆(图 3-2)。

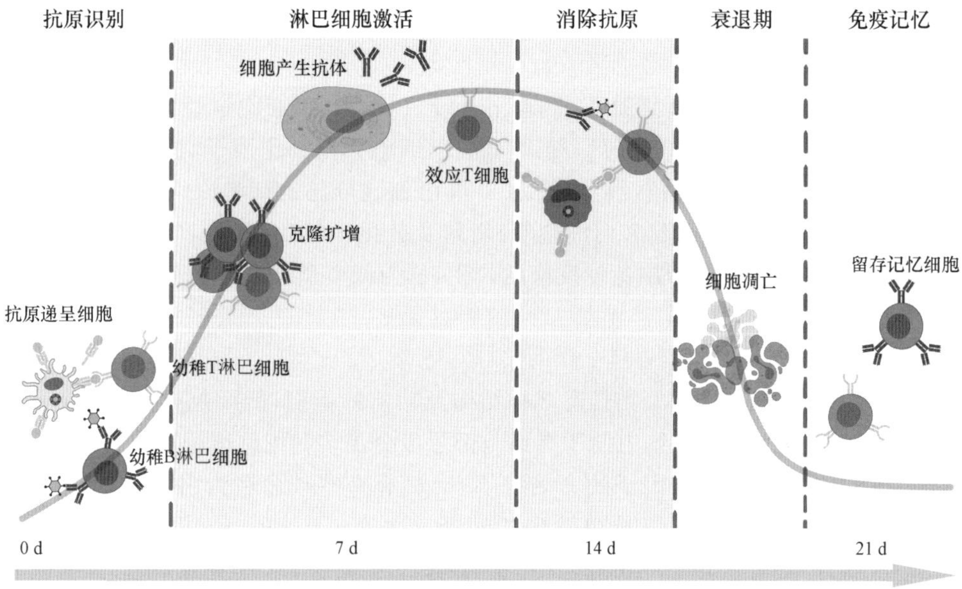

图 3-2　获得性免疫示意图

(1)抗原摄取及递呈　微生物突破天然免疫防线感染组织后，感染部位的巨噬细胞、DCs以及其他天然免疫系统通过细胞吞噬、巨胞饮或者受体介导的细胞内吞等作用将微生物内吞。在内吞体中，由于降低的 pH 以及其他细胞毒性分子的作用将微生物消化，抗原蛋白被消化为长度约为 20 个氨基酸的片段。来源于高尔基体的囊泡表面含有 MHC Ⅱ类分子，其抗原结合位点结合有一个稳定的肽段。当这些囊泡同吞噬溶酶体融合后，稳定结合的肽被抗原肽替换，MHC Ⅱ分子和抗原肽复合物被转运到细胞表面，被 $CD4^+$ T 淋巴细胞识别。病原感染细胞产生的内源性抗原被蛋白酶复合体降解成短肽，抗原被转运到高尔基体并装载到 MHC Ⅰ类分子上，这些 MHC Ⅰ类分子和抗原肽复合物被转运到细胞表面，供 $CD8^+$ T 淋巴细胞识别。但在对不同病原微生物感染与免疫机制研究中也发现，实际的抗原摄取及递呈过程可能存在差异。如外源性的抗原肽也可被装载到 MHC Ⅰ类分子上，该过程被称为交叉递呈。另外，大多数病原能同时激活 $CD4^+$ 及 $CD8^+$ T 淋巴细胞反应。所有细胞都可以表达 MHC Ⅰ类分子，而 MHC Ⅱ类分子主要由抗原递呈细胞表达。

(2)抗原识别　要激活获得性免疫反应，淋巴细胞必须能识别由 MHC 分子递呈的抗原(T 细胞)或天然抗原(B 细胞)。抗原决定簇(表位)是抗原表面能被 T 细胞或 B 细胞特异性受体识别的区域。

由于自然界有数量非常多的病原，而免疫系统需要有能对这些病原进行特异性识别的能力。然而，对于免疫系统来说，不可能在任何时候都具有足够数量的效应 T 细胞和 B 细胞清除所有可能的病原。针对这个事实，尼尔斯·杰尼在 1955 年提出克隆选择学说，该学说认为在特定的抗原暴露之前，免疫系统中存在能特异性地识别许多种抗原的淋巴细胞，当抗原第二次进入淋巴器官后，它能结合到抗原特异的细胞上并激活它们。在 1957 年，麦克法兰·伯内特进一步扩展了该理论，将其表述为在抗原暴露之前，淋巴系统中就产生了抗原特异性的淋巴细胞克隆，当淋巴细胞成熟时会产生大量该克隆的淋巴细胞，这样就具有对各种病原微生物进行特异性识别的最大潜力。

幼稚 T 细胞的激活依赖于对 MHC-抗原肽复合物的识别。在发挥效应时，所有 T 细胞必须和其他细胞有物理上的直接接触，为避免误伤无辜细胞，T 细胞除识别抗原外，还需要识别抗原刺激 DCs 产生的其他分子，这些分子被称为共刺激因子。

B 细胞受体(B-cell receptor, BCR)属于免疫球蛋白超级家族。B 细胞被激活后，能产生该受体的分泌型受体，即抗体。B 细胞通过 BCR 同特定的抗原结合。受体同抗原及其他信号结合后，会引起淋巴细胞的增殖和分化，生产效应淋巴细胞。

(3)T 细胞介导的免疫反应　$CD4^+$ 辅助 T 淋巴细胞激活后分化为效应细胞，它们的功能主要由大量分泌的细胞因子介导。当幼稚 $CD4^+$ T 淋巴细胞被抗原激活后分泌白介素 2 (interleukin-2, IL-2)，IL-2 是一个生长因子，主要刺激抗原特异性 T 细胞的分化。这些活化的淋巴细胞的一些后代能分化成不同的淋巴细胞，分泌不同类型的细胞因子从而发挥不同的作用。许多效应细胞从淋巴结移行到感染及发生炎症的部位，当这些效应细胞遇到与病原结合的细胞时，它们就被激活并开展清除病原的功能。一些 $CD4^+$ 辅助 T 淋巴细胞分泌的细胞因子能招募白细胞以及刺激吞噬细胞产生杀灭微生物的物质。激活的 $CD8^+$ T 淋巴细胞增殖及分化为 CTLs，CTLs 能杀死细胞质中存在微生物的细胞。CTLs 通过杀死感染的细胞来达到清除感染源的目的。

(4)体液反应　B 细胞对抗原的反应需要 $CD4^+$ T 细胞的激活信号。B 细胞被激活后，会增殖分化成为分泌不同类型抗体的细胞。一些增殖的 B 细胞后代分化为抗体分泌型浆细胞(plasma cells)。每个浆细胞分泌的抗体识别的抗原表位同 BCR 首次识别的抗原表位相同。多糖和磷脂刺激产生的抗体为 IgM，蛋白质抗原可刺激一个克隆的 B 细胞产生不同类型的抗体(IgG、IgA、IgE)，这些抗体的功能不同。

抗体消灭微生物的作用有多种。抗体和微生物结合后会阻止其进入细胞内，从而中和微生物。抗体的这种作用是获得性免疫反应中唯一可将感染终止在初始阶段，因此，疫苗接种的关键目标就是诱导产生强烈的体液免疫反应。IgG 包裹后的微生物是细胞吞噬的对象。吞噬细胞(中心粒细胞和巨噬细胞)能表达 IgG 的 Fc 受体，IgG 同该受体结合诱导启动细胞对微生物的细胞吞噬作用。IgG 和 IgM 能激活补体系统，补体系统的激活能促进对微生物的细胞吞噬作用。IgA 分泌到黏膜表面，中和处于黏膜组织腔体中的病原微生物。大多数抗体的半衰期为数天，IgG 的半衰期约为 3 周，一些抗体分泌型的浆细胞移行到骨髓后可以在那里存活数年。由这些长时间存活的 B 细胞分泌的抗体能对微生物的再次感染提供迅速的保护，更为有效的免疫保护由记忆细胞提供。

(5)免疫记忆　当微生物被有效的免疫反应清除后，随着增加的淋巴细胞逐渐死亡，免疫系统逐步恢复并进入平稳状态。但是，当B淋巴细胞被激活后，有一部分会分化成为记忆细胞，记忆细胞可以在感染后存活数年。记忆细胞相对于幼稚淋巴细胞具有更强和更高效的反应能力，当再次受到抗原刺激时，记忆细胞会快速增殖并分化为抗原特异的淋巴细胞，启动免疫反应。因此，在疫苗研究中，产生免疫记忆反应是其另一个重要的目标。

3.2 传统疫苗技术

3.2.1 减毒活疫苗

减毒活疫苗株是可以在宿主体内复制或感染细胞，但不引起机体发病的免疫原(如细菌或病毒)。减毒活疫苗免疫的优势是其可以模拟天然病毒的感染过程，能刺激机体产生持久的体液及细胞免疫反应，对于一些感染后可获得终生免疫的病毒，减毒活疫苗是理想的候选疫苗。减毒活疫苗株培育过程中，在毒力减弱和免疫原性之间需找到一个平衡点，以防止过度致弱导致的免疫原性丢失。

减毒活疫苗免疫及刺激产生保护性免疫反应的过程为：活疫苗株通过肌肉注射、口服或皮肤刺种方式接种；病毒在体内复制，但不产生临床症状，病毒的复制会将抗原放大，以产生充足的抗原来递送给免疫系统；免疫系统受到递呈的抗原刺激后，产生体液及细胞免疫反应；当机体再次感染该病毒时，免疫系统被激活，产生针对病毒的特异性的抗体中和反应及杀伤性T细胞反应，从而将入侵的病毒清除。

1.体外传代

在20世纪50年代发明了通过培养的细胞系传代病毒的技术后，该技术被用于对病毒的致弱中，通过在一个或多个细胞系中连续传代，获得对原来的宿主没有致病性的毒株。在当时的实验条件下，致弱机制并不清楚。一般认为是通过传代压力，在病毒的基因组中引入了一些突变，从而导致病毒的毒力降低。因此，利用这种方法筛选减毒疫苗株存在一定的盲目性。

2.来源于其他动物的变异株

痘苗病毒是人类历史上最为成功的减毒活疫苗。该疫苗株的筛选则是利用在动物上引起和人类相似疫病的异源病毒作为人类疫苗候选病毒。痘苗病毒免疫后在人类能刺激产生良好的保护性免疫反应，通过全球范围内的推广使用，在20世纪70年代扑灭了天花。

3.其他动物体内传代

除利用细胞系连续传代和感染其他动物的病毒来筛选弱毒疫苗株外，异源动物体内传代也是减毒活疫苗株筛选常用的手段之一。猪瘟兔化弱毒疫苗是我国研制的最为成功的猪病毒病防控弱毒疫苗之一。在20世纪50年代，我国科学家利用猪瘟病毒石门分离株强毒在家兔体内连续传代数百代之后，成功培育出一株猪瘟兔化弱毒疫苗。该疫苗因在我国发明，因此在世界上被称为C株(Chinese strain，C-strain)。C株的安全性非常好，接种后仅有轻微的体温反应和病毒血症，不引起发病和死亡。接种怀孕母猪，不引起死胎和流产。仔猪接种后也无不良反应。该疫苗在60年代被引入东欧、亚洲、拉美国家和地区，在欧洲猪瘟扑灭中发挥了关键作用。

4.基因组重排

重排病毒是通过将两个基因组为多片段的、不同来源的亲本病毒共感染一个培养体系而获得的。在人的轮状病毒弱毒疫苗株制备中，将人源轮状病毒同牛源病毒共感染敏感细胞系，通过基因重排，筛选出基因组中大多数基因来源于牛轮状病毒，而表面蛋白基因来源于人轮状病毒的重排病毒，该重排病毒免疫后能诱导针对人轮状病毒的血清型特异性中和抗体。利用同样的技术，以恒河猴源轮状病毒作为亲本毒，成功筛选出人轮状病毒的 4 价苗，该疫苗在 1988 年获得上市许可。这种技术同样也被用于流感疫苗的研制，以流行株作为表面糖蛋白基因供体，其他基因则由一个已经致弱的毒株提供，获得毒力致弱的基因重排病毒作为疫苗株，这种重排疫苗株在鸡胚或哺乳动物细胞系中生长良好，是目前流感疫苗株的主要制备方式。

5.温度敏感突变株筛选

可以利用在不同温度条件下生长特性不同的原理来筛选病毒变异株。有些病毒对温度敏感，在较高或较低的温度条件下不能生长，利用这个特性，在体外低于体温（37 ℃）的环境中（如 25 ℃）培养病毒，筛选出在这个条件下生长良好的病毒作为疫苗候选株。这个方法已经被成功应用于人流感病毒、轮状病毒冷适应株的筛选，通过冷适应筛选出的疫苗株相对于父母代野毒，其毒力明显减弱。

温度敏感疫苗候选株制备经典方法有三种：第一种方法是通过逐步降低培养温度来筛选出仅在低温条件下复制的病毒，也称为冷适应疫苗株的筛选方法。冷适应疫苗株筛选的原理是通过在培养温度逐步降低过程中，病毒基因组中产生的一些自发的突变导致其逐步丧失对宿主的致病性。病毒基因突变是一个持续积累的过程，可以通过对不同阶段病毒致病性的持续监测，来评估和筛选理想的毒株作为疫苗候选株。通过这种方式获得的突变毒株在遗传特性上相对稳定，因为其获得的突变相对较小，不易产生回复突变。冷适应疫苗株一般在正常体温条件下复制能力减弱，流感病毒冷适应疫苗株就是基于该原理筛选和制备的。第二种方法是在有诱变剂的条件下连续培养病毒，以持续积累突变，获得具有期望表型的突变株。这种方法可以和低温培养结合起来，提高温度敏感变异株的筛选效率。第三种方法是直接分离自发或诱导形成的温度敏感突变株。一般这种方式获得的变异株不稳定，不能直接用来作为疫苗候选株使用。在分离到温度敏感毒株之后，可以通过利用该毒株在逐步降低培养温度的条件下继续培养，积累更多的突变，最终获得遗传稳定的变异株作为疫苗候选株。

3.2.2 灭活苗

（1）全病毒灭活疫苗　是利用加热或化学剂（福尔马林、β-丙内酯等）方法将人工大量培养的病毒杀死，使其失去感染性（活性）而保留抗原性，并添加佐剂后制成的疫苗。灭活苗诱导的免疫反应以体液免疫反应为主，不能引起 MHC Ⅰ类分子限制性细胞毒性 T 细胞反应。免疫产生的中和抗体水平会随着免疫时间的延长而下降，因此需要大剂量，且多次免疫才能达到诱导良好免疫保护效果。

（2）裂解疫苗　是对病毒培养后进行裂解，除去培养物中的细胞碎片等杂质，纯化获得主要的抗原成分制备而成。人流感裂解疫苗是该类疫苗的代表性疫苗，其制备过程主要包括在鸡胚中培养流感病毒疫苗株、收获病毒液、彻底灭活病毒、浓缩纯化病毒和裂解病毒等。

（3）亚单位疫苗　好的疫苗接种后，一般既可以预防细胞外病毒的感染，也对细胞内病毒具有同样的作用。具有这种特性的免疫原一般是位于病毒表面的少数结构蛋白，如囊膜病毒糖蛋白等，这些蛋白表面具有能诱导机体产生中和抗体的中和表位，因此，仅利用这些蛋白作为疫苗免疫，就可以获得同全病毒免疫类似的免疫效果。以病毒的主要抗原组分制备而成的疫苗称为亚单位疫苗。如流感病毒表面血凝素蛋白 HA 以及猪瘟病毒的 E2 蛋白具有良好的免疫原性，用它们作为抗原免疫，可为接种动物提供良好的各自强毒的攻击保护，是研制猪流感和猪瘟亚单位疫苗的主要对象。

3.3 新型疫苗技术

3.3.1 病毒样颗粒

病毒样颗粒(virus-like particles, VLPs)是利用 DNA 重组技术制备的没有复制功能的病毒衣壳。VLPs 是在用真核或原核系统合成病毒的结构蛋白后，病毒蛋白通过自组装的方式形成和天然病毒粒子类似的空间结构。VLPs 由于其没有基因组，因此，不能在体内进行复制。有些结构简单的病毒，如圆环病毒、细小病毒等，仅表达一个衣壳蛋白就可以形成 VLPs。无论有无囊膜，DNA 和 RNA 病毒都可制备 VLPs。对于一些无法分离和体外培养的病毒，如诺如病毒、札幌病毒等，VLPs 是制备疫苗的最为有效的方法之一。

VLP 疫苗的优势非常明显。VLP 疫苗免疫可以同时刺激体液及细胞免疫反应；VLPs 在形态和结构上接近于天然病毒粒子，天然病毒粒子表面相似的非连续的构象表位在 VLPs 上均存在，因此，可以刺激产生与天然病毒粒子像类似的免疫反应；相对于灭活苗和活疫苗，VLP 疫苗生产过程及应用更安全。由于没有核酸，VLPs 不存在毒力返强、其基因组整合到宿主基因组、传播给其他非免疫动物等方面的风险；相对于亚单位疫苗，VLP 疫苗的免疫原性更好，同时可以用佐剂来辅助提高免疫效果。

VLPs 通常可以诱导产生中和抗体。对许多病毒而言，疫苗免疫的效果主要取决于当暴露于病毒时机体是否有足够量的高效中和抗体存在。除诱导产生中和抗体之外，VLPs 也能诱导体细胞免疫反应，T 细胞增殖及细胞毒性 T 淋巴细胞实验证实，VPLs 可以通过 MHC Ⅰ及Ⅱ类分子途径递呈，诱导细胞毒性以及辅助 T 细胞的活化。不同的 VLPs 在诱导产生的免疫调节因子方面存在一定的差异，即使 VLPs 的大小及结构类似，这种现象也存在。VLPs 的直径通常在 20～200 nm，在这个大小的粒子接近抗原递呈细胞和树突状细胞识别的粒子的理想直径，可很容易被抗原递呈细胞吸收并转运到淋巴结，刺激抗原递呈细胞产生各种细胞因子，诱导强烈的细胞免疫反应。另外，免疫途径以及是否添加佐剂也影响 VLP 疫苗的免疫效果。总之，影响 VLPs 免疫效果的最为主要的因素是其结构，同时其他因素也在一定程度上会对其免疫反应造成影响。

VLPs 的生产和表达系统很多，包括哺乳动物细胞、杆状病毒、酵母、重组病毒、原核系统(沙门氏菌、大肠杆菌等)、植物细胞等。在 VLP 疫苗制备时，需要保证合成的蛋白能够正确折叠，进而形成 VLP，应根据需要表达的目标蛋白的特点选择合适的表达系统。

目前，猪病毒病 VLP 疫苗的研究主要针对一些小的、没有囊膜的病毒，如口蹄疫、细小病毒、圆环病毒等。在口蹄疫病毒 VLP 疫苗的设计和生产中，研究人员利用反向 PCR 技术，将卵清蛋白 (ovalbumin，OVA) 第 257～264 位氨基酸的短肽嵌入 FMDV 结构蛋白 VP3 第 171～172 位 aa 或第 173～174 位 aa，通过大肠杆菌表达 FMDV 结构蛋白 VP0、VP1 和嵌合型 VP3，体外组装得到嵌合 OVA257～264 肽的病毒样颗粒 (VLPOVA)作为疫苗株生产新型口蹄疫 VLP 疫苗(Liu et al.,2020)。

3.3.2 病毒载体

病毒载体疫苗是利用致弱或复制缺陷型的病毒作为载体，表达另一种病原的主要抗原蛋白或抗原肽。临床上比较常见的病毒载体包括痘病毒载体及腺病毒载体等。

1.痘病毒载体

痘病毒疫苗是人类最为成功的疫苗之一，通过在全球广泛免疫接种，1980 年世界卫生组织宣布在全球范围成功消灭了天花。在消灭天花之后，痘苗病毒由于具有生产成本低、热稳定性好、对冻干条件耐受性好、发挥活性需要量低、接种方便、使用安全，以及提供的免疫持续期长等优点，被用作载体来制备其他病毒的疫苗。除痘苗病毒外的其他痘病毒，如禽痘病毒、犬痘病毒液也用作载体来研究和制备重组疫苗。

痘病毒的基因组为约 20 kbp 双链 DNA，由于其基因组庞大，可以容纳长度为 25 000 bp 的外源基因。常用的重组痘病毒构建策略有两种：一种是利用特异的酶切位点将病毒的基因组切开，在特定位置插入外源基因；另一种是利用同源重组技术用外源基因替换痘病毒的复制非必需基因。

痘病毒有自己的转录系统，包括 RNA 聚合酶、阶段特异性的转录因子、Poly(A)聚合酶、加帽及甲基化酶等。由于这些酶只能特异性地识别病毒的 DNA，因此，在表达外源蛋白时，必须用痘病毒的启动子。痘病毒的基因表达具有时间先后顺序特征，早期基因的转录早于 DNA 的复制，而中期及晚期基因转录则在 DNA 复制之后。有一些基因在整个病毒感染过程中都在表达，因为它们有两个启动子。由于痘病毒的基因复制具有如上特征，插入的外源基因的表达的调控是可以预期的。因此，在插入外源基因时，可以用后期启动子，以提高表达效率；但是在抗原递呈细胞中表达时最好用早期启动子，可以诱导细胞毒性 T 细胞反应；为优化表达效率，在设计时也可采用早/晚期启动子使用的策略。

蚀斑是筛选重组痘病毒最为常用的方法。蚀斑筛选后，可以利用目标基因是否存在、靶基因的表达情况以及特异性抗体等手段对重组病毒进行鉴定。但是，重组病毒的比例通常在 0.1%以下，用蚀斑方法筛选的效率较低。为提高筛选效率，可以采用更敏感的方法，或用多种方法组合的策略，例如可以共转染半乳糖苷酶、绿色荧光蛋白等，这样可以对重组病毒形成的蚀斑进行染色，或利用荧光筛选。另一种方法可以首选在目标区域插入荧光蛋白基因，在重组病毒筛选成功后，用目标基因替换荧光蛋白基因。

2.腺病毒载体

腺病毒(adenoviruses，Ads)是腺病毒科的成员，能感染人和多种动物，其基因组为 25～48 kbp 的双链线性 DNA，在其基因组的两端有长度在 30～371 bp 反向重复序列。在 3′端的重复序列前面有一个基因组装载信号，是腺病毒基因组装载所必需的。Ad 基因组编码 5 个早期基因(E1A、E1B、E2～E4)和 5 个晚期基因(L1～L5)，早期基因主要参与宿主基因表达调控和病毒基因组复制，晚期基因主要编码病毒的主要结构蛋白。

腺病毒载体作为基因传送系统已经被用于疫苗开发和基因治疗。腺病毒载体的优势有：载体系统容易构建；在细胞培养时病毒滴度高；作为载体用时对人和动物安全性好；目标蛋白表达量高；能激起高水平的体液及细胞免疫反应；可以通过包括黏膜在内的多种途径接种等。

在插入外源基因时,通常选择在早期基因区,最常用的为 E1 区。为增加插入基因的容量,可以将 E1～E4 区敲除。E3 区是病毒基因组复制非必需区,但 E1、E2 和 E4 是病毒基因组复制的关键区域。因此,如果载体中缺失掉了这三个区域,则在表达细胞系中需要这些基因的表达盒,以补偿病毒基因组复制的这些功能。仅缺 E3 区域的腺病毒载体具备完整的复制功能,而缺失 E1、E2、E4,或者任何这些基因的组合的载体则为复制缺陷型载体。

腺病毒载体疫苗面临的一个问题是宿主对载体产生免疫力的问题。以人为例,在人群中流行的 Ads 有 100 多种,人感染病毒后会产生针对这些病毒的特异性免疫反应。如果感染的 Ads 的亚型与载体相同或抗原性相似,则机体会产生对疫苗载体的免疫反应,这会影响疫苗的免疫效果。

3.3.3 DNA 疫苗

DNA 疫苗(DNA vaccine)又称为核酸疫苗(nucleic acid vaccine),是指将含有编码目标抗原蛋白的基因序列的质粒载体,通过肌肉注射途径免疫宿主,通过宿主细胞表达抗原蛋白,诱导宿主对抗原蛋白产生特异性的免疫反应,以达到预防和治疗疾病的目的。

近年来,DNA 疫苗研究取得了很好的进展,研究结果证实 DNA 疫苗可对多种病毒感染提供良好的保护,显示出其具有良好的发展前景。目前,全球范围内已经获得上市许可的 DNA 疫苗有 4 个,包括鱼传染性肝坏死病毒 DNA 疫苗、马西尼罗病毒 DNA 疫苗、犬黑色素瘤 DNA 疫苗和我国的禽流感病毒 DNA 疫苗。

DNA 疫苗的原理是用一个重组有目标抗原的 DNA 质粒作为免疫源,免疫机体后质粒携带的抗原基因再提供表达抗原蛋白,激发机体的体液及细胞免疫反应,从而达到为机体提供抗特定病原免疫反应的效果。

DNA 疫苗的优势之一是其可以激发细胞免疫反应。接种后,质粒携带的抗原蛋白基因可以在细胞内表达,抗原蛋白产生后进入 MHC Ⅰ类分子的递呈路径,激活产生 MHC Ⅰ类分子限制性的 $CD8^+$ T 淋巴细胞,这些 T 淋巴细胞在抗病毒感染中发挥重要作用。DNA 疫苗也可以激活辅助 T 细胞反应。

大量的实验室及临床试验结果表明,DNA 疫苗免疫可以刺激产生针对特定病原的保护性抗体。在刺激产生体液免疫反应方面,DNA 疫苗比其他类型的重组抗原更具优势。DNA 质粒被吸收进入细胞后,会在局部细胞内部表达蛋白,真核细胞对抗原蛋白的翻译后加工过程同病毒感染过程类似,如糖基化、磷酸化等修饰,从而使抗原蛋白在抗原性上同天然病毒类似;而对于一些用其他系统表达的重组抗原,其表达后加工及修饰过程存在差异,因此,最终在抗原性上同 DNA 疫苗表达的抗原蛋白存在差异;另外,以流感病毒 HA 为例,天然病毒中 HA 是一个同源三聚体,重组 HA 在体外制备过程中很难形成三聚体的结构,因而会丧失一些只有在三聚体表面才存在的构象表位,而 DNA 质粒表达后,在宿主细胞内就可以形成天然的三聚体结构,这对维持天然病毒 HA 表面的构象表位至关重要。

在 DNA 疫苗的研发过程中,为提升其免疫效力,一些新的技术也逐渐被发明及应用,这些技术在推进 DNA 疫苗商业化进程中发挥了重要作用。在提高 DNA 质粒的表达效率方面主要采取的策略包括:按照动物本身的密码子使用特点对基因进行密码子优化、利用不同的转录控制元件以及采用高表达启动子等。另外,佐剂、注射途径、注射方式以及免疫策略等方面的优化措施均可以在一定程度上提高 DNA 疫苗的保护效力。

3.3.4 mRNA 疫苗

在 1990 年，科学家通过给小鼠体外注射 mRNA 检测目标蛋白的表达情况，发现 mRNA 的注射剂量同目标蛋白的表达呈剂量依赖性关系，且产生的目标蛋白能够刺激小鼠产生特异的免疫反应，表明 mRNA 注射可以产生疫苗免疫类似的效果（Fuller and Berglund，2020）。但是，由于存在 mRNA 的稳定性、递送方式以及安全性方面的问题，mRNA 作为疫苗的研究并没有给予过多的关注。

随着生物技术的快速发展，mRNA 合成、修饰等技术逐渐成熟，使得 mRNA 作为疫苗研究再次成为科学家关注的焦点。相对于传统的疫苗，mRNA 疫苗具有安全性高、不会产生基因突变、可根据特定目的对其进行修饰，以及控制其半衰期等优点。近年来，针对一些危害严重的病毒，如 SARS-CoV-2、流感病毒等相继开展了 mRNA 疫苗的研究。当前，辉瑞公司研发的新型冠状病毒 mRNA 疫苗已经进入Ⅱ期临床试验阶段，有可能成为全球范围内第一个获批的商品化 mRNA 疫苗。

目前有两种类型的 mRNA 用于制备 mRNA 疫苗：非复制型 mRNA 和自我扩增型 mRNA。

非复制型 mRNA 疫苗是在体外转录获得的一段编码抗原蛋白的 mRNA，包括 5′及 3′的末翻译区（UTRs）和 polyA 尾巴。在疫苗设计过程中，可通过对多种碱基的修饰来提高 mRNA 的稳定性。在免疫时，可利用脂质体将 mRNA 递送至细胞内翻译抗原蛋白，诱导产生特异的免疫反应。

自我扩增型 mRNA 疫苗是基于甲病毒属的病毒的基因组来设计的，其基本原理是利用目标抗原蛋白的 mRNA 替换甲病毒结构蛋白的 RNA，同时保留甲病毒基因组的自我复制能力。改造后的甲病毒基因组进入细胞内后可以自我复制编码目标抗原的 mRNA，需要很少的 mRNA 就可以引起较强的免疫反应。

3.3.5 树突状细胞苗

树突状细胞（dendritic cells, DCs）是迄今为止所知的抗原递呈能力最强的细胞，可以诱导非常强的获得性免疫及免疫记忆，特别是 T 细胞免疫反应，因此，DCs 也是开发高效疫苗非常有前景的研究对象。

DCs 有两种来源，一类来源于髓样干细胞在粒细胞-巨噬细胞集落刺激因子（granulocyte-macrophage colony stimulating factor，GM-CSF）的刺激下分化为 DC，称为髓样 DC（myeloid dendritic cells，MDC），也称 DC1；另一类来源于于淋巴样干细胞，称为淋巴样 DC（Lymophoid dendritic cells，LDC）或浆细胞样 DC（plasmacytoid dendritic cells，PDCs），即 DC2，与 T 细胞和 NK 细胞有共同的前体细胞。

DCs 通常位于体表，和上皮细胞密切接触，也能移行回到局部淋巴结 T 细胞所在位置，DCs 的这种分布及移动是其重要的特性之一。在正常状态，DCs 在维持内环境及自身蛋白稳定中发挥重要作用，当存在外在刺激如微生物入侵时，DCs 移行到附近的淋巴组织，并选择特异性的 T 细胞并递呈抗原。当 DCs 移行到淋巴结组织时，它们可以高效选择能递呈抗原的特异性 T 细胞。在这些 T 细胞区域，DCs 加入已经稳定存在的细胞网络中，形成稳定的细胞间相互接触，这种携带有抗原的 DCs 同 T 细胞形成的稳定接触细胞网络至少存在 18 h。

DCs能表达数量庞大的细胞内吞受体介导细胞摄取，其中数量最多的一类为C型凝集素（C-type lectin）。C型凝集素既可以组装为C末端为一个凝集素功能域的Ⅱ型蛋白，如CD207、CD209、BDCA-2、Dectin-1；也可以组装为有多个凝聚素区域的Ⅰ型蛋白，如CD206、DEC-205/CD205。不同类型的DCs表达的主要细胞受体存在差异。

DC细胞疫苗主要针对目前利用传统的疫苗技术没有获得成功或效果不好的一些传染病（如结核、疟疾、HIV等）和肿瘤性疾病。传统的DC细胞疫苗的制备方法是从病人血液中分离未成熟的DC细胞，在体外刺激DC细胞使其分化并和抗原结合，将已经和抗原结合的成熟的DC细胞接种病人，刺激产生特异性的T细胞免疫反应。当前常用的则是改进型的DC细胞疫苗研制策略，其基本过程是将抗DC细胞表面受体的特异性抗体同抗原融合，添加佐剂后免疫机体，特异性抗体结合免疫局部的DC细胞，刺激DC细胞的成熟，结合有抗体的DC细胞引起抗原特异性的T细胞免疫反应。已经有一些用于肿瘤治疗的DC细胞疫苗进入临床试验阶段，随着疫苗工程、生产以及工艺等技术的进步，更多的应用于疫病预防及肿瘤治疗的DC细胞疫苗被研究和开发。

3.4 基于结构的疫苗设计

传统疫苗的生产及应用在某些猪病毒病的预防中发挥了关键作用，然而由于病毒多样性丰富、遗传特征及抗原性持续变异、新发病毒不断出现，以及传统疫苗在抗原群的覆盖面不足、生产成本高、生物安全和有效性存在问题等因素的存在，更安全、高效、成本低廉、临床使用方便的新一代疫苗成为当前疫苗学研究的核心内容之一。

研究发现在诱导机体免疫反应过程中，全抗原蛋白并不是必需条件，该发现引导了一个新的疫苗设计分支的出现——“结构疫苗学”。基于结构的疫苗设计的理论基础是，保护性表位刺激产生的免疫反应可以为机体提供针对病原的免疫保护。基于结构的疫苗设计是将基因工程和基于高分辨率结构的发现结合起来，选择性地去呈现结构复杂的、变异性高的抗原中的保守部分作为靶标来设计和制备疫苗，以此来刺激产生更强的免疫保护反应，并降低疫苗接种激发的疾病。在高分辨率结构的基础上，对抗原进行重新设计，可以提高抗原的生产量，同时通过改造使抗原蛋白的结构更加稳定，使制备的疫苗更易保存和运输、降低疫苗生产及接种成本。

疫苗接种的目的是刺激机体产生针对特定病原的特异性免疫反应，包括体液免疫反应和细胞免疫反应。对T细胞介导的免疫反应，其表位是一些短肽，这些短肽没有特别固定的三维结构，因此，结构设计对T细胞表位疫苗来说并不是必需的。然而，在对MHC分子的抗原递呈机制研究中发现，其对不同结构的抗原肽的递呈效率存在差异，这些发现提示也可以通过对抗原肽结构的优化来提升T细胞表位疫苗的效率。

而中和抗体识别的B细胞表位则是具有特定的空间构象以及表面电荷分布特征的表位。无固定结构的表位肽也可能诱发高水平的中和抗体，主要因为这些表位肽中部分肽的结构可能同天然抗原表面的表位结构相似。然而，表位肽因其存在多种构象，可以刺激产生很多类型的抗体，因此，抗原肽刺激产生的抗体中仅有一部分可以同天然的抗原蛋白结合。

开展基于结构的疫苗设计的基础是明确了主要的中和表位的结构特征。有多种方法可以用于中和表位的鉴定，其中逃逸突变分析是常用的方法之一。中和表位上关键氨基酸的突变可造成单克隆中和抗体的亲和力下降，甚至不能与抗原结合，从而失去中和病毒的能力。在表位鉴定时，可以通过合成关键氨基酸位点突变了的抗原蛋白做筛选试验，从而分析表位氨基酸的分布范围及对其亲和力的影响。但是，利用这种方法进行表位鉴定时需要注意，突变引起的抗原-抗体亲和力下降或消失，可能是由于突变造成蛋白不正确折叠造成的。噬菌体展示技术也是实验室常用的表位鉴定方法，但这种基于多肽的筛选方法，无法展示天然抗原的空间表位。

利用 X 晶体衍射和冷冻电镜三维重构技术解析抗原-抗体复合物的三维结构是当前表位鉴定最为直接的方法。利用这些方法，可以获得表位的原子分辨率的三维结构，进而精确定位抗体的结合表面、参与直接结合的关键氨基酸、维持表位空间结构的氨基酸以及表位表面的理化性质（静电势、疏水性等），这些结构特征可以直接用于结构疫苗设计。尽管抗原-抗体复合物结构对结构疫苗设计提供了非常好的基础，但是，通常筛选出的高效中和抗体仅是所有中和抗体库中的部分，不能代表整个抗体谱。另外，在中和抗体鉴定中通常用某些特定的重组抗原进行筛选，由其他病毒蛋白刺激产生的中和抗体无法筛选到，导致筛选出的中和抗体信息不全面。

3.4.1 构象稳定的抗原设计

呼吸道合胞体病毒（respiratory syncytial virus，RSV）为有囊膜的 RNA 病毒，属肺病毒科（*Pneumoviridae*）成员，该病毒主要感染幼儿，引起呼吸道感染。病毒的 F 蛋白为Ⅰ类糖蛋白，其在病毒吸附过程中会发生显著的构象变化：从融合前状态变为融合后状态。F 蛋白的融合前的构象可以诱导具有非常强的中和能力的抗体，因此，在 RSV 疫苗设计时，将 F 蛋白的结构稳定在其融合前状态是制备免疫原的目标之一。依据融合前 F 蛋白能诱导高活性中和抗体这一特性，多个研究筛选并设计了一个融合前 F 蛋白抗原 DS-Cav1，用该蛋白免疫小鼠及非人灵长类动物诱导产生的中和抗体水平显著高于融合后蛋白，为有效 RSV 疫苗研究带来了希望。在此基础上，研究人员进一步设计出了利用纳米颗粒展示 20 个 DS-Cav1 的免疫原，用其免疫小鼠及非灵长类实验动物中诱导的中和抗体水平比 DS-Cav1 三聚体又提高了 10 倍以上（Marcandalli et al.，2019），这些研究结果为基于结构的免疫原设计在提升疫苗效率中的价值提供了充分证据。

流感病毒的 HA 蛋白也是Ⅰ类糖蛋白（HA Ⅰ），HA Ⅰ头部具有受体结合位点，负责同细胞表面的唾液酸受体结合。HA 头部受体结合位点附近的抗原表位能诱导产生中和抗体，但是，这些表位所在的氨基酸又特别容易变异，导致免疫失败。在 HA 的茎部存在一个保守的抗原表位，由其诱导产生的抗体具有广谱的中和病毒能力。因此，为应对潜在的大流行流感病毒的威胁，研究人员针对该表位开展了基于结构的疫苗设计及免疫效果评估。该疫苗的设计基本思路是去除掉 HA 的头部，仅保留茎部有效的抗原区，并通过突变特定的氨基酸残基增加二硫键等，设计出结构稳定的迷你 HA 三聚体，用这类抗原免疫可以提供对多种不同亚型的流感病毒的攻击保护（Impagliazzo et al.，2015）。

HIV-1 的膜融合蛋白是高度糖基化的，其融合抑制亚基 gp120 可以同宿主受体 CD4 和 CCR5 或 CXCR4 结合后引起 gp41 亚基重新折叠，融合病毒囊膜和宿主细胞膜。作为能产生中和抗体的唯一膜蛋白，gp120 是 HIV-1 疫苗研究的重点目标之一，也是基于结构的 HIV-1 疫苗设计的对象。在设计时通过在 gp120 和 gp41 之间引入二硫键，将膜蛋白的结构稳定在融合前的状态，成功制备了融合前囊膜蛋白三聚体，并解析了其原子分辨率的结构，所得到的结构为基于结构的疫苗迭代设计奠定了基础。

3.4.2　嵌合抗原蛋白设计

一些表位肽可以诱导机体产生良好的免疫保护反应，但是，在多数情况下，抗原肽为延伸的肽链，具有多种构象，大部分构象并不能刺激产生保护性免疫反应。因此，将抗原肽稳定到一种接近天然的构象状态是抗原肽疫苗设计的重点。基于结构的疫苗设计策略是将表位肽展示到一个异源的蛋白骨架上，从而使其保持天然抗原的构象。

另一种基于结构的抗原蛋白设计方法是从头设计(de novo design)。从头设计是设计一个全新的抗原蛋白，该抗原由骨架和表位两部分组成，利用骨架的特殊结构来将构象表位以其和天然蛋白类似的构象展示在蛋白的表面。从头设计需要有功能强大的设计及模拟工具。Fabian Sesterhenn 等报道了他们开发的抗原蛋白从头设计工具 TopoBuider，该工具是基于 Rosetta 环境搭建的，可以用来设计全新的蛋白骨架以展示构象表位。利用该工具，他们设计了一个同时展示 RSV 三个中和表位的抗原蛋白 trivax，用该蛋白免疫小鼠能诱导针对 RSV 良好的免疫反应 (Sesterhenn et al.,2020)。

3.4.3　自组装病毒样颗粒设计

VLPs 是直径在纳米级别(20～200 nm)的颗粒，该尺度的颗粒处于 APCs 识别和递呈的抗原颗粒的最佳大小范围内，加之其结构蛋白在表面规律性的排列为其作为骨架展示或递呈其他外源抗原创造了良好的调节，因此，VLPs 除了作为免疫原直接用于制备疫苗外，也可以作为骨架或工具展示或递呈外源抗原。

1.表位展示 VLP 纳米颗粒设计

纳米颗粒在生命科学领域有着广泛的应用。VLPs 因直径一般在纳米级别，被认为是一种纳米颗粒，其表面结构蛋白上允许插入外源抗原肽，因此，可以作为纳米颗粒来递呈外源抗原。VLPs 表面的重复位点可以通过化学或遗传融合的方式修饰或与其他病原体的外来抗原偶联形成嵌合的 VLPs。一种方法是将异源抗原基因插入表达 VLP 结构蛋白基因的特定位点进行融合蛋白表达；另一种方法是对 VLP 表面的特定位置进行化学装饰，然后利用交联剂使异源抗原稳定结合在 VLPs 表面。

目前，有许多病毒的 VLPs 已经被用于展示或递呈外源抗原，如腺病毒、乙肝病毒和兔出血热病毒等。乙肝病毒核心抗原(HBcAg)可以自组装成为一个二十面体的纳米颗粒，它不但可以用作治疗慢性乙型感染的疫苗，也可以作为骨架来展示其他抗原，如巨细胞病毒的 AD-4 抗原、流感病毒 HA 的茎部保守表位等。

2.VLP 递送平台

VLP 具有能特异地靶向特定的宿主细胞，并具有穿透宿主细胞、组织相容性好以及可降解的特性，因此，可以作为高效的细胞内生物活性物质的递送平台来使用。同天然病毒类似，细胞表面的病毒受体能结合 VLP，并通过细胞内吞等机制将 VLP 转运到细胞质中，进入细胞质的 VLP 又可以通过细胞内的降解途径降解，降解物是生物相容性物质。腺病毒(Ad) VLP 是最常用的药物递送纳米颗粒之一。不同血清型的 Ad 可以组装成不同大小的纳米颗粒。研究证实，用 Ad 纳米颗粒作为抗癌药物(如 IF4E、BLM 等)递送载体，在体外及实验动物体内证实有良好的抑制癌细胞生长的效果。

3.5 疫苗佐剂研究

疫苗佐剂可以增强机体对抗原的免疫反应，其使用历史已经超过80年。作为能提高疫苗免疫效果的制剂，全世界范围内的科学家、研究机构以及疫苗研发企业对疫苗佐剂的重视程度与日俱增，其主要原因包括：第一，疫苗在传染病、肿瘤、过敏等疾病的预防和治疗中发挥着越来越重要的作用，对各种新型疫苗的研发和应用在不断深入和扩大，其中有相当一部分疫苗需要佐剂来提高免疫效果；第二，佐剂的使用能为企业带来更大的经济效益；第三，生物工程、遗传工程以及免疫学等领域的新进展为疫苗佐剂研究的深入提供了理论及技术基础；第四，传统佐剂在某些疫苗研究中的失败推动了对新型佐剂的探索性研究及应用。

传统对疫苗的分类标准，如按照材料来源、针对的疾病、注射途径、组成成分和作用机制等可能不适合对佐剂的分类。根据佐剂对免疫系统的作用和成分，可以把佐剂分为传统佐剂和新一代佐剂。生产中常用的一些佐剂，铝盐、乳剂以及脂质体等的主要作用是通过增强机体对抗原的摄入来提升免疫效果，被认为是传统佐剂。新一代佐剂则是指那些组合型的佐剂，这些佐剂既有传统佐剂的成分，也包含免疫增强剂，如AS04，其中含有铝及TLR4激动剂。疫苗佐剂的选择需满足一定的条件，主要包括：安全性、性质稳定、容易大规模生产、成药性好、有和疫苗相匹配的保质期，以及经济可行性等。

大多数佐剂提高机体对疫苗抗原产生的免疫反应的机制目前仍不十分清楚，根据当前研究的结果，免疫佐剂增强机体免疫反应的机制归纳起来主要包括以下方面：①增强弱抗原的免疫原性；②加快免疫反应的产生时间以及增长免疫持续期；③调节抗体的活性、特异性及亚型分布；④激活细胞介导的免疫反应；⑤激活免疫力弱的个体的免疫系统；⑥增强黏膜免疫反应；⑦减少抗原量以降低疫苗成本；⑧克服联苗的抗原竞争。

3.5.1 铝佐剂

铝盐溶液最初是在破伤风和白喉疫苗生产中，被加入培养基中通过沉淀来纯化抗原用的，随后发现通过铝沉淀的抗原的免疫原性要好于可溶性抗原。在20世纪20年代后，铝佐剂开始大量被用于疫苗生产。在很长一段时间，上市疫苗中大约有1/3以上使用铝盐作为佐剂。

最早用的铝佐剂为硫酸铝钾，后来疫苗生产中使用的铝佐剂主要为氢氧化铝和磷酸铝。氢氧化铝为针状的晶体，而磷酸铝呈松散的聚合物。铝通常是作为抗原递送载体来发挥作用，抗原和铝盐之间通过静电势和配体位交换作用结合在一起。和铝盐结合能使抗原在注射部分停留更长时间，但这种结合状态的抗原可能不是免疫激活的关键因素。铝盐本身能刺激产生很强的Th-2反应(也指体液免疫反应)，但截至目前其作用机制仍不是十分清楚。推测其可能机制有：仓储效应、引起炎症反应招募抗原递呈细胞、NALP3炎性小体激活、死亡细胞的DNA释放引起危险相关分子模式识别，以及细胞内吞作用增强等。在某些疫苗生产中，铝佐剂的效果并不明显。

铝佐剂的改进方向之一是同其他佐剂联合使用。AS04就是利用氢氧化铝或硫酸铝组合免疫刺激分子单磷酰脂A(MPL)制备而成。对这种佐剂的机制研究表明，铝盐并不能同MPL同时发挥作用，而是铝盐能帮助MPL更有效地进入注射部位，延长细胞因子数量的增长时间。MPL是脂多糖(lipopolysaccharide, LPS)的改进型，它能显著降低LPS的毒性，却仍然保留作为TLR4激动剂的作用，并可以同时激活Th1和Th2反应。

稳定性是铝佐剂的缺点之一。在冷冻条件下，铝颗粒会明显聚集，在注射时会降低疫苗的免疫效率。为避免这种现象的发生，疫苗需要在一个温度范围较窄的条件下储存和运输。

3.5.2 乳剂

另一种使用时间较长的疫苗佐剂是乳剂。最早的乳剂是用矿物油制成的油包水乳剂，被称为弗氏佐剂。弗氏佐剂后来发展为两种，一种为弗氏完全佐剂，主要成分包括：矿物油、乳化剂和灭活的结核分枝杆菌；另一种为没有结核分枝杆菌的弗氏不完全佐剂。由于存在一定的安全性和毒性问题，如矿物油不能被生物降解、乳剂中油占比高、油和乳化剂质量差等，弗氏佐剂主要用于动物疫苗的生产。

为解决弗氏佐剂的安全性问题，在20世纪80年代研制成功了可以生物降解的水包油型的乳剂(MF59)。MF59最初被用于流感疫苗的生产中，该佐剂可以提高免疫反应的同时，也可提升疫苗株的交叉反应性，免疫后能提供对多种毒株的广谱免疫保护效果。MF59是将角鲨烯、Span 85、Tween 80溶于pH 6.5的10 mol/L柠檬酸钠缓冲液中形成直径约为165 nm的液滴。对MF59提高免疫效果的机制也做了大量的研究，已经有多个理论被证实。MF59不同于传统的弗氏佐剂，不会在注射部位形成抗原仓库，MF59和抗原在注射部位相对独立清除，形成一个竞争的免疫环境，引起APCs及其他免疫细胞的大量涌入，MF59进一步上调趋化因子及细胞因子的产量，这些因子吸引更多的免疫细胞到达注射部位，抗原递呈细胞的到来增加了抗原的摄入，特别是中性粒细胞和单核细胞。当被转移到附近淋巴结后，MF59也能帮助激发免疫反应。

AS01、AS02、AS03和AS04是由葛兰素史克公司拥有专利的一系列人用疫苗佐剂，这些佐剂具有同MF59类似的增加免疫反应的功能。AS01的主要成分是含有MPL和皂素QS-21的脂质体，已经被用于疟疾疫苗的生产；AS02是含有MPL和QS-21的水包油乳化剂；AS03则是包含有α-生育酚、角鲨烯和Tween 80的磷酸盐缓冲液制成的水包油乳化剂；AS04是含MPL的铝佐剂。AS03中的α-生育酚已经被证实具有抗氧化和免疫刺激的功能，是AS03佐剂中起免疫增强作用的关键成分。AS03和抗原必须递送到同一个位置才能发挥免疫增强作用，但该作用不需要两者结合在一起才能实现。AS03是通过在注射局部招募单核细胞和粒细胞来发挥其免疫增强作用的。为进一步增强AS03的免疫增强效果，在其原有成分的基础上增加了免疫增强剂皂角苷(QS-21)和MPL。QS-21可以提高抗体滴度、增强对T细胞依赖的抗原的反应以及$CD8^+$ T细胞反应。

3.5.3 脂质体

脂质体(liposomes)是由卵磷脂和神经氨酰等制成的球形颗粒，具有类似细胞膜结构的双层磷脂膜。作为疫苗佐剂使用时，脂质体具有抗原递送和刺激免疫系统的双重功效。在制备疫苗时，抗原可以包入脂质体内部、嵌合到双层膜上或者吸附到脂质体表面。由于脂质体单独不具有激发免疫系统的能力，需要同免疫刺激分子组合应用。带阳离子的脂质体比中性及带阴离子的脂质体能刺激产生更强的免疫反应，其原因是带阳离子的脂质体增强细胞对其携带的抗原的摄取量。

免疫刺激复合物(immunostimulating complexes, ISCOMs)是 20 世纪 80 年代开发的一种佐剂,最初是利用磷脂和胆固醇将抗原同皂苷组合制成。在研究过程中发现,要将 ISCOMs 制成直径为 40 nm 左右的颗粒,抗原必须具有双亲性才行。后来,用纯化的皂素代替了皂苷,以解决其不稳定的不足。ISCOMs 具有抗原递呈和免疫系统调节的双重作用。对免疫系统的调节主要通过激活免疫细胞和上调趋化因子和细胞因子,能高效诱导 $CD8^+$ T 细胞反应。目前认为其作用机制是通过同细胞膜的互作,利用细胞内吞和核内体途径将抗原转运到细胞质中。

3.5.4 细胞因子佐剂

细胞因子(cytokine,CK)是由免疫细胞(如单核细胞、巨噬细胞、T 淋巴细胞、B 淋巴细胞等)和某些非免疫细胞(如上皮细胞和内皮细胞等)受到免疫原或其他因素刺激而合成、分泌的一类具有广泛生物学活性的小分子蛋白质。细胞因子一般通过结合相应受体调节细胞生长、分化和效应,同时还具有调节天然免疫和适应性免疫反应等功能。细胞因子可被分为白细胞介素、干扰素、肿瘤坏死因子超家族、集落刺激因子、趋化因子、生长因子等。由于细胞因子具有调节免疫反应的作用,因此,可被用作佐剂来增强疫苗抗原引起的体液及细胞免疫反应。

粒细胞-巨噬细胞集落刺激因子(GM-CSF)是一种分子质量为 14.6 kDa 的蛋白质,由单核细胞、巨噬细胞和活化的 T 细胞分泌,能刺激骨髓前体细胞活化为粒细胞及巨噬细胞。近期的研究结果表明,GM-CSF 在免疫反应中起着极为重要的作用,包括促进粒细胞和巨噬细胞的成熟,作为生长因子在存在外源刺激时促进树突状细胞的生成以及招募树突状细胞参与炎症反应;GM-CSF 也可以上调抗 APCs 中 MHC Ⅰ以及Ⅱ类分子的表达。由于 GM-CSF 在免疫反应中发挥着如此重要的作用,因此,其作为疫苗佐剂的潜力也被广泛研究。在被用作流感、乙型肝炎、HIV 及牛病毒性腹泻病毒疫苗的佐剂时,GM-CSF 能在免疫动物中刺激更强的体液及细胞免疫反应。

干扰素(interferon, IFN)是一种广谱的抗病毒细胞因子,按照其来源、受体和理化性质的不同分为Ⅰ型(IFN-α/β,约 19 kDa)和Ⅱ型(IFN-γ,约 17 kDa)干扰素。Ⅰ型干扰素主要由骨髓白细胞和其他细胞分泌,其主要功能是上调多种细胞的 MHC Ⅰ类分子的表达、促进树突状细胞的成熟、增强 NK/T 细胞的细胞毒性,以及活化 B 细胞等。Ⅱ型干扰素通过一个独特的信号通路激活 200 多种基因的表达,具有非常强的促炎症反应的活性。IFN-γ 是由 NK、NK/T 和 TH1 $CD4^+$ T 淋巴细胞分泌,能激活巨噬细胞、中性粒细胞和 NK 细胞,上调 MHC Ⅰ及Ⅱ类分子的表达,诱导 T 及 B 细胞分化等。在乙型肝炎感染、流感以及寄生虫疫苗的研究中,重组Ⅰ型干扰素被用作佐剂,这些疫苗免疫效果评估结果显示,Ⅰ型干扰素能显著增强体液免疫反应以及特异的 CTL 反应。IFN-γ 作为免疫佐剂的应用比Ⅰ类 IFN 更多,它能促进 IgG1 向 IgG2a 的转化,增强 Th1 类 T 细胞的活性,进一步促进 IFN-γ 的产生。

IL-12 是一种分子质量为 70 kDa 异三聚体构成的促炎性因子,能诱导 IFN-γ 的表达和 Th1 细胞的生成。IL-12 主要在炎性刺激因素的作用下由吞噬细胞(单核细胞、巨噬细胞和中性粒细胞)和树突状细胞生成,其作用对象包括 NK 细胞、KNT 细胞以及 T 细胞,IL-12 诱导这些细胞分化、增强其细胞毒性、刺激产生其他细胞因子,如 IFN-γ、IFN-α、IL-8 以及 GM-CSF 等。已经有大量的研究对 IL-12 作为病毒、细菌和寄生虫疫苗佐剂的效果做了评估,结果显示 IL-12 可持续诱导从 Th2 型到 Th1 型的转换、IFN-γ 的大量产生、增强抗原特异性 CTL 反应及诱导 IgG2a 和 IgA 的产生；另外，也能增强长期记忆 T 细胞的活性。

IL-2 是分子质量为 15.4 kDa 的蛋白质，主要由 $CD4^+$ T 细胞产生，也有报道 $CD8^+$ T 细胞、树突状细胞以及胸腺细胞也能产生该蛋白。IL-2 作为一个多亚基的分子受体发挥作用，在活化的 T 及 NK 细胞中会上调表达，其主要功能是激活单核巨噬细胞，促进 T 细胞、NK 细胞、B 细胞增殖，促进细胞因子和抗体分泌，诱导并促进调节性细胞增殖。IL-2 作为牛疱疹病毒、狂犬病毒以及单纯疱疹病毒疫苗佐剂的评估效果证实，其能增强抗体介导的免疫保护反应的同时，也能增强细胞免疫反应。

除以上细胞因子外，其他细胞因子如 IL-4、IL-18、IL-15 等也都可用作佐剂，用来增强免疫原诱导的体液及细胞免疫反应。

参考文献

Fuller D H, Berglund P. Amplifying RNA vaccine development. N Engl J Med, 2020, 382(25): 2469-2471.

Impagliazzo A, Milder F, Kuipers H, et al. A stable trimeric influenza hemagglutinin stem as a broadly protective immunogen. Science, 2015, 349(6254): 1301-1306.

Liu R, Guo H, Du P, et al. Construction, expression and identification of chimeric foot-and-mouth disease virus-like particles. Sheng Wu Gong Cheng Xue Bao, 2020, 36(7): 1305-1313.

Marcandalli J, Fiala B, Ols S, et al. Induction of potent neutralizing antibody responses by a designed protein nanoparticle vaccine for respiratory syncytial virus. Cell, 2019, 176(6): 1420-1431, e1417.

Sesterhenn F, Yang C, Bonet J, et al. De novo protein design enables the precise induction of RSV-neutralizing antibodies. Science, 2020, 368(6492): eaay5051.

（王靖飞）

第 4 章 新型诊断技术

本章提要

快速准确的检测技术对病毒病防控至关重要。新型技术的出现和应用使病毒感染的诊断效率和准确性得到了很大的提升。本章主要针对当前逐步应用到临床中的一些技术，如高通量测序技术、微流控技术、基于 CRISPR 的检测技术等的基本原理和应用特点做简要介绍。

4.1 现场快检技术

快速准确诊断是病毒病有效防控的关键。传统的检测技术往往存在操作繁杂、检测成本高、周期长以及结果精准性低等缺陷，不能满足新发疫情快速诊断及防控的需求。随着当前科学技术的快速进步，一些新的技术逐渐被研发并应用于临床病毒病的快速诊断中。这些新技术主要可以分为免疫检测技术和分子生物学技术两大类。现场快速检测主要呈现四大趋势：检测灵敏度越来越高；检测速度不断加快；选择性不断提高；检测仪器向小型化、便携化方向发展，从而使实时、现场、动态、快速检测正在成为现实。

现场快速检测方法与国家标准方法相比具有操作简单、快速的优点，但由于大多数快速检测方法在样品前处理、操作规范性方面还有许多待完善之处，目前还只能作为快速筛选的手段而不能作为最终诊断的依据。当前具有临床应用前景的快速检测技术主要包括：环介导等温扩增技术（loop-mediated isothermal amplification，LAMP）、恒温热隔绝式 PCR（insulated isothermal PCR，iiPCR）、免疫胶体金技术（colloidal gold immunochromatographic assay，GICA）以及生物芯片（biochip）技术等。

4.1.1 环介导等温扩增技术（LAMP）

LAMP 是由日本荣研株式会社 Notomi 博士于 2000 年发明的（Notomi，2000）。其基本原理是：根据靶基因的 6 个区域设计出 4 条引物，包括两条内引物和两条外引物。内引物由靶序列正义链和反义链的两个特异区域组成，利用 DNA 链在 60～65 ℃的恒温条件下处于解链和退火的动态平衡状态，在 DNA 聚合酶的驱动下结合靶序列启动 DNA 合成，由于内引物同时合成双链互补，因此，是形成环状结构的主要因素；外引物与内引物前端的序列互补，通过链置换 DNA 聚合酶的作用，置换下内引物合成的 DNA 链并且合成自身 DNA，被置换的链自身形成茎-环结构，接着与内引物结合进行扩增和链置换，新合成的茎-环结构的长度是原来的二倍，如此经过滚环扩增之后形成的产物是周而复始地插入靶序列的不同长度的茎-环结构的

DNA 链，即由很多重复的环组成的花椰菜结构。为了提高反应速度，还可以通过引入两条环引物加快反应，环引物与合成过程中形成的环状区域互补，增加了在 LAMP 反应中 DNA 合成的起点数量，可大大缩短检测时间，提高检测效率。

LAMP 检测技术具有简单快捷、灵敏度高、特异性强等特点，无需专业的技术人员和仪器设备即可完成，灵敏度比常规 PCR 高一个数量级，检测可在 1 h 内完成，若加入 loop 环引物还可再加快反应速度，检测结果肉眼可见，因而能够建立方便有效的低成本的检测体系，在基层应用中的病原现场快速检测和疾病快速诊断领域具有广阔的应用前景。

虽然 LAMP 检测技术能够实现简单快速、灵敏准确的现场检测，但该方法诞生不过十余年的时间，一些缺点尚未克服，如原理艰涩难懂，病原特异性基因的选取困难和复杂的引物设计，茎环结构的产物难以分离出单链的核酸序列等。LAMP 技术的检测结果只有扩增和不扩增，通过扩增产物的有无来判断，一旦发生非特异性扩增，很难保证结果的准确，因此除了建立方法时要求目的基因和引物的特异性，对样品的处理要求也很高，尽可能避免样品污染造成的假阳性。此外，由于 LAMP 扩增是链置换合成，靶序列长度最好在 300 bp 以内，大于 500 bp 则较难扩增，故不能进行长链 DNA 的扩增。

4.1.2　恒温热隔绝式 PCR(iiPCR)技术

聚合酶链反应(PCR)是用于扩增特异性核酸序列的技术，由于其高特异性和敏感性，成为动植物及人类病原检测的重要工具之一。常规 PCR 过程需要使用一个精密的热控制器反复加热和冷却样品，通常为 25～50 个循环，整个反应需 2～3 h，其中大部分时间消耗于 DNA 变性加热和退火及延伸的冷却过程，难以实现高效和高通量。

恒温热隔绝式 PCR(insulated isothermal PCR，iiPCR)是一种基于 Rayleigh-Be′nard(瑞利-本纳德)对流原理的 PCR 扩增新技术。该技术主要利用热对流的原理，通过容器底部液体加热产生上部液体与下部液体的温差以形成液体的循环，持续的加热维持循环进而形成稳定的温度梯度，此时借由容器设计巧妙的控制对流时间与散热速率，就可以形成适合 PCR 的反应环境。基于此研发的小型核酸检测仪，反应仅需 42 min，机器内已设置荧光吸收的阈值，作为判读标准，结果直接显示于屏幕上。与传统 PCR 仪相比，该技术缩短了反应时间，仪器轻便，操作简单，配合试剂盒法提取核酸，实现了病原检测的现场化和程序化，适用于基层现场快速诊断。该技术自 Krishnan 等于 2002 年在 Science 杂志报道以来，已用于虾白斑病病毒、马流感病毒、犬瘟热病毒、犬细小病毒、猪瘟病毒等动物疫病的现场快速检测，也可用于食品中沙门菌的检测，其中采用该技术建立的对虾白斑病病毒的检测方法已得到了世界卫生组织(WOAH)的认证(Tsai et al.，2012)。

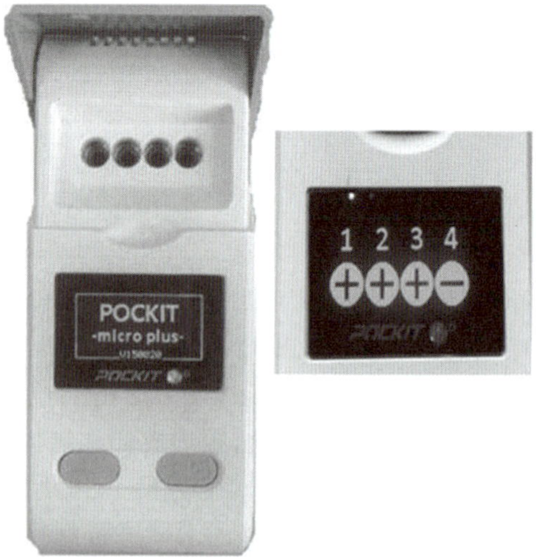

图 4-1　智能型手提式核酸分析仪

最新研制的 POCKIT 智能型手提式核酸分析仪(图 4-1)，可荧光定性检测 DNA 及 RNA，检测的准确度和敏感性极高，整体操作极为简单，PCR 反应总反应时间仅需 58 min，包括前 10 min 的反转录过程和 48 min 的核酸扩增时间，反应结束后检验结果直接显示在 LED 屏幕上（阴性或者阳性，问号表示结果可疑），并存储在机器的 SD 卡上。由于此仪器方便易携，操作简便快捷，被迅速运用于兽医现场检测（Chang et al.，2012）。

由于 iiPCR 的高敏感性，所需引物特异性较高，因此 iiPCR 引物设计要求较高，如引物长度推荐在 18～22 bp，扩增目的片段在 70～150 bp 为佳（100 bp 内更好），GC 含量 45%～60%，引物 T_m 值在 56～60 ℃之间。另外，探针的合成费用较高，且探针的设计也应遵循说明书原则，如引物长度应大于 13 bp（增强特异性）且小于 30 bp（保持最佳淬火效果）。

4.1.3 免疫胶体金技术（GICA）

GICA 是 20 世纪 80 年代以来在单克隆抗体技术、新材料技术和乳胶凝集试验基础上发展起来的一种新型体外快速诊断技术。该技术与荧光标记技术、酶标记技术和放射性同位素标记技术一起组成当今最重要的四大免疫标记技术。

目前市场上见到的典型的层析法检测试剂的组成成分可分为三个部分，一是多孔材料，包括样品垫、吸水垫、结合垫及硝酸纤维膜；二是试剂，如抗体、金标结合物等；三是层压结构及卡盒，如 PVC 板、双面胶、盒等。该技术主要是将特异性的抗原或抗体以线状形式包被在 NC 膜上，胶体金标记试剂固定在结合垫（玻璃纤维）上，试纸条一端的样品垫浸入到待测样品中，在微孔膜的毛细虹吸作用下向前移动，与结合垫上的胶体金标记试剂反应后，继续移动至包被有特异性抗原或抗体的区域，待测物和金标试剂的复合物又与其发生特异性结合而被捕获，富集显色于检测带上，呈现出肉眼可见的显色结果。游离的标记物则越过检测带，与结合标记物自动分离。

胶体金是由氯金酸（$HAuCl_4$）在不同性质和浓度的还原剂（如柠檬酸三钠、鞣酸、白磷、抗坏血酸和硼氢化钠等）作用下还原而成不同粒径的胶体金颗粒悬液，又称金溶胶。如图 4-2 所示，GICA 技术的原理是先将已知的抗原或抗体以条带状包被到硝酸-纤维素（NC）膜载体上，点样后，样品溶液通过滤膜的毛细作用向前移动，同时，样品中的待测物与层析材料上针对待测物的受体（抗体或抗原）发生高特异性、高亲和性的免疫反应，层析过程中免疫复合物被富集或截留在层析材料的一定区域（检测带），通过可直接目测的胶体金颗粒在短时间内聚集而得到可目测的显色条带。GICA 和 ELISA 一样可以根据胶体金标记物和包被物（捕获材料）的不同，原理上细分为间接法、夹心法和竞争法等，下面简单介绍几种方法。

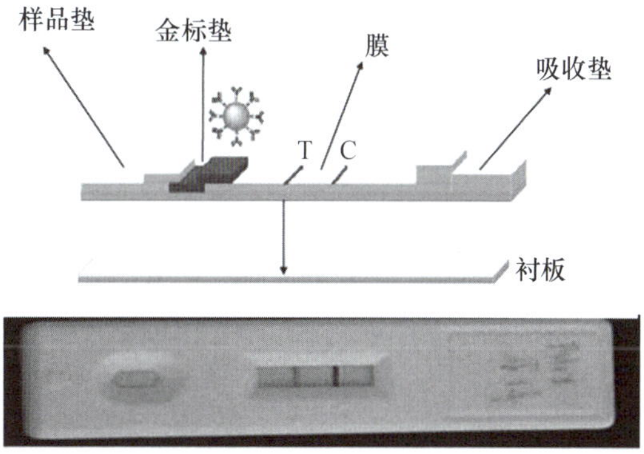

图 4-2 免疫胶体金检测试剂结构示意图

（1）间接法　这是一种胶体金试纸条普遍使用的方法，以 Bionote 公司的牛布鲁氏菌抗体快速检测试剂盒为例进行介绍。该试纸条在金标垫上包被了胶体金标记的抗牛的 IgG，检测线上的捕获材料是根据世界动物卫生组织（WOAH）推荐的热酚法提取的布鲁氏菌的脂多糖（LPS）抗原，当待检样品的中含有布鲁氏菌的抗体时，就能在检测线上与 LPS 高度特异性结合而出现条带，呈现出阳性结果。此方法不仅弥补了虎红平板试验特异性不高的缺点，还有比虎红平板试验更高的灵敏度;其检测样品可以是牛奶、全血、血浆或血清,这样就保证了检测试验在高度敏感和特异的情况下,变得更简便和快捷。

(2)夹心法　夹心法顾名思义就是金标物和捕获材料均为不同的抗原蛋白(或同一抗原但抗原位点不同)用以检测对应抗体,或者是金标物为针对抗原的特异性单克隆抗体(或多克隆抗体),捕获材料为另一抗原位点的单克隆抗体用以捕获抗原。Bionote 公司的牛结核病抗体检测试剂盒就是采用的夹心法,试纸条中胶体金标记的是牛结核杆菌独有的 MPB70 抗原,捕获材料是针对另一抗原表位的 MPB70 蛋白,因此该试纸条具有比结核菌素皮试实验更高的特异性。

(3)竞争法　竞争法通过样品中的待检抗原和包被抗原竞争性结合金标抗体的原理制备而成。如果待检样品中没有抗原存在,金标抗体在泳动过程中包被有抗原的检测线和包被抗原结合,形成肉眼可见的红线,多余金标抗体继续泳动,到达质控线时和二抗结合,也形成一条肉眼可见的红线,当检测结果出现两条红线时判为阴性;如果待检样品中存在目的抗原,则样品中的抗原竞争性同金标抗体结合,金标抗体泳动到包被有抗原的检测线位置时,不再和包被抗体结合,而当其到达包被二抗位置时,同二抗结合而形成肉眼可见的检测线,结果判为阳性。

胶体金免疫层析技术最大的特点是简单快速,3～5 min 即可肉眼读取结果,无需任何仪器设备和试剂。实验结果可长期保存,不涉及有毒有害物质,无生物材料如内源酶等的污染,特别适合于医院、野外作业人员、广大基层单位以及大批量、时间紧的集中检测和大面积普查等现场应用,具有巨大的发展潜力和广阔的应用前景。

胶体金免疫层析试纸条技术在快速检测方面具有很多的优势和较强的实用性,但因胶体金颗粒本身不具备发光等特性,若依靠其自身所具有的颜色进行结果判断,则需大量颗粒聚集才能达到肉眼可见的效果,这使得它的弊端也非常明显,即灵敏度较低,并且只能定性不能定量检测,技术稳定性和检测效率有待提高,从而限制了胶体金试纸条在部分对灵敏度指标要求较高的检测项目中的应用。

4.1.4　生物芯片(Biochip)技术

基因芯片产生于 20 世纪 90 年代,大量合成的 DNA 探针有序地固定在芯片载体表面成为基因芯片,待检样品经过扩增和标记后,与基因芯片反应,扫描并分析杂交反应的信号,即可得到待检样品的基因信息。1998 年底美国科学促进会将基因芯片技术列为 1998 年度自然科学领域十大进展之一,足见其在科学史上的意义。它以其可同时、快速、准确地分析数以千计基因组信息的本领而显示出了巨大的威力。

基因芯片也称 DNA 微阵列,是生物芯片的一种。基因芯片原理最初是由核酸的分子杂交衍生而来的,即应用已知序列的核酸探针对未知序列的核酸序列进行杂交检测 DNA 芯片技术,实际上就是一种大规模集成的固相杂交。是指在固相支持物上原位合成(situ synthesis)寡核苷酸或者直接将大量预先制备的 DNA 探针以显微打印的方式有序地固化于支持物表面,然后与标记的样品杂交(图 4-3)。通过计算机对杂交信号的检测分析,得出样品的遗传信息(基因序列及表达的信息)。由于常用计算机硅芯片作为固相支持物,所以称为 DNA 芯片。

基因芯片应用于检测的优点有:①通量高,可在 1 cm^2 的载体平面上固定数万至数十万的探针,可对样品中数量巨大的相关基因,甚至整个基因组及信息进行同步检测和分析;②快速全自动分析，降低了人工成本；③分析精确度和高精密度高；④分析的灵敏度高。基因芯片选用了不易产生扩散作用的载体，探针及样品靶基因的杂交点非常集中，加上杂交前样品靶基因的扩增和杂交后检测信号的扩张，极大地提高了检测的灵敏度，可以检测出 1 个细胞中低至 1 个拷贝的靶基因，从而使检测所需的样品量大幅度减少，一般只需要 10～20 μL 样品。

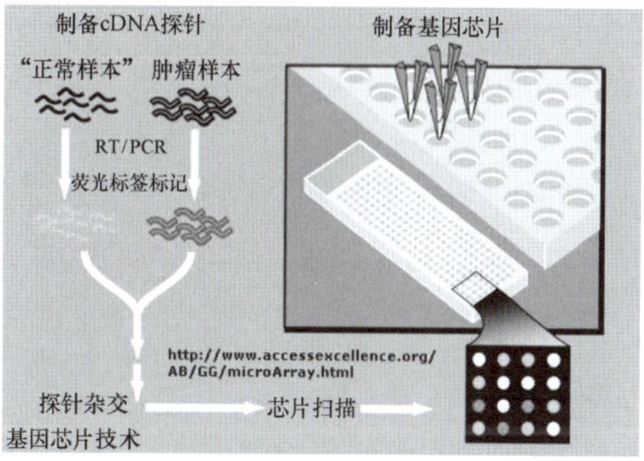

图 4-3　生物芯片技术原理示意图

尽管基因芯片相对其他传统方法在检测通量和精度等方面具有明显优势，但是，其前期研发与制作费用较高，特别是抗体多的芯片，开发费用较昂贵，因而多样品多参数的实验操作还具有一定的局限性。另外同其他检测技术一样，抗体芯片也存在一定的不稳定性和假阳性，最好有相应的验证实验，从而保证检测结果的准确性。

4.2　高通量检测技术

高通量测序技术又称二代测序技术（next generation sequencing，NGS），与被认为是第一代测序技术的传统 Sanger 毛细管电泳测序方法相比，二代测序技术以更低的成本提供更高通量的数据，并实现大规模的基因组研究，单次运行数据量大，可以同时对数百万个 DNA 分子实施测序。根据 NGS 测序平台不同分类，二代测序技术的原理包括合成法测序及连接法测序。

目前高通量测序的主要平台代表有罗氏公司（Roche）的 454 测序仪（Roche GS FLX sequencer），Illumina 公司的 Solexa 基因组分析仪（Illumina Genome Analyzer）和 ABI 的 SOLiD 测序仪（ABI SOLiD sequencer）。

4.2.1　454 焦磷酸测序

罗氏 454 是第一个商业上成功的 NGS 系统。其测序的基本原理是：在 DNA 聚合酶、ATP 硫酸化酶、荧光素酶和双磷酸酶的作用下，将每一个脱氧核糖核苷三磷酸（deoxy-ribonucleotide triphosphate，dNTP）的聚合与一次化学发光信号的释放偶联起来，通过检测化学发光信号的有无和强度，达到实时检测 DNA 序列的目的。

该技术的流程可大致分为以下几部分：①DNA 文库制备。利用酶促或机械方法将基因组 DNA 或 cDNA 片段化处理至 300～800 bp 间，经末端修复与特异性接头等修饰后变性处理回收单链 DNA。②片段扩增。单链 DNA 文库被固定在直径约 28 μm 的 DNA 捕获磁珠上，乳化形成油包水的混合物，每个独特的片段在自己的微反应器里进行独立的扩增，回收纯化。③焦磷酸测序反应。将携带 DNA 片段的磁珠放入一种称作"pico titer plate"（PTP）的平板中供测序反应使用。测序方法采用焦磷酸测序法，将一种比 PTP 板上小孔直径（约为 44 μm）更小的磁珠放入小孔中，启动测序反应。测序反应以磁珠上大量扩增出的单链 DNA 为模板，每次反应加入一种 dNTP 进行合成反应，如果 dNTP 能与待测序列配对，则会在合成后释放相同数量的焦磷酸基团，释放的焦磷酸基团会与反应体系中的三磷酸腺苷（adenosine triphosphate,ATP)硫酸化学酶反应生成 ATP,生成的 ATP 和荧光素酶共同氧化使测序反应中的荧光素分子发出荧光,同时由 PTP 板另一侧 CCD 的照相机记录,最后通过计算机进行光信号处理而获得最终的测序结果。由于每一种 dNTP 在反应中产生的荧光颜色不同,因此,可以根据荧光的颜色来判断被测分子的序列。

4.2.2 Solexa 聚合酶合成测序

2006 年,Solexa 发布了 Genome Analyzer(GA)测序仪,2007 年该公司被 Illumina 收购。测序仪采用合成测序技术(sequencing by synthesis,SBS)。该测序方法的核心技术是:“DNA 簇”和“可逆性末端终止”。具体技术原理是:将基因组 DNA 的随机片段附着到光学透明的测序芯片表面的流动池上,这些 DNA 片段经过延伸和桥式扩增后,在流动池上形成了数以亿计的 DNA 簇,每个簇是具有数千份相同模板的单分子簇。然后利用带荧光基团的四种特殊脱氧核糖核苷酸,通过可逆性终止的边合成边测序技术对待测的模板 DNA 进行测序。

该测序方法具体步骤为:①文库构建。文库片段长度为 200～500 bp。②簇的生成。每个芯片表面的流动池有 8 个通道,每个通道的表面都附有很多接头,当文库建好后,这些文库中的 DNA 在通过流动池时会随机附着在通道上,随后在其表面进行桥式 PCR 的扩增。③PCR 扩增与变性。④测序。测序方法采用边合成边测序的方法。在 dNTP 被添加到合成链上后,所有未使用的游离 dNTP 和 DNA 聚合酶会被洗脱掉。随后,再加入激发荧光所需的缓冲液,用激光激发荧光信号,并用光学设备完成荧光信号的记录,最后利用计算机分析将光学信号转化为测序碱基。

Solexa 平台的应用范围十分广泛,几乎覆盖了目前基因组学研究的各个方面,如基因组从头测序、转录组测序、表达谱分析、小 RNA 及非编码 RNA 测序、表观遗传学研究等。此项技术读取的片段多,测序通量高,高度自动化,适合大量小片段 DNA 的测序。其优点在于性价比最高,不仅机器的售价比其他两种低,而且运行成本也低,在数据量相同的情况下,成本只有焦磷酸测序的 1/10。但局限性在于可逆反应时随反应次数的增加效率减低、信号减弱,且读长短,从头测序具有困难。Solexa 的读长在 100～150 bp 之间,适合小 RNA 鉴定、甲基化和表观遗传学研究。

4.2.3 SOLiD 连接酶测序

SOLiD 测序是基于连接测序的双碱基测序技术。该技术的独特之处在于以四色荧光标记寡核苷酸的连续连接合成为基础,对单拷贝 DNA 片段进行大规模扩增和高通量并行进行。其基本原理是通过荧光标记的 8 个碱基单链 DNA 探针与模板配对连接,发出不同的荧光信号,其包含连接位点(第一个碱基)、切割位点(第五个碱基)和 4 个不同的荧光染料(连接到最后一个碱基),从而读取目标序列的碱基排列顺序。在该方法下,目标序列的所有碱基都被读取了两遍,因此,该测序方法最大的优势就是极高的准确率。该技术原理为:用连接法测序获得基于“双碱基编码原理”的 SOLiD 颜色编码序列,随后的数据分析比较原始颜色序列与转换成颜色编码的参考序列,把 SOLiD 颜色序列定位到参考序列上,同时校正测序错误,并可结合原始颜色序列的质量信息发现潜在单核苷酸多态性点。测序技术流程:①文库构建,SOLiD 系统能支持两种测序模板,即片段文库或配对末端文库,我们通常根据需要选择对应的文库;②乳液 PCR 及微珠富集;③连接酶测序,这一步是 SOLiD 测序的独特之处,就在于两个碱基确定一个荧光信号，相当于一次能决定两个碱基，这种测序方法也称之为“双碱基测序法”；④数据分析，SOLiD 测序完成后，得到了由颜色编码组成的 SOLiD 原始序列。考虑到碱基与颜色信息的简并性，为避免错误颜色编码引起后续的连锁解码错误，SOLiD 序列分析软件不直接将 SOLiD 原始颜色序列解码成碱基序列，而是依靠参考序列进行后续数据分析。SOLiD 的读取长度最初是 35 bp，每次运行输出数据量为 3G。由于采用双碱基测序方法，过滤后 SOLiD 可达到 99.85%的高精度。ABI 在 2007 年底发布了第一个 SOLiD 系统，在 2010 年末发布了 SOLiD 5500xl 测序系统。从 SOLiD 到 SOLiD 5500xl，ABI 在短短三年内发布了五次升级。SOLiD 5500xl 实现了每次运行的读长、精确度及输出量分别为 85 bp，99.99%和 30 G。一次完整运行可在 7 d 内完成，目前是第二代测序技术中准确性最高的。并且由于 Solid 测序法采用的不是 PCR 反应进行 DNA 合成与测序，因此对于高 GC 含量的样本具有很大优势。

4.2.4 基于高通量测序的病毒宏基因组学

在高通量测序基础上建立的病毒宏基因组学分析大大提高了对宿主携带的病毒的发现能力。宏病毒组分析结果在理论上是对样品中所有病毒的无偏差呈现，尽管有些新发现的病原的致病性可能还不明确，但对病毒多样性的了解能为潜在的新发疫情预警提供非常有价值的信息。基于高通量测序的宏基因组学技术已经在动物携带病原检测中得到了广泛的应用，如在对蝙蝠携带病毒本底的调查中，注释到隶属于 36 个病毒科的病毒，其中有些病毒具备引起人兽共患病的能力。另外，该技术也被应用于猪病毒组学、禽病毒组学以及环境微生物调查之中，获得了一些重要发现。在当前病毒性人兽共患病频发的情况下，病毒宏基因组学的推广大大满足了对环境及中间宿主病毒组系统研究的要求，为预防新疾病出现和已知病毒的变异提供了重要的警示。

4.3 基于 CRISPR 的检测技术

4.3.1 CRISPR 介绍

CRISPR(clustered regularly interspaced short palindromic repeats) 被称为成簇规律性间隔短回文重复，是细菌体内用以保护自身对抗病毒感染的一个系统。随后的研究发现，该系统可以用来删除、添加、激活或抑制其他生物体的目标基因，包括人、老鼠、马鱼、细菌、果蝇、酵母、线虫和农作物细胞内的基因等，目前已经成为基因编辑领域应用最为广泛的工具。

CRISPR 簇是一个广泛存在于细菌和古生菌基因组中的特殊 DNA 重复序列家族，其序列由一个前导区(Leader)、多个短而高度保守的重复序列区(Repeat)和多个间隔区(Spacer)组成。前导区一般位于 CRISPR 簇上游，是富含 AT 长度为 300～500 bp 的区域，被认为可能是 CRISPR 簇的启动子序列。重复序列区长度为 21～48 bp，含有回文序列，可形成发卡结构。重复序列之间被长度为 26～72 bp 的间隔区隔开。Spacer 区域由俘获的外源 DNA 组成，类似免疫记忆，当含有同样序列的外源 DNA 入侵时，可被细菌机体识别，并进行剪切使之表达沉默，达到保护自身安全的目的。

通过对 CRISPR 簇的侧翼序列分析发现，在其附近存在一个多态性家族基因。该家族编码的蛋白质均含有可与核酸发生作用的功能域(具有核酸酶、解旋酶、整合酶和聚合酶等活性),并且与 CRISPR 区域共同发挥作用,因此被命名为 CRISPR 关联基因(CRISPR associated),缩写为 Cas。目前已经鉴定出至少 45 种 Cas 蛋白。Cas 基因与 CRISPR 共同进化,共同构成一个高度保守的系统。

4.3.2 CRISPR/Cas 系统

CRISPR/Cas 主要应用于基因定点编辑,基因定点编辑是指将外源 DNA 片段与受体同源片段进行重组,从而使外源 DNA 片段定向整合到基因组特定位点上的一种技术。与以往的 T-DNA 标签、转座子标签及逆转座子标签等基因敲除技术相比,基因定点编辑技术既能实现基因的定点整合,又可对目标基因进行精准改造,如插入、缺失、替换等,对基因组功能研究具有重大意义。

CRISPR/Cas 系统可以分为两个独立的子系统:第一个子系统负责新的 Spacer 获取,主要通过泛表达的核心蛋白 Casl 和 Cas2 完成;第二个子系统负责 CRISPR 转录产物(crRNA)的加工,识别和降解外来的遗传物质。根据这个观点,可将 CRISPR 系统分成Ⅰ、Ⅱ、Ⅲ等 3 型,其特征在于介导 crRNA 与靶 DNA 或 RNA 配对的效应子复合物是不同的。Ⅰ型的标志性蛋白是 Cas3;Ⅱ型的标志性蛋白是 Cas9;Ⅲ型的标志性蛋白是 Cas10。后来根据 PSSM 矩阵库(美国国立生物技术信息中心(NCBI)提供)综合分析基因组的数据,引入了新型别Ⅳ、Ⅴ和Ⅵ型(Makarova et al.,2105)(图 4-4)。

其中Ⅱ型因其简易性及可操作性,被改造成有力的基因工程工具 CRISPR/Cas9,并广泛应用于基因编辑、基因表达调控、基因成像及基因分析等。CRISPR/Cas13(以前称为 C2c2)是基于细菌免疫系统的 RNA 靶向和编辑系统,可保护其免受病毒侵袭。该系统类似于 CRISPR/Cas9 系统,但与靶向 DNA 的 Cas9 不同,是 CRISPR/Cas 系统中的第二大类第Ⅵ型,是家族中目前发现的唯一只靶向 ssRNA 的系统。

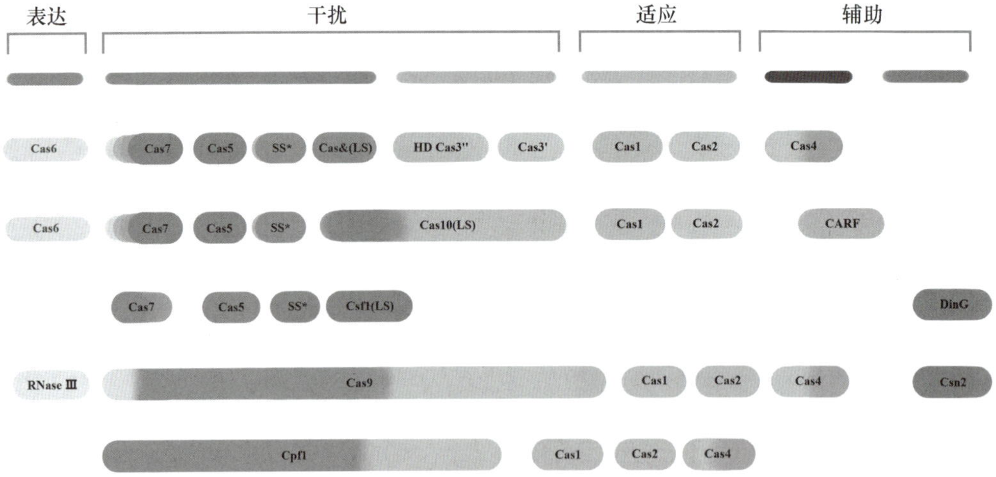

图 4-4　Cas 蛋白功能分类

4.3.3 CRISPR/Cas9 应用

CRISPR/Cas9 系统来源于 SF370 酿脓链球菌株，与其他类型的 CRISPR/Cas 系统相比，Ⅱ型具有以下几点不同：在 CRISPR/Cas 基因座上游会表达 tracrRNA；tracrRNA 会参与 CrRNA 的加工，这个过程亦需要 RNase Ⅲ的参与；tracrRNA 会与 crRNA 形成二聚体指导 Cas9 对双链 DNA 的切割。

1.基于 CRISPR/Cas9 剪切的基因检测

通过简单地设计与邻近 PAM 的所需 DNA 靶向位点配对的 sgRNA，可以轻松实现 Cas9 对目标 DNA 的靶向。以 SpCas9 为例，在基因组中每 8bp 就可以找到一个 NGG，因此 CRISPR/Cas9 系统几乎可以靶向任何感兴趣的基因，所以 PAM 位点的存在是基因剪切的前提。如果缺失 PAM 位点，即使 sgRNA 与靶序列发生完全的互补也将不能使 DNA 双链发生解链及后续的切割反应。

Cas9 的这一特性曾被用来发展一种鉴别寨卡病毒谱系的新技术。在该方法中，PAM 位点仅存在于美洲谱系寨卡病毒序列中，只有美洲型序列能被 Cas9 切割，这导致截短的 RNA 的扩增，而非全长的 RNA 转录产物不能激活传感器开关。相反，非洲型序列不含有 PAM 位点，从而免受 Cas9 切割，这导致全长 RNA 的扩增，扩增产物激活 RNA 传感器开关。该方法可以在几个小时内提供精确的基因型信息。

基于 CRISPR/Cas9 剪切的技术也被应用于 HPV 病毒分型检测。HPV16 和 18 型是引起宫颈癌病变的两种主要病毒亚型。通过设计可以特异性识别 HPV16 和 18 型的 sgRNA，并对 HPVDNA 进行切割，切割后的 DNA 链将不能进行扩增，然后采用定量 PCR 方法来评价切割底物的浓度从而可以判别病毒序列(Zhang et al.，2018)。CRISPR/Cas9 剪切也促使发展了一种高信噪比的基因突变检测方法。循环肿瘤 DNA(ctDNA)已成为潜在的肿瘤特异性生物标志物，可用于早期检测各种癌症。然而由于血浆中存在的极少量的 ctDNA，有效的检测手段必须依赖高效率的富集技术。基于 CRISPR/Cas9 剪切，一种名叫 CUT-PCR 的技术可以在存在大量野生型 DNA 片段的情况下，通过剪切野生型序列，高效富集和检测极少量的肿瘤 DNA 片段。该方法通过使用各种直系同源 CRISPR 内切核酸酶如 SpCas9 和 FnCpfl 来计算，CUT-PCR 方法将适用于 COSMIC 数据库中登记的 80% 的已知癌症相关替代突变。CUT-PCR 被证明可以结合深度测序实现更广泛的癌基因检测，具有高灵敏度(0.01%)和准确度，优于传统的靶向深度测序。与此同时，CUT-PCR 也被成功应用于检测结直肠癌患者中血液 ctDNA 的致癌突变序列，证明该技术可用于早期诊断各种类型的癌症。笔者研究团队也应用 Cas9 对单链 DNA 切割的功能，发展了 Cas-EXPER 技术，实现了单碱基水平的基因检测和单碱基分辨的甲基化的检测。

2.失活的 Cas9 的应用

利用失活的 Cas9(dCas9)，两个内切酶活性中心都被突变，失去切割活性，但是在 sgRNA 的指导下仍然能够和目标序列结合，发挥 CRISPR/cas 的基因调控功能。研究发现在大肠杆菌中发现 dCas9 和 sgRNA 形成的复合物会阻止目标基因的 mRNA 的转录，以达到基因表达调控的目的，被称为 CRISPRi，但是 sgRNA 位点的选择有两点需要注意：一是 sgRNA 识别位点靠近 CDS 前端，干涉效果会更好，另一点是 sgRNA 的序列应该选择在非模板链上。虽然这个研究证明 CRISPRi 亦可以在真核细胞中发挥干涉作用，但是效果并不明显，特别是在

dCas9 的 C 端融合 KRAB 蛋白(kruppel associated box,可以作为转录抑制因子)后,可以加强基因表达的抑制效果。把转录抑制因子换成转录激活因子(VP64 或者 p65AD)后,发现可以特异性地提高目标基因的表达。

Zhang 等基于 dCas9 发展了一种体外 DNA 检测系统,该系统使用一对 dCas9 蛋白连接到半分裂的荧光素酶。当该报告探针对与由 sgRNA 限定的约 44bp 靶序列共定位后诱导生物发光。该系统以高特异性和灵敏度实现了结核分枝杆菌 DNA 的检测。随后,Koo 等发展了一种结合 dCas9 和单微环谐振体生物传感器的分子诊断技术,实现无标记和实时检测致病性 DNA 和 RNA。通过使用这种 CRISPR/dCas9 介导的生物传感器,实现了单分子灵敏度检测蜱传疾病中的恙虫病(检测限=0.54 amol/L)和伴有血小板减少症的严重发热(LOD=0.63 amol/L),这种检测灵敏度比 RT-PCR 检测灵敏度高 100 倍。基于 dCas9 与靶基因结合,然后结合非特异性的 SBGRI 染料应用于金黄色葡萄球菌的检测,获得了 10CFU/mL 的灵敏度。另一项工作结合 dCas9 和离子浓度极化(ion concentration polarization,ICP)现象来选择性预浓缩目标 DNA 分子从而实现了 DNA 的直接检测。该研究通过阐明纳米结附近的两种可区分的堆积和扩散行为,并调节临界迁移率来改变这些行为,在没有 PCR 扩增的情况下实现光学检测 CC 趋化因子受体 5 型序列。这种基于 ICP 及 dCas9 介导的基因检测方法将为疾病诊断提供快速和准确的微/纳米流体活检平台。固态纳米孔是一种有前景的生物传感平台。在纳米孔试验中,作者观察到 CRISPR-dCas9 蛋白质结合靶 DNA 后表现出明显的电流阻断信号,这种检测方式可以方便地识别靶序列。即使在纳米孔试验所需的高盐条件(1 mol/LLiCl)下,发现 dCas9 蛋白仍然稳定结合。这种基于纳米孔的 CRISPR-dCas9 生物传感方法在 DNA 分型的诊断中,例如快速的菌株鉴定、抗生素抗性检测和基因组分型中具有潜在的应用价值。

大多数检测核酸的方法仍然需要昂贵的仪器和试剂。近来,Hajian 等报道了一种称作 CRISPR-Chip 的生物传感器,该传感器利用了 dCas9 的基因靶向能力,通过与特异性 sgRNA 复合并固定在晶体管上,产生无标记的核酸检测装置。该装置输出信号可以用简单的手持器件测量。CRISPR-Chip 分析了从表达蓝色荧光蛋白的 HEK293T 细胞系收集的 DNA 样品,以及在具有肌营养不良症的个体中的 DNA 临床样品。在含有靶基因的基因组 DNA 存在下,CRISPR-Chip 在不需要核酸扩增的前提下获得了 1.7 fmol/L 的灵敏度,且检测过程在 15 min 内完成。

4.3.4 CRISPR/Cas13 应用

CRISPR/Cas13 包含单一的效应蛋白质 Cas13,与 CRISPR RNA(crRNA)组装时形成一个由 crRNA 引导的 RNA 靶向效应复合物。迄今为止研究的所有 Cas13 蛋白都具有两种不同的核糖核酸酶活性,一种是 RNase 负责 pre-crRNA 的预处理形成成熟的Ⅵ型干扰复合物;而另一种 RNase 活性由两个较高等真核生物和原核生物核苷酸结合(higher eukaryotes and prokaryotes nuceotide-binding,HEPN)结构域提供,是 target-RNA 在病毒干扰过程中降解必需的,研究证明这两个 HEPN 结构域中的单点突变会完全消除 RNA 的切割。HEPN 结构域能够帮助切割 ssRNA,但不能切割 dsRNA、ssDNA 或 dsDNA,且当 RNA 靶中存在折叠结构时,Cas13 优先在非碱基配对的 ssRNA 区域进行剪切。

1.CRISPR/Cas13 分类

目前 CRISPR/Cas 13 根据系统发育可分为 5 个亚型(A、B1、B2、C 和 D)。同源序列分析表明 Cas13 四个亚型具有低同源性,且同源序列仅限于 HEPN 结构域位点。HEPN 结构域可以存在于 Cas13 不同位置,在 Ⅵ-B 型基因座中还存在其他特征,Ⅵ-B1 系统具有额外的 ORF,Csx28,其编码具有一个跨膜结构域(或可能是信号肽)和一个 HEPN 结构域的小蛋白质。然而,Ⅵ-B2 系统在许多情况下(但并非所有)存在不同的 ORF,Csx27,也编码一个小蛋白质,包含 3～4 个预测的跨膜结构域,从而进一步被划分为 B1 和 B2 亚型。最新发现的亚型 Ⅵ-D 和相关的效应蛋白 Cas13d,它们主要存在于 *Eubacterium* 和 *Ruminococcus* 两种细菌中。Ⅵ-D 亚型比以前发现的所有亚型都小得多(比先前鉴定的 Cas13 蛋白小约 26%)。此外,与 Ⅵ-B 系统一样,绝大多数 Ⅵ-D 系统都含有相关的辅助蛋白,这些蛋白质都含有 WYL 结构域,这个结构域通常与原核防御系统有关。除了系统发育特征外,亚型之间的功能也存在差异(图 4-5)。

CRISPR/Cas 系统第二大类 Type Ⅵ 家族由单一的效应蛋白 Cas13 与 CRISPR 基因座组成。迄今为止,CRISPR/Cas13 家族分为 A、B1、B2、C、D 五大类(图中黑色方框表示直接重复序列,不同颜色菱形方框表示不同的间隔序列 spacer)。

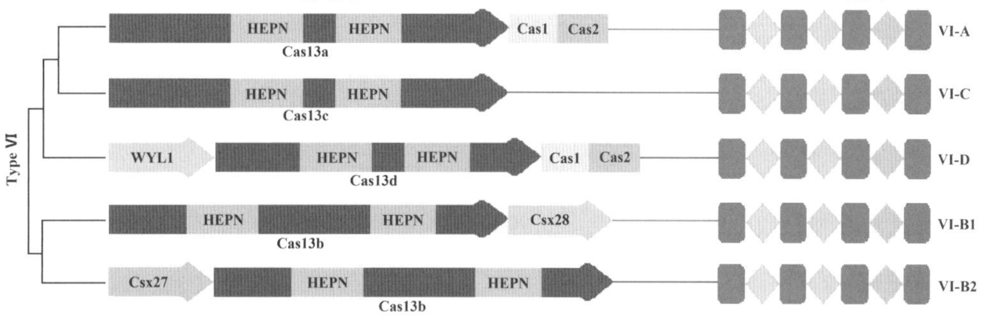

图 4-5 CRISPR/Cas13 家族分类图

2.CRISPR/Cas 13 防御机制

CRISPR/Cas13 系统的防御过程与其他 CRISPR/Cas 系统相似,主要包括 4 个阶段:第一阶段,pre-crRNA 的识别与结合阶段。新转录的 pre-crRNA 通过 crRNA 的 5′端柄环结构与 Cas13a 的 REC 叶识别并结合,形成 pre-crRNA 与 Cas13a 复合物的中间过渡态。第二阶段,诱发 NUC 区的 Helical-1 和 HEPN2 结构域之间保守残基的构象发生变化,从而形成一个酸碱催化中心,催化酶切 pre-crRNA 形成成熟的 crRNA。此时形成稳定态的 crRNA Cas13a 复合物,处于无酶切活性的状态。第三阶段,酶切活性激活阶段。靶 ssRNA 进入 crRNA Cas13a 复合物内与 crRNA 发生碱基互补配对,诱发 Cas13a 发生协同构象变化,从而激活 crRNA Cas13a 复合物的酶切活性。第四阶段,酶切反应,在 crRNA 的引导下,Cas13a 的 HEPN 结构域形成 R-X46H 催化反应中心,催化靶 ssRNA 的酶切。有时细菌细胞中会出现非特异性酶切的情况,导致细胞中其他附属单链 RNA(ssRNA)的降解,引起一定的细胞毒性,但这种现象在哺乳动物细胞中并未出现,其原因目前尚未可知。

3.CRISPR/Cas 13 应用

目前利用 CRISPR/Cas 13 系统可对 RNA 进行编辑、敲除、检测、追踪及成像等。Cas13a

是第一个被用于靶向 RNA 切割的效应蛋白。通过异源表达的 Cas13a 可以保护大肠杆菌免受 MS2 噬菌体的侵入，并首次在大肠杆菌中实现 RNA 敲除。通过改用 *Leptotrichia wadei* (Lwa)来源的 Cas13a 实现了在哺乳动物细胞中进行 RNA 敲除。基于 Cas13a 的 RNA 敲除系统与传统的 RNAi 技术相比，RNA 敲除能力相当，但 Cas13a 脱靶率低且可以靶向细胞核内 RNA。Cas13a 的 RNA 敲除技术目前已经被应用到许多领域，Cas13a 被激活后附带的非特异性 RNA 酶切活性目前还被应用于核酸快速检测，人们开发的一种“SHERLOCK”检测系统可以在短时间内实现从患者体液样品中进行无仪器的病毒的检测。此外，将生物素与 dlwaCas13a 融合用于 RNA 免疫沉淀，通过将 dlwaCas13a 与负反馈(NF)系统结合使用，还可用于 RNA 成像的 dlwaCas13a-NF 系统。

虽然基于 CRISPR/Cas13 的 RNA 编辑技术 Cas13 伴随有较强的附属非特异性酶切特性，但其准确性极高的特异性酶切能力仍不可忽视。在研究上，Cas13 针对靶 RNA 极强的特异性将会对转录组学研究带来更加精确可靠的研究工具；在检测与疾病预防上，利用 Cas13 的附属酶切活性将会给检测人员以及检疫人员提供更可靠便捷迅速的检测工具；在治疗上，对于需要基因表达短期变化的疾病来说，基于 CRISPR/Cas13 的 RNA 编辑可能更有效。

4.4　微流控技术

微流控技术起源于 20 世纪 80 年代，最初被称为“微型全分析系统”(miniaturized total analysis systems，mTAS)，是以在微米尺度空间对流体进行操作为特征的技术。通过微细加工技术在芯片上构建由储液池、微反应室、微管道等微功能元件构成的微流路系统，加载生物样品和反应液后，在压力泵或者电场作用下形成微流路，于芯片上进行一种或连续多种的反应，达到对样品高通量快速分析的目的。其基本特征和最大优势是多种单元技术在整体可控的微小平台上灵活组合、规模集成。

微流控芯片(microfluidic chip)，又称芯片实验室(lab-on-a-chip)或生物芯片，是指把化学和生物等领域中所涉及的样品制备、反应、分离、检测及细胞培养、分选、裂解等基本操作单元集成或基本集成到一块几平方厘米(甚至更小)的芯片上，由微通道形成网络，以可控流体贯穿整个系统，用以取代常规化学或生物实验室的各种功能的一种技术平台。其顺应了微型化和集成化的现代科技文明的发展趋势，获得了科学界和产业界的广泛关注和重视。

微流控芯片具有分离效率高、分析速度快、分离模式多、所需样品少、应用范围广、自动化程度高等优点，充分体现了当今分析设备微型化、集成化、自动化和便携化的发展趋势，被广泛应用在生命科学研究、疾病诊断与治疗、药物合成与筛选，以及病原检测等方面。

4.4.1　基于微流控芯片的免疫反应

免疫分析是一种测量复杂样品中物质的存在或浓度的生化检测方法。将微流控分析芯片用于免疫分析，可大大改善免疫分析性能。在微流控芯片上进行免疫检测，从反应模式上有均相和非均相免疫分析两种模式。均相免疫分析中的关键技术是多组分的分离，如芯片毛细管电泳技术；非均相免疫分析的关键技术是抗体在芯片内的包被与固定，如免疫微珠的运用，芯片表面修饰等方法。

微流控技术被应用于临床疟疾的快速检测中。该检测技术利用临床病人血清为样品，在同一芯片中设计了针对两种抗原的抗体的同时检测，极大地节约了抗体用量，缩短了反应所需时间，使检测成本极大地降低。

Sato 等建立了一种在微珠表面进行免疫反应的微流控芯片，并且将此应用于癌胚抗原的检测。首先将聚苯乙烯材料的微珠表面包被抗体，然后将微珠组装到微流控芯片通道内部。当血清样本进入通道后，发生抗体抗原反应，然后加入另外一种抗体，双抗夹心，最后用胶体金标记的二抗与后加入的抗体进行反应，用显微镜观察实验结果，得到比常规更低的检测限，且保持了较好的相关性。反应时间缩短为 35 min。

我国学者利用纳米和微流控技术平行连续稀释检测人血浆中的人免疫缺陷病毒(HIV)抗体，通过微流控通道引入多种抗体包被在表面纳米纤维薄膜上，然后从垂直方向引入含有抗体的血清，最后通过带有荧光的二抗成像量化检测，可以在一次试验中同时进行多个抗原-抗体相互作用的检测。用仅相当于常规检测千分之一甚至万分之一的样品和试剂用量，快速、准确地检测了 HIV 的多种抗原-抗体相互作用。

4.4.2 基于微流控芯片的核酸检测技术

核酸检测是一种广泛使用的分子诊断技术，与病毒分离和免疫学测定法等方法相比，具有速度快、灵敏度高、特异性好等优点。传统检测病原体的分子生物学手段涉及样品前处理、核酸提取及扩增、电泳分离检测等多个步骤，微流控芯片的功能集成特征为病原体的基因检测提供了一条新的途径和更广阔的平台，适用于其所涉及的各个领域。与传统的方法相比，该微流控芯片具有灵活、体积小巧、便于移动、可自动操作等特点，可为不同的样本提供标准化预处理单元，从而消除了因离心、混合和冻融步骤所导致的场地问题，甚至是 PCR 扩增的标准化问题。此外，该芯片还可以避免样品多步处理过程中出现内源性核糖核酸酶激活、不适合 pH 和温度导致的样品降解。近年来，微流控芯片技术在现场检验(point-of-care testing，POCT)方面受到越来越多的关注。开展传染病病原的即时快速检测，对于重大动物传染病疫情防控具有重要意义。

高峰等为建立牛主要疫病的快速、准确及高通量鉴别诊断技术，以赤羽病病毒(AKV)、牛白血病病毒(BLV)、蓝舌病病毒(BTV)、牛病毒性腹泻病毒(BVDV)和小反刍兽疫病毒(PPRV)5 种牛传染病病原为研究对象，将 LAMP 技术与微流控芯片技术有机结合，建立了相应的基因芯片检测技术，并优化了该基因芯片的反应条件。结果表明，建立的基因芯片可同时检测上述 5 种病原，特异性好，60 min 反应时间即可给出检测结果。其中 AKV 和 PPRV 的敏感性为 10^3 copies/μL，BLV 的敏感性为 10^5 copies/μL，BTV 和 BVDV 的敏感性为 10^2 copies/μL，与 LAMP 检测的敏感性一致。成功建立了基于 LAMP 技术的 5 重 RT-LAMP 基因芯片，可同时快速准确检测上述 5 种病毒，为口岸检疫探索出一种能快速、高通量检测动物疫病的方法。

英国剑桥大学 Lee 报道，采用同温核酸放大和金颗粒标记加免疫层析分析快速检测方法建立了一种简单放大方法(simple amplification-based assay，SAMBA)，可以在现场快速检测、肉眼观察结果，能检测到 500 copies/mL 的 HIV-1 核酸，灵敏性比传统的 PCR 方法高出 10 倍左右。纳米材料与微流控技术结合的核酸快速检测方法因其简单、快速，相应的核苷酸链易于合成，特别适合快速建立新的检测方法，为公共卫生突发事件中病原体的快速检测和鉴定，食品安全方面新出现的病原体等的快速检测等提供了新的技术平台，应该受到更多重视。

微流控芯片法基本过程包括核酸提取、PCR 扩增和核酸检测。①核酸提取：对于芯片上的 DNA 的提取，目前最常用的方法是使用涂有二氧化硅或官能基团（羧基、氨基、生物素、核苷酸探针）的磁珠从细胞裂解物中提取 DNA。有研究人员提出了一种新型的基于磁珠的 DNA 提取纯化装置。他们使用了两个外部磁性线圈，利用线圈之间的圆形腔室对混有超顺磁珠的细胞裂解液进行混合和分离。磁珠的功能化表面吸引暴露的 DNA 分子。通过激活底部磁性线圈将附着有 DNA 的磁珠吸附到腔室底部，最后通过洗涤和再悬浮的方法从磁珠上提取 DNA 分子。该方法可以有效地混合裂解液，并可以从全血中靶向提取细胞 DNA。②PCR 扩增：聚合酶链反应（PCR）过程由凯利穆利斯在 1984 年发明，用于扩增个别脱氧核糖核酸（DNA）的片段，以便分析疾病基因的功能。与常规 PCR 不同，微流控 PCR 的热质量小，热惯性效应可忽略不计。另外，微流控 PCR 装置的表面积与体积比大，可以确保快速的热传递。因此，对于样品在达到变性和退火所需的平衡温度时间显著降低，相比之下，微流控芯片可以很容易地实现 10～20 ℃/s 的加热/冷却速度（即在 1 s 内实现 20 ℃的温度差）。因为对周围环境的快速热响应，PCR 混合物能够更均匀地受热，因此样品可以快速混匀，大幅减少昂贵试剂的消耗量。随着微滴技术的广泛应用，有研究者将现有的微流控 PCR 技术与微滴技术相结合，开发了基于液滴的微流控 PCR。将离散液滴用在常规的 PCR 中，是一种 DNA 测序的高通量方法。以液滴为基础的微流控 PCR，采用小体积的液滴作为单独的化学反应器，可以很好地控制实验条件，并且反应具有很好的重现性。③核酸检测：核酸扩增完成后，需要适当的技术来准确地对扩增产物进行定性和定量检测。基于微流控芯片的实验室技术可以用来进行核酸检测。

4.4.3 基于微流控芯片的疾病蛋白质检测

蛋白质是一切生命的物质基础，对蛋白质结构和功能的分析可以直接了解动物在生理或病理条件下的变化机制。微流控芯片已经成功用于糖类、氨基酸、蛋白质及蛋白质组、多肽、脱氧核糖核酸等生命科学中的分离分析研究。

与以往蛋白质化学的研究有所不同，蛋白质组的研究对象不再是单一或少数蛋白质，而是获得体系内所有蛋白质组分的物理、化学及生物学参数，如相对分子质量、等电点、表达量、胞内定位等。因此，与传统的蛋白质分析比较，蛋白质组的研究体现了全面性、整体性、高通量、大规模的特点。蛋白质组学技术包括蛋白质分离、鉴定和信息分析三方面内容。目前，分离蛋白质组成成分的唯一技术是双向电泳（又叫双向凝胶电泳），是蛋白质组研究的核心，这种技术要求高分辨率和重复性，通常包括以下几个步骤：①从细胞提取一组蛋白质；②通过二维凝胶电泳分离；③剪切并消化凝胶蛋白斑点；④通过质谱分析消化后产生的多肽混合物；⑤把由此得到的蛋白质谱图和已有的数据库中的蛋白质数据进行比对。但是，以上研究方法的整个操作过程复杂费时，存在不少的局限性。为了使蛋白质组研究取得更大的成效，必须寻找更加有效的研究手段。自 20 世纪 90 年代以来，微流控芯片技术作为蛋白质组研究平台的优越性也日趋显著，符合蛋白质组学研究发展的需要。迄今为止，有关蛋白质组分析的各种单元技术，包括样品预处理、分离和检测等都已经在微流控上得到实现。

蛋白质组分析被认为是继基因组分析后最具有潜力的领域。随着技术的发展，蛋白质组研究工作已经从基于凝胶电泳分离向着与质谱联用的方向发展。由于蛋白质组研究需要大规模、高通量的蛋白质分析和鉴定方法，因此耗样量低、高通量的微流控芯片分析技术与高灵敏度的质谱检测技术联用具有很大优势。色谱和电泳是两种主要分离蛋白质技术，由于电泳分离简便易行因此在微流控芯片上一般采用电泳进行蛋白质分离。根据蛋白质分子等两性离子等电点的差异在芯片上进行等焦电泳从而达到分离蛋白质的目的，在 7 cm 长的微通道里面在 30 s 内可以完成 30～40 种蛋白质的分离。研究发现采用 SDS 凝胶电泳在 35 s 内分离了 3 种分子质量在 9～180 kDa 之间的蛋白质。芯片质谱检测的关键在于芯片和质谱的连接。已有一些方法把芯片和通往质谱的微喷雾口集成到一起，如从一个微通道出口，连接用玻璃、聚合物等制成的电喷雾口，或把一个二维的聚合物做成的三角形电喷雾嘴集成到一个微流通道上，连之以时间飞行质谱，由此可观察到三角形嘴喷出的液滴的总离子流，已经用这种方法实现了黄连素进行稳定的时间飞行质谱监控。

4.4.4 基于微流控芯片的高通量药物筛选

药物筛选是现代药物开发过程中测试和获取特定生理活性化合物的一个步骤，是通过规范化的实验手段从大量化合物或者新化合物中选择对某一特定作用靶点具有较高活性的化合物的过程。药物筛选的过程从本质上讲就是对化合物进行药物活性实验的过程，随着药物开发技术的发展，对化合物的活性实验从早期的验证性实验，已经逐渐转变成筛选性实验，即所谓的药物筛选。而随着组合化学和计算化学的发展，人们开始有能力在短时间内大规模合成和分离多种化合物，因而在现代新药开发流程中药物筛选已经成为发现先导化合物的主要途径之一。

这一技术可以大规模地比较各种合成路线和条件，筛选催化剂和药物有效成分，检测病原体、微生物的耐药性，这样就省略大量的合成初步试验和动物实验，从而加快了新化合物和药物研究开发进程。所以微流控芯片开始不同程度地被用来寻找催化剂和药物靶标，查验合成路线和药物毒副作用等，现已被看成是有可能满足超高通量要求的最重要的新兴技术之一。

参考文献

Chang H F G，Tsai Y L，Tsai C F，et al. A thermally baffled device for highly stabilized convective PCR.Biotechnology Journal，2012，7(5)：662-666.

Makarova K S，Wolf Y I，Alkhnbashi O S，et al. An updated evo lutionary classification of CRISPR-Cas systems.Nat Rev Microbiol，2015，13(6)：722-36.

Notomi T，Okayama H，Masubuchi H，et al. Loop-mediated isothermal amplification of DNA. Nucleic Acids Res，2000，28：E63.

Tsai Y L，Lin Y C，Chou P H，et al. Detection of white spot syndrome virus by polymerase chain reaction performed under insulated isothermal conditions.Journal of virological methods，2012，181(1)：134-137.

Zhang B B，Xix Q，Wang Q，et al. Detecting and typing target DNA with a novel CRISPR-typing PCR (ctPCR) techique.Analytical Biochemistry，2018，561：37-46.

（张斌）

第5章 抗病毒制剂筛选及应用

本章提要

抗病毒制剂是除疫苗之外另一类可有效防治病毒病的生物制品，筛选高效的抗病毒药物或其他生物活性分子是病毒学研究的重要内容之一。但是由于大多数病毒容易发生变异，可能会导致耐药毒株的产生，因此，抗病毒制剂的广谱性是筛选过程中首要考虑的因素之一。由于病毒增殖需要依赖于人或动物的细胞机器，筛选既能高效抑制病毒复制，又无细胞毒性的制剂无疑是极具挑战性的工作。本章主要概述了目前几种常见抗病毒制剂的筛选、研究现状以及应用前景。

5.1 抗体及应用

抗体是存在于B细胞表面或由浆细胞分泌的能与抗原结合的免疫球蛋白。抗体的功能多种多样，如介导中和作用、凝集作用、补体系统活化及效应细胞活化等。当病原体侵入免疫功能完全的个体时，其免疫系统产生大量的针对不同抗原的抗体，天然产生的抗体可以保护机体在一定程度上抵抗有害病原体侵害和感染。近年来，抗体药物蓬勃发展，占据了生物药物市场的半壁江山，被广泛应用于癌症、自身免疫性疾病、代谢性疾病和病毒性疾病的治疗中。中和抗体(NAb)是一种通过中和或抑制生物学效应来保护宿主细胞免受病原体侵害的抗体，中和抗体可以精确地靶向特异性表位，因而被广泛应用于抗感染医药产品中，中和抗体主要通过以下几种机制抑制病毒感染细胞：①抗体与病毒表面囊膜糖蛋白特异性结合，阻断病毒与宿主细胞受体的相互作用，抑制病毒对宿主细胞的附着；②抗体通过Fab区与宿主细胞受体因子相互作用，阻碍病毒入侵；③抗体与病毒形成的复合物阻碍病毒囊膜进行正常的膜融合过程，抑制病毒基因组释放达到抗病毒效应。

5.1.1 多克隆抗体

1890年，von Behring发现利用破伤风毒素免疫的兔血清可以使实验动物抵抗破伤风感染，随后，他又将这一发现用于治疗儿童的白喉病，使白喉病的发病率显著降低，von Behring由此获得了第一个生理学和医学诺贝尔奖。这项重要的发现开辟了医学研究的全新道路，预示着可以将这一原理应用于多种疾病的治疗中，如抵抗过敏、毒素、病毒及癌症等，而在其中发挥主要作用的成分便是多克隆抗体。多克隆抗体是由多种抗原决定簇刺激机体而产生，其为针对不同抗原表位的抗体混合体，当发生病毒感染，多克隆抗体会识别并结合病毒上多重蛋白及表位，通常展示出强大的中和活性，并且触发一系列抗病毒效应，如形成抗体-病毒复合物阻止病毒对宿主细胞的附着、活化巨噬细胞对病原进行吞噬及激活补体系统等。与单克隆抗体相比，多克隆抗体制备成本低，生产周期短，稳定性更高，亲和力更强，但由于特异性较差，常发生交叉反应，使得在临床治疗中受到限制。在过去，抗血清的治疗方法虽然能够显著提高患病机体的存活率，但因异源性引起的毒副作用和质量的参差不齐难以控制，带来的安全性威胁也是不容忽视的。随着科学研究手段的不断提高，重组多克隆抗体药物的研究发展迅猛，基于位点特异性整合技术，将针对某种病原体的不同抗原或同一抗原的不同表位的数个抗体基因整合在同一染色体的相同位置上，以实现稳定的表达，达到较为理想的抗病毒效果。

5.1.2 单克隆抗体

由单个 B 细胞活化增殖后形成的细胞群为一个克隆，由单一的 B 细胞克隆分泌的抗体为单克隆抗体。1975 年，英国科学家 George Kohler 和 Cesar Milstein 在研究论文中首次报道了应用绵羊红细胞免疫的小鼠脾细胞与体外培养的小鼠骨髓瘤细胞融合，获得杂交瘤细胞产生单克隆抗体的技术，这个技术弥补了免疫 B 细胞无法无限增殖的缺陷，利用融合剂将 B 细胞与骨髓瘤细胞融合，形成的杂交细胞具有双亲的遗传特性，既能分泌抗体，又能无限增殖，该技术的出现成为免疫学技术发展的重要里程碑，两名科学家也由此荣获 1984 年诺贝尔医学奖（Kohler et al.，1975）。整个生命科学领域的各方面研究均因此获得巨大的推动力，与多克隆抗体相比，单克隆抗体具有高度均一性，特异性强、效价高、交叉反应性低等特点。随着技术的逐渐成熟，大量的抗体被设计出来，包括新型抗体样骨架结构、抗体偶联药物及双特异性抗体等。由于单克隆抗体只能识别单一抗原表位，注定其窄普的局限性，因此，目前研究中使用单克隆抗体药物通常经过优化组合，联合使用，制备嵌合抗体，能够弥补单克隆抗体的不足，达到更为理想的抗病毒效果。如目前抗埃博拉病毒实验性抗体药物 ZMapp 和 MIL77 就分别组合了针对埃博拉病毒表面糖蛋白不同结构域的抗体，在实验阶段发挥比较理想的抗病毒效果，即将进入临床试验阶段。近年来，随着抗体分离技术的飞速发展，利用抗体进行治疗方面取得了显著进展，在欧洲和美国，已有超过 80 种单克隆抗体药物被批准上市，此外有更多单克隆抗体药物进入临床试验阶段。

5.1.3 纳米抗体

纳米抗体（nanobody，Nb）是由比利时科学家于 1993 年在 Nature 中首次报道，是骆驼血液中存在的一种天然的特殊形式抗体，与传统抗体相比，该抗体缺失轻链，只存在重链且重链部分缺失第一恒定区 CH1，只含有两个常规的 CH2 与 CH3 区，因此纳米抗体也被称为重链抗体（heavy chain antibodies，HCAbs）（Hamers-Casterman et al.，1993）。纳米抗体重链可变区是由四个框架区和三个互补决定区构成。纳米抗体结构直径为 2.5 nm，高为 4nm，呈橄榄球状，是目前已知的可与抗原结合的最小单位，相对分子质量为 15 kDa，是传统抗体大小的 1/10（Vincke et al.，2009）。

纳米抗体的特异性主要集中在重链可变区的三个互补决定区。这三个互补决定区与四个保守的框架区相互连接，形成 9 个 β 链，在此区域形成一个二硫键位于第 23 位和第 94 位氨基酸。根据已经观察到的一些人类和老鼠的典型环状结构的长度和关键氨基酸残基，可以预测出实际结构（Chothia et al.，1992）。重链可变区氨基酸序列的排列直接表明框架区（FR）和重链可变区的结构与人源抗体序列相似，在框架区 FR2 和互补决定区 CDRs 上有一些显著差异。将重链可变区 VHH 的部分氨基酸用人源的 VH 替代后，会导致人源化的重链可变区 VHH 产生聚体。纳米抗体库通过免疫实验动物，分离外周淋巴血细胞总 RNA，构建纳米抗体噬菌体文库，利用相应抗原进行亲和筛选，最终对筛选到的抗体进行基因测序，克隆至表达载体中，通过表达和纯化获得纳米抗体。纳米抗体相比于常规抗体具有多方面优势：①纳米抗体分子质量小，可稳定存在于细胞质中，利用这一优势，纳米抗体可以用来靶向细胞内的多种相关病毒、肿瘤等，这是传统的抗体无法实现的；②纳米抗体结构简单，可在原核和真核表达系统中表达，易于设计改造，大大提高抗原抗体结合效率，更加准确地识别抗原，提高清除病原体的能力；③穿透性强，纳米抗体可以与药物分子结合，并将药物准确到靶向治疗位点。纳米抗体应用其优势可广泛用于生物医药研发（基因工程类药物）及具有治疗性的抗体药物等。

5.2 免疫调节因子

免疫调节因子是一类在细胞内传递生物信号，调控细胞的遗传代谢的物质，细胞因子是能够在细胞间传递信息，具有免疫调节和效应功能的蛋白质或小分子多肽。其抗病毒作用的方式主要有两种，第一种是作用于靶细胞直接产生抗病毒蛋白，如干扰素 α、干扰素 β、干扰素 γ、肿瘤坏死因子 α、肿瘤坏死因子 β、IL-28/IL-29 等；第二种是通过增强 NK 细胞、单核巨噬细胞及细胞毒性 T 淋巴细胞（CTL）的抗病毒活性达到间接抗病毒的功效，包括 IL-2、IL-12 家族、IL-15、IL-16、IL-18 等。这些免疫调节因子均能参与到机体抗病毒感染的先天免疫应答或获得性免疫应答中，是研究者们关注的抗病毒制剂候选因子。在临床上，细胞因子或其受体通常是检测疾病进展或监测其免疫系统稳态的指标，基于细胞因子的治疗方法是对抗病毒疗法的一种有效补充，该疗法参与恢复重要的先天性免疫及适应性免疫功能，最终达到降低病毒的传播能力及减轻病毒对免疫系统的影响的目的。

5.2.1 干扰素和干扰素诱生剂

干扰素（interferons，IFN）是病毒感染后由机体细胞产生的一种具有抗病毒效应的糖蛋白，属于白介素家族成员，介导多种生物学和细胞应答，例如抗病毒感染、调节细胞活性、促进抗肿瘤活性及免疫应答等，是先天免疫和获得性免疫中重要的效应者，与免疫细胞群体的发育及其对病原体及激活的应答有关。干扰素是广谱的抗病毒物质，在细胞被病毒感染后产生，能够抑制多种病毒的生长繁殖，它的作用机制除了通过诱导抗病毒蛋白的产生而直接抵抗病毒外，还可以通过免疫调节起到间接抗病毒的作用。干扰素主要包含三个亚型，Ⅰ型、Ⅱ型和Ⅲ型。Ⅰ型干扰素又可以被分为 α、β、ε、ω、κ、δ、ζ、τ 八个亚类，它们通过共同的受体——干扰素 α/β 受体 IFNAR1 和 IFNAR2 发挥各自生物学功能。Ⅱ型干扰素，又称为 γ 干扰素，是由 T 淋巴细胞和自然杀伤细胞对感染细胞的识别而产生。Ⅲ型干扰素由干扰素 λ1、λ2 和 λ3 组成，与Ⅰ型干扰素发挥作用的信号通路类似，Ⅲ型干扰素也通过形成受体复合物形式发挥作用。三个亚型的干扰素均具有抗病毒活性，然而发挥作用所需的配体和受体成分均不相同，但是不同的干扰素会共享许多相同的信号级联通路成分。

1957 年，Isaacs 和 Lindenmann 发现了一种能够保护细胞免受病毒感染，抑制病毒复制的物质，他们将之称为干扰素，在所有的有核细胞中均可以检测到干扰素的存在(Isaacs et al.,1957)。Ⅰ型干扰素在所有脊椎动物中都有发现，它们的基因中不含内含子，并且经历了较快的基因复制和进化进程，具有明显的物种特异性，例如生理水平的人干扰素Ⅰ型在小鼠体内不具有抗病毒效应，反之亦然。所有的Ⅰ型干扰素均可以使细胞表面受体 IFNAR1 和 IFNAR2 形成二聚体而激活细胞，一旦机体受到一些外源因素诱导，Ⅰ型干扰素便立即发生表达产生效应，因此，其常被用作一些疾病的候选药物，如多发性硬化症、丙型肝炎和多种恶性肿瘤疾病等。1986 年，许多国家的监管机构批准利用重组 α 干扰素作为抗病毒制剂，它是第一个被批准的生物治疗制剂，为后续基于多种细胞因子和生长因子的抗病毒制剂的研发奠定了基础。Ⅰ型干扰素是先天免疫系统中防御病毒感染的主要组成部分，其表达由病毒的攻击诱导引起，Toll 样受体在干扰素的表达中发挥重要作用。通常情况下，人类细胞暴露于病毒或者双链 RNA 引起 α、β、ω 干扰素的产生，然而细胞所产生的这三种干扰素的比例随组织来源、生物体种类及病毒的感染程度不同而具有差异。

Ⅰ型干扰素由天然模式识别受体(PRRs)检测到病原体相关分子模式(PAMPs)及损伤相关分子模式(DAMPs)后诱导产生。免疫细胞及非免疫细胞均可以表达 PRRs，包括 Toll 样受体(TLRs)、C 型凝集素受体(CLRs)、RIG-1 样受体(RLRs)、NOD 样受体(NLR)、AIM2 样受体(ALR)和环状 GMP-AMP 合酶(cGAS)。PRRs 信号的传导导致Ⅰ型干扰素和促炎性细胞因子的表达，这一过程主要由三种必需的转录因子介导，即干扰素调节因子 IRF3、IRF7 及核因子 NF-κB，病毒诱导的 β 干扰素的表达水平通过 β 干扰素增强子上调。Ⅰ型干扰素的产生提供了抵抗多种病原的第一道防线，干扰素的失调可以导致病毒对机体的易感性增强，例如，RIGI-/-、MDA5-/-小鼠只产生低水平的干扰素，使得它们对日本脑炎病毒、脑炎心肌炎病毒和西尼罗河病毒等 RNA 病毒更加易感。Ⅰ型干扰素是理想的广谱抗病毒候选药物，在一些临床研究中也已初步证明了其对严重的急性病毒感染具有治疗效果。多数用于治疗的干扰素是通过基因工程产生的。随着各种亲和纯化技术的发展，特别是抗体亲和层析技术的应用，可以从人类的白细胞和纤维细胞中分离纯化 IFN，以实现干扰素生物化学及免疫学等方面研究的目的。

5.2.2 白细胞介素

起初，白细胞介素是指由白细胞分泌产生的一类细胞因子，且只能在白细胞之间发挥调节作用，然而随着研究不断深入，对白细胞介素的认识也逐步提高和成熟。白细胞介素现指由多种细胞产生并作用于多种细胞的一类细胞因子。目前发现至少 39 种白细胞介素，即 IL-1～IL39，它们参与免疫细胞的成熟、增殖、活化，传递细胞信号，调节免疫功能，可以用于治疗免疫疾病、抗肿瘤及抵抗病毒感染。

IL-2 主要由抗原刺激后的 $CD4^+$ T 细胞产生，$CD8^+$ T 细胞、自然杀伤细胞、活化的树突状细胞也能产生少量的 IL-2，由于其能够诱导 T 淋巴细胞进入细胞周期 S 期，又被称为 T 细胞生长因子。它由 133 个氨基酸组成，分子质量约为 15.5 kDa，在触发免疫反应中发挥关键作用，它能够在急性感染过程中，调节 $CD8^+$ T 细胞的克隆和增殖，以及记忆细胞的分化，发挥抗病毒效应。IL-2 与免疫细胞表面特定的受体特异性结合，它的受体通常由三个不同的 α、β、γ 亚基组成，其中，β/γ 二聚体主要表达于静息状态的细胞表面，当抗原受体介导的 T 细胞活化时，α 亚基迅速表达，α/β/γ 三聚体的形成使该受体对细胞因子具有更高的亲和力，放大 IL-2 的自分泌作用。IL-2 的主要生物学功能是在抗原识别后诱导 T 淋巴细胞的克隆和扩增，除此之外，还能够活化 B 淋巴细胞的增殖，增强自然杀伤细胞(NK)和细胞毒性 T 细胞(CTL)介导的细胞毒性，刺激一系列细胞因子的产生和分泌，调节细胞的程序性死亡。研究发现，IL-2 通过与 T 细胞及其他细胞因子微环境的相互作用，纠正由 HIV 引起的 T 细胞稳态遭到的破坏，具有应用于艾滋病治疗的潜力。

$CD8^+$ T 细胞在控制感染的获得性免疫过程中发挥重要作用，IL-2、IL-15、IL-7 会在急慢性病毒感染过程中影响抗病毒 $CD8^+$ T 细胞反应，通过靶向这些细胞因子来调节抗病毒 $CD8^+$ T 细胞应答，具有潜在治疗感染性疾病的应用价值。在急性感染期，IL-2 调控 $CD8^+$ T 细胞的增殖和分化，而 IL-7 及 IL-15 则以抗原非依赖的方式维持记忆 $CD8^+$ T 细胞的水平。其中，IL-7 主要由淋巴组织中的基质细胞产生，维持胸腺中 T 细胞发育及外周初始 T 细胞稳定，在急性感染中，通过促进 T 细胞存活调节记忆 $CD8^+$ 记忆 T 细胞的形成。IL-7 的细胞受体由 IL-7Rα(CD127)/γc 异源二聚体组成，CD127 在初始 $CD8^+$ T 细胞中高水平表达，当病毒或病原菌感染初期，该蛋白的表达发生下降，只有小部分效应 $CD8^+$ T 细胞在应答中恢复 CD127 的表达量，并分化为记忆细胞，且由 IL-7 介导的 $CD8^+$ T 细胞的增殖是瞬时的，并不能长期维持。

IL-15 在骨髓基质细胞中的表达受 IRF-1 调节，是 NK 细胞和 $CD8^+$ T 细胞的有效激活剂。目前，IL-15 在美国国家癌症研究所 20 种免疫治疗药物排行榜中名列前茅，这些药物在癌症患者治疗中具有广泛的应用潜力。在 IL-15 分泌不足时，一些由 NK 细胞和 $CD8^+$ 主导的病毒性疾病会发生病情的加剧，然而对于可以导致淋巴增生性疾病的病毒来说，应用阻断 IL-15 或其受体的抗体疗法，会减缓淋巴细胞的增生而缓解病情。人源化阻断抗体 Mikb1 的研制就是基于这一原理，用于治疗 T 细胞淋巴病毒感染相关的疾病，并处于临床试验阶段。此外，IL-15 对于应答一些病毒感染，能够促进抗原特异性记忆 $CD8^+$ T 细胞的发育。研究显示，IL-15 具有增加特定 $CD8^+$ T 细胞效应的功能，在非人类灵长动物实验模型中，被猴免疫缺陷病毒(SIV)感染的猕猴体内 $CD8^+$ T 细胞在 IL-15 的刺激作用下分泌更多的 IFN-γ。当 IL-15 应用于 HIV 患者的治疗中，患者体内 NK 细胞的细胞毒性显著增强，并降低外周血单个核细胞凋亡介导的细胞死亡。有研究将 IL-15 与它的高亲和受体 IL-15Rα 结合，形成 IL-15 超级激动剂，比天然的 IL-15 具有更长的半衰期，通过有效刺激 $CD8^+$ T 细胞，使 IL-15 的生物学活性最大化，应用 IL-15 超级激动剂在 HIV、癌症和病毒感染等疾病的免疫治疗方面具有非常可观的研究前景。

IL-16，起初被定义为 T 细胞趋化因子，由抗原刺激淋巴细胞后产生。IL-16 主要与受体 $CD4^+$ 的 D4 域结合，诱导 IL-2 受体的表达，与 IL-2 协同加强 $CD4^+$ T 细胞的活化和增殖。IL-16 是一种多功能细胞因子，可通过靶细胞发出多种生物活性信号，包括 T 淋巴细胞、单核细胞和嗜酸性粒细胞。IL-16 逐渐被发现在疾病和抗病毒感染中发挥关键的作用，是一种重要的内源性抗病毒因子。有报道称 IL-16 可以抑制淋巴细胞和单核细胞中 HIV 感染,并对实验室和天然病毒分离株均具有抵抗活性,其在两种细胞内的抗病毒机制上存在显著的差异,在淋巴细胞中,IL-16 对病毒的抑制作用发生在病毒的转录水平,而在单核细胞中,IL-16 则通过抑制病毒进入细胞来发挥抗病毒作用。IL-16 的血清水平可以反映 HIV 疾病的病程发展情况,这也说明 IL-16 在功能上是一种重要的内源性抗病毒因子。重组 IL-16 很有可能被应用为免疫重建的药物,用来对 HIV 感染患者进行生物治疗。

IL-12 家族参与免疫调节,在抗病毒感染性疾病中发挥重要作用,现已知的成员包括 IL-12、IL-23、IL-27、IL-35、IL-39 等,IL-12 家族成员均含有 α 和 β 两个亚基,由亚基的不同组合方式产生不同类型的细胞因子,且两个亚基的同时存在是其发挥生物学功能的前提。1989 年,Kobayashi 等首次发现自然杀伤性细胞刺激因子(NSFK),被命名为 IL-12(Kobayashi et al.,1989),它可以识别受体 IL-12Rβ1 和 IL-12Rβ2,结合非受体酪氨酸激酶和 Janus 激酶,进而诱导信号转导和 STAT4 的激活转录,这是 IL-12 发挥生物学功能所必需的。很多研究也表明 IL-12 可以增强机体天然免疫和获得性免疫之间的联系。多种病毒都能够诱导 IL-12 的表达,包括乙型肝炎病毒(HBV)、人类免疫缺陷病病毒(HIV)、单纯疱疹病毒(HSV)等。当病毒入侵宿主细胞,会被病原相关模式识别受体所识别,Toll 样受体将信号传递给抗原递呈细胞,包括树突状细胞、巨噬细胞等,这些细胞均能产生 IL-12。IL-12 参与先天免疫应答及获得性免疫应答,在天然 $CD4^+$ T 细胞的分化中发挥重要作用,并从多个方面调节 IFN-γ,IL-12 还可以促进非成熟 Th1 细胞向成熟 Th1 细胞发生转化,进而诱导 IFN-γ 的产生,IFN-γ 的出现增强转录因子 T-bet 的活化,导致 IL12Rβ2 的表达,IL-12 可以加速 IFN-γ 的产生。在呼吸道合胞体病毒的体外感染试验中,IL-12 可以通过 IL23/IL-23R 级联反应介导 Th17 细胞向 Th1 细胞转化,诱导 IFN-γ 的产生。IL-12 可诱导多种细胞因子和细胞调节炎性反应,在Ⅰ型免疫中发挥重要作用。

2000 年,Oppman 等首先报道了 IL-23(Oppmann et al.,2000)。IL-23 在结构和功能上均与 IL-12 类似,IL-23 的表达是由 IL-23p19 和 IL-12p40 介导的,当 IL-12p35 的水平高于 IL-23p19时,IL-23 的产生会被抑制。IL-23 诱导Ⅲ型免疫,在炎症性自身免疫性疾病的治疗中具有很大潜力。IL-27 既属于促炎因子,同时也是抗炎因子,抗原提呈细胞是 IL-27 的主要来源,IL-27p28 与 IL-27R(WSX-1)受体,进而 JAK1 和 JAK2 协同磷酸化 STAT1、STAT3 发生二聚化。IL-35 与 IL-12 拥有共同的 IL-12p35 亚基,与 IL-27 拥有共同的 EBi3 亚基,IL-35 可以与四个不同的受体结合,引起 T 细胞 STAT1 和 STAT4 的磷酸化,而在 B 细胞中通过 JAK1 和 JAK2 活化 STAT1 和 STAT3。IL-39 是最近才发现的一种细胞因子,由 IL-23p19 和 EBi3 构成,其受体为 IL-23R 和 gp130,分别活化 STAT1 和 STAT3 信号通路实现促进炎症的发展。目前,关于 IL-39 在抗病毒免疫网络中发挥作用的研究甚少。总之,IL-12 家族广泛参与到 T 细胞增殖和天然免疫应答反应中,通过调节 IFN-γ 及其他细胞因子,促进与 Th1 细胞分化有关的 T 淋巴细胞的活性,从而激活免疫系统防御病毒的感染,进而清除病毒,是抗病毒制剂研发的优秀候选因子。

5.3 抗病毒化合物及多肽

寻找广谱抗病毒化合物及多肽主要从病毒入侵及宿主防御两个层面作为切入点，通过高通量筛选活性分子，表达重组蛋白及具有抗病毒效果的生物提取等方法进行筛选和研制，针对病毒感染宿主细胞周期中关键步骤，包括病毒的吸附入侵、脱衣壳、病毒的增殖、病毒粒子的装配和出芽释放等步骤中的一个或多个步骤进行。

5.3.1 抗病毒化合物药物的筛选及应用

现有的一线的抗疱疹病毒药物包括核苷类似物阿昔洛韦（ACV）、喷昔洛韦（PCV），它们属于脱氧鸟苷类似物，以病毒 DNA 聚合酶作为药物靶点，该药物需要经过病毒的胸腺嘧啶核苷激酶和细胞内激酶的多步磷酸化形成相应的三磷酸形式，该活化形式是三磷酸脱氧鸟苷的竞争性抑制剂，与复制的 DNA 结合终止病毒 DNA 链的继续合成，抵抗病毒的感染（Reardon and Spector，1989），且未发生感染的细胞几乎不会受到该药物的损害，副作用较低。更昔洛韦（GCV）及其前体药物缬更昔洛韦被用于治疗巨细胞病毒病，它也属于脱氧鸟苷类似物，需要病毒磷酸化激酶及胞内激酶的两步磷酸化作用才能被活化，通过干扰病毒 DNA 聚合酶的聚合作用，终止链的延伸（Biron et al.，1985）。此外，目前还有一些可以用于疱疹病毒病治疗的药物，如西多福韦（CDV）和膦甲酸钠（FOS），CDV 是一种非环状脱氧胞苷单磷酸，只需要依靠两步细胞内的磷酸化反应，就可以将其转换成活性形式，双磷酸化的 CDV 干扰 DNA 延伸而终止其复制。FOS 是一种焦磷酸盐类似物，它无须进行磷酸化就可以与 DNA 聚合酶上的焦磷酸盐结合位点结合，干扰 DNA 复制过程中的双链核苷酸易位，终止链的延伸过程。另一种重要的干扰病毒 DNA 复制的药物乐特莫韦（letermovir）靶向病毒的末端酶复合物，干扰病毒串联体 DNA 成熟从而发挥抗病毒效应，该药于 2017 年在美国已获批上市。

应激蛋白（SPs）包括热休克蛋白（HSPs）、RNA 伴侣蛋白、内质网相关应激蛋白，是一类维持细胞内稳态所必需的分子伴侣蛋白。热休克蛋白被认为是一把双刃剑，一方面，它能够帮助多肽折叠，保护细胞免受毒性应激，递呈免疫因子和炎症因子；另一方面，热休克蛋白与众多病毒和癌细胞“合作”，促进他们的生存。RNA 伴侣（hnRNPs）是一类异质性核糖核蛋白，是调控 RNA 聚合酶Ⅱ转录和代谢功能的重要因子。hnRNPs 参与大量的细胞进程，包括染色质重建、转录调控、RNP 组装和稳定化、RNA 输出、病毒复制。应激蛋白的失调与很多疾病相关，例如癌症、心血管疾病、感染性疾病等。应激蛋白作为潜在的抗病毒靶点，引起科学家们极大的兴趣，以热休克蛋白为基础的抗病毒药物开发极速发展，其中很多化合物已经用于临床评价的阶段。

应激蛋白在各种细胞中普遍表达，触发信号级联反应，可以中和并消除病原的入侵，在应激条件下保护细胞，然而它们经常被许多病毒劫持，帮助病毒发生成功的感染。HSP90 不仅与某些单股负链 RNA 病毒（如流感病毒 PB2）相互作用，参与病毒衣壳蛋白的折叠，同时还在病毒粒子的组装中发挥重要作用。HSP70 是热休克蛋白超家族的一个亚家族，分子质量约为 70 kDa。HSP70 不仅能够帮助宿主蛋白的折叠，而且在病毒感染过程中具有很强的功能，HSP70 的成员在病毒生命周期中扮演着截然不同的角色，例如，HSP72、HSP70B、HSC70 参与丙型肝炎的入侵、粒子组装及病毒基因组的翻译。此外，HSP70 与人巨细胞病毒、狂犬病毒、呼吸道合胞病毒、人乳头瘤病毒、单纯疱疹病毒的病毒成分均存在互作关系。HSP60 参与到病毒生命周期中的多个阶段，HSP 在宿主细胞免疫调节中发挥着不可或缺的作用，然而，一些病毒需要 HSP60 才能在宿主细胞中进行胞内转运。PB2 是流感病毒的一个亚基，它主要定位于细胞核内，但也被发现定位于线粒体中(Graef et al.，2010)，当病毒感染宿主细胞时，PB2 与线粒体抗病毒信号蛋白(MAVS)相互作用，通过降低干扰素 β 的水平下调细胞内的免疫应答，帮助病毒逃逸宿主细胞的免疫系统，HSP60 则负责将 PB2 从细胞质中运输到线粒体。此外，HSP60 通过诱导促炎因子的释放，如 TNF-α、IL-6、IL-1b 等，对天然免疫起着重要的调节作用。HnRNPs 具有在细胞之间穿梭的能力，帮助在细胞核中形成 RNP 复合体，参与细胞质中 RNA 代谢。大量研究表明，hnRNPs 参与到病毒感染过程，通过病毒 RNA-蛋白互作试验和功能分析，鉴定出 hnRNPs 参与其中。许多证据表明，热休克蛋白是病毒感染宿主细胞后蛋白质监测的主要因素。HSP70/HSP90 在 HSV 感染细胞中的表达显著增加。过表达 HSP70 抑制黄病毒感染过程中病毒衣壳向核仁的移位，在西尼罗河病毒(WNV)感染过程中，HSP70 可能作为病毒衣壳蛋白的负调控因子，通过清除衣壳诱导的细胞毒效应来保护宿主细胞免受病毒的感染(Oh and Song，2006)。几乎所有的 HSP 家族成员均与肠道病毒感染高度相关，在病毒生命周期的各个阶段发挥重要作用。同样，几乎所有的 HSP 成员都参与冠状病毒感染，说明它们都是抗新冠肺炎药物开发的良好靶点。

以 HSP 为靶标的抗病毒制剂具有很高的广谱性，HSP90 已被证明在细胞培养环境下，对众多病毒具有抗病毒活性，包括脊髓灰质炎病毒、副黏病毒、流感病毒、疱疹病毒、人巨细胞病毒等。通过 RNA 干扰沉默 HSP60，可以抑制多种病毒的感染，包括登革热病毒、HIV、丙型肝炎病毒(HCV)等。靶向 hnRNP A1，可以抑制 HCV、HPV、HIV 等病毒的复制水平。因此，对于那些缺乏治疗手段及新出现的病毒性疾病，HSP 作为抗病毒药物的靶点有很广泛的应用前景，HSP 抑制剂将在抗病毒方面发挥重要作用。HSP90 抑制剂的研究较多，如抑制 HSP90 的 ATP 酶活性(格尔达那霉素、安斯塔霉素等)，干扰 HSP90 与辅助分子伴侣的相互作用(新生霉素、鱼藤素等)、阻断 HSP90 脱乙酰化(雷公藤红素)或一些切割酶活性的抑制(组蛋白脱乙酰基酶抑制剂)，是重要的抗病毒药物候选，然而，SPs 在生理情况下的细胞中行使众多生物学功能，意味着其抑制剂的使用在抗病毒的同时会给机体带来负面影响，因此，利用 SPs 作为抗病毒药物的开发仍需要接受巨大的挑战。

5.3.2 多肽

多肽是将 α-氨基酸以肽键连接在一起形成的化合物，是蛋白质水解的中间产物，多肽广泛存在于生物系统中，参与细胞分裂、信号传导和传输等多个重要的细胞生物学进程。20 世纪初，Fischer 首次合成具备特定序列的多肽；1953 年，Vigneaud 成功合成第一个多肽药物催产素(Oxytocin)；1963 年，Merrifield 用树脂为固相载体，成功合成多肽序列，创立了多肽固相合成技术；1984 年，Merrifield 因该技术的发明荣获诺贝尔化学奖。随着研究的不断深入，多肽现已被用于重要的疾病治疗和抗菌、抗寄生虫、抗病毒感染制剂的研发。由于多肽类的药物主要来源于内源性多肽，接近其天然构象，其结构信息完整，作用机制明确，更容易实现结构上的调整和修饰，所以通过大规模化学合成和重组表达技术，将其进行有目标地修饰和设计合成，可以获得特异性更强，靶向性更高的新型多肽药物。另外，以这些多肽为模板设计合成各种衍生物，可以用来筛选更多新型有效的药物(Du Vigneaud et al.，1953；Merrifield，1963)。

肽库的构建主要包括两种方式，即组合化学合成肽库和噬菌体展示肽库。组合化学是指以氨基酸、核苷酸等基本小分子为基础，通过某种合成程序将它们系统地装配成不同的组合，建立包含大量化合物的化学物质库。组合化学研究主要包含3个阶段，即分子多样性化学库的合成、群集筛选、化学库解析。早在80年代中期，多肽组合技术用于建立各类肽分子库，该技术用于多肽库的建立具有很大的潜力，Lam等构建的5肽库（Lam et al.，1991）、Houghten等构建的六肽库（Houghten et al.，1991）都是经典的合成肽库。组合化学合成肽库筛选操作简单，终产物收获率高。

1990年，Scoot等将一段随机多肽序列与噬菌体表面蛋白融合，展示于噬菌体表面，首次建立了噬菌体随机肽库。噬菌体展示肽库利用噬菌体展示载体，如M13、fd衍生物构建的随机表达肽库，在线性载体中插入随机外源肽构建而成。最后，根据实验目标的不同，选用不同的淘选方式，利用生物分子间亲和作用力进行直选或多轮次淘选。

随着抗病毒多肽抑制病毒的分子机制研究的逐渐深入，现已发掘靶向病毒生命周期的各个阶段的抗病毒多肽，如防御素、α螺旋抗菌肽等具有良好的抗病毒效果，它们通过抑制病毒的附着和入侵抑制病毒基因组的复制及增殖。多肽药物半衰期相对较短，需要低温保存，制备成本较低，与大分子抗体药物相比，多肽药物的稳定性更高，多肽结构简单、性质稳定、无免疫原性、分子质量低，作为药物分子，在肠胃中容易吸收，不易降解，其作为新型抗病毒药物具有广阔的应用前景。

5.4 基因治疗：反义寡核苷酸

基因治疗（gene therapy）是指人为地将外源正常基因导入靶细胞，纠正或补偿某些缺陷基因或异常基因以达到治疗目的。其中也包括转基因技术等方面的技术应用，也就是将外源基因通过基因转移技术插入病人的特定受体细胞中，使外源基因可以制造相应产物用于治疗某种疾病。从广义说，基因治疗还包括从DNA水平治疗某些疾病的措施和新技术。目前，在基因治疗领域，研究和应用最广泛的是寡核苷酸药物。

寡核苷酸是一种核酸化合物，具有治疗和管理多种疾病的潜力。虽然大多数寡核苷酸治疗方法都集中在基因沉默上，但同时也在寻找其他的治疗途径，包括剪接调节和基因激活，极大地扩大了潜在靶点范围，远超传统药物治疗范围的限制。大多数寡核苷酸是通过与靶基因进行碱基互补配对获得的。高特异性的化合物可以基于靶基因的初级序列快速筛选并合理设计获得。相比之下，传统小分子药物需要大量的筛选工作，反复操作获得药物。此外，寡核苷酸可以通过精准和个性化的医学方法，设计成为最小甚至可预测的靶效应基因。有可能针对罕见疾病患者特有的序列或等位基因（例如，SNPs或包含扩展重复序列的突变体）、不同的转录本和传统上不能用药的靶点（例如，缺少疏水口袋的蛋白质）。除了通过碱基互补配对识别特定目标序列外，核酸还可以通过三维的二级结构与蛋白质互作方式用于治疗（例如，核酸适配子是结构化的核酸配体，可以作为特定蛋白的拮抗剂或激活剂）。

截至2020年1月，已有10种寡核苷酸药物获得FDA的监管批准（图5-1）。

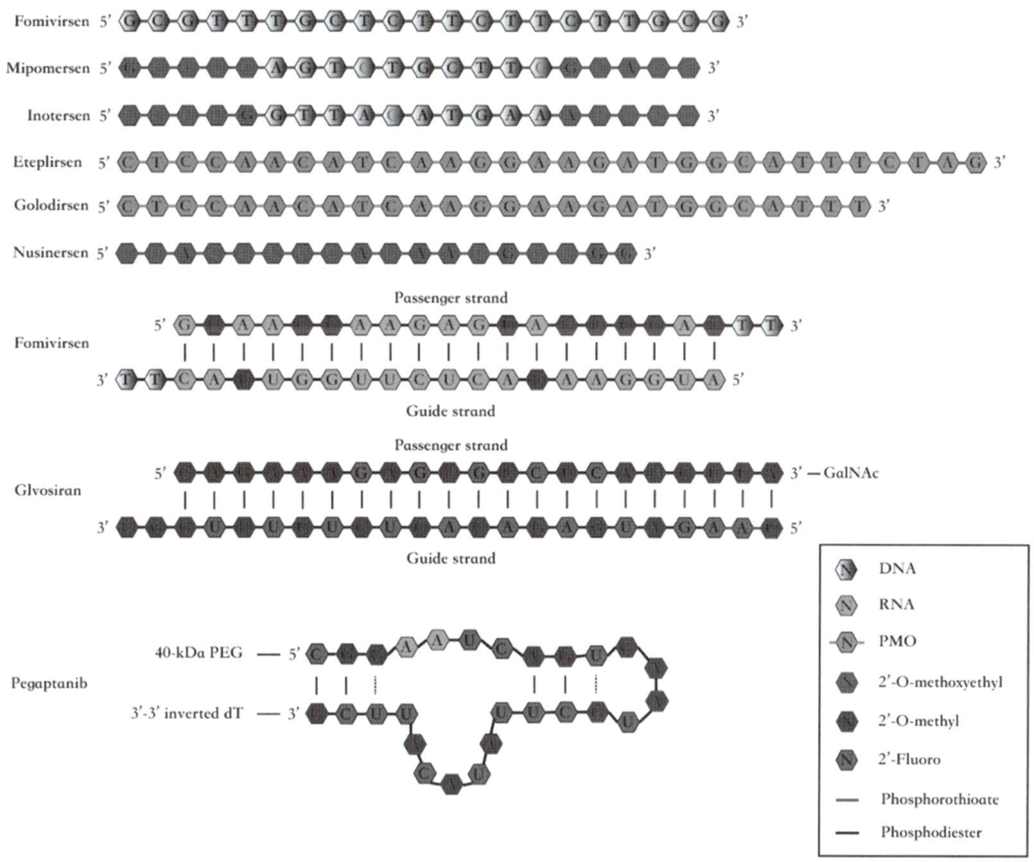

图 5-1　10 种主要寡核苷酸药物

5.4.1　反义寡核苷酸(ASOs)

反义寡核苷酸(antisense oligonucleotides，ASOs)是一类小分子(18～30 个核酸)合成的单链核酸聚合物，具有多种化学特性，可以通过多种机制调控基因表达。ASOs 可以分为两大类：RNase H 依赖型(RNase H competent)和空间位阻型(steric block)。内源性 RNase H 酶 RNASE H1 识别 DNA 寡核苷酸与其同源 mRNA 转录本结合形成的 RNA-DNA 异质双链底物，并催化其 RNA 降解。ASOs 的结合位点切割会导致靶 RNA 的破坏，从而沉默其靶基因的表达。这种方法已被广泛用于下调致病基因的手段。到目前为止，已有 3 个 RNase H 依赖型 ASOs 获得监管部门批准：Fomivirsen、Mipomersen 和 Inotersen。

目前 RNase H 依赖型 ASOs 通常遵循“Gapmer”模式，即以 DNA 为基础的中央“间隙”被 RNA(经过化学修饰)的侧翼区包围，这些区域可以促进靶点结合。RNase H1 在细胞质和细胞核中都很活跃，因此能够靶向核转录本(例如，未成熟的前 mRNA 和长非编码 RNA)，而其他技术(例如，siRNA)可能不太容易获得这些转录本。

空间位阻型寡核苷酸也是一种反义寡核苷酸，其设计的目的是与靶转录物的结合具有高度亲和力，但由于缺少 RNA 酶 H 依赖活性而不能诱导靶转录本降解。因此，这样的寡核苷酸一种是与 RNA 配对时，不形成 RNA 酶 H 依赖底物的核苷酸；另一种是形成核苷酸化合物的混合物(即“混合体”)，从而避免连续的 DNA-like 碱基的运行。

空间位阻型反义寡核苷酸可以掩盖转录本内特定序列，从而与转录本形成 RNA-RNA 或 RNA-蛋白质相互作用。空间位阻型反义寡核苷酸最广泛的应用是调节可变剪接，以选择性排除或保留特定的外显子。在这种情况下，反义寡核苷酸"屏蔽"了剪接信号，使得剪接小体看不到它，从而导致剪接改变。通常，这种剪接校正方法被用来恢复翻译阅读框，以便恢复治疗性蛋白质的产生。然而，同样的技术也可以用于剪接突变体，从而跳过外显子以干扰目标基因的翻译。考虑到选择性剪接导致蛋白质组的多样性，空间位阻型反义寡核苷酸也有可能被用来促进异构体转换，从而减少有害蛋白质异构体的表达或促进有益蛋白质异构体的表达。到目前为止，已经有 3 种剪接开关反义寡核苷酸获得了 FDA 的批准：Eteplirsen、Golodirsen 和 Nusinesen。

值得注意的是，空间位阻型反义寡核苷酸被证明可以抑制翻译抑制子，干扰上游负调控翻译的开放阅读框，以激活蛋白质表达；通过阻止外显子连接复合体的组装，以及基因特异性方式抑制和无义介导的衰退，影响多聚腺苷信号来提高转录本稳定性。

5.4.2 小干扰核糖核酸(siRNA)

小干扰核糖核酸(siRNA)是 RNA 干扰的效应分子，具有典型的 19＋2 核糖核酸聚体结构，即包含两条链分别由 21 个核苷酸组成的 RNA 双链分子，每条链都是由 19 个核糖核苷酸碱基和 2 个末端核糖核苷酸突出物组成。siRNA 的一条链(导向链或反义链)与靶标转录本互补，而另一条链被指定为滞后链或正义链。siRNA 作为 Argonaute 2 蛋白(AGO2)与互补的靶标转录本结合。小干扰核糖核苷酸和靶标转录本之间的完全互补导致在 AGO2(ReFs 36～38)的催化下，靶标导向链的相对位置 10～11 被切割(即切片器活性)，导致基因沉默。截至 2020 年 5 月，已有两种 siRNA 获得 FDA 批准：Parsiran 和 Givosiran。

原始的 siRNA 在设计许多变体时，为减少正义链活性和提高效力方面提供了更多益处。这些 siRNA 包括底物 siRNA、小的内部节段 siRNAs、自传递 siRNAs(不对称和疏水性)、单链 siRNAs 和二价 siRNAs。

5.4.3 微小核糖核酸(miRNA)

微小核糖核酸(miRNA)是一类内源性 RNAi 编码器，参与多种生理和病理生理过程，包括肿瘤、细胞周期、感染性疾病、免疫、糖尿病、代谢、肌生成和肌肉营养不良。因此，微小核糖核苷酸构成了一类具有丰富的确定药物的靶标。嵌入长的初级微小核糖核苷酸转录本中的微小核糖核酸发卡依次被两个 RNase Ⅲ家族 DICER1(Dizer)和 DROSHA 加工，它们分别释放发夹结构，然后切割环状序列。产生的双链 RNA(类似于小干扰核糖核苷酸)被装载到 Argonaute 蛋白(例如 AGO2)中，并去掉一条链以产生成熟的单链微小核糖核苷酸 miRNA 小分子。与小干扰核糖核苷酸一样，微小核糖核苷酸可以引导 RISC 到靶序列，在那里它们启动基因沉默。与小干扰核糖核苷酸不同，微小核糖核苷酸通常与部分靶序列互补结合，并通过非依赖于切片器的机制诱导沉默。

空间位阻型反义寡核苷酸已被广泛用于直接与 RISC 复合物中的小 RNA 物种结合来竞争性抑制微小核糖核苷酸。这种反义寡核苷酸被称为抗微小核糖核苷寡核苷酸、Anti-miRs 或反义寡核苷酸。第一个进入临床试验的抗 miRNA 药物是 Miravirsen(也叫 SPC3649，santaris pharma A/S/Roche)，它是一种反义寡核苷酸，通过靶向肝脏为特异性 miRNA miR-122

治疗慢性丙型肝炎病毒(HCV)感染。这种 miRNA 与丙型肝炎病毒 RNA 的 5′非翻译区中的两个位点结合,从而使其稳定。Miravirsen 药物可以隔离 miR-122,使病毒 RNA 暴露于核酸外并使其降解,同时伴随病毒复制和病毒载量减少。尽管 Miravirsen 药物在病毒抑制方面得到了令人振奋的结果,但也有报道在患者血清中观察到了丙型肝炎病毒载量的反弹,这是一种使丙型肝炎病毒基因组对 Miravirsen 抵抗的逃逸突变。另一种与之竞争的抗 miR-122 药物 RG-101(regulus treeutics)也被开发出来,用于治疗丙型肝炎病毒感染,但 Miravirsen/SPC3649 和 RG-101 都不处于临床开发阶段。值得注意的是,Regulus 公司还在开发针对 Alport 肾病的 miR-21 和针对多囊肾病的 miR-17 的抗 miRNA 寡核苷酸药物。同样,MiRagen 治疗公司正在开发一种用于治疗皮肤 T 细胞淋巴瘤的 miR-155 的寡核苷酸抑制剂 Coomarsen,以及一种用于治疗瘢痕的 miR-29 的双链模拟物 Relarsen。

另一种抑制 miRNA 的方法是使用空间位阻型抗寡核苷酸,通过掩盖 miRNA 转录物上的目标序列来抑制特定的 miRNA 来调节相互作用。然而,空间位阻型寡核苷酸破坏这些和其他 RNA 表达反式调控因子的潜能有待进一步挖掘。

5.4.4 转录激活 RNA

许多基因表达长的非编码氨基酸(lncRNA),例如启动子相关 RNA 和天然反义 RNA(NAT),它们通常参与近端蛋白编码基因(或多个基因)的转录抑制。用反义寡核苷酸或 siRNA 靶向这些长的非编码氨基酸(lncRNA),称为 antagoNATs 或小激活 RNA,可以逆转录这一负调控,导致转录激活(或“去沉默”)的影响。这与许多疾病相关的基因情况显示的一样,包括 BACE1(阿尔茨海默病)、BDNF(帕金森病)、UBE3A(安格曼综合征)和 SCN1A(德拉维综合征)等。或者说小激活 RNA 可以通过一种不同的转录激活机制去招募表观遗传信息,并重塑复合体。同样,人们越来越认识到细胞核中内源性小 RNA 的重要性,这些小 RNA 发挥着转录基因激活或沉默的天然中介作用,本身也可以成为寡核苷酸的治疗靶点。

MiNA Therapeutics 公司目前正在研发 MTL-CEBPA,这是一种针对 CEBPA(CCAAT/增强子结合蛋白 α,参与肝细胞分化和肿瘤抑制的关键转录因子)的小激活 RNA,以脂质纳米颗粒制剂的形式递送,用于治疗肝细胞癌。目前,该药是第一个在肝细胞癌和肝硬变患者的 I 期临床试验中测试的基因激活寡核苷酸。

另一种特定基因激活的方法是 Stoke Therapeutics 公司目前正在开发的 TANGO(核基因输出的靶向增强)方法。这一方法是利用了自然发生的非产生性选择性剪接增加基因表达的优势,解决由于提前终止密码子产生和转录本降解导致单基因无意义的衰变。剪接校正反义寡核苷酸是针对非产生性选择性剪接产物的位点,促进产物转录本亚型的产生,从而上调靶基因的表达。

参考文献

Biron K K, Stanat S C, Sorrell J B, et al. Metabolic activation of the nucleoside analog 9-[(2-hydroxy-1-(hydroxymethyl) ethoxy) methyl] guanine in human diploid fibroblasts infected with human cytomegalovirus. Proc Natl Acad Sci USA, 1985, 82(8): 2473-2477.

Chothia C, Lesk A M, Gherardi E, et al. Structural repertoire of the human VH segments. J Mol

Biol,1992,227(3):799-817.

Du Vigneaud V, Ressler C, Swan J M, et al. The synthesis of oxytocin. J Am Chem, 1954, 76: 3115-3121.

Graef K M, Vreede F T, Lau Y F, et al. The PB2 subunit of the influenza virus RNA polymerase affects virulence by interacting with the mitochondrial antiviral signaling protein and inhibiting expression of beta interferon. J Virol,2010,84(17):8433-8445.

Hamers-Casterman C, Atarhouch T, Muyldermans S, et al. Naturally occurring antibodies devoid of light chains. Nature,1993,363(6428):446-448.

Houghten R A, Pinilla C, Blondelle S E, et al. Generation and use of synthetic peptide combinatorial libraries for basic research and drug discovery. Nature,1991,354(6348):84-86.

Isaacs A, Lindenmann J, Valentine R C. Virus interference. Ⅱ. Some properties of interferon. Proc R Soc Lond B Biol Sci 147,1957(927):268-273.

Kobayashi M, Fitz L, Ryan M, et al. Identification and purification of natural killer cell stimulatory factor (NKSF), a cytokine with multiple biologic effects on human lymphocytes. J Exp Med, 1989, 170 (3): 827-845.

Kohler G, Milstein C. Continuous cultures of fused cells secreting antibody of predefined specificity. Nature,1975,256(5517):495-497.

Lam K S, Salmon S E, Hersh E M, et al. A new type of synthetic peptide library for identifying ligand-binding activity. Nature,1991,354(6348):82-84.

Merrifield R B. Solid phase peptide synthesis. Ⅰ. The synthesis of a tetrapeptide. J Am Chem,1963, 85:2149-2154.

Oh W K, Song J. Hsp70 functions as a negative regulator of West Nile virus capsid protein through direct interaction. Biochem Biophys Res Commun,2006,347(4):994-1000.

Oppmann B, Lesley R, Blom B, et al. Novel p19 protein engages IL-12p40 to form a cytokine, IL-23, with biological activities similar as well as distinct from IL-12. Immunity,2000,13(5):715-725.

Reardon J E, Spector T. Herpes simplex virus type 1 DNA polymerase. Mechanism of inhibition by acyclovir triphosphate. J Biol Chem,1989,264(13):7405-7411.

Vincke C, Loris R, Saerens D, et al. General strategy to humanize a camelid single-domain antibody and identification of a universal humanized nanobody scaffold. J Biol Chem,2009,284(5):3273-3284.

（王铭）

第6章 合成生物学与病毒学

本章提要

合成生物学是一门新兴的工程学和生物学的交叉学科，其目的是通过对已经存在的生物系统进行改造设计，以及制造自然界不存在的新的生物系统，以满足特定的需求。合成生物学涉及多个学科的技术，并应用于构建不同层面的应用系统。本章的目的是对合成生物学的发展现状进行简要综述，并对其在病毒病防控应用技术研究及产品开发中的应用前景作一展望。

6.1 合成生物学简介

合成生物学（synthetic biology）兴起的根源可以追溯到1961年，当*E.coli*操纵子Lac被发现后，让人们认识到细胞中存在对环境产生反应的调控线路，这直接导致了通过分子元件构建新的调控网络的兴起。随后，细菌基因组转录调控分子基础的发现进一步推动了基因表达调控研究的深入，为合成生物学的兴起创造了条件。

到了20世纪70—80年代，PCR技术的建立使遗传操作进入了一个快速发展的阶段，大量的微生物相关的研究基于此技术而开展。此阶段的主要工作为简单的基因克隆和重组表达，还无法实现对复杂系统的人工构建和调控操作。到90年代，DNA测序技术的进步和计算机性能的提升，使得科学家们能够完成微生物全基因组测序；同时一些对基因、蛋白、脂肪以及代谢产物等高通量检测技术的相继建立及应用，为大量细胞组件的构建和它们相互作用的研究提供了手段。这些研究成果及技术为合成生物学的诞生准备了条件。在研究中科学家们逐渐认识到可以通过对生物系统的调控或改造来实现预期的目的，这种类似于工程学的思维促使了合成生物学这个新兴学科领域的诞生。从此，对生物系统的研究开始从“由高到低”向“由低到高”的方向转变，通过构建正向调控网络来研究天然系统的功能组成，或构建人工细胞网络来生产获取预期的产出。由此，合成生物学的定义按照其操作对象的不同可分为两个：一是设计和构建自然界不存在的生物元件或系统来实现特定的目的；二是对现有的生物系统进行重新设计、构建和利用。

根据合成生物学的定义，按照工程学的原理依据由低到高的思想设计和构建功能系统就需要一些核心的词汇来描述生物工程中的关键要素。核心词汇主要包括：部件（parts）、装置（devices）和系统（system）。部件主要是中心法则中的一些基本元件，包括核酸、启动子、终止子等；装置是指能实现某种功能的分子机器或代谢通路等，主要是由部件组合构成；系统是指由一些装置构成的能完成特定功能的体系。按照工程学原理构建或改造生物系统，需要对生物过程进行标准化（standardization）、去耦合（decoupling）和抽象（abstraction）。该理念是由合成生物学奠基人之一 Drew Endy 在 2005 年提出的，已经成为指导合成生物学发展的基本概念。在合成生物学概念、发展思路以及基本理论和技术基本建立后，该领域的发展逐渐步入实际应用阶段。

在合成生物学发展的早期，科学家创造的基因调控线路所能执行的功能同电路的原理类似，这些遗传线路可以用简单的数学模型来描述，这便于线路设计工程师利用基于模型的设计方法对线路的有效性进行评估。*E.coli* 是评估遗传线路效果的最好的分子工场，这主要源于对其生物学背景的良好研究基础、易于操作以及大量的已经研究清楚的基因调控系统。2000 年初，人工设计的能实现特定功能的遗传线路被相继发表。这些遗传线路根据调控机理的不同，可以分为两类：一类是设计了一个遗传切换开关，来调控具有双向抑制作用的转录阻遏因子的表达。具有该线路的细胞能根据外界信号在两种稳定的表达状态之间切换。另一类型的遗传线路是振荡线路。以构建的振荡线路为例，这个线路是一个由顺序连接的阻遏器-促进器组成的三重负反馈回路。阻遏振荡器激活，导致阻遏蛋白周期性振荡表达。在两种遗传线路的设计中，一般均通过构建一个表达 GFP 的基因核，在对线路中的模块进行改造时，来监视是否获得了与设计目标一致的结果。随后，这些简单的遗传线路的基础上，研究人员通过构建调节器库，利用这些调节器进行组合构建具有不同功能的遗传线路，细胞-细胞之间交流网络的构建随后逐步展开。

在合成生物学发展的初级阶段，遗传线路或调控网络研究基本上还是以 *E.coli* 为主要对象。从研究的具体内容上，开始从基因的转录调控扩展到转录后以及翻译控制机制阶段，出现了一些新的调控组件以及遗传线路，如 AND 逻辑门，在这种线路中，目标基因的转录依赖于一个人工 tRNA 基因的转录。群体感应线路则实现了对多细胞中的基因表达进行调控的目的，如合成了能通过光来控制基因表达的 *E.coli* 。从 2008 年之后，一些更为复杂的振荡线路被设计出来。在这些研究中，研究人员将定量模型同鲁棒线路设计、高通量检测平台等结合起来，从而使这种复杂线路设计和评估的效率得到了很大的提升，为更复杂的调控网络研究和设计奠定了基础。在 2016 年，Nielsen 等在 Science 上发表，这是一个用于逻辑基因线路设计的平台，用户利用该平台编写的 Verilog 代码直接转换为 DNA 序列，也在其中对设计线路的输入及输出进行模拟和调试（Nielsen et al.，2016）。这个平台很好地体现了合成生物学由精细设计、调试和优化到实现的工程学理念。

从 2010 年后，合成生物学进入了快速发展的新时期。这个阶段最具标志性的进展是合成了全长的具有功能的细菌基因组（Gibson et al.，2010），该结果意味着人工合成及装配的 DNA 碱基数量达到了兆级。2011 年，人工合成了 DNA 碱基数量更大酵母的基因组，标志着基于基因组的工程时代的来临。人工合成酵母基因组计划（Sc2.0）是合成生物学领域最具雄心的计划之一，其目的是人工合成酵母的全部 16 条染色体。该计划是一个全球合作计划，包括我国、美国、英国、法国、澳大利亚、新加坡等国家的多个研究机构参与合作。2017 年，该项计划取得了突破性的进展，在国际顶尖期刊 Science 上以封面、专刊形式连续发表了 6 篇文章，对 2 号、5 号、6 号、10 号和 12 号这 5 条染色体的从头设计、合成及特性等做了深入分析，最终获得与普通酵母菌高度一致的人工合成酵母菌，是合成生物学领域的里程碑式的进展。

基因及基因组编辑是合成生物学领域的核心研究内容之一。提高基因编辑的效率一直以来是科学家追求的目标之一。2011 年瑞典于默奥大学的 Charpentier 研究组通过对化脓链球菌的 RNA 测序分析，发现了反式编码 crRNA（tracrRNA）通过 24 个核苷酸与 pre-crRNA 中的重复序列互补配对，在保守的内源性 RNA 酶Ⅲ和 CRISPR 相关的 Csn1 蛋白的参与下剪切 pre-crRNA 使其成熟。2012 年来自加州大学伯克利分校的结构生物学家 Jennifer Doudna 和 Charpentier 团队合作，证实成熟的 crRNA 通过碱基互补配对与 tracrRNA 形成特殊的双链 RNA 结构，引导 Cas9 蛋白对目标双链 DNA 的切割，揭示了 CRISPR/Cas 系统在 RNA 指导下进行基因编辑的巨大潜力。随后，CRISPR/Cas 系统迅速成为基因编辑的利器，在张锋、George Church、David Liu 等的开创性工作的引领下，该技术被应用到了对微生物、果蝇、线虫、植物以及动物基因组的基因组编辑，通过基因编辑治疗肿瘤以及遗传性疾病的临床应用也相继报道。无疑，基于 CRISPR/Cas 系统的基因编辑技术将为生命科学领域诸多难题如肿瘤治疗等的最终解决带来希望。

6.2 合成生物学研究

合成生物学的焦点是以工程学理念为指导，利用遗传工程、系统生物学、化学、生物物理以及计算生物学等领域的工具，实现对活细胞的可预测的重新编程。研究内容主要包括基因元件设计、遗传线路设计、代谢通路设计、DNA 组装以及人工细胞等。

6.2.1 生物元件

在合成生物学中一个重要的概念就是模块化。模块化意味着能利用一些具有输入和输出功能的组件组合起来构建一个具有预期功能的系统。这些组件可以独立设计、生产、调试以及组装，能体现工程化设计和生产的思想。对一个生物过程的建模就是将该过程的各种复杂的相互作用简单化和抽象化，仅保留该系统的输入和输出，通过这种方法将复杂的生物过程简化为可调控和可追踪的过程。

1.底盘选择

截至目前，几乎所有的遗传线路都是基于大肠杆菌（*E.coli*）、酵母（*Saccharomyces cerevisiae*）和哺乳动物细胞来设计和合成的。

E.coli 在遗传线路研究早期应用最多，主要是其基因组相对较小，基因操作容易以及许多转录调控机制已经研究清楚。另外，*E.coli* 也是研究生物修复和健康相关机制的很好的微生物模型，也可以用来生产生物能源、药物及其他化合物等。

分泌型的酿酒酵母是研究真核细胞遗传线路的优秀模式系统。酿酒酵母有很多良好的生物学特性使其特别适合合成生物学研究的底盘，包括在实验室生长良好、外源质粒系统在其中能稳定维持、容易通过同源重组技术将合成的生物模块整合到其基因组、能用其测试更为复杂的调控网络等。

哺乳动物细胞对于用于治疗和组织生产为目的的合成线路工程是最理想的系统。但是，哺乳动物细胞的高度复杂的功能和基因调控机制，以及细胞之间的相互作用给在其中设计和测试遗传线路带来挑战。用于合成生物研究目的的实验室最为常用的细胞系包括 Hela 细胞（人癌细胞）、HEK293 细胞（人胚胎肾细胞）和 CHO 细胞（中国仓鼠卵巢细胞）。

2.生物部件

2003 年麻省理工学院发起了一个面向学生的从事生物工程相关研究的国际赛事 iGEM（The international genetically engineered machine），该竞赛的初衷是希望通过学术竞赛来实现:合成生物学的标准化、抽象化和模块化的设计原则可以应用到生物技术领域,以使人工合成的具有新功能的生命系统更容易被接受、更容易接近和更容易预测。针对合成生物学标准化、模块化组装生物系统的需求,iGEM 也同时成立了标准生物部件登记库(registry of standard biology parts)(http://parts.igem.org/Main_Page),用于对包括启动子、转录组件、质粒、终止子和蛋白部件等进行登记。截至目前,该库中已经登记了超过 20 000 件的生物部件信息。

生物部件有多种分类方法,根据遗传线路设计以及遗传装置装配的功能需求,可以将生物部件分为四类:感应器、调节器、效应器和适配器。调节器在整个遗传线路中起着核心作用,用于调节基因的稳定表达;感应器和效应器分别负责线路的输入和输出,为调节器提供了交互接口。适配器则是遗传线路中的附属元件,用于协调和优化整个线路的功能(Wang et al.,2013)。

(1)感应器　感应器是一类能检测到环境或细胞信号,并将其转换为调节基因表达或其他生物部件构象信息的生物部件。生物感应器又可以进一步根据输入信号的物理和化学特性进行分类。通过物理信号调控基因表达的感应器通常是基于物理信号导致其构象改变来实现的,如光照、温度和渗透压等。化学信号通常是来自环境(如重金属离子或毒素等)或者来自细胞(如营养因子或激素等),化学信号通常会直接同感应器结合并引起感应器的构象改变来触发调节器发挥功能。

(2)调节器　调节器是对一个基因调控网络的基因表达起结构性控制的生物部件,它决定了一个生物装置基因表达的最大能力。调节器是所有生物部件中认识最为清楚的一类,根据它们调控基因表达的机制的不同又可分为转录调控器、转录后翻译调控器和翻译后调控器。转录调控器是使用最多的一类生物部件,它们的调控功能一般是由一个顺式作用的 DNA 序列编码,有时还需要一个反式作用蛋白因子来辅助。通过共转录、转录后,以及翻译机制调控的调控因子通常为 RNA 分子,这类调控因子的作用机制包括:外显子重置、mRNA 的稳定性、翻译效率以及核糖体的特异性等。翻译后调控因子是蛋白分子,其作用会引起靶标蛋白的降解,以及磷酸化、泛素化和糖基化等修饰。后期也发展出了一些转录前调控器,作用机制包括甲基化、基因组编辑和 DNA 方向控制等。

(3)效应器　效应器是遗传装置中产生可测量的输出或表型效应的生物部件。设计效应器的目的是一个遗传装置或线路的数字设计效果,如利用荧光蛋白作为指示器来反映基因调控的效果。有一些效应器则直接作用于宿主细胞,引起细胞物理或形态等表型发生改变。

(4)适配器　适配器通常由非编码的核酸序列或没有结构的肽段组成,为部件之间提供物理的或辅助功能性质的连接。它们在优化生物装置或系统中起着非常重要的作用。如肽链是最为常用的蛋白适配器之一,它们可以将嵌合蛋白的不同功能域连接起来,使这些功能域之间形成稳定的相互作用,从而发挥预期的生物功能。适配器也能起到调谐外显子表达水平的功能,使不同外显子的表达在数量上与预期结果一直。

6.2.2　人工遗传线路设计

在生物系统中,基因的表达是通过复杂的细胞网络实现的。在细胞网络中,有各种调控模块,包括反馈调控、前馈调控以及细胞间通信网络等。人工遗传线路就是研究人员利用这些调控元件构建出人工网络来模拟自然调控网络,从而实现对基本生物功能探究的目的。人工基因线路是以电路设计原理为参照而构建的,基因的表达或抑制可以理解为基因的"开"或"关"。在工程领域可以设计非常复杂的电路,这得益于有大量的功能各异的电子元件,包括电阻、电容、变压器等。人工基因线路的设计也需要构建大量的元件，为提高设计的效率和促进重复利用，依托于麻省理工学院的iGEM团队构建了生物部件数据库（http://parts.igem.org/Main_Page），为设计者提供了可以订购的标准化的部件，如核糖体结合位点、转录调节因子、报告基因等等，目前在该数据库中注册的部件已经超过了2万件。

合成生物学研究中的标志性进展之一是在2000年发表的两种遗传线路：遗传切换开关和振荡阻遏器。这两项工作证实利用工程学的设计理念可以实现对基因表达的调控，对合成生物学的发展具有里程碑式的意义。在此基础上构建出了各种逻辑门部件，包括与门、与非门、或门、或非门等，将这些部件按照基因表达的需求进行设计和连接，构建出了更为复杂的遗传线路。

6.2.3 基因编辑

基因工程的发展速度随着一些可用作DNA剪刀的限制性酶的发现而进入一个令人惊奇的时代。这些酶对DNA的剪切并不是随机的，而是识别特定的核苷酸序列，这样就可以在特定位置对DNA进行剪切，这些位点被称为限制性位点。这些酶来源于细菌，被称为内核酸酶，在细菌中，它们负责切割外源DNA，从而避免外来感染，可以从细菌中分离这些酶，用作DNA操作的工具。限制性酶对DNA切割后，会形成黏端DNA片段，将不同来源的DNA片段用DNA连接酶连接起来，就可以合成新的DNA分子。这种在实验室中将不同来源的DNA片段连接在一起合成基因组中不存在的DNA分子的技术称为DNA重组技术（rDNA）。基因编辑技术则是对这种生物体基因组DNA断裂及修复机制的应用。

1.ZFN技术

锌指核酸酶（zinc finger nucleases, ZFNs）技术是第一代基因编辑技术。ZFN是由锌指蛋白（zinc finger, ZF）和Fok1内切酶的核酸酶结构域组成。ZF负责识别并结合DNA，Fok1酶切结构域负责对特定的核苷酸进行剪切，形成双链断端（double strands break, DSB）。在基因靶点形成DBS后，细胞通过两种机制对断裂的双链进行修复：一种以完整的同源染色体DNA为模板，利用同源重组完全修复断裂的双链DNA；另一种是有外源基因片段存在时，将外源基因同源重组进断裂的靶点位置，从而修复DNA双链。ZF能识别特定的3个连续核苷酸碱基对，因此，可以通过串联ZF的数量来调整ZFN识别的特异性。Fok1是以二聚体形式发挥切割作用的，在设计时需要成对设计并通过N端同ZF连接。从2001年开始，ZFN逐渐被用于多个物种基因组的编辑。

2.TALEN技术

转录激活因子样效应物核酸酶（transcription activator-like（TAL）effector nucleases，TALENs）是一种能靶向修饰特异DNA序列的酶，它的发现催生了第二代基因编辑技术TALEN。TALEN技术的原理和ZFN相似，是将TALE基序串联成靶向特异性的DNA识别模块，然后与Fok1核酸酶结构域连接而成。与ZF基序不同，一个TALE基序识别一个碱基对，因此串联的TALE基序与所识别的碱基对是一一对应的关系。研究发现，对于相同的靶点TALENs有与ZFNs相同的切割效率，但是其毒性通常比ZFNs要低，相对而言，构建TALENs系统要比ZFNs更容易。但是，TALENs比ZFNs要大得多，且需要更多的重复序列来增加其识别DNA的特异性，因此，其编码基因在大肠杆菌中组装更加困难。TALEN对目的碱基序列的识别更加特异，不需要像ZFN一样严格的优化过程。

3.CRISPR-Cas 系统

Cas9CRISPR/Cas 系统由簇状规则间隔短回文重复序列(clustered regularly interspaced short palindromic repeats,CRISPR)和 CRISPR 关联蛋白(CRISPR associated,Cas)组成,是一种细菌对抗噬菌体感染和自然界中质粒转移的防御机制。许多细菌及大多数古菌都进化出了由 CRISPR 基因座及 CRISPR 结合基因编码的 RNA 介导的获得性免疫系统(图 6-1)。CRISPR/Cas 系统主要包括 Cas 基因序列、前导区、重复序列区和间隔区。CRISPR/Cas 系统种类繁多,根据发挥作用的蛋白类型大致可分为两类:Ⅰ类为多蛋白效应复合物;Ⅱ类为单一效应蛋白。目前常见的 Cas9、Cas12a、Cas13a 均属于第Ⅱ类。以Ⅱ类 CRISPR 的结构为例,其基因座的结构组成为:一个由重复序列及间隔序列组成的 CRISPR 阵列,一组和 CRISPR 相关的基因(cas 操纵子),在 cas 操纵子前面为 tracrRNA(trans-activating CRISPR RNA)。当暴露于噬菌体感染或外源质粒后,Cas1 和 Cas2 编码的蛋白扫描入侵的 DNA,识别 PAM(protospacer adjacent motif)并将 PAM 邻近的序列作为间隔序列剪切下来,这些来源于噬菌体或质粒的基因片段作为新的间隔区整合到 CRISPR 的间隔区-重复区阵列中作为一个先前感染过的遗传记录,帮助宿主预防同一个入侵者的再次感染。随后,CRISPR 阵列转录,转录产生 CRISPR 前体(pre-crRNA)。tracrRNA 单独转录,同 pre-crRNA 重复区退火,经核酸内切酶切割成为短的成熟 CRISPR RNA(crRNAs)。crRNAs 的 5′端为一个来源于外源基因的间隔序列,3′端为 CRISPR 的一个重复序列。在二次感染时,crRNAs 的间隔区同互补的外源基因杂交,激活 Cas 核酸酶对外源 DNA 或 RNA 的特异性切割。

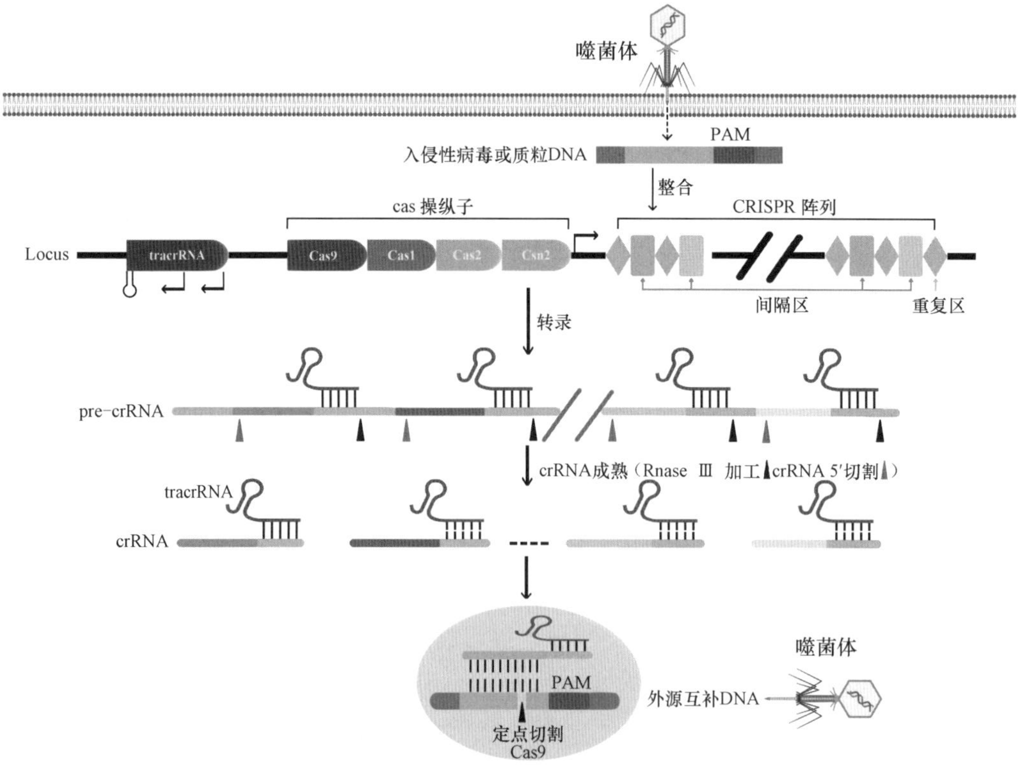

图 6-1　CRISPR/Cas9 介导的细菌获得性免疫

CRISPR/Cas9 已经成为当前功能最为强大的基因编辑平台。其基因编辑过程为：人工设计能识别特定基因序列的 sgRNA(guide RNA)，在 sgRNA 的引导下，Cas9 酶对核酸进行切割，造成基因断裂，可对断裂后的末端进行进一步修复，最终达到对基因组 DNA 进行修饰的目的。CRISPR/Cas9 系统是一个高效的基因编辑、转录调控、遗传表观修饰以及基因组成像平台。利用该平台可实现对任何基因组的高效、精确操作；能探究与疾病发生与发展相关的基因的功能；可以用来抑制已经激活了的原癌基因或者激活被抑制了的肿瘤抑制基因；可同时对多个与疾病发生相关的基因的功能进行研究；可在基因组层面筛选药物靶标和疾病相关基因；在肿瘤、病毒感染、免疫系统紊乱等疾病的基因治疗中也有非常好的应用前景。

6.2.4 DNA 合成与组装

1.DNA 合成技术

DNA 合成是合成生物学研究的基础，是利用从头合成的方法合成寡核苷酸，然后经拼接成为目的 DNA 片段。现在常用的方法有化学合成法和酶促合成法。

(1)化学合成法　Oligo 的化学合成研究始于 20 世纪 50 年代，该方法包括去保护、偶联、加帽和氧化 4 个步骤。由于随着链延长所带来的化学反应效率、合成纯度以及产率的下降，目前该方法合成的 Oligo 长度一般不超过 200 个核苷酸(nt)。

(2)酶促合成法　由于 Oligo 化学合成法在合成的 DNA 片段长度有限以及需要使用毒性化合物等方面存在的问题，在 20 世纪 60 年代开发出了酶促合成方法。该方法首先合成末端有 10～14 个互补碱基的寡核苷酸片段，退火后以重叠区作为引物，在 4 种 dNTP 存在的条件下，通过 DNA 聚合酶 Ⅰ 大片段或反转录酶的作用，获得两条完整的互补双链。

2.细胞外组装技术

(1)BioBrik　在 2010 年左右，尽管合成全基因组在技术上已经可以实现，但其在合成生物学领域的应用还相当有限，DNA 组装的可靠性和效率成为当时限制合成生物学发展的问题之一。BioBrick 应这种需求而被发明，它是一个具有标准侧翼序列的 DNA 单元，能够使 DNA 组装变得更容易、更便宜，以及以标准化的模式进行酶切及连接。BioBrick 是基于同尾酶建立的方法。同尾酶是一类能识别不同的 DNA 序列，并能切出相同黏性末端的一类限制性内切酶，其切开的末端不再形成酶切位点，利用这个特性，可通过多轮连接以实现 DNA 片段的组装。BioBrick 同样也使得建立和存储标准的元件库成为可能，这样就可以利用这些元件的组合高效地搭建起所需要的系统。但是，BioBrick 也存在很明显的局限性，如在当时仅限于少数实验室可以应用；当用于需要多个基因和调控元件的中等规模的装配时，工作量相对较大；利用该系统组装的序列之间有 8 bp 的“疤痕”序列。为解决这些问题，随后开发了 C-Brick，该系统在组装时用了不同的序列，使得“疤痕”序列降到了 6 bp，而且该系统采用了更为常见和高效的酶。尽管这两个系统提高了 DNA 的装配效率，但还是不能满足大规模基因装配的需求，因为它们均利用限制性内切酶来完成组装，这就受限于序列靶标中特定的酶切位点的有无。

(2)OE-PCR　OE-PCR(overlap extension polymerase chain reaction)的发明很好地解决了以上两种方法中存在的酶切位点和“疤痕”序列的局限性，该方法利用超过 40 bp 长的嵌合引物在不同 DNA 分子之间形成同源末端，然后利用同源末端引物，以首次扩增产物为模板进行第二轮扩增，就可以将 DNA 分子融合在一起。OE-PCR 方法也可以用来构建质粒。这种方法同其他 PCR 方法类似，当序列中存在许多重复序列或 G-C 含量高的序列时会出现扩增和连接错误。

(3)Golden Gate　尽管以上方法对 DNA 分子的扩增效率和能力方面得到了很大的提升，但在 PCR 过程中较高的错误率以及扩增片段的长度仍然满足不了日益增长的组装更为复杂的代谢或调控通路的需求。为组装更大的分子，科学家们随后又建立了一种新的扩增方法，在该方法中使用的是 IS 型限制性内切酶。该酶在其识别序列的外部切割，切割完后保留 4 bp 的突出末端供重叠连接使用。在 Golden Gate 克隆方法中使用了该酶，该系统也利用 IIS 型限制酶切割识别位点外的序列，并且允许含有相同突出末端的 DNA 片段组装，通过设计独一无二的限制酶切割位点可以帮助 DNA 片段按顺序连接，这就可以在一个反应中将多个 DNA 组分(启动子、基因、终止子等)准确连接。

(4)Gibson　IIS 型限制酶切割生产的黏性碱基数量有限，限制了其应用于大片段连接的用途。为克服内切酶产生的黏性末端长度不足的缺陷，Gibson 采用 5′核酸外切酶、DNA 聚合酶和 DNA 连接酶组合，建立了 Gibson 组装方法，该方法可以实现 DNA 片段的无缝连接，且不会产生“疤痕”序列，组装的片段长度也达到了数百 kb 的水平。

(5)BASIC　BASIC 的开发是为了解决 Gibson 等依赖于 PCR 以及邻近元件末端存在同源序列而不能正确组装的问题。BASIC 首先利用 IIS 限制性内切酶将 DNA 片段或部件消化并将连接子连接到其末端，除去没有连接的连接子，然后将所有部件顺序相连，装配成最终的系统或装置。

3.细胞内组装技术

(1)*E.coli* 内 DNA 装配　*E.coli* 是合成生物学最常用的底盘之一，也是用来进行细胞内 DNA 组装的主要平台。但是，利用该系统对线性 DNA 片段的组装却存在困难，*E.coli* 内的 ATP 依赖的核酸外切酶(RecBCD)会切割线性 DNA 片段。在利用 *E.coli* 进行 DNA 组装时，常用 λ 噬菌体的 Red 重组系统来介导线性 DNA 分子和环状 DNA 分子之间的重组。Red 重组系统由三种蛋白组成：Exo 蛋白是一种核酸外切酶，结合在双链 DNA 的末端，从 5′端向 3′端降解 DNA，产生 3′突出端；Beta 蛋白结合在单链 DNA 上，介导互补单链 DNA 退火；Gam 蛋白可与 RecBCD 酶结合，抑制其降解外源 DNA 的活性。Red 同源重组技术具有 40～60 bp 长的同源序列，重组效率较高。RacET 重组系统同 Red 重组系统是在功能上类似的，但该系统更适合线性 DNA 分子之间的重组，已经用于将 10～50 kb 的 DNA 片段重组到 *E.coli* 表达质粒中。

相对于构建和维持质粒，将目标 DNA 片段整合到 *E.coli* 的染色体中的优势更多。目前已经建立了许多基于 Red 重组系统的 *E.coli* 染色体整合方法，包括一系列用于 Red 重组系统的 KIKO 载体，可针对一些研究比较清楚的 *E.coli* 的转座子(如 arsB、lacZ 等)开展重组。利用 KIKO 载体可将 5～11 kb 的 DNA 片段插入 *E.coli* 的染色体上。

(2)酵母内 DNA 组装　在酿酒酵母(*S. cerevisiae*)内同源重组的效率非常高，是可以在其中进行多个 DNA 片段同时组装的良好底盘。除了进行 DNA 组装外，也可以利用同源重组方法将外源 DNA 片段整合到酵母的基因组中。在利用酿酒酵母进行 DNA 片段组装时，片段之间至少需要 40 bp 的重叠序列。为提高同源重组的可靠性和准确性，可以将重叠片段延长，与酵母基因组非同源的延长为 60 bp 的片段。

为进一步提高酵母内 DNA 的装配效率，研究人员开发出了 RADOM(rapid assembly of

NDA overlapping multifragments)方法(Lin et al.,2015)。该方法将 *E.coli* 中常用的蓝白斑筛选同酵母中的同源重组相结合,以降低工作量,提高对 DNA 组装体的筛选效率。其主要过程为:首先在酵母内组装 DNA,然后利用来源于酵母的含有组装好的质粒的混合液转化 *E.coli*,利用蓝白斑筛选转化物。空质粒形成蓝斑,挑选白斑进行测序验证是否为装配好的目标质粒。RADOM 被成功应用于 3~10 kb 的酵母染色体片段的组装。

6.3 无细胞生物学

无细胞生物学是后基因组时代兴起的多学科交叉的一个新的研究领域,是在活的有机体之外构建生化系统。相对于体内系统,在技术层面这些构建的生化系统有几个方面的优势:在实验环境中构建独立的背景简化了生化系统,相对于体内系统在数量行为方面更可控;在物理和生化方面的可扩展性使得可非平行地对这些系统的反应条件进行控制;这些系统不能繁殖或逃逸,在安全性方面更高;另外,构建无细胞系统会用到很多生物分子工具,这些工具的可获得性在日益增加。除此之外,无细胞生物学提供了在自然生物体系之外研究生物体系的途径,这样可以突破在利用自然体系研究时存在的一些局限性和复杂性。

无细胞生物学研究的内容主要包括分子、细胞和群体几个水平,它们的复杂性依次递增。在无细胞的体系中对生物系统进行研究时,主要有三个层面的信息分子:蛋白质、核酸以及转录-翻译(transcription-translation)。无细胞系统是通过提取细胞机器来构建的。通过将提取的细胞器与遗传底物及辅助因子组合,来实现对生物过程如转录和翻译的抽象模拟。

近年来,来源于不同有机体的无细胞转录-翻译(TX-TL)系统发展非常迅速。最常见的裂解系统包括:*E.coli*、昆虫细胞、酵母、CHO、HeLa 细胞等。

6.3.1 *E.coli* 裂解物

E.coli 裂解物是用来制备无细胞系统的最为常用的生物材料之一。用不同方法准备的基于 *E.coli* 裂解物的 TX-TL 系统存在非常大的差异。对已经建立的 TX-TL 系统的分析认为各系统之间存在差异高达 40%以上。通过较长时间的实践,目前已经了解到制备过程中的一些关键步骤对最终提取效果、影响产出的因素等的影响。蛋白质组学技术、代谢组学以及多聚核糖体分析技术等目前被用到评估提取效果及系统性能的评估之中,使得对整个系统准备过程更加可控。

6.3.2 CHO 细胞裂解物

哺乳动物细胞在蛋白表达后会经过复杂翻译后修饰,才能成为具有活性的生物大分子。CHO 细胞具有哺乳动物细胞对表达蛋白进行翻译后的所有修饰功能,且蛋白表达量非常高,有报道甚至超过了 10 g/L。且有以下特点:①具有复杂的准确的转录后修饰功能,表达的蛋白在分子结构、理化特性和生物学功能方面最接近于天然蛋白分子;②既可贴壁生长,又可以悬浮培养;③具有高效的外源蛋白表达能力;④具有产物胞外分泌功能,便于下游产物分离纯化;⑤能以悬浮培养方式或在无血清培养基中达到高密度培养。因此,该系统目前是工业级生产人治疗性蛋白的主要工具,同时也是无细胞培养系统的重要研究和应用对象。

6.4 合成生物学在病毒学领域的应用

6.4.1 脊髓灰质炎病毒

2002 年纽约大学的 Eckard Wimmer 教授团队在 Science 上报道了他们利用实验室技术人工合成的具有生物学活性的脊髓灰质炎病毒(Cello et al.,2002)。在他们的研究中,他们首先从数据库中下载了脊髓灰质炎病毒基因组 RNA,然后在实验室中合成了与病毒编码基因相同的 DNA 链,将实验室合成的 DNA 转录为 RNA,将 RNA 加入与脊髓灰质炎病毒感染的细胞化学成分相似的混合物中,人工合成出了完整的脊髓灰质炎病毒。将合成的病毒接种小鼠,会导致小鼠瘫痪并死亡。但是,和天然脊髓灰质炎病毒相比,其活力稍低,需要更大的剂量感染小鼠,才能引起和天然病毒类似的症状和临床表现。

6.4.2 Phi X-174 病毒

Phi X-174 是第一个完成全基因组测序的病毒,由 Sanger 等在 1978 年完成。2004 年 Craig Venter 和他的合作团队在 14 d 内将合成的基因片段按顺序链接,制造了一个人工合成的 Phi X-174 病毒。他们采用的方法是聚合酶循环组装(polymerase cycling assembly,PCA)技术。合成和组装的基因组同天然 Phi X-174 的基因组几乎完全相同,合成的病毒也具有和天然病毒相似的感染细菌细胞的能力。

6.4.3 1918 流感病毒

1918 年的西班牙大流感在世界范围内造成 2 000 万～5 000 万人死亡。2005 年 Taubenberger 和他同事从 1918 年流感中死亡的两个病人的组织中分离到了完整的病毒基因组序列,利用该病毒序列,在位于洛克威尔 CDC 的 P3 实验室中拯救出了 1918 流感病毒。科学家通过研究认为,造成 1918 流感大流行的毒株最初起源于禽,但是,来源于禽的毒株发生哪些突变后才成为能适应人体的病毒,一直是病毒学家和流行病学家关注的焦点问题之一。1918 流感毒株的重建成功为这个问题的研究提供了生物材料。

6.4.4 马痘病毒

马痘病毒(horsepox virus)在全球范围内处于几近扑灭的状态。在 NCBI 数据库中仅有一条马痘病毒的全基因组序列。研究发现马痘病毒可能和痘苗病毒的起源相同,意味着该病毒具有用于预防天花的减毒活疫苗研究的潜力。2018 年 1 月,Ryan Noyce 等在 PLoS One 上在线发表了他们通过人工合成的方式成功拯救出的嵌合马痘病毒(scHPXV)(Noyce et al., 2018)。在该报道中,研究人员首先根据数据库中的马痘病毒基因组序列人工合成了 10 条 10～30 kb 长的基因片段,以及两条 157 nt 的 VACV 的末端序列,利用这些序列在兔纤维瘤病毒(shope fibroma virus,SFV) 共感染的 BGMK 细胞上拯救出的 scHPXV 病毒。相对于 VACV,scHPXV 感染细胞产生更小的噬斑,细胞外的病毒粒子更少,对小鼠的致病性也较低。scHPXV 是人工合成的最大的病毒,该病毒的合成意味着可以在实验室合成几乎所有的病毒,如天花病毒。同时,马疱疹病毒也已经几乎在全球范围内消灭,这项工作由此在学术界引起了很大的争议,合成生物学应用产生的生物安全以及科学伦理问题也再一次进入公众的视野。

6.4.5 SARS-CoV-2

自 2019 年年末起，由 SARS-CoV-2 引起的新型冠状病毒肺炎在全球流行，给人类的健康和生命以及全球经济造成了巨大的损失。对于如 SARS-CoV-2 这样的新发病原，疫情出现后在最短时间内了解其生物学特性、建立诊断技术、开展抗病毒药物筛选和疫苗研究等对疫情防控具有重大意义。然而，在这个阶段，对大多数研究机构病原一般是无法获得的，因此，利用合成的 DNA 拯救病毒，以此为基础开展相关研究是解决这一问题的途径之一。

当导致疫情的病原被确定为新型冠状病毒，且病毒的全基因组数据提交到公共数据库之后，瑞士病毒与免疫研究所的 Volker Thiel 教授团队迅速开展了 SARS-CoV-2 病毒的人工合成工作（Thi Nhu Thao et al.，2020）。冠状病毒的基因组在所有 RNA 病毒中是最大的，约为 30 kb。尽管原核表达系统如 *E.coli* 被用于人工合成许多病毒的基因组，但是其用于装配 RNA 病毒的基因组时还存在很多不足，如要在其基因组中维持 100 kb 的 DNA 片段很困难。而酵母系统则能在其内部将具有重叠区域的 DNA 片段结合起来，利用该特性建立了转化关联重组（transformation-associated recombination，TAR）克隆技术，利用 TAR 成功完成了诸如单纯疱疹病毒 1 型等基因组比较大的 DNA 病毒的拯救。

Volker Thiel 教授团队尝试利用 TAR 克隆技术在酵母 *S.cerevisiae* 中克隆并组装 SARS-CoV-2 基因组 DNA。他们根据数据库中公开的一株 SARS-CoV-2 基因组数据，合成了 12 个相互重叠的 DNA 片段，将第 11 个片段分成三段，在其中插入了 GFP 基因，以便于病毒筛选和后期的抗病毒药物筛选，由此共产生 14 个 DNA 片段；随后立即开展了 TAR 克隆，成功获得 SARS-CovV-2 的不同构建株后，在体外进行了转录。将获得 RNA 同编码 SARS-CoV-2 N 蛋白的 mRNA 一起电转进 BHK-21 细胞，同时平行做了 BHK-SARS-N 细胞电转。随后将电转后的细胞接种到 Vero E6 细胞，2 d 后根据荧光信号筛选阳性细胞，通过进一步的噬斑实验证实病毒拯救成功。

6.4.6 病毒纳米颗粒

生物大分子纳米机器参与生命周期的各种过程，对生命系统的正常运转至关重要。研究这些生物纳米机器的组装及功能是认识生命过程的基础，通过对这些生物大分子进行再设计、再合成及再利用，可为人类发展及健康提供生物产品及干预手段。病毒是一种典型的纳米机器，其具有组织精巧的结构以及丰富多样的生物学功能执行模式，是合成生物学领域研究及应用的重要对象之一。利用病毒作为纳米材料，将其结构进行改造，进而应用于生物递送、免疫学、生物传感器、酶学等领域。

VLPs 是病毒纳米颗粒的一种，在前面已经做过介绍，由于 VLPs 没有核酸而无法在细胞内复制，但是其结构类似于亲本病毒，在某些生物学特性上和亲本病毒类似，且易于被细胞摄取等特性，决定了 VLPs 在生物学领域的研究和应用中有非常好的前景。如利用其天然能装载核酸的特性，将其改造为可生物降解的基因传送器开展基因治疗；可以制备成多肽、蛋白质以及合成药物的容器等。

6.5 疫苗合成生物学

疫苗在病毒病防治中发挥着不可替代的作用。不同类型的疫苗株的筛选以及疫苗产品的生产方式存在差异。合成生物学作为一个新兴的学科领域，该领域的技术在疫苗学领域的应用也处在探索阶段。这里主要结合合成生物学技术的特点，介绍其在人和动物减毒活疫苗及VLPs疫苗研究的应用现状及趋势。

6.5.1 HIV-1 疫苗设计

人免疫缺陷病病毒1型(HIV-1)疫苗研发是一项极具挑战性的科学难题。在研究历程中，进入临床二期或三期的疫苗免疫策略主要有4类，包括以Env蛋白单体制成的亚单位疫苗免疫策略、腺病毒5型为载体表达gag、pol及nef基因的活载体疫苗免疫策略、DNA疫苗初免后用腺病毒活载体疫苗加强免疫策略，以及用金丝雀痘病毒为载体的活疫苗初免，用亚单位疫苗加强的策略。这些策略设计的目的是既可以刺激机体产生特异体液免疫反应，也可以激发CTL反应。但从目前临床试验的结果看，并没有获得理想的保护效率，HIV-1的疫苗研究仍然有较长的路要走。

针对HIV-1疫苗研究中存在的问题和挑战，一些新兴学科领域的理论以及技术手段也逐渐应用到疫苗研发之中，并呈现出良好的发展前景。近年来，利用结构生物学领域的研究结果作为支撑，结合合成生物学手段发展起来的一些新型的HIV-1疫苗制剂逐步进入临床评估阶段，主要包括模拟病毒天然抗原蛋白构象的亚单位疫苗，如Env gp140三聚体、诱导中和抗体的多肽或脂肽、弱毒疫苗株以及条件复制型病毒等。

弱毒活疫苗免疫可以模拟病毒的感染过程，能刺激产生强烈的体液及细胞免疫反应，且免疫持续期长，已被成功应用于多种病毒病的防控。当前弱毒疫苗株的制备一般是通过删除病毒基因组中的辅助基因来实现的。在HIV-1弱毒疫苗研究中，研究人员构建了多株SIV弱毒活疫苗株，免疫试验表明这些弱毒疫苗株免疫后可以为大多数接种猴子提供有效的SIV强毒攻击保护，特别是nef删除SIV突变株的保护效率可达95%。但是在免疫猴子中，有些动物可能终生带毒，并在部分猴子特别是新生猴子中引发AIDS。另外，nef删除的弱毒突变株也存在毒力返强的可能性。对多个辅助基因，甚至调节基因删除可以增强疫苗的安全性，但是却降低了病毒的复制能力。如果安全性问题能得到解决的话，HIV-1弱毒疫苗则具有良好的应用前景。

条件复制型病毒是通过对病毒基因组的改造，使病毒在特定的条件存在时才进行基因组复制或蛋白表达。HIV-1疫苗研究中，研究人员制造出多株HIV-1或SIV条件复制变异株，其中代表性的是利用多西环素(doxycycline)诱导基因表达系统(the Tet-on system)和琥珀抑制依赖的病毒蛋白生物合成。

1.多西环素依赖的HIV-1病毒

多西环素依赖的HIV-1株的构建原理是利用dox-inducible1 Tet-On基因表达系统替换病毒本身的转录调控元件，以实现对病毒基因组转录的关闭或启动。研究人员利用这种方法构建出了多种HIV-rtTA和SIV-rtTA重组病毒。

HIV-1的长末端重复序列(long termial repeat, LTR)是病毒基因组的启动子，病毒基因组的表达依赖于反式转录调节蛋白(trans-activator of transcription, Tat)和LTR的反式调节区(trans-activating response element)。Tat通过同TAR凸起区域相互作用以及招募细胞转录共激活因子(如正转录延伸复合物P-TEFb)来诱导转录延伸。在缺少Tat时，病毒的聚合酶只在启动子附近启动转录，仅合成很短的RNA。可以通过在Tat及TAR中引入一些突变取消 Tat-TAR 转录调控作用，如在 HIV-1 LTR 中引入的 Tyr26Ala 可以阻止 HIV-1 LRT 启动子的激活；在 TRA 凸起部分及柔性的环状区域引入突变来阻止 TAR 结合到 Tat 上，进而阻止转录激活。为了以 dox 依赖的模式恢复 HIV-1 的基因表达，可以将一组 dox 相关的控制元件，包括 tet 操纵子序列和 rtTA 蛋白编码基因，插入病毒的基因组中，如在 5′-LTR 的 U3 启动子的 NFκB 和 SP1 之间插入多拷贝 tetO，用 rtTA 基因替换 nef 基因。通过这种方式，dox 结合的 rtTA 蛋白能够特异地结合到 tetO 上，从而启动病毒基因的表达；相反，从 rtTA 上移除 dox，则会关闭病毒基因的表达。尽管 tetO-rtTA 系统是制备条件复制型病毒的一个强大的工具，但是，tetO-rtTA 在体内长期进化可能会发生基因突变，导致病毒死亡或使疫苗病毒持续转录，使宿主失去疫苗保护或引起终生感染。

2.琥珀抑制依赖的 HIV-1 病毒

琥珀抑制是一种将非自然氨基酸（unnatural amino acids，unAAs）整合到一个细菌、酵母、哺乳动物细胞，甚至动物的蛋白中，以实现特定目的的常用方法。在病毒研究中，将 unAAs 整合到病毒中的研究很少。2013 年 Lin 等（2013）首先报道了将 unAAs 整合到丁型感染病毒中后并没对病毒的活性或感染性产生影响。在 HIV-1 疫苗研究中，研究人员的目标是利用琥珀抑制依赖的方法设计出能严格调控病毒复制的 HIV-1 毒株。

利用琥珀抑制依赖的方法设计条件复制型 HIV-1 毒株主要利用三个相互依赖的外源调控组件来操控 HIV-1 必需蛋白的生物合成，这三个组件包括：一个独特的琥珀抑制基因 tRNACUA、一个特异的氨酰 tRNA 合成酶（aaRS）和非天然氨基酸。具体的实现过程为，首先在 HIV-1 的必需基因中引入琥珀无义密码子 TAG，在病毒复制过程中，如果缺乏 uuAAs，完整的 HIV-1 必需蛋白不能合成，进而无法装配出有感染性的病毒粒子；当存在琥珀抑制系统的组件时，aaRS 能识别 uuAAs 并将其递交给 tRNACUA，指导合成病毒装配必需的蛋白。

6.5.2 VLPs 疫苗设计

VLPs 疫苗克服了诸多传统疫苗的缺点而受到越来越多的关注。随着一些合成生物学技术的逐渐成熟和应用，以工程学模式设计和生产更为高效以及用途更为广泛的 VLPs 疫苗已经成为该类疫苗研究的趋势。VLPs 合成生物学是以组学（基因组学和蛋白质组学）、结构生物学、免疫学、生物信息学和计算生物学等领域的一些技术和方法为基础来开展的（Charlton Hume et al.，2019）。

随着对抗原的免疫原性以及免疫反应的认识加深，利用合成生物学的最新技术平台设计和生产免疫原性更好、抗原谱更宽或者更为稳定的 VLPs 疫苗已经成为当前的研究趋势。

VLPs 和病毒一样，可以分为两类：有囊膜和没有囊膜。有囊膜的 VLPs 首先在细胞内自组装为衣壳，然后通过出芽获得来自宿主细胞的脂质膜。没有囊膜的 VLPs 仅有衣壳。在没有囊膜的 VLPs 表面插入异源抗原主要通过基因融合或者化学交联来实现。插入的外源抗原可能会影响 VLPs 的装配以及其是否正确呈现在 VLP 的表面。一般来说，插入的外源抗原越小，其对 VLPs 的装配影响也比较小，相对来说更容易成功。基因融合目前仍然是构建嵌合型 VLPs 的主要方法。化学交联主要用来在初步形成的 VLPs 表面插入较大的抗原，这种插入通常用化学交联剂或酶来实现。化学交联的缺点是成本较高，需要制备初始 VLPs、抗原蛋白，以及将两者交联在一起。最近的解决方案是利用“插头和展示”系统，该技术原理是在 VLPs 上融合一个“捕获器”，在抗原蛋白上融合一个“标签”，在 VLP 和抗原接近到一定距离时就可以自组装,从而将生产系统简化为两步。

有囊膜的 VLPs 在制备过程中不需要将异源抗原融合在衣壳基因上,仅需要将衣壳和异源抗原基因共转染同一个细胞就可完成包有异源抗原的有囊膜 VLPs 组装,这种组装成为假型包装。通过假型包装可以改变 VLPs 的细胞嗜性以及稳定性。为提高外源抗原的抗原性以及组装效率,可以用其他病毒(如 VSV)膜蛋白的跨膜区替代目标抗原的跨膜区。

VLPs 平台是指已经建立的相对成熟的 VLPs 制备骨架体系,用以展示外源抗原,制备预防异源病毒疫苗。当前,几种病毒或噬菌体的结构蛋白被广泛用作 VLPs 平台,主要包括流感病毒的 M1 蛋白、HIV1-gag、HBsAg 和鼠白血病病毒 gag 等。利用合成生物学技术可以对这些 VLPs 平台进行改造,以生产其他病毒疫苗。对于无囊膜的 VLPs,其结构相对简单,可在原核表达系统中进行生产。有囊膜的 VLPs 需要脂质双层膜,同时抗原蛋白需要糖基化、磷脂化等修饰,需要在真核表达系统中生产。有囊膜的 VLPs 展示的抗原是有跨膜区的膜蛋白。

利用 VLPs 平台展示外源抗原、制备疫苗时的设计思想同其他疫苗一样,即尽可能提升疫苗的免疫反应原性以及能高效刺激产生系统的免疫反应等。为提升抗原的免疫原性,需要对插入的抗原蛋白的策略进行优化,以尽可能提升将抗原递呈给免疫系统的效率。在构建时可对抗原肽的 N 及 C 末端进行改造,保证展示的抗原具有天然构象。在 HBcAg、牛乳头瘤病毒、禽腺病毒等 VLPs 平台的表面具有柔性的环状区,可以将外源抗原插入这些柔性区域中,以增加抗原在 VLPs 表面的暴露度。在插入过程中,需要将抗原的 N 及 C 末端并置,以确保该插入不会影响 VLPs 的装配。对 VLPs 平台进行改造,以适应不同类型的抗原蛋白展示的需求是一项长期而持久的工作。对抗原蛋白结构特性、蛋白折叠规律以及 VLPs 自组装机制的了解有利于研究人员设计出更为高效的 VLPs 平台。

6.6 病毒检测

近几年,基于合成生物学技术的诊断试剂生产平台也逐渐成熟。该平台主要由两部分组成:一部分是一个可编程的分子传感器(toehold switches);另外一部分是冻干的无细胞表达系统。合理设计的 toehold switch 传感器可结合且感应任何 RNA。编码 DNA 的传感器可以和无细胞的转录及翻译元件一起冻干在纸上,这些材料在室温下保存一年时间仍然稳定。该系统的作用原理是 toehold switch 传感器有一个同靶标 RNA 互补结合的 toehold 区域,没有靶标 RNA 时,翻译过程因起始密码子被核糖体结合位点劫持形成一个发卡环而被抑制;当存在靶标 RNA 时,靶标 RNA 同传感器的 toehold 区域结合,打开发卡状结构而使报告基因翻译。报告基因编码的蛋白一般是能产生荧光(如 GFP)或肉眼可见的信号的蛋白(如 LacZ)。这个系统已经被应用于抗生素耐药性检测、埃博拉病毒和寨内卡病毒的诊断。

另一种用于病毒核酸检测的技术系统是 CRISPR/Cas 系统。CRISPR/Cas9 是 CRISPR 蛋白家族中第一个用于病毒核酸检测的成员。用 CRISPR/Cas9 进行诊断的基本过程是 Cas9 蛋白首先切割目标核酸序列,然后用不同方法对生成的产物进行读取和鉴定。常用的方法有测序、toehold 开关、定量 PCR 和 DNA 图谱等。便携式的 CRISPR/Cas9 诊断系统是将 Cas 同等温扩增技术结合建立的,包括核酸序列依赖性扩增(NASBA)和 toehold 传感器,称为 NASBA-CRISPR 切割(NASBACC),是基于 Cas9 只有在毒株特异的间隔序列邻近基序存在的情况下才对 DNA 进行切割的原理进行诊断。在 NASBACC 系统中,首先利用一个连接有触发器序列的反向引物对病毒 RNA 进行扩增，扩增产物激活合成的 toehold 开关传感器，经 Cas9 酶切割后，有 PAM 的序列则被截断，没有 PAM 的序列则有完整的 toehold 激活序列，能激活 toehold 传感器诱导 LacZ 的表达，产生肉眼可见的颜色变化。

在随后的研究中发现了靶向 RNA 的 CRISPR 相关酶 Cas 家族其他成员（如 Cas12、Cas13 等），CRISPR/Cas13a 除了能够切割细菌中的特定 RNA 序列外，仍然保持活跃，能继续爆发式地切割其他非目标 RNA，科学家称之为“附带切割”。这些酶的发现导致了更为敏感的基于 CRISPR 系统的诊断方法的建立。其中的第一个平台为 SHERLOCK（specific high-sensitivity enzymatic reporter unlocking），该系统将恒温 RPA 扩增和 Cas13a 的附带切割活性相结合，sgRNA-Cas13a 复合物同特定的靶标序列结合后，切割和淬灭的荧光基团耦连的报告 RNA，进而产生荧光信号用于病原检测。这个平台的缺点是无法进行定量检测以及可靠的荧光信号读取设备。为解决以上问题，张峰等开发出了二代 SHERLOCKv2，二代在一代的基础上做了进一步的改进，主要包括：①在一个反应增加了包括 LwaCas13a 、PsmCas13b、Cca-Cas13b 和 AsCas12a 在内的四种酶，可完成对四种病毒的同时检测；②将辅助性 CRISPR 酶 Csm6 与 Cas13a 耦合实现信号增强，将灵敏度提高了 3.5 倍；③更为简单便携。在 2020 年，针对 SARS-CoV-2 检测需求，张峰等将 CRISPR 同 LAMP（loop-mediated isothermal amplification）结合，建立了 STOP（sherlock testing in one pot）方法，该方法可在一定温度条件下于 1 h 内完成检测。

6.7 病毒感染治疗

HIV 感染治疗是当前世界范围内的一个难题。本部分以 HIV 为例，对利用合成生物学技术治疗 HIV 感染的相关研究和临床实践进展做简单的介绍。

6.7.1 免疫细胞治疗

针对 HIV 感染，科学家们尝试利用 T 细胞免疫治疗方法来干预。用这种方法治疗 HIV 感染的思路来源于两个观察：第一个是在无症状感染者和血清学阴性病人体内的外周血单核细胞中存在 HIV 特异的 $CD8^+$ CTLs；二是失去这些 HIV 特异的 $CD8^+$ CTLs 会加快疾病进程。因此，这些观察就意味着用人工设计的 HIV 特异的 CTLs 来治疗 HIV 感染者成为可能。

嵌合抗原受体 T 细胞（chimeric antigen receptor T cell，CAR T）是给 T 细胞加入了可以识别特定抗原的受体，使得 T 细胞可以特异性识别带有特定抗原的细胞。CAR 主要由 3 部分组成：细胞外靶向域、跨膜间隔区和细胞内信号域。在 HIV 细胞治疗的方案设计中，可以通过对 CAR T 的改造来加强 T 细胞对表达 HIV 病毒的细胞的靶向和杀伤能力，目前 CD4 细胞受体和 bNAbs 被用来构建抗 HIV 的 CAR。与天然 CTL 相比，CAR T 因不依赖于 MHC 分子的递呈直接识别抗原，可以阻止或限制病毒的免疫逃逸。并且，CAR T 细胞在体外生成后，可以在体外或体内扩大数个数量级，为机体提供了大量并长期稳定存在的抗原特异性 CTL 细胞，可持久地监视贮藏的 HIV 病毒。

6.7.2 基因治疗

基因编辑在干预 HIV 感染中得到了广泛的应用。根据病毒感染的不同阶段，采取了不同的干预策略:在病毒入侵及复制阶段,主要通过敲除病毒入侵相关受体(如 CCR5 和 CXCR4)以及病毒 dsDNA 来阻止病毒感染新的细胞和将其基因组整合到宿主细胞基因组中;在病毒基因组整合到宿主基因组形成储存库阶段,主要敲除病毒基因组或抑制前病毒激活。常用的基因编辑及 RNA 干扰技术都在这些研究中得到了应用,包括 ZFN、TALEN、CRISPR siRNA 和 shRNA 等。相对而言,CRISPR/Cas9 作为目前最为高效和精确的基因编辑系统,其在 HIV 基因治疗中显示出良好的应用前景。

2013 年,Ebina 首次利用 CRISPR/Cas9 定点切割 LTR 序列,清除 HIV 整合 DNA,编辑效率可以达到 40%。还有报道称,sgRNA 可以介导对 HIV 整合前病毒 LTR 中 U3 启动子保守序列的定点编辑,编辑后的细胞对再次感染的 HIV 具有明显的抵抗作用,但是目前还没有证据表明 CRISPR/Cas9 对环状 HIV DNA 是否也可以实现切割。最近,Belmonte 团队利用 CRISPR/Cas9 靶向敲除 HIV 基因组的多个位点,在体外实验证实正常细胞经 CRISPR/Cas9 处理后,可以有效阻止 HIV 病毒基因组的整合,他们还证实敲入体内的 Cas9 不会对机体造成任何影响。

6.7.3 CRISPR/Cas9 系统靶向 CCR5 的敲除

Ye 等在 iPSCs (induced pluripotent stem cells, iPSCs)中利用 CRISPR/Cas9 进行定点敲除,编辑后的 iPSCs 细胞可以抵御 HIV 感染,且其分化产生的单核/巨噬细胞还可以产生炎症因子促进 HIV 的清除。最近有报道利用慢病毒作为载体,将 Cas9 和 sgRNA 串联起来,一同导入细胞内,这种方法能大幅度提高敲除效率;随后,又有报道称用双链 sgRNA 介导 CCR5 的敲除,无论是在细胞系水平还是原代细胞水平都能大幅度提高编辑效率。

6.7.4 CRISPR/Cas9 介导 HIV 储存库的激活

近年来,关于针对 HIV 储存库的“shock and kill”策略是国内外研究的重点。其中多个 HDACi(histone deacetylase in-hibitors)药物的临床试验证实了 HDACi 对记忆性 T 细胞内病毒储存库的激活作用,但是其对病毒储存库的激活是随机的,不能长期稳定地发挥病毒激活作用。CRISPR/Cas9 敲入基因组对病毒储存库持久激活作用可能解决这一问题。

CRISPR/Cas9 系统介导靶基因的激活策略可以为 HIV 储存库的激活提供新的方向,在 HIV 整合前病毒基因组中,有一段序列一直以来被称作 HIV 转录的“激活热点”(activation hot spot),位于 HIV 转录起始区 (transcription start site,TSS)——200 bp～+1 bp 之间,因此靶向这段区域的 sgRNA 将会成为 HIV 储存库激活的设计位点之一。

6.8 展望

尽管在过去几十年中,人类在认识病毒和防治病毒感染方面取得了一些非常重要的成果,在全球范围内根除了天花和牛瘟,一些重要的人和动物病毒病得到了有效控制,但是,这并不意味着人类可以在预期的时间内消除病毒感染对人类健康及发展带来的困扰。2019 年年末出现并在全球大流行的 COVID-19 再次提醒我们,以目前的科学技术手段,人类在应对类似的新发病毒感染方面还很难取得绝对的优势,人类同病毒的斗争仍将是一场长期而艰巨的任务。随着合成生物学的快速发展,各种与病毒基础及应用研究相关的理论和方法将逐渐成熟，将为人类对付病毒提供更为有效的手段和产品，这需要从事病毒研究相关的人员密切参与并深入实践。

参考文献

Cello J, Paul A V, Wimmer E. Chemical synthesis of poliovirus cDNA: generation of infectious virus in the absence of natural template. Science,2002,297(5583):1016-1018.

Charlton Hume H K, Vidigal J, Carrondo M J T, et al. Synthetic biology for bioengineering virus-like particle vaccines. Biotechnol Bioeng,2019,116(4):919-935.

Gibson D G, Glass J I, Lartigue C, et al. Creation of a bacterial cell controlled by a chemically synthesized genome. Science,2010,329(5987):52-56.

Lin Q, Jia B, Mitchell L A, et al. RADOM, an efficient in vivo method for assembling designed DNA fragments up to 10 kb long in *Saccharomyces cerevisiae*. ACS Synth Biol,2015,4(3):213-220.

Lin S, Yan H, Li L, et al. Site-specific engineering of chemical functionalities on the surface of live hepatitis D virus. Angew Chem Int Ed Engl,2013,52(52):13970-13974.

Nielsen A A, Der B S, Shin J, et al. Genetic circuit design automation. Science, 2016, 352 (6281):aac7341.

Noyce R S, Lederman S, Evans D H. Construction of an infectious horsepox virus vaccine from chemically synthesized DNA fragments. PLoS One,2018,13(1):e0188453.

Thi Nhu Thao T, Labroussaa F, Ebert N, et al. Rapid reconstruction of SARS-CoV-2 using a synthetic genomics platform. Nature,2020,582(7813):561-565.

Wang Y H, Wei K Y, Smolke C D. Synthetic biology: advancing the design of diverse genetic systems. Annu Rev Chem Biomol Eng,2013,4:69-102.

（王靖飞）

第2篇
猪病毒病各论

第7章 非洲猪瘟

本章提要

非洲猪瘟是由非洲猪瘟病毒引起的各年龄段家猪、野猪的急性、烈性、高度接触性且高发病率和高死亡率的传染病。2018年8月，非洲猪瘟传入我国并迅速传遍多省区市，导致大量生猪发病死亡，给我国养猪业带来了巨大的损失。由于目前尚无针对该病的有效疫苗和抗病毒药物，防控主要依赖于监测、加强生物安全措施、对感染猪及密切接触猪只进行扑杀以及无害化处理等。本章主要对非洲猪瘟的流行情况、病原生物学、致病机制以及防治措施做简要介绍。

7.1 非洲猪瘟概述

7.1.1 流行现状

1.国外流行现状

非洲猪瘟(African swine fever,ASF)疫情曾在1910年撒哈拉以南非洲地区出现但并未报道。首次报道是在非洲肯尼亚，1921年由英国兽医学家Montgomery报道了该疫情。ASF在1950年传到西非，几年后在西班牙和葡萄牙发生ASF疫情，随后传播至其他欧洲国家、南美洲和加勒比地区(Sanchez-Cordon,2019)。2007年6月该疫情从非洲东南部传播到格鲁吉亚。随后，阿塞拜疆、亚美尼亚、俄罗斯、白俄罗斯和乌克兰等国均有猪只感染ASFV;2014年ASF疫情向欧洲北部和西部蔓延至9个欧盟国家:立陶宛、波兰、拉脱维亚、爱沙尼亚(2014年);捷克、罗马尼亚(2017年);匈牙利、保加利亚和比利时(2018年)。此外，摩尔多瓦、塞尔维亚和斯洛伐克也向世界动物卫生组织(WOAH)报告了该国发生ASF疫情。2018年8月，ASF向蒙古边境地区蔓延，由此进入中国，随后亚洲地区的ASF疫情广泛暴发(Ito,2020)。截至2020年2月，柬埔寨、朝鲜、老挝、缅甸、韩国、蒙古、越南、印度尼西亚等亚洲国家均宣布暴发ASF疫情。

2.国内流行现状

2018年8月3日，我国沈阳市沈北新区沈北街道发生ASF疫情，证实ASF正式传入国内。截至2020年3月，在我国34个省份中，除了澳门和台湾以外，其他32个省份(包含香港)均报道发生过ASF疫情。我国是生猪养殖和消费大国，此次ASF疫情发生范围广、传播速度快、致死率高，给我国养猪业造成巨大损失。其中，受损最严重的地区是东北和华北。

7.1.2 临床症状

根据临床表现，可将 ASFV 感染分为最急性型、急性型、亚急性型、慢性型和亚临床型。感染强毒株后，一般经过 2～7 d 的潜伏期，患病动物会出现临床症状，主要以高热、食欲废绝、皮肤出血为特征，怀孕母猪流产。中等毒力毒株感染后，猪只出现轻微发热、食欲减退和精神沉郁的温和型临床症状，这种症状通常容易与猪瘟病毒和猪繁殖与呼吸障碍综合征病毒等其他病毒感染所致的临床症状相混淆。感染低毒力毒株后不会产生病毒血症症状，仅表现为亚临床感染，偶尔会出现感染猪只在胸部和骨骼突出部位的皮肤处出现轻微病变或在其他部位的皮肤出现分散的病灶。慢性型感染的猪自然痊愈后会转变成隐性感染，使其成为病毒的携带者。

具体临床症状如下：

(1)最急性型非洲猪瘟　以高烧(41～42 ℃)和食欲废绝为主要特征。在临床症状出现前的 1～3 d 猪只可能会发生猝死。通常情况下，患病猪临床症状和器官损伤均不明显。

(2)急性型非洲猪瘟　该类型潜伏期较短，通常为 4～7 d，急性型非洲猪瘟的猪只出现发热(40～42 ℃)和食欲不振症状；猪只也会表现困倦无力，躺下呈蜷缩样，呼吸频率增加的性状；耳部、腹部或后腿部出现蓝紫色区域或血斑；眼和鼻出现分泌物；胸部、腹部、尾部、腿部或肛周皮肤发红；便秘或腹泻；呕吐；妊娠母猪流产；猪只通常喜欢在阴凉或有水处休息。急性型非洲猪瘟容易与其他疾病混淆，如猪丹毒、沙门氏菌感染和其他败血症，因此要注意进行区分。

(3)亚急性型非洲猪瘟　亚急性型非洲猪瘟是由中等毒力非洲猪瘟病毒株感染引起的，感染的猪只通常在 7～20 d 内死亡，致死率为 30%～70%，存活者可能在一个月后康复。临床症状与急性型相似，主要表现为出现波动性发热，伴有抑郁和食欲不振现象；关节因积水和纤维蛋白而肿胀，会出现疼痛感；出现呼吸困难和肺炎的迹象；怀孕母猪可能会流产。但血管改变更明显，主要是出现出血和水肿症状。

(4)慢性型非洲猪瘟　亚急性期后，耐过猪只会转为慢性感染。通常感染猪只背部和肩部皮肤出现大面积过敏，有时会因免疫病理反应导致皮下囊肿。慢性型非洲猪瘟的致死率通常低于 30%，其源于自然减弱毒株，临床症状在感染后 14～21 d 开始出现，伴有轻微发热现象，其次会发生轻度呼吸窘迫和中重度关节肿胀，一般与皮肤发红区域结合，这些区域会变得隆起和发生坏死。

(5)亚临床感染　出现亚临床感染是因为家猪感染了低毒力的野生毒株。感染猪呈现出一种互不关联的疾病状态，且病程进展缓慢，临床上无明显异常症状。唯一可能出现的症状是持续一周左右的低热，有些猪可能会出现食欲不振的现象。感染猪只康复后会成为病毒携带者。亚急性感染的康复猪也可能呈现出亚临床状态，这些猪是病毒携带者，这种发病状态临床上一般诊断不出，必须用实验室诊断技术(间接免疫荧光、ELISA、PCR 等技术)进行确诊。

7.1.3 病理变化

家猪感染 ASFV 一般发病急、死亡率高，急性病例的病理变化与败血型的猪瘟相似，病变以皮肤发绀，体腔积液，大部分内脏器官充血、出血，以及内皮细胞的损伤和脾脏、淋巴结的广泛性坏死为主。病理学变化主要集中在血管、淋巴结、脾脏、肾脏和肺脏。亚急性型病例，除病变较轻以外，其余表现与急性型病例相似。慢性型非洲猪瘟常因并发或继发其他病原感染而使病变复杂化，主要症状表现为慢性肺炎、心外膜炎和关节炎，有时可见皮肤、肾脏点状出血现象。

（1）最急性型　剖检病变不明显，突然死亡的病例仅在某些浆膜、黏膜和内脏含有少数出血斑点，并出现体腔中度积液等病变（Geering，2001）。

（2）急性型　当猪只属于急性型非洲猪瘟时，对其剖检可见胸腔、腹腔与心包积液，呈淡黄色或血红色。大部分内脏器官出现充血，脏器浆膜表面出血。淋巴结出血、水肿、质地柔软、包膜紧绷，其中胃、肝、肾与肠系膜淋巴结病变较为严重，有时呈黑红色，切面隆起、湿润多汁，如血瘤状；其他淋巴结病变较轻，有时仅见出血斑或充血、水肿等症状，有时因淤血和被膜下出血，导致切面呈大理石样；少数病例的淋巴结仅见充血，颜色呈淡红至红色，外表或切面杂有灰白色坏死灶。脾脏充血、肿大、质地脆弱，部分病例脾边缘可见暗红色、隆起的小梗塞。肾脏被膜表面可见出血点、斑，切面皮质可见点状出血，肾盂也呈点状或弥散性出血，但通常比猪瘟症状轻。肺脏通常发生水肿，肺隔膜水肿致小叶间隔明显增宽，气管内常有带泡沫的液体。喉头会厌部可见广泛的充血与出血症状。心脏：心包积液，多呈浆液性、有时可见出血性变化，大多数病例可见心脏不同程度的出血，心外膜和心内膜常见出血点和出血斑，有时见广泛出血，心肌常见充血，出血色似桑葚色。肝脏肿大、淤血，表面常见大量出血点，发生实质变性；胆囊充盈、肿大、出血，浆膜面血管出现充血症状，胆囊壁水肿，严重时迁延至肝被膜，被膜变厚呈胶冻状，胆囊的浆膜面和黏膜面可见明显的散在出血斑、点。胃因食物迟滞而呈充满状态，半数病例呈急性弥散性或出血性胃炎，胃底部病变最为严重；少数病例在幽门部和胃底部可见伪膜性溃疡。小肠见不同程度的炎性病变，通常较轻微；盲肠和结肠有时可见轻度发红，严重时可见出血、黏膜溃疡等症状，但回盲部未见猪瘟特征性纽扣状溃疡病变，黏膜下层直至肠系膜常见水肿，形成肉眼可见的透明样胶冻状，使其增厚。

（3）亚急性型　亚急性型病例表现与急性型病例相似，但病变较轻，常见淋巴结和肾脏出血，肾脏皮质出血点与猪瘟相似，有时可见肾炎、脾脏肿大、并出现出血症状。患病动物肺脏出血、淤血、水肿，肺叶间隔结缔组织充满渗出液，部分病例可见间质性肺炎，有时被膜表面可见纤维素性渗出。此外，还会发生心脏出血，心外膜炎，少数病例可见心包炎，伴有膀胱出血现象。

（4）慢性型和亚临床感染　慢性型非洲猪瘟主要引起呼吸道的变化，病变现象为纤维性胸膜炎，胸膜粘连，肺干酪样坏死。患病猪只发生纤维性心包炎，心外膜炎以及关节炎，有时可见肾脏、皮肤点状出血，皮肤坏死通常也比较常见。

7.2　非洲猪瘟病毒

7.2.1　分类及分型

非洲猪瘟病毒（African swine fever virus，ASFV）是非洲猪瘟病毒科（*Asfarviridae*）唯一的成员，也是已知唯一的 DNA 虫媒传播病毒，具有较强的传染性和致病性等特点。在国际病毒分类委员会第四次报告中将 ASFV 归类为彩虹病毒科，后经研究发现该 ASFV 的病毒结构和复制方式与彩虹病毒不一致，而与痘病毒相似，又将其列为痘病毒之下，在对 ASFV 的基因组测序及分析之后，发现该病毒在进化上介于彩虹病毒科与痘病毒之间，不属于国际病毒分类委员会所规定的任一病毒科之中，国际病毒分类委员会将该病毒归为一个新的病毒科——非洲猪瘟病毒科。

1921 年，非洲肯尼亚首次报道了 ASFV，不同地区的 ASFV 毒株存在较大的基因型差异，其分子形态结构也会略有不同，表现出明显的遗传多样性。ASFV 基因组较大，可编码 150～200 种蛋白，其中 p72 为主要的结构蛋白，由于该蛋白基因序列片段较保守，可以作为该病毒基因型分型的依据。目前广泛应用 P72 蛋白 C 端编码基因序列作为分型的方法，如果根据 E183L 和 pB602L 基因的中央可变区（CVR）进行遗传分析，还可以进一步细化 p72 基因分型。依据 p72 和 pB602L，可将已知的 ASFV 分为 24 个基因型，其中有 20 个基因型存在于东非和南非。也有人利用 p54 基因分型将非洲西部、欧洲、南美洲和加勒比 4 个地区的 ASFV 基因Ⅰ型流行毒株细分为 4 个亚型。研究发现在尼日利亚 2003—2006 年 ASF 流行性毒株的 pB602L 基因 CVR 区遗传进化关系可知属于基因Ⅰ型，但不同毒株存在一定的差异。

7.2.2　基因组

ASFV 基因组结构较为复杂，与痘病毒相似，其末端都为共价闭合环（loop）结构，与末端相邻的是串联重复序列和多基因家族，较保守基因序列处于中间。ASFV 基因长度是可变的，目前已知的病毒的基因组大小为 170～194 kb，可编码 150～200 种蛋白，其中有 131 种病毒蛋白的结构和功能已有报道（Malogolovkin，2019）。ASFV 基因组比较庞大，包含有编码 5 个多基因家族（multigene families，MGF）分别为分泌性蛋白、假定膜蛋白、核苷酸代谢酶、核酸代谢酶以及蛋白修饰酶，其中 DNA 序列有编码结构蛋白，参与 DNA 复制、DNA 修复、基因转录和蛋白质修饰相关酶的基因以及与病毒宿主相关的蛋白质。

1.结构蛋白基因

目前已知的结构蛋白已经鉴定出来很多，如 p72、p54、p30、p17、p24 等。p72 蛋白是 ASFV 的主要衣壳蛋白，也是保护性抗原之一，其单克隆抗体能中和该病毒，也可用于该病毒的诊断。p54 由 E183L 基因编码，分子质量约为 25 kDa，是转录晚期蛋白，主要集中在衍生的内质网处短暂表达，对于病毒包膜前体是关键性蛋白。p30 属于早期表达蛋白，与 ASFV 中 RNA 聚合酶密切相关，由 CP204L 编码，理论上该蛋白的分子质量为 23 kDa，但是由于 SDS 分子特异性排斥酸性蛋白，跑胶后获得的蛋白分子质量指示为 32 kDa。p17（D117L）为 ASFV 的内膜蛋白，是一种必需高度丰富的蛋白质，也是衣壳组装和二十面体形态发生所必需的蛋白。

2.免疫逃避和细胞凋亡相关基因

ASFV 主要以猪的单核巨噬细胞为靶细胞，而且弱毒株可以持续性对猪机体内的免疫系统造成破坏，形成免疫抑制现象，说明该病毒具有抑制宿主免疫系统对其产生免疫反应的机制。E183L 基因编码的蛋白可以影响 ASFV 与宿主靶细胞的吸附，因为该蛋白与细胞内的动力蛋白 DLC8 结合，从而促进该病毒在细胞质中的运输和复制。如果猪感染强毒株会在很短时间内发生死亡，机体内会缺乏中和抗体，这可能与 ASFV 中免疫逃逸基因相关。Blasco 等（1989）对 18 株 ASFV 基因组利用限制酶消化的方法，发现分离株的基因组中间 125 kDa 是相对稳定的，而两端的可变区基因序列出现增多或减少，说明不同毒株基因组的长度可能存在一定程度的变异。ASFV 通过编码各种免疫调节蛋白来操纵细胞内的生物过程和宿主防御反应，从而有效干扰宿主的免疫反应。感染病毒的细胞产生凋亡，是宿主细胞清除病毒的有效手段。然而，ASFV 编码的两种蛋白都可以抑制感染了病毒的巨噬细胞的凋亡，确可以引起淋巴细胞的大量凋亡，这两种蛋白的一种是由 A224L 基因编码，可以通过结合方式抑制 caspase-3

的活性；还有一种是由 A179L 基因编码，其机制尚不清楚有待于进一步研究。

3.毒力相关基因

ASFV 强毒株基因组中报道的 UK（DP69R）基因、23-NL（DP71L）基因、TK（A240L）基因、9GL（B119L）基因、CD2v 基因、MGF360-530 家族中一些基因和 DP148R 基因，都被认为与该病毒毒力有关，缺失其中任何一个基因都会有效地减弱 ASFV 的毒力。如缺失 UK 基因的毒株虽然毒力下降并不影响病毒的复制；BA71 毒株（基因Ⅰ型）和 HJL/18 毒株（基因Ⅱ型）缺失了 CD2v 基因后，都在体内出现了减弱毒力的现象。用缺失这些基因的减毒株进行免疫，免疫猪在受到同源亲本病毒的攻击时可以得到保护。可以基于这些信息，通过基因工程技术使 ASFV 一些毒力基因缺失，为构建有效的减毒活疫苗提供了参考依据。最近，我国研究发现人工缺失 7 个基因的 HLJ/18-7GD 毒株的毒力显著减弱，即使大剂量接种猪后，病毒仅在部分淋巴结有限复制，实质器官中没有发现病毒复制的迹象，也不产生病毒血症，证实其安全性良好，用同源病毒攻击减毒株免疫后的猪只发现，减毒株免疫为这些猪只提供了良好的免疫保护效果。

7.2.3 形态及结构

成熟的 ASFV 粒子直径为 260～300 nm，在负染色电子显微照片中可看到由囊膜包裹的二十面体衣壳结构特征（图 7-1A）。完整的病毒粒子由内到外分为 5 层，分别为病毒核心、核壳、内膜、衣壳和囊膜，该多层结构特征可在冷冻电镜照片中清晰分辨（图 7-1B）。病毒感染肺泡巨噬细胞后，可在细胞质中观察到病毒装配工厂，在病毒工厂中具有处于不同装配阶段的病毒粒子的结构特征，如呈二十面结构的空衣壳、装配有核心的衣壳，以及已经装配完整的病毒粒子等（图 7-1C）。

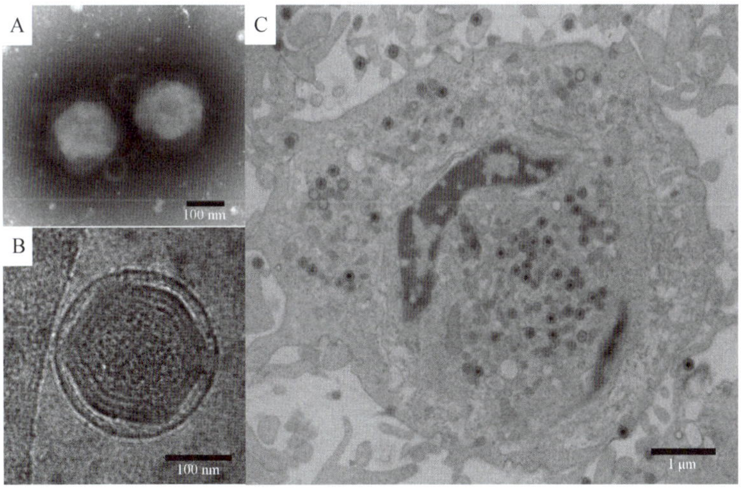

图 7-1 ASFV 粒子形态

A.负染色电镜照片 B.冷冻电镜照片 C.感染 ASFV 的肺泡巨噬细胞超薄切片照片

利用冷冻电镜三维重构技术，王楠等解析了 ASFV 的结构。在该结构中，病毒粒子衣壳的直径约为 250 nm，内膜的厚度约为 7 nm，核壳的直径为 180 nm，这三层基本呈现为正二十面体的结构特征。外层囊膜结构不清晰，可能由组分不稳定造成。病毒衣壳整体呈现为类二十面体结构，由 12 个位于顶点位置的五邻体壳粒和 2 760 个六邻体壳粒按照 $T=277$ 的对称性组装而成(图 7-2)。组成衣壳的病毒蛋白包括一个主要衣壳蛋白(p72)和四个次要蛋白(M1249L、p17、p49 和 H240R)，其主要衣壳蛋白 p72 占总结构的 31%～33%。每个六邻体由 3 个 p72 蛋白组成，每个五邻体则由 5 个拷贝的五邻体蛋白组成(其中一个不是 p72)。p72 蛋白形成一个三聚体，每个三聚体再进一步组成六聚体，与腺病毒、噬菌体 PRD1 和痘病毒的结构蛋白相似。从空间上来说，p72 的头部由 ER1 及其邻近的 ER2 形成，并朝向衣壳的外部，这可能有助于构象表位的形成，来自同一个亚基内的 ER3 和 ER4，形成了 p72 蛋白的头部，可能代替了另外一个表位。ASFV 的囊膜可能利用宿主的细胞膜形成，是该病毒感染所需要的。以亚单位为基础的疫苗产生了早期的抗原性，但迄今为止未能保护猪不受感染，对这些失败一种可能的解释是，完整组装的病毒粒子被认为由 5 个不同的层组成，可能存在多种抗原。ASFV 颗粒上所显示的抗原结构清晰，将指向能够引起保护性免疫反应并可能中和抗体的疫苗靶点。

图 7-2　ASFV 粒子结构模型及衣壳装配模式

7.2.4　复制周期

在感染的猪中，ASFV 在单核巨噬细胞系统的细胞中复制，主要包括巨噬细胞和单核细胞，病毒感染晚期后会引起靶细胞的溶解，进而释放病毒。ASFV 感染猪后 3～4 h 内基因组在外周血单核细胞内合成，6 h 后在细胞质内复制，5～10 h 复制速度达到顶峰。ASFV 基因组中编码的酶直接参与细胞质 DNA 的复制，其中有 DNA 拓扑解旋酶、聚合酶和一些结合蛋白。Rojo 等(1990)利用原位杂交和放射性标记的方法，研究发现非洲猪瘟病毒复制开始于细胞核，再进入细胞质中增殖，其中大部分的 DNA 复制在细胞质中完成。ASFV 早期表达基因主要编码转录酶及基因组调控复制调控相关的蛋白，为病毒基因组复制做准备，晚期主要表达结构蛋白和酶，以便于该病毒组装。Hübner 等(2019)通过基因重组技术缺失 p285L 和 pK145R 基因，结果表明 p285L 是病毒 DNA 复制前的早期基因产物，而 pK145R 是真正的晚期蛋白，它们对 ASFV 的体外复制是非必需的，但它们也可能与病毒的毒力有关。

ASFV 复制周期起始于病毒附着和进入宿主细胞。目前，ASFV 的受体结合蛋白以及细胞受体依然不清楚，但对病毒进入细胞的途径已经做了研究，证实病毒主要是通过网格蛋白介导的细胞内吞以及巨噬细胞自身的吞噬进入易感细胞的。在进入细胞后，ASFV 构象发生变化，外膜和衣壳自行脱去，该过程发生在晚期内体中，随后病毒的内膜与晚期内体的膜发生融合，并将内核释放到细胞质中，随后病毒的核心在细胞核周围定位，逐步将新合成的 DNA 和蛋白质积累并形成病毒工厂。p37 在 ASFV 复制过程中起核质运输的作用。组装成熟的病毒颗粒通过微管介导的机制，主要通过 PE120R 蛋白和肌动蛋白的互作，将病毒转运到细胞膜附近。最后 ASFV 以出芽的方式离开宿主细胞表面时，会获得额外的脂膜，这就形成了该病毒的外囊膜。在 ASFV 整个复制周期中，该病毒由自身编码的早期转录酶辅助，逐步在病毒工厂复制和组装，期间病毒形态发生了明显变化，最后形成二十面体对称的病毒颗粒。

根据 ASFV 的复制机制，可以设计和筛选潜在的抗病毒药物，为该病毒防控与治疗提供手段。某些氟诺酮类药物或它们之间的某些组合，在体外 Vero 细胞感染 ASFV 的早期阶段，抑制病毒的复制使细胞病变效应减少，为抗病毒治疗提供了新的思路。通过基因敲除 ASFV 的Ⅱ型拓扑异构酶（Topo Ⅱ），发现 Topo Ⅱ在病毒 DNA 复制和基因表达中起关键作用，该酶可以成为抗病毒药物和疫苗开发的潜在靶点。ASFV 与组蛋白去乙酰化酶（HDAC）相互作用，可以调节宿主细胞的遗传，诱导 H3K9/K14 低乙酰化状态，HDACs 抑制剂可用于体内控制该病毒的感染，也可以与 ASFV-拓扑异构酶Ⅱ抑制剂联合使用，以加强和控制 ASF 疾病的暴发。研究发现芫花素能够降低 ASFV Ba71K 毒株在 Vero 细胞中的病毒滴度，主要它抑制该病毒早期和晚期蛋白水平，以及病毒 DNA 的合成。

7.2.5 致病机制

ASFV 进入机体后，通过同特异性的细胞受体结合吸附到单核巨噬细胞表面，然后经网格蛋白介导的细胞内吞途径或巨噬细胞吞噬作用进入细胞内开始复制，但是在感染的后期，也可以在其他细胞中检测到病毒的存在。该病毒 p12 蛋白被认为与病毒附着在宿主细胞表面有关，但与其互作的细胞蛋白及机制仍不清楚。猪通过呼吸道和消化道感染 ASFV 后，病毒先在邻近的扁桃体中增殖，随后进入血液引起病毒血症。ASFV 在单核巨噬细胞系统中复制，受到病毒的破坏，并引起毛细血管、静脉、动脉和淋巴结的内皮细胞核网状内皮细胞的破裂，进而表现为组织、器官发生出血、浆液渗出、血栓形成以及梗死等病变，其临床表现为食欲废绝、体温升高、呼吸急促和皮肤出血。一般认为，大多数损伤可能是由感染和激活的单核细胞和巨噬细胞触发的细胞因子介导的相互作用，而不是病毒诱导的直接细胞损伤，然而大多数致病机制仍未被了解，这可能是影响疫苗研究进展的关键因素之一。

1.病毒与宿主动物的相互作用

ASFV 在蜱的卵细胞发育至幼虫时高效进行 DNA 的复制，蜱与蜱之间可以通过交配传播病毒，蜱通过叮咬感染家猪和野猪，这使得该病毒在世界范围内难以被根除。猪感染 ASFV 后的潜伏期一般在 5～15 d，根据感染毒株的不同和宿主之间的遗传背景不同而存在差异。感染猪的临床表现可分为最急性、急性、亚急性和慢性四种。家猪感染 ASFV 后常常表现为急性死亡到亚临床感染等不同症状，而野猪感染则表现为无明显症状伴有低病毒血症等特点，且大多数 ASFV 暴发的地区的野猪血清呈抗体阳性。猪以鼻内接种的方式接种 ASFV 的强毒株，发现咽喉黏膜是病毒增殖的最初部位，其病毒在头部淋巴结中的浓度最高，还可在脾脏、心脏、肾脏、肝脏、肠和脑组织中检出。

2.病毒与宿主细胞的相互作用

ASFV 侵入单核-巨噬系统细胞中的进入机制决定了病毒的趋向性和发病机制。首先要经历病毒的吸附，该过程主要通过病毒外囊膜表面蛋白和细胞表面受体的互作而形成稳定的附着，为病毒进入细胞创造条件。ASFV 进入宿主细胞后，从早期内体转运到大囊泡中完成脱壳，其中酸性环境有助于病毒的脱壳，内膜蛋白 PE248R 对膜融合起着关键性作用。ASFV 脱去膜和衣壳后，其核心运输到细胞核周围，开始早期 mRNA 的转录和翻译，为该病毒 DNA 的复制做准备，感染 6 h 后在细胞质中进行基因组 DNA 的复制。在病毒 DNA 复制的同时，该病毒的晚期蛋白同时表达，经过翻译后的修饰，逐步形成病毒复制工厂。子代病毒粒子沿着微管被运输到细胞膜附近，以出芽的方式释放到细胞间隙，从而开始感染新的细胞。ASFV 编码 CD2v 蛋白可以与宿主红细胞结合，也可能在病毒出芽过程中起到一定作用。

3.病毒逃逸宿主免疫防御功能机制

ASFV 与其他复杂的 DNA 病毒一样，通过诱导细胞凋亡、引起炎症反应和抑制免疫反应等多种途径来逃避宿主的防御系统。对其在野猪和家猪体内存活能力的研究表明，非洲猪瘟病毒具有有效逃避宿主防御系统清除的机制。ASFV 具有可以引起机体免疫抑制，使淋巴细胞发生凋亡，导致宿主免疫系统遭到破坏，从而使体内淋巴细胞数量明显降低等特征。ASFV 编码许多蛋白来调节宿主细胞应对该病毒的感染，其主要调节感染的单核-巨噬系统中细胞的信号通路，进而抑制许多免疫调节基因的表达。ASFV 感染也可以干扰宿主细胞表面蛋白的表达，这也是另一种该病毒的免疫逃逸机制，如可以抑制组织相容性复合体（Ⅰ类 MHC）的表达，从而抑制了该病毒抗原蛋白被呈递到 T 细胞，进而激活细胞免疫反应，使得病毒逃逸了机体的免疫防御反应。

4.宿主的抗感染免疫

宿主在与病毒的斗争中进化出了一系列抗病毒感染的机制，如病毒感染宿主细胞后，通过其模式识别受体如 toll 样受体，来匹配与该病毒相关的分子模式（PAMPs），启动免疫反应，分泌细胞因子，通过吞噬作用抗原并清除病毒。从理论上讲任何抗原都会引起免疫应答，但是宿主感染 ASFV 后，出现急性病毒血症，其死亡率极高，可能是宿主没有足够时间来启动免疫调节拮抗该病毒的感染，或引起的免疫应答并不是都有助于机体的保护性免疫。肿瘤坏死因子（TNF）和干扰素（IFN）是参与宿主先天抗病毒防御的主要细胞因子，而猪感染 ASFV 后，在血清中能检测到高水平的 TNF 和 IFN，说明机体对于该病毒的感染启动了抗感染免疫反应，但为何无法抑制病毒感染的机制还有待研究。

7.3 诊断及防治

7.3.1 诊断

从临床症状方面，感染猪出现皮肤发红或发紫、高热、结膜炎、腹泻、呕吐和运动失调等症状；从剖检方面，会出现典型脾脏肿大、脾脏出血梗死、颌下淋巴结出血和腹腔淋巴结出血症状；通过临床症状和剖检变化可确定为疑似病例。临床诊断可以依据 ASF 典型的临床特征作为初诊的判断，但是临床诊断不能作为最后的结论，还需要经过实验室检测，才能确诊为 ASFV 感染。目前，ASF 的实验室诊断主要分为病原学诊断方法和血清学诊断方法，如动物接种、病毒分离、病毒核酸 DNA 检测和特异性抗体检测等方法。

1.病原学诊断

在实验室分离病毒进行红细胞吸附实验。通过无菌采集患病猪血液或组织样品研磨后置于红细胞中培养，由于猪红细胞能吸附在感染 ASFV 的单核细胞或巨噬细胞表面，如果出现玫瑰花状或桑葚状则诊断为 ASF。直接免疫荧光法（FAT）：该方法快速敏感，但需要高质量的荧光标记抗体和荧光显微镜，对亚急性和慢性的 ASF 检测敏感性仅达到 40%左右，可以利用该方法辅助检测。荧光定量 PCR 检测，根据 GenBank 中 ASFV 毒株 p72 基因序列的高度保守区域设计特异性引物，所有样本均采用特异性引物和探针，扩增编码 p72 衣壳蛋白目的基因序列，依据阈值周期（CT）的样本值建立 PCR 检测方法，该方法可以防止假阴性的出现。

2.血清学诊断

间接 ELISA 是检测 ASFV 特异性抗体的最为常用的方法。在临床上常用的抗体检测试剂盒多以 p72、p54 和 p30 作为包被抗原，可以检测感染耐过猪或慢性感染猪血清中的抗体。某些试剂盒也可以用于早期感染猪的临床诊断，如基于 p30 的试剂盒适用于该目的。因 p30 为早期表达蛋白，其抗体产生的时间相对较早，已经证实该方法具有较高的敏感性。

7.3.2 防治

截至目前，对 ASF 的防治还没有特异性的手段，如疫苗和抗病毒药物等。在中国防控 ASF 的难点在于：ASFV 是结构复杂且对外界环境抵抗力较强的 DNA 病毒，其中耐过动物有持续感染现象，而多数非洲野猪呈隐性感染经软蜱传播，同时具有多种传播循环；中国陆地与 14 个国家相邻，国际交流频繁，境外疫情传入风险持续增大；ASF 有潜伏期，可以通过交通运输市场贸易、人员携带等多种方式传播，早期发现难、预防难；全国生猪养殖散养户生物安全条件较差，很多养殖户用泔水喂养猪，感染 ASF 的风险加大；随着经济全球化发展，全球国际间的贸易、旅游越来越频繁，但是缺乏严格的出入境检验检疫，致使 ASF 的跨地区传播成为可能；ASF 疫区国家缺乏有效的综合防控技术，致使疫情不断蔓延和扩散，给无疫区国家造成了极高的传入风险，而无疫区国家缺乏相应的防控技术和经验，疫情一旦传入依靠隔离、扑杀、消毒等措施很难有效防控。基于 ASF 的防治难点、当前的防控技术研究进展，以及我国面临的巨大防控压力，对该病防控的最为有效的途径还是加强生物安全措施。

1.生物安全

针对疫情防控的需求，应构建以提升生物安全措施为目的的综合防控策略。要点包括：①开展快速检测技术、人员队伍的储备，提升对疫情早发现、早报告和早处置的能力。②国家补助要及时到位、避免部分养殖户出现不配合的现象，导致疫情上报不真实，耽误及时处置。③国家及时制定 ASF 根除计划，在全国范围内逐步剔除阳性猪，对养殖场实行分区管理，确保防控措施落实。④抓紧进行 ASFV 流行病学调查和检测，由兽医部门主导多部门联合分阶段、逐步根除具有 ASF 的养殖场。⑤国家应制定相应的政策法规，建立监理、检测预警系统，避免部分疫区将 ASFV 污染的猪肉向无疫区贩卖的违法行为。⑥进行严格的流通管理，加强相关从业人员的教育培训，让他们建立意识并完善 ASF 监测上报体系。⑦加强边境检疫，防止输入 ASFV 的可能。⑧改进养殖模式，完善生物安全措施，严格执行消灭传染源、切断传播途径、保护易感动物的生物安全措施。⑨增强猪自身免疫力，比如增加饲料的营养物质。

2.疫苗研究

ASFV 灭活疫苗及疫苗效果评价的前期研究均表明，灭活疫苗不能产生针对 ASFV 强毒的有效抗体，可能是感染该病毒猪产生的特异性抗体并不具有中和活性。研究人员利用 CRISPR/Cas9 基因编辑的方法，敲除 ASFV 毒力相关基因，以达到降低该病毒毒力并增强感染动物免疫应答的作用，证实减毒活疫苗对同型 ASFV 毒株可产生有效的免疫保护，但对不同型毒株保护率低或没有保护。研究人员利用传统蛋白重组表达系统如 293(HEK)细胞系来表达病毒抗原蛋白，配佐剂制备亚单位疫苗，研究结果显示以 p30、p54、p72 和 p22 等蛋白为抗原制备成的亚单位疫苗免疫后，不能为免疫猪提供安全有效的免疫保护反应。核酸疫苗是将编码某种抗原蛋白的外源基因(DNA 或 RNA)直接导入动物体细胞内，并通过宿主细胞的表达系统合成抗原蛋白，诱导宿主产生对该抗原蛋白的免疫应答，以达到预防和治疗疾病的目的。Monteagudo 等(2017)用表达蛋白的基因制备成 DNA 疫苗免疫猪体后，可诱导机体产生体液和细胞免疫应答，而免疫猪虽然产生了抗原特异性抗体，但缺乏中和病毒的能力。ASF 活载体疫苗研究工作也大量开展，主要用的病毒载体包括伪狂犬病毒、腺病毒、甲病毒和痘病毒等，大部分疫苗都可以诱导机体产生细胞免疫和 CTL 应答，但其研究到目前并未进行靶动物的攻毒保护试验，该疫苗的有效性还有待于进一步验证。目前，我国已研制出以 pig/HLJ/2018 为骨架，利用同源重组技术构建不同基因缺失的重组病毒，对具有不同基因缺失的 ASFV 毒株进行毒力与效价评估，筛选出一株(HLJ/-18-7GD)7 个基因缺失的毒株，可以作为抗 ASFV 的安全有效疫苗，是能够为猪提供完全保护的疫苗，因此有望在控制该病毒的传播中发挥重要作用。

参考文献

Blasco R，Inmacula de la Vega，Fernando Almazan，et al. Genetic variation of african swine fever virus：variable regions near the ends of the viral DNA. Virology，1989，173(1)：251-257.

Geering W A，Penrith M L，Nyakahuma D. Manual on the preparation of African swine fever contingency plans，2001.

Hübner A，Keßler C，Pannhorst K，et al. Identification and characterization of the 285L and K145R proteins of African swine fever virus. J Gen Virol，2019，100(9)：1303-1314.

Ito S，Jurado C，Sanchez-Vizcaíno J M，et al. Quantitative risk assessment of African swine fever virus introduction to Japan via pork products brought in air passengers′ luggage. Transbound Emerg Dis，2020，67(2)：894-905.

Malogolovkin A，Kolbasov D. Genetic and antigenic diversity of African swine fever virus. Virus Res，2019，271：197673.

Monteagudo P L，Lacasta A，López E，et al. BA71ΔCD2：a new recombinant live attenuated African swine fever virus with cross-protective capabilities. Journal of Virology，2017，91：e01058-01017.

Rojo G，Garcia-Beato R，Viñuela E，et al. Replication of African swine fever virus DNA in infected cells. Virology，1990，257(2)：524-536.

Sánchez-Cordón P J，Nunez A，Neimanis A，et al. African swine fever：disease dynamics in wild boar experimentally infected with ASFV isolates belonging to genotype Ⅰ and Ⅱ. Viruses，2019，11(9)：852-865.

(赵东明)

第 8 章　猪伪狂犬病

本章提要

猪伪狂犬病是由于感染猪伪狂犬病毒而导致的一种传染性疾病，全年任何季节均可发生，但在气候寒冷的冬春季节和产仔旺季较为多发。该病在世界大部分地区都有发生，自 2011 年底以来，伪狂犬病毒发生了变异，给我国伪狂犬病防控带来了巨大挑战。目前，伪狂犬病仍然是我国规模化猪场的重要疫病之一，严重损害养猪业的经济效益。本章对当前猪伪狂犬病流行病学、病原学、致病机制、诊断与防控等方面的研究进展进行阐述，以期为了解该病的最新研究进展及其防治提供参考。

8.1　猪伪狂犬病概述

8.1.1　流行现状

伪狂犬病毒(pseudorabies virus，PRV)引起的伪狂犬病(PR)也被称为奥耶兹氏病(Aujeszky's disease，AD)，是导致家畜和多种野生动物致死的一种急性、高度接触性传染病，其严重影响各国养殖业(尤其是养猪业)的发展。PRV 的天然宿主是猪，可引起新生仔猪腹泻和神经系统疾病、育肥猪呼吸紊乱及母猪不孕、流产和死胎；还可以感染牛、马、山羊、绵羊、兔、狗、猫、狐狸、大鼠、老鼠、部分鸟类等其他动物以及人，大多数宿主感染 PRV 会导致一种"疯痒"的严重瘙痒症，随后会导致死亡(Lee et al.，2019)。

19 世纪初该病首先在美国被发现和报道，在我国首次出现的时间为 1948 年，1989 年成为世界范围流行的疾病。据报道，20 世纪 60 年代前，PR 在我国属于地方病，并没有造成重大的经济损失。20 世纪 80 年代初，PRV 感染蔓延至 18 个地区(14 个省、1 个直辖市和 3 个自治区)，病毒主要在猪群中流行，但也经常在牛、羊、猫、犬和貂中发现。由于不良的生物安全措施，这些动物主要通过直接/间接接触被感染的猪或饲喂被感染的猪肉而感染该病毒。20 世纪 80 年代以来，PR 在全国各地暴发和蔓延，新生仔猪的发病率和死亡率为 70%～100%。如今，该病仍然是世界范围内家猪最重要的疾病之一，为 WOAH 疾病名录中须报告的陆生动物疫病之一。

为了控制 PRV 感染，我国在 1979 年从匈牙利进口了 Bartha-K61 疫苗株，并从 20 世纪 80 年代末在各地猪群中广泛使用该疫苗，PR 得到了有效控制，新生仔猪感染发病率和死亡率降到 10%以下。在 21 世纪中期，PR 在我国大部分地区呈地方性流行或零星散发，主要由于该时期我国还没有出台针对 PR 进行强制性免疫的政策，同时也没有可以区分野毒和疫苗株的鉴别诊断方法，加之当时猪场对生物安全措施重视不够等因素所致。并且随着流行毒株的抗原变异，原有的疫苗已逐渐无法控制流行毒株的感染(Freuling et al.,2016)。自 2011 年 10 月以来，中国北部许多使用了 Bartha-K61 疫苗的规模化猪场暴发了 PRV，并快速蔓延至国内 23 个省市，该病毒变异感染已对养猪业产生重大经济影响。此次变异 PR 暴发的特点为：免疫 Bartha 疫苗的妊娠母猪高流产率；育肥猪呼吸道和神经症状并导致高死亡率；血清 PRV gE 抗体阳性率明显升高。PRV 变异株的毒力已经通过多个实验室开展的动物实验进一步验证，同时，从基因组层面分析也说明了变异毒株的现象。基于流行毒株的 gB、gC 和 gE 的系统发育分析表明，与其他国家或暴发前在中国流行的 PRV 序列比对，中国流行的 PRV 变异株的 gB、gC 和 gE 蛋白中存在许多氨基酸突变，这些突变可能与以往使用的疫苗保护效果不佳及其毒力增加相关(Sun et al.,2018)。

关于人类对 PRV 的易感性始终存在争议，2017 年开始国内报道存在人感染该病毒的病例，这些患者大多从事养猪的职业，患者表现为头痛、发烧、眼内炎、呼吸衰竭、病毒性脑炎等症状，在病人的脑脊液中可以检出 PRV 核酸。PRV 感染患者接受了人免疫球蛋白、糖皮质激素、抗病毒药和对症支持治疗，但最终会患有各种后遗症。其实，PRV 感染人早在 1914 年国外就有许多疑似病例报道(Skinner et al.,2001)，均因接触实验室污染物或猫、狗、牛等家养动物，而出现虚弱、发热、腹泻、全身瘙痒等系列症状，有些甚至累及中枢神经系统，只是受限于当时检测技术无法确诊 PRV 感染。与其他动物相比，PRV 在大多数人中的致病力较小或无症状。但已确诊了少数 PRV 感染患者出现了严重后果(Ai et al.,2017)。所以在具有中枢神经系统感染临床表现的患者中，PRV 脑炎应被纳入鉴别诊断中，特别是对于那些与猪有过接触的患者。

8.1.2 临床症状

猪是 PRV 的天然宿主和贮存宿主，猪只的不同品种、日龄、感染途径、感染剂量均会导致临床症状的差异。一般 PRV 主要是引起猪的神经系统、呼吸系统和繁殖系统障碍。不同日龄的猪表现的临床症状差异较大，PRV 感染新生仔猪，可严重损害神经系统，引起诸如高热、厌食、奇痒、呼吸困难、角弓反张、抽搐呈划水姿势、神经脑膜炎、严重腹泻等症状，疾病发作后 24～36 h 内死亡，死亡率高达 100%。育肥猪则主要为呼吸症状，如咳嗽、打喷嚏、鼻炎和呼吸困难，病毒多在外周神经系统中建立潜伏感染。怀孕母猪感染后可引起流产、死胎或木乃伊胎等繁殖障碍性疾病。公猪感染后造成睾丸萎缩、性功能下降和不育。新出现的变异株病毒对不同日龄段的猪均具有高致病性，与经典毒株相比可以引起更严重的临床症状，包括高烧热(通常≥40.5 ℃)、抑郁、厌食、呼吸窘迫、发抖和全身神经系统症状，甚至可以导致育肥猪死亡。

与其他 α 疱疹病毒一样，PRV 可以在感染猪的周围神经系统建立终身潜伏感染，在机体免疫力低下时，潜伏的病毒基因组自发地重新激活，并产生传染性病毒。因此，猪只一旦感染终生带毒，发病期和康复期的猪为重要的传染源，一定条件下可向外持续排毒。

8.1.3 病理变化

PRV 变异株与经典毒株相比具有更高的致病性，病猪剖检后，大体病理学显示，PRV 变异株引起病猪的肺、扁桃体、脑、小脑和淋巴结损伤更为严重，肉眼可见病变包括脾脏、肝和肺的坏死斑点，肾皮质上有出血斑，扁桃体溃疡以及脑膜的充血和水肿。

通过 HE 染色后，显微镜观察组织病理学变化，PRV 变异株感染的猪扁桃体、肺、脑、脾、肾、肝和淋巴结等多个组织明显坏死、充血和出血，坏死细胞的细胞核浓缩、破碎和深度染色。如可见扁桃体淋巴组织坏死并形成大的坏死灶，扁桃体鳞状上皮坏死和脱落；肺部水肿、充血和出血，管腔内支气管上皮和细胞坏死，肺泡壁炎性细胞浸润并增厚；肺门淋巴结肿大，血管扩张充血和淋巴组织坏死；大脑可发现典型的病毒性脑炎伴有小血管周围的淋巴细胞浸润，其特征为形成神经胶质结节，神经元核内包涵体；小脑浦肯野细胞变性和坏死；脾白髓结构消失，白色坏死性淋巴细胞形成大的坏死灶；肝脏散发性坏死灶，肝细胞核中观察到典型的嗜酸性包涵体；肾脏散发性坏死灶，可见出血性肾炎。

由 PRV 经典野毒株感染引起的坏死仅局限于脑和小脑，大脑非化脓性脑炎，伴神经元变性和血管袖套，小脑浦肯野细胞变性和坏死。从免疫组化来看，PRV 变异株感染猪的各个组织器官中病毒病原分布相对更加广泛。此外，研究表明，通过鼻腔接种 PRV 会引起病毒性神经损伤，导致的外观病变的动力学和位置与 PRV 从鼻上皮到神经系统中突触连接的高级结构的跨神经传播一致。通过鼻内感染，在脑、扁桃体和肺部会有大量的抗原聚集和严重病变，同时伴有典型的呼吸道和神经系统症状。

8.2 猪伪狂犬病毒

8.2.1 分类及分型

根据建立潜伏感染的细胞类型和复制周期的不同，疱疹病毒科（*Herpesviridae*）可划分为四个亚科：α、β、γ 和 *Ictalurid herpesvirus* 亚科。根据分子序列分析，α 疱疹病毒亚科可以被进一步划分为 4 个属，即人单纯疱疹病毒属（*Simplexvirus*）、水痘病毒属（*Varicellovirus*）、马立克氏病病毒属（*Marek's disease-likevirus*）和传染性喉气管炎病毒属（*ILTV-likevirus*）。猪伪狂犬病毒属于疱疹病毒科（*Herpesviridae*）α 疱疹病毒亚科（*Alphaherpesvirinae*）水痘病毒属（*Varicellovirus*）成员。牛疱疹病毒 1 型（BHV-1）、马疱疹病毒 1 型（EHV-1）、马疱疹病毒 4 型（EHV-4）、猫疱疹病毒 1 型（FHV-1）及犬疱疹病毒 1 型（CHV-1）均属于水痘病毒属（*Varicellovirus*）成员。

临床试验表明，Bartha-K61 疫苗不能完全保护新流行毒株，但是通过交叉中和实验不同毒株可以相互中和，所有 PRV 都属于一个血清型。基于 PRV 全基因组及 gC、gB 和 gE 序列分析，可将该病毒分为基因Ⅰ型和基因Ⅱ型两个基因型。基因Ⅰ型主要为 Bartha、Backer、Kaplan 和 NIA3 等国外的毒株，基因Ⅱ型主要为 JS-2012、TJ、JS 和 HeN1 等中国的毒株。新流行基因Ⅱ型毒株与国外基因Ⅰ型毒株相比有较大差异，这种差异贯穿整个基因组，但主要集中在内部和末端重复序列以及基因间隔区域。经过长期的进化，绝大多数中国的 PRV 分离株属于基因Ⅱ型，这也进一步解释了 Bartha-K61 疫苗对我国 PRV 流行毒株的免疫保护能力变低的原因（Sun et al.，2018）。利用限制性片段多态性（RFLP）分型方法，通过 BamHI-或 SalI-RFLP 分析变异毒株和国外毒株均表现出不同的限制性片段酶切图谱。简单重复序列（simple sequence repeats，SSR）可用来分析疱疹病毒遗传变异的重要分子特征，相对于国外的毒株而言，我国流行 PRV 变异株的 SSR 数量在编码区和基因间隔区存在的比例更高，在

UL2、UL5、UL47、UL46、UL13 和 UL51 等基因中的 SSR 存在较多特征性的插入和缺失区域。

8.2.2 基因组

PRV 的基因组为线性双股基因组 DNA，长约 150 kb，可编码 100 多种蛋白质。基因组 G+C 含量约为 73%，属于疱疹病毒 D 类基因组。PRV 基因组分为 4 个部分，独特短区(US)、独特长区(UL)、US 区两侧反向重复序列(TR)和内部重复序列(IR)。PRV 核心基因位于 UL 区，核心基因编码的蛋白完成疱疹病毒的基本复制。两个反向重复序列重组能产生 2 个同分异构基因组(isomers)，且二者均具有感染性，并在受感染细胞中等量存在。

PRV 基因组还有相当一部分共线性排列的基因，编码产物具有相似的功能。众多基因转录后有 3′共末端转录物，由于基因分布密集，基因间隔有限，导致许多核心转录元件是基因间共享的，如 TATA box 起始不同转录物或者作为基因上游的多聚腺苷酸信号。PRV 基因组还包含许多短的 DNA 重复序列，通常存在于与编码方向相反的序列之间，可能为防止转录进入的相反方向。几乎有一半的 PRV 基因编码的产物最终成为成熟病毒粒子的结构成分，也约有一半的基因产物对其在细胞中复制是可有可无的(Pomeranz et al.，2005)。

8.2.3 形态及结构

PRV 具有典型的疱疹病毒结构特点，病毒粒子呈球形或椭球形，直径 150～180 nm，由内至外分别包含线性化的双股 DNA 基因组核心部分、一个呈二十面体结构的核衣壳、间质蛋白以及囊膜，在囊膜的表面还有层纤突呈放射状排列，这种纤突与病毒的毒力相关。

一个成熟的病毒粒子的核衣壳共包含有 955 个 pUL19(VP5)、900 个 pUL35(VP26)、640 个 pUL18(VP23)、320 个 pUL38(VP19c)和 12 个 pUL6。这些核衣壳蛋白共形成 162 个壳粒、150 个六邻体和 12 个五邻体，它们包裹病毒基因组形成了核衣壳，核衣壳维持病毒形态并保护病毒的基因组 DNA。

间质蛋白位于 PRV 成熟病毒粒子囊膜与核衣壳之间，至少有 UL11、UL13、UL16、UL21、UL36(VP1/2)、UL37、UL41(VHS)、UL46(VP11/12)、UL47(VP13/14)、UL48(VP16)、UL49(VP22)、UL51、US2 和 US3 等 14 种不同的蛋白。间质蛋白可分为两层，内层间质蛋白与核衣壳紧密相连，排列较为有序，这可能是核衣壳蛋白 UL19(VP5)和 UL37 与间质蛋白 UL36 相互作用的结果。而外层间质蛋白与病毒的囊膜相连，是非对称异质性的，不同病毒粒子的间质蛋白的含量也不尽相同，尤其是 VP22 的含量是变化的，且 2/3 的间质是非对称的。有研究表明细胞的肌动蛋白也参与构成了病毒的间质层。间质蛋白在病毒入侵和维持病毒形态中起重要作用。

PRV 编码 16 个囊膜蛋白，其中包括 11 个糖基化蛋白：gB(UL27)、gC(UL44)、gD(US6)、gE(US8)、gG(US4)、gH(UL22)、gI(US7)、gK(UL53)、gL(UL1)、gM(UL10)和 gN(UL49.5)以及 5 个非糖基化蛋白：UL20、UL24、UL34、UL43 和 US9。囊膜蛋白在病毒识别和结合受体等方面起着极其重要的作用，同时也参与调控宿主免疫应答，促进合胞体形成。在这些蛋白质中，gB、gC 和 gD 诱导细胞和体液免疫反应，而 gE 是猪 PRV 的主要毒力决定因素。这四个蛋白编码的基因通常用于监测 PRV 的进化。

8.2.4 复制周期

PRV 具有广泛宿主嗜性，复制迅速，一般在感染后 4～5 h 就能检测到子代病毒产生。PRV 基因组上共有 4 个复制起始(Oris)位点，两个位于反向重复序列，一个位于 UL 中部，另一个位于基因组左侧末端。PRV 复制周期可分为 5 个阶段。

(1)吸附与侵入　在病毒感染宿主细胞的过程中，PRV 囊膜糖蛋白 gC 首先与细胞膜上硫酸乙酰肝素受体不牢固结合，随后，gD 与细胞受体紧固结合。有研究表明，gC 和 gD 缺失后 PRV 也能感染细胞，说明病毒其他蛋白也具有结合受体的能力。融合过程需要 gB 和 gH/gL 蛋白的参与。融合完成以后，PRV 基因组 DNA 被释放到细胞质中，UL11、UL46、UL47、UL48 和 UL49 等基因编码的外层间质蛋白迅速分散，PRV 核衣壳与细胞微管蛋白结合被运输至细胞核，内层间质蛋白(UL36，UL37 和 US3 等)随核衣壳至细胞核附近。在细胞核孔处，病毒核酸从完整的核衣壳中释放到细胞核中。

(2)级联转录及翻译　在多数细胞中，PRV 感染后 4～5 h 即可检测到子代病毒。病毒核酸入核后，IE180 极早期基因编码的蛋白调节与复制相关的并具酶功能的早期基因表达。IE180 是 PRV 唯一的极早期调控蛋白，长度为 1 460 aa，有两个 ICP4 样的区域(493～669 aa 和 1 052～1 366 aa)。IE180 可以在没有任何病毒蛋白合成时直接启动基因表达，启动子上游包含许多细胞转录因子的结合位点。在感染 40 min 内可以检测到极早期基因 IE180 的转录物，感染后 2.5 h 其表达量达到峰值。EP0 是早期转录的基因，在感染后 2h 即可检测到，该蛋白具有一些转录激活因子的特性，在体内，能激活 IE180、UL23(TK)和 US4(gG)基因启动子，还有一些早期转录物出现在感染后 1 h，早期蛋白在感染后 1～4 h 即早期 DNA 复制期间或之前合成。中期 mRNA 的产物在感染后 1.5 h 可被检测到，感染后 4～9 h 能到达峰值。晚期 mRNA 能在感染后 2.5 h 被检测到(当病毒的 DNA 合成开始时)，晚期蛋白在感染后 3 h 能被检测到，之后表达量随时间升高。

(3)复制　PRV 基因组 DNA 进入细胞后首先会环化，该过程通常不需要任何病毒蛋白辅助就可进行平末端连接，环状后的基因组可作为 DNA 合成的模板，并开始滚环复制。复制的 DNA 以长线状多联体 DNA 形式存在，疱疹病毒编码许多病毒 DNA 复制需要的酶，如 UL5、UL8、UL9、UL29、UL30、UL42 和 UL52。UL5、UL8 和 UL52 是编码异源三聚体引发酶-解旋酶复合物的核心基因。UL30 和 UL42 是编码聚合酶催化亚单位和病毒的依赖 DNA 的 DNA 聚合酶相关蛋白(Pap)。UL30 有 DNA 聚合酶活性，在体外能被 UL42 催化。PRV UL29 包含保守的锌指结构和 DNA-binding 区，在病毒基因组复制中起重要作用。除了病毒蛋白，一些宿主蛋白对病毒复制也是必需的，如细胞的 DNA 聚合酶 α-引发酶、DNA 连接酶 Ⅰ 和拓扑异构酶 Ⅱ。

(4)核衣壳形成　当完成转录、翻译以及 DNA 复制后，衣壳蛋白进入细胞核形成衣壳的基本组装单位。此过程是自催化的，只需要衣壳成分。

(5)PRV 子代病毒释放　核衣壳通过出芽方式穿过内部核膜，并通过融合方式穿过外部核膜，裸露的核衣壳释放到细胞质中。初级病毒囊膜由于缺乏蛋白糖基化，看起来是“平滑的”，次级囊膜在高尔基体中出芽形成，形成间质和一些病毒糖蛋白。UL3.5 基因在此过程中是必要的。病毒以小泡形式移动到细胞质膜并与之融合后释放到细胞外。

8.2.5 致病机制

PRV 感染多种宿主，具有嗜神经性，能通过跨突触传导，能在敏感神经节内建立终身潜伏感染，当机体在免疫力低下时，病毒可再激活并发生二次感染。猪感染 PRV 通常始于鼻和口、咽黏膜上皮细胞，其在上皮细胞中大量复制。随后，以此为感染灶向其他组织传播，比如感染扁桃体以及肺组织，促使病毒能够快速扩散，引起组织发生病理变化。此外，病毒也可以将感染扩散到外周神经(PNS)神经元，病毒颗粒通过逆向运输到达感觉和自主神经末梢神经节，如三叉神经以及嗅神经，并在其中建立终生潜伏感染，也能以无囊膜的核衣壳形式存在，建立潜伏感染。一旦宿主的免疫力下降，病毒便活化，病毒颗粒会沿着感觉神经顺向运输扩散回感染开始的黏膜表面，向外排毒，或通过三叉神经以及嗅神经到达中枢神经，病毒在此处大量繁殖，产生有囊膜的病毒粒子，破坏神经系统导致发病。成年猪通常表现出呼吸道疾病的症状，死亡率低。相反，在仔猪中，PRV 感染会引起急性神经系统疾病，如脑炎，通常认为是由于 CNS 中有效的病毒复制导致高死亡率。PRV 感染后还可以通过细胞相关的病毒血症扩散，外周血单核细胞从初级复制位点扩散到全身各处的靶器官，如妊娠的子宫。病毒可以在妊娠子宫的内皮细胞继发复制，导致血管炎和多灶性血栓形成，通常导致流产。

疱疹病毒通常局限于宿主物种内，PRV 在其他宿主中起作用所需的关键宿主特异性氨基酸突变是未知的。研究发现 PRV 可以通过病毒表面的包膜糖蛋白 D(gD)与人或猪细胞受体 nectin-1 相互作用，解释了由 PRV 变异株引起的人畜共患病的可能性。Nectin-1 受体中占整个分子间接触的 90%以上的氨基酸残基，如 K61、T63、Q64、K75、Q76、N77、I80、N82、M85、S88、L90、A91、E125、A127、T128、F129、P130、N133 和 E135，这些残基在许多不同物种中都是保守的，包括小鼠(除 A91P 突变)、牛、绵羊、山羊、猫、狗和蝙蝠，这表明 PRV 能够结合并进入细胞，这些物种的跨物种感染是可能的(Wong et al.，2019)。此外，PRV 糖蛋白的适应性突变可能在促进跨宿主如猪到新宿主(包括人)的传播中起作用。如 gB 中第 105 位(位于抗原表位上)从 D 突变为 G(D105G)。同样，在 gC(G59P、P75R、V76A 和 V191D)中也发现了自适应变化。这些变化是否与新宿主的免疫反应有关，应进一步研究。此外，在 gE 糖蛋白中也检测到阳性选择位点，这些积极选择的突变可能主要与疫苗选择下的免疫逃逸以及猪本身的适应性进化有关。因此，加强 PRV 的监测和开发新疫苗将有助于控制病毒的传播并降低跨物种传播的风险(He et al.，2019)。

8.3 诊断及防治

8.3.1 诊断

PRV 可在急性感染后建立持续感染并潜伏在三叉神经节中。因此，迫切需要开发更灵敏和方便的测定法以鉴定和去除潜在感染猪。2000 年中国已经有科学家提出实施 PRV 根除计划，《国家中长期动物疫病防治计划》(2012—2020 年)已将 PR 列为优先防治的国内动物疫病，并要求在全国所有种猪场达到净化标准。因此，特定而灵敏的诊断方法是 PR 控制和根除计划不可缺少的一部分。一般诊断方法包括血清学诊断和病原学诊断。

实验室常规血清学诊断方法为酶联免疫吸附测定(ELISA),可以检测血清中 gB 和 gE 抗体检测,gB-ELISA 用于评估疫苗接种后诱导的免疫水平,gE-ELISA 用于区分感染和接种的猪。目前已有几种进口或国产的市售 ELISA 试剂盒获得许可并在中国广泛使用。当前,各种检测方法尚无标准化,可能会导致诊断结果不一致。血清学诊断常用方法还包括,病毒中和检测、乳胶凝集检测和胶体金等。为了早期的“现场”筛查和清除受感染的猪,越来越需要开发快速测试以防止进一步的经济损失。横向流动测定(LFA)是一种免疫化学平台,可用于灵敏、特异、简单而快速地确定病原体特异性抗体。

1980 年以前,PRV 病原学的经典诊断方法包括病毒分离、中和试验和感染实验动物。自 20 世纪 90 年代以来,诊断方法包括:DNA 杂交、免疫荧光(IFA)、环介导的等温扩增(LAMP)、聚合酶链反应(PCR)、实时聚合酶链反应(qPCR)、微滴式数字 PCR(ddPCR)、重组酶聚合酶扩增(RPA)、多重基因表达遗传分析系统(GeXP)、基于金纳米颗粒(AuNP)的电化学免疫传感器测定,免疫层析带分析以及可以用于早期诊断的荧光免疫色谱法(PR-ICS)(Ren et al.,2018)。此外,目前已经开发出多种检测方法来区分 PRV 的不同毒株,包括 LAMP 法、纳米粒子辅助 PCR 法(nanoPCR)、区分疫苗毒株和野毒的双重实时 PCR(qPCR)及三重实时 PCR 用于经典毒株、变异毒株和 Bartha-K61 疫苗株的差异检测。为进一步区分野毒株类型,开发的双重荧光熔化曲线分析(FMCA)法,可用于快速检测和区分 PRV 的基因型Ⅰ、基因型Ⅱ和 Bartha-K61 疫苗株。

8.3.2 防治

为实现 PRV 净化,需采取综合措施,如制定合理的免疫程序,结合病毒学和血清学监测以及严格的生物安全程序。同时,需要在全国范围内对 PR 进行深入监控,并应掌握除猪以外的动物中 PRV 的流行病学情况,特别是野猪中该病毒感染的真实状况。我们也可以从已在家猪中根除 PRV 的国家借鉴和学习防控方法。1960 年匈牙利学者研发的 gE 缺失的减毒活疫苗 Bartha 用于控制猪 PRV 的传播。通过强制接种 gE 基因缺失活疫苗进行 DIVA,结合有效的生物安全策略,大多数欧洲国家、美国和新西兰已经在家猪中根除了 PRV。中国在 20 世纪 70 年代,从匈牙利引进了 Bartha-K61 的弱毒活疫苗,通过使用该疫苗以及国内研制的 gE/gI/TK 三基因缺失疫苗 SA215 株和 TK/gG 双基因缺失疫苗 HB-98 株,PR 得到了很好的控制,但在中国大多数地区仍存在地方性的或零星的散发,甚至 2011 年底发生了 PRV 变异株的暴发和流行。普莱柯开发的变异毒株 gE 基因缺失灭活疫苗(HN1201-△gE 株)已在 2019 年上市。此外,基于 PRV 流行毒株的其他基因缺失疫苗至少有 15 种已经进入临床试验阶段,如哈尔滨兽医研究所的 PRV 基因缺失活疫苗(TP 株)、上海兽医研究所的 PRV 基因缺失活疫苗和灭活疫苗(JS-2012-△gI/gE 株)、普莱柯的 PRV 活疫苗(HN1201-R1 株)、浙江大学的 PRV Ⅱ型 gE/TK 基因缺失灭活疫苗(HD/c 株)和江苏省农科院的灭活疫苗 SQ gE/gI-株等。

疫苗是预防 PR 的主要方式,但变异毒株的产生给该病的预防和治疗带来了挑战。因此,科研人员也致力于针对 PRV 药物和抑制剂进行体外和体内试验,希望获得有效抗病毒的药物,包括天然提取物或化学类物质。据报道,已知的抗疱疹病毒科药物更昔洛韦对 PRV 有良好的抑制作用。此外,甘草酸二胺和氯化锂对 PRV 也具有明显抑制效果。除化学药物外,天然产物类的抑制剂以其良好的生物相容性引起了研究者们的广泛关注。如中药炎康注射液对 PRV 具有抑制作用,明显降低该病毒对鸡胚的致死率,效果优于金刚烷胺。板蓝根的提取物，其有效成分靛红能显著抑制 PRV 增殖效果。另外，八宝树叶提取物也能有效抑制病毒复制。白藜芦醇通过抑制宿主的 IκB 激酶活性，从而抑制病毒的复制。Su 等利用小鼠模型证实白藜芦醇能有效阻止 PRV 诱导的小鼠繁殖障碍性疾病的发生。这表明白藜芦醇在体内体外都具有较好效果，具有很好的应用前景。他汀类药物，比如洛伐他汀对 PRV 感染的小鼠具有一定的保护效果，抑制病毒的增殖，导致病毒的含量下降，提高生存率。

当前多学科的交叉合作研究对于新型药物的研发发挥着重要作用，为当前一些烈性疾病的防控提供新思路。目前已经有许多相关报道，证明量子点（quantum dots，QDs）和碳点（carbon dots，CDs）在一定程度上具有对 PRV 的抗病毒活性。量子点能与病毒相互作用，抑制病毒的入侵过程，从而抑制 PRV 的早期复制。此外，还发现碳点对 RNA 病毒猪繁殖与呼吸综合征病毒（PRRSV）和 DNA 病毒 PRV 复制都有抑制作用，其主要通过激活宿主的天然免疫系统，产生抗病毒蛋白，从而抑制病毒增殖。随着生命科学技术的快速发展，相信在不久的将来，新型病毒抑制剂的研发将对一些重大疾病的防控带来新方向。

对于我国在 PRV 防控中存在的不足，可以从以下几方面分析原因。①病原混合感染使该病更加严重。②疫苗接种失败。疫苗质量差（抗原不足或由于冷链问题而使病毒失活），经常会导致疫苗接种失败或保护不力。错误的免疫程序、受 PRV 母源抗体的干扰、其他疫苗（如 PRRSV 疫苗）的共同给药引起的免疫抑制以及导致疫苗接种覆盖率不足的问题。③生物安全管理不到位。在中国，养猪场特别是中小型养猪场很少关注生物安全，这使得 PR 控制和根除更加困难，导致该病在中国广泛传播。④猪群内的持续感染。PRV 感染后幸存的猪会存在潜伏感染，而持续排毒导致易感猪感染以及猪群中该病毒持久存在。⑤有关 PRV 流行病学的信息有限。有必要加强流行病学调查，以获取中国 PR 状况的综合数据。另一方面，考虑到野猪是潜在的病毒储藏角色及其广泛分布和高流动性，迫切需要对野猪种群的 PRV 进行区域和国家监控。⑥Bartha-K61 疫苗交叉保护力不足。PRV 防控及净化须重视以往的不足，加强猪场生物安全管理，合理使用疫苗和治疗性制剂，最终才能达到我国对该病毒防控的目标（Sun et al.，2015）。

参考文献

Ai J W，Weng S S，Cheng Q，et al. Human endophthalmitis caused by pseudorabies virus infection，China，2017. Emerg Infect Dis，2018，24(6)：1087-1090.DOI：10.3201/eid2406.171612.

Freuling C M，Müller T F，Mettenleiter T C. Vaccines against pseudorabies virus（PrV）. Vet Microbiol，2017，206：3-9.DOI：0.1016/j.vetmic.2016.11.019.

He W，Auclert L Z，Zhai X，et al. Interspecies transmission，genetic diversity，and evolutionary dynamics of pseudorabies Virus. J Infect Dis，2019，219(11)：1705-1715.DOI：10.1093/infdis/jiy731.

Lee J Y，Wilson M R. A review of pseudorabies（aujeszky's disease）in pigs. Can Vet J，1979，20(3)：65-69.

Pomeranz L E，Reynolds A E，Hengartner C J. Molecular biology of pseudorabies virus：impact on neurovirology and veterinary medicine. Microbiol Mol Biol Rev，2005，69(3)：462-500. DOI：10.1128/MMBR.69.3.462-500.2005.

Ren M，Lin H，Chen S，et al. Detection of pseudorabies virus by duplex droplet digital PCR assay. J Vet Diagn Invest，2018，30(1)：105-112.DOI：10.1177/1040638717743281.

Skinner G R, Ahmad A, Davies J A. The infrequency of transmission of herpesviruses between humans and animals; postulation of an unrecognised protective host mechanism. Comp Immunol Microbiol Infect Dis,2001,24(4):255-269.DOI:10.1016/s0147-9571(01)00014-5.

Sun Y, Liang W, Liu Q, et al. Epidemiological and genetic characteristics of swine pseudorabies virus in mainland China between 2012 and 2017. PeerJ,2018,6:e5785. DOI:10.7717/peerj.5785.

Sun Y, Luo Y, Wang C H, et al. Control of swine pseudorabies in China: opportunities and limitations. Vet Microbiol,2016,183:119-124.DOI:10.1016/j.vetmic.2015.12.008.

Wong G, Lu J, Zhang W, et al. Pseudorabies virus: a neglected zoonotic pathogen in humans? Emerg Microbes Infect,2019,8(1):150-154.DOI:10.1080/22221751.2018.1563459.

（刘飞，刘春国）

第9章 猪痘

本章提要

猪痘是由猪痘病毒引起的猪的一种以皮肤形成痘疹和结痂为特征的传染病，各年龄段的猪都对该病病毒易感，但仔猪更易发。该病在猪群中的发病率可达100%，但致死率很低。由于感染猪生长迟缓、繁殖能力下降，以及增加治疗成本等原因，会对养猪场的经济效益造成一定的损害。当前，该病在全球均有分布，在欧洲、非洲、亚洲以及美洲部分地区呈地方性流行。本章主要对该病的流行现状、病原的生物学特性、致病机制以及防治方法等作一概述。

9.1 猪痘概述

猪痘(swinepox，SWP)是由猪痘病毒(swinepox virus，SWPV)引起的猪的一种急性、热性病毒性传染病。SWP具有严格的宿主特异性，猪是该病毒的唯一自然宿主。SWP典型临床症状为最初发病猪出现皮肤红斑，遍布全身，继而发展为孤立圆形丘疹，凸出于皮肤，最后发展成水疱，整个发展过程患猪表现奇痒难耐，蹭墙壁、围栏。同群猪感染率可达100%，但病死率一般在3%～5%，多数是因并发症造成死亡。

9.1.1 流行现状

SWP呈世界性分布，包括美国、印度和巴西等，且全年任何季节都能够发生(Medaglia et al.，2011)。该病的传播形式是病猪与健康猪直接接触感染，也可通过吸血昆虫的间接接触感染。本病易发生于幼猪、育肥猪、4～6周龄的窝仔猪和断奶仔猪，潜伏期5～7 d，一旦同窝中有一头猪发病，其他猪也陆续发病。患病仔猪的死亡率较高，成年猪有较强的抵抗力，该病的感染多与消毒环境差、饲养环境不良、饲养密度增大或开放式畜群管理的密集繁殖有关，出现上述情况则会加快本病的传播，并经由寄生虫、老鼠、蚊蝇等媒介导致大量易感猪发生感染，使带毒猪数量增加，并成为主要的传染源。1982年首次在欧洲发现并报道；1953年日本首次报道发生SWP病例，1960年日本科学家利用PK15细胞分离到一株SWPV；2011年，SWP在巴西暴发。目前，该病呈全球分布，散在发病的态势。

9.1.2 临床症状

病猪主要特征是体温明显升高，往往可超过41 ℃，皮肤上出现痘疮，并经过发疹、丘疹、水疱、脓疱，最终形成痂皮，然后痊愈。在该病的发病初期，病猪体温有所升高，精神沉郁，食欲不振，有浆液性分泌物从眼睛、鼻孔流出，之后在眼皮、鼻盘、下腹部以及四肢内侧等被毛稀少处形成深红色结节，在皮肤表面明显突出，接近半球状，但表面比较平整，此时即为发疹期。然后疹块不断增大，形成水疱，即进入水疱期，接着水疱周围呈红色，中心呈褐色至茶褐色深浅不同，变成脓疱，即进入脓疱期。对于自然感染的病猪，基本不会看到水疱。最终，病灶表面逐渐凝固，变成暗褐色痂皮，此时进入结痂期。干燥的痂皮发生脱落后，会遗留白色疱痕，并逐渐痊愈，即进入痊愈期。如果病猪在病变部发痒时经常进行摩擦就会导致痘疹发生破裂，并渗出浆液或者血液，局部还会有垫草、泥土黏附在上面，导致痂皮增厚，皮肤呈现皮革状，病程也会有所延长。正常情况下，病猪基本不会发生死亡，但如果发生严重的细菌感染（如并发败血病、胃肠炎、肺炎等）和饲养环境较差时，就会引起死亡。病灶表面很像脐状，不久变为黑棕色痂皮。一般的病例，病灶随着早期的充血和淋巴膨胀以及上皮增生而形成丘疹，增生伸入内层。坏死上皮层发展为光滑的灰褐色痂块。许多患处呈现裂缝，渗出浆液性液体。有继发感染的，常呈现广泛的白细胞浸润。严重的病例可以发生融合型或出血型痘，在口腔、咽喉、气管、支气管都有病灶。病猪虚弱，腹泻，出现支气管肺炎或全身感染，最后败血症而死，病程为 20～60 d。痘苗病毒感染猪也能导致类似的症状，临床上都以引起皮肤痘疹为主，较难区分（Boer，1975）。两者之间在抗原上没有交叉反应，也不能产生交叉保护作用。痘苗病毒的感染主要是通过人群感染天花或接种天花疫苗而传播给当地动物的，自从消灭了天花以及后来猪被痘苗病毒的感染中断和痘苗免疫停止，由痘苗病毒引起猪类似的皮肤痘斑很少（Datt，1964）。

9.1.3 病理变化

SWPV 对皮肤和黏膜上皮细胞有特殊的亲和力，最明显的组织学病变是引起体表皮肤损伤，并且能在猪的皮肤上皮、肾细胞、睾丸细胞和猪胎肺细胞等增殖。所产生的细胞病变，在组织切片中可见皮肤的表皮棘层角质化细胞水肿、变性，细胞质变亮、增大，在这些变化的细胞质中通常可观察到一个圆形肿胀的细胞核，带有一个或多个空泡，变性的细胞内形成大量嗜酸性细胞质基质内包涵体，包涵体内有小颗粒状的原生小体，毛囊的外根鞘也能发现水疱变性和包涵体，细胞质基质收缩成线状，最后死亡，胞核可见大小不等的空泡化，而在痘苗病毒感染的 SWP 中不见空泡化（Teppema et al.，1975）。

9.2 猪痘病毒

9.2.1 分类及分型

SWPV 是脊椎动物痘病毒家族猪痘病毒属的唯一成员，是引起猪群发生 SWP 的病原。痘病毒科是一大群长方形或卵圆形病毒，病毒粒子由 1 个核心、2 个侧体和 2 层脂质外膜组成，是动物病毒中体积最大、结构最复杂的病毒。根据病毒的特征、自然宿主和特异性抗原，痘病毒分为两个亚科，即脊椎动物痘病毒亚科和昆虫痘病毒亚科。脊椎动物痘病毒亚科包括正痘病毒属、禽痘病毒属、羊痘病毒属、兔痘病毒属、猪痘病毒属、副痘病毒属、软疣痘病毒属和牙塔病毒属等 8 个属。昆虫痘病毒亚科则只含昆虫痘病毒 A、B、C 3 个亚属。各属内的成员可发生遗传性重组，各属间的成员则可发生非遗传性复活，目前尚有一些未定属的痘病毒。

9.2.2 基因组

SWPV 基因组是程度约为 146 kb 的双股 DNA 分子，含有 150 个阅读框(ORF)，G+C 含量为 27.5%，A+T 占比重较大，尤其在中心编码的区域达 95%。中心基因编码区含有病毒复制和感染的必需基因，包括毒力、宿主范围和组织嗜性等相关基因，两端各有一个结构一致的倒置末端重复区(inverted terminal repeat，ITR)，每个 ITR 的长度约为 3.7 kb，其最末端是两条链交叉连接的发夹环，ITR 可能具有调节或逃逸宿主的免疫应答、调节或抑制宿主细胞凋亡、细胞和组织嗜性等作用(Afonso et al.，2002)。SWPV 的基因组结构以头尾串联的方式紧密连接，在 150 个开放阅读框中有 146 个为痘病毒 VV、LSDV、YLDV 的同源基因，其中 4 种基因和痘病毒没有同源性，除此以外保守的中央核心区有 106 个基因和其他哺乳动物痘病毒同源，它们包含与病毒复制和转录、DNA 复制、病毒的组装和成熟相关的基本基因。病毒 DNA 的两条链都能编码蛋白，编码的蛋白质从 53～1 959 个氨基酸不等，而且基因编码方向也不一致(Tulman et al.，1975)。

9.2.3 形态及结构

成熟 SWPV 粒子为砖形或椭球状，病毒粒子大小在 300 nm×250 nm×200 nm 左右，具有囊膜，体积大、结构复杂(Afonso et al.，2002)。电镜下可见电子密度为五层的结构和多个薄层核心，在病毒核心两层囊膜的内层衬有一电子密度高的物质(Garg et al.，1973)。

9.2.4 复制周期

SWPV 的基因组为双链 DNA，在细胞质内复制。因此，可以通过自身蛋白编码来进行 DNA 和 RNA 的复制，最低限度降低对宿主细胞的依赖，其基因组编码转录和复制所需的酶已经包含在病毒粒子中。病毒的感染开始于病毒粒子外层囊膜与质膜融合，或经内吞作用进入细胞后，病毒核心释放到细胞质完成脱衣壳。痘病毒的基因转录具有时相性，需要不同时相的基因连续转录，在此过程中需要特定的转录因子。早期基因编码中期转录因子，中期基因编码晚期转录因子。感染后几分钟内，病毒核心携带的转录酶和其他因子启动转录，产生 mRNA 指导核糖体翻译这些早期表达蛋白。在病毒 DNA 合成开始前，mRNA 翻译出的蛋白完成核心的脱衣壳以及大约 100 个早期基因的转录。

在 DNA 的复制过程中，首先合成一个很长的中间体，该中间体之后被切割成一段一段的基因组片段，然后通过共价键相连。随着 DNA 复制开始，基因表达发生了重大变化，通过特定病毒蛋白与病毒基因组中的启动序列结合来启动中期和晚期基因的转录，一些早期基因转录因子也在感染晚期合成，被包装到病毒粒子内，进行下一轮感染。

9.2.5 致病机制

体表寄生虫与本病的传播有直接关系，寄生虫感染会导致局部皮肤损伤，并可能抑制免疫反应；寄生虫还是病毒的机械携带者，由寄生虫感染造成宿主表皮的损伤，为病毒的侵入打开了门户。病毒侵入后导致皮肤乳头层细胞水肿变性，表皮呈灶状增厚，形成丘疹。丘疹阶段呈渐进性，随病变的发展，细胞开始破裂融合，在皮肤表层形成一些水疱。在脓疱阶段基底层伴随着淋巴细胞、白细胞、组织细胞的浸润而发生广泛性坏死，在乳头层仍有水疱；在结痂阶段，最显著的病变特点是细胞坏死和形成痂，并且上皮开始修复再生。在此细胞融合病变区，松散的细胞层与下面的再生表皮层出现大面积的分离。

9.3 诊断及防治

9.3.1 诊断

本病可根据流行病学及临诊症状进行初步诊断。在同一时期内，较多的仔猪先后发病，在发病猪群中，常可见到猪体表皮肤上有明显的痘疹变化，根据这些症状就可以得到初步的诊断结果。但是由于痘苗病毒能引起猪发生同样的症状，临床上很难进行区分。目前对 SWPV 的诊断技术主要有组织病理学方法、病毒的分离培养、电子显微镜观察和分子生物学方法等。

(1)组织学检查　将猪只发生病变的皮肤制成组织切片，能够在表皮棘细胞中看到存在典型的细胞质内包涵体。

(2)病毒分离　病猪发病初期取病料制成混悬液，经过离心取上清液，再添加适量的抗生素进行处理，之后分别进行猪同源和异源细胞接种培养。SWPV 只能够在同源细胞中培养，且必须经多代传代培养完全适应后，才能够具有明显的细胞致病性，导致细胞发生病变，在嗜酸性细胞质内形成包涵体，细胞质逐渐收缩变成线状，最后使细胞发生死亡。痘苗病毒能够在同源和异源细胞中培养，且在第一代接种时就能够进行增殖，并开始具有明显的细胞致病性。在鸡胚中接种经过处理的病料，发现 SWPV 无法在鸡胚中继代，而痘苗病毒能够在鸡胚绒毛尿囊膜上进行增殖，并能够形成痘斑，直径在 2～4 mm，且中心发生坏死。

(3)形态学鉴定　用免疫荧光和电子显微镜鉴定病毒抗原可以确诊 SWPV 感染。在受感染上皮细胞中沿清晰中央核出现细胞质内包涵体是有病征意义的，而痘苗病毒感染不能使得中央核变清晰。利用组织液制成的病毒悬液制备负染色样品，透射电镜观察，如果发现典型的痘病毒形态的粒子，可以对痘病毒感染进行确诊。用猪的细胞培养物经多次传代(5 代以上)可以分离到病毒，并且用特异的参照抗血清进行中和试验可对其进行确切的鉴定。

(4)分子生物学方法　根据 SWPV 基因组序列设计特异性的扩增引物，可作为以快速、敏感和特异性 PCR 反应、荧光 PCR 反应为基础的检测和诊断方法。Medaqlia 等利用分子生物学手段对巴西圣保罗猪群暴发皮肤脓疱的病原进行分子生物学诊断，最终确诊病原为 SWPV；有研究建立了一种用于快速检测和定量 SWPV 的实时定量 PCR(qPCR)方法，该方法特异性高，重复性好，检测下线为 1 fg 或者 $10^{-0.5}$ $TCID_{50}/50\ \mu L$，可有效用于检测该病毒(Souza et al.，2019)。

9.3.2 防治

在引进猪时，要详细地了解病源地情况，在猪入场前，对猪的皮肤进行细致检查，看是否存在痘疹病变情况。如果在该过程当中发现病猪，则需要及时对其采取隔离措施，对于痂皮等污物，需要通过堆积发酵方式统一处理。对于病猪污染的用具以及圈舍，需要及时进行清扫，通过 3%来苏儿、2%氢氧化钠的应用进行喷洒消毒。在日常养殖当中，要做好病猪的饲养管理工作，对其饲喂全价营养饲料，做好灭蚊、灭蝇的相关工作。在实际治疗中，为了避免发生继发感染情况，可以将适量的喘痢嘉加入饲料当中，使猪能够自由采食，连续食用 5～7 d。

对于患病猪，可以使用普通消毒液对病猪的病灶位置进行清洗，如15%的高锰酸钾溶液，在保证清洗彻底的情况下使其自然干燥。之后，在病灶位置用螨净、双甲脒混水溶液进行涂擦，每天两次，分别在早晚时间各一次即可，经过4 d左右时间的治疗后即能够痊愈。如果病猪在此过程中体温升高，可以使用磺胺类以及抗生素类药物，以此实现对细菌性并发症的控制。对于病猪，可以用黄芪多糖等药物进行注射，将具有清热解毒作用的中药添加在饲料当中。对于病猪皮肤溃烂位置，要用红霉素软膏以及紫药水进行涂擦，将适量的抗生素进行肌肉注射，以此避免发生继发感染问题。

加强饲养管理。在饲料中可适量添加多种维生素，促使机体抵抗力提高。猪舍保持通风良好，尤其是对于设备简陋、通风条件较差的猪舍，可将其改建成双卧式屋顶，并间隔3 m增设1个伞圆形空气窗，直径适宜为40 cm，能够有效促使外界新鲜空气进入舍内，并及时排出氨气等有害气体，从而提高机体抗病力，并加速恢复。

参考文献

Afonso C L, Tulman E R, Lu Z, et al. The genome of swinepox virus. Journal of Virology, 76(2): 783-790.

Boer G F D. Swinepox virus isolation, experimental infections and the differentiation from vaccinia virus infections. Archives of Virology, 1975, 49(2-3): 141.

Datt N S. Comparative studies of pigpox and vaccinia viruses. Journal of Comparative Pathology, 1964, 74: 62-69.

Garg S K, Meyer R C. Studies on swinepox virus: fluorescence and light microscopy of infected cell cultures. Research in Veterinary Science, 1973, 14(2): 216-219.

Medaglia M L G, Pereira A D C, Freitas T R P, et al. Swinepox virus outbreak, Brazil. Emerging Infectious Diseases, 2011, 17(10): 1976-1978.

Souza F A, Dos Santos Júnior E M, Laguardia-Nascimento M, et al. Validation of a real-time PCR assay for detection of swinepox virus. Archives of Virology, 2019, 164(12): 3059-3063.

Teppema J S, Boer G F D. Ultrastructural aspects of experimental swinepox with special reference to inclusion bodies. Archives of Virology, 1975, 49(2-3): 151-163.

Tulman E R, Afonso C L, Lu Z, et al. Genome of lumpy skin disease virus. Journal of Virology, 2001, 75(15): 7122-7130.

（付利芝，余远迪）

第 10 章 猪细小病毒病

本章提要

猪细小病毒病是由细小病毒科猪细小病毒感染引起的，其主要临床特征为怀孕早期母猪感染后可导致胎猪死亡、胚胎重吸收和胎猪木乃伊化，偶有流产，而母猪本身无明显症状。该病毒广泛分布于世界各地，给养猪业造成重大的经济损失。猪细小病毒也常与其他病毒混合感染，是导致很多疾病综合征的病原之一。本章主要针对猪细小病毒的病原、分子生物学、致病机制和防控策略做一介绍，以期为该病的基础研究及防控提供借鉴。

10.1 猪细小病毒病概述

猪细小病毒病是由猪细小病毒(porcine parvovirus，PPV)引起的以母猪繁殖障碍为主要临床症状的传染病。PPV 最早于 1966 年由 Mary 和 Mahnel 在用猪肾原代细胞培养猪瘟病毒时发现。1967 年 Cartwright 等从猪的不孕症和流产、死产的病料中分离出了 PPV，首次证明了该病毒具有致病性。

自 1976 年首次发现以来，猪细小病毒在欧洲、北美洲、亚洲、南美洲、非洲及大洋洲等很多国家相继报道，证明该病毒在世界范围内流行。

10.1.1 流行现状

1983 年潘雪株等首次在我国黑龙江地区分离到了 PPV。之后，PPV 感染呈扩大上升趋势，并呈现出新的流行特点，给养猪业造成了巨大的经济损失。乌捷(1986)、李云峰(1991)等也相继报道了北京、上海、四川、河北等地 PPV 的流行情况，证实在全国各地均有流行。姜轲冉(2012)对华东地区的 357 份来源于规模猪场的猪血清样品进行 PPV 抗体检测，结果发现阳性率接近 40%；而杨尚斌(2012)采用间接 ELISA 方法对大理地区 58 个散养户的 243 份猪血清样品进行 PPV 抗体检测，结果显示抗体阳性率为 85%左右。说明不同地区、不同养殖模式猪群中 PPV 的流行率存在一定的差异，散养猪群中该病毒的感染更为严重。

PPV 与其他病原的混合感染在临床上也较为普遍。王琼秋等(2012)针对云南省红河州猪繁殖障碍综合征做的流行病学调查显示，在表现有繁殖障碍症候的猪中，PPV、鹦鹉热衣原体(CP)和 PRV 混合感染的阳性率为 35.6%。使用 PPV 疫苗免疫后该地区猪群受胎率提高了 4 个百分点，妊娠母猪、仔猪发病率大幅下降。另外，临床上猪细小病毒、猪圆环病毒以及猪繁殖和呼吸综合征病毒混合感染引起的繁殖障碍及其他临床疾病的现象也比较普遍。

10.1.2 临床症状

由PPV引起的疾病主要是初孕母猪繁殖障碍，但是随着研究的深入发现，该病毒还能引起仔猪的皮肤炎症和肠炎性腹泻，这些疾病在临床表现和病理特点上各不相同。目前比较明确的是以下两个临床表现型。

1.母猪繁殖障碍

自从Cartwright等在1967年对猪的不孕、流产、死胎等病原学研究时，从病料中分离出PPV证明了它的致病作用以后，科学家随后利用动物模型进一步验证了PPV在致初孕母猪繁殖障碍中的作用。1975年Bachmann等在美国选取妊娠35、48、55、72、99和105 d的SPF母猪进行研究，工作人员直接将病毒注入母猪一侧子宫角，对侧子宫角注射无病毒细胞培养液作为对照。结果发现，母猪不产生任何临床症状，在攻毒后7～9 d产生抗体；妊娠第35、48和55 d的母猪体内的胎猪分别在攻毒后5 d和22 d死亡；妊娠72、99和105 d的母猪攻毒后体内的胎猪可以正常分娩存活，并在分娩之前产生了滴度很高的抗体；同时也证实，即使病毒扩散到对照组胎猪处，也不会引起胎猪的死亡、木乃伊化或者刺激其产生抗体。

2.仔猪皮炎

1975年Kresse等发现了PPV的一个新毒株Kresse株，确定其为皮炎型强毒株。1985年Kresse再一次对其致病性进行了系统的研究，他们从患有严重皮肤炎症的猪体分离并培养PPV，用胎猪肾细胞系（FPK）和猪睾丸细胞系（ST）进行传代，用细胞毒和脚趾病变组织匀浆作为感染物，分别注射皮肤敏感部位（拱嘴、唇、舌、蹄上皮肤和脚趾间皮肤）或口服和腹腔同时注射，对12只同窝仔猪进行攻毒实验。结果发现，PPV作为唯一病原感染时，被感染猪拱嘴、舌和蹄部的皮肤出现了炎症反应，并表现出厌食、腹泻和结膜炎等症状，证实PPV感染可以导致皮肤炎症。1986年Kresse等在明尼苏达州从患有严重皮肤炎症的猪体病变组织（舌、皮肤和肺脏）分离到了PPV，与此同时也从这些组织分离到了金黄色葡萄球菌，得出皮肤炎症的发生是与细菌共同作用的结论。

10.1.3 病理变化

以巢式PCR作为检测手段，对由PPV引起的流产胎儿和死胎进行组织定位检测。结果发现，PPV主要分布于胎猪的心脏、脾脏、肺脏和肾脏中（Wilhelm et al.，2005）。亦有学者选用不同类型的PPV毒株进行初孕母猪的攻毒试验，采集胎猪脏器用荧光定量PCR检测病毒核酸。结果发现，不同毒株在感染胎猪后其组织分布差异很大，有的毒株可在全身各脏器中广泛分布，而有的仅能在少数脏器存在，这可能与毒株的组织嗜性及致病力强弱有关。

PPV与某些病原共同感染时，组织病理变化更加明显。2019年，刘国阳等对45日龄的仔猪进行PPV和猪圆环病毒Ⅱ型攻毒试验，在攻毒后28 d剖杀试验仔猪，采集相关脏器固定制备组织病理学切片，经HE染色后观察变化。结果发现，PPV单独感染组和空白组试验猪无明显组织病理变化。猪圆环病毒Ⅱ型单独感染组部分试验猪的肺脏和淋巴结出现与PPV和猪圆环病毒Ⅱ型混合感染组猪相似的病理变化，但混合感染组的试验猪各脏器均有更加严重的组织病变，其中肺脏肺泡壁增厚，肺泡上皮细胞增生，伴有少量中性粒细胞和淋巴细胞浸润，支气管上皮细胞有坏死和脱落；脾脏细胞界限不清，红髓区增生伴有大量坏死细胞和中性粒细胞；肝脏肝细胞重度水样变性，细胞质疏松呈空泡化；淋巴结淋巴细胞减少，细胞核深染;扁桃体局部区域出现细胞核深染和淋巴细胞浸润;心脏心肌细胞水样变性,胞质肿胀、疏松、淡染。这表明 PPV 和猪圆环病毒Ⅱ型混合感染仔猪的组织病理变化较单独感染组和对照组更加严重,证明这两种病毒具有相互促进感染的作用,能够引起更加严重的临床症状。

10.2 猪细小病毒

10.2.1 分类及分型

猪细小病毒属于细小病毒科(*Parvoviridae*)细小病毒属(*Parvovirus*)成员。通过比较发现,所有病毒株都具有相似的抗原性。

对 PPV 的流行病学调查发现,除了普通的猪细小病毒(统称 PPV1)外,临床上还存在多种 PPV 的不同致病株和其他基因型,分别命名为 PPV2～PPV7。PPV2 是 2001 年在缅甸的一次戊型肝炎病毒血清调查中发现的。PPV3 与人类细小病毒 4 型(PARV4)密切相关,于 2008 年在中国香港被发现。PPV4、PPV5 和 PPV6 是近年来发现的,属于 *Copiparvirus*。与其他 PPV 相比,PPV4 拥有一个额外的 ORF3,它于 2010 年在与 PCV2 共同感染的猪中被发现。2013 年和 2014 年,在中国和北美分别发现了 PPV5 和 PPV6。2016 年 Palinski 等首次从美国健康猪的棉拭子中,通过基因组测序鉴定出一种新的猪细小病毒亚型病毒,并将其命名为 PPV7。基于遗传进化分析显示,PV4、PPV5 和 PPV6 密切相关,形成一个明显的分支。

目前 PPV 只有一个血清型,但按照该病毒的致病性与组织嗜性可将其分为多个不同的类型,包括非致病性毒株(KBSH、NADL-2)、对免疫不完全胎儿致病并能导致胎儿死亡的毒株(NADL-8、IAF-76)、对免疫不完全胎儿致病并能引起皮炎的毒株(高致病性,如 Kresse、IAF-A54)、肠炎型毒株和呼吸道型毒株(参与 PRDC)。

10.2.2 基因组

细小病毒的基因组是长 4 500～5 500 nt 的单链 DNA 分子。病毒序列的两个末端有 1 个复杂的回文发夹结构(类似于“Y”或“T”形),120～200 个碱基。PPV 基因组有两个主要的开放阅读框架,3′端编码结构蛋白(VP),5′端编码非结构蛋白(NS),即调节蛋白。VP 又是衣壳蛋白,包含 VP1、VP2 和 VP3。它们的分子质量依次是 83 kDa、64 kDa 和 60 kDa。其中最重要的衣壳蛋白为 VP2,全长 579 个氨基酸,是构成病毒的最主要的衣壳蛋白,占总衣壳蛋白的 60%以上。有研究发现,PPV 的主要抗原决定簇位于 VP2 基因编码蛋白上,在肽扫描兔和猪抗细小病毒血清中共发现了 9 个线性抗原决定簇,这些位置控制着病毒的主要生物学特性,如致病性、组织嗜性和抗原性。皮炎性毒株、弱毒株以及强毒株之间的氨基酸差异均来自 VP2。VP2 基因编码的多肽能自我装配成类病毒粒子,是良好的抗原转运载体,能诱导很强的细胞免疫,因此有望成为抗 PPV 的重组疫苗。VP1 蛋白由 729 个氨基酸组成,其 N 端的 150 个氨基酸是 VP1 独有的,其余的氨基酸序列与 VP2 氨基酸序列一致,VP1 蛋白对细小病毒具有重要的生物学功能。有研究表明,VP1 在病毒侵染细胞并产生感染性过程中能够启动病毒的复制和包装。这是由于 VP1 的 N 端富含碱性残基,有助于蛋白本身与 ssDNA 结合,并可特异性结合病毒基因组的 3′端发夹区。而 VP3 是 VP2 的翻译后经切割加工的产物,它只在衣壳装配和病毒基因组包装后才出现。PPV 基因组编码 3 种非结构蛋白 NS1、NS2 和 NS3,它们分子质量分别为 75.5 kDa、18.1 kDa 和 12.4 kDa。其中 NS1 蛋白是主要的非结构蛋白，其全长为 662 个氨基酸，有研究发现其在 PPV DNA 复制、转录和病毒组装过程中起着极其重要的作用(Molitor et al.,1983)。

10.2.3 形态及结构

成熟的 PPV 病毒粒子外观呈六角形或圆形，无囊膜，直径 20～23 nm，二十面体等轴立体对称。核衣壳由 32 个壳粒组成，核心含单股线状负链 DNA，核酸约占整个病毒粒子的 26.5%，其 G+C 含量为 48%。完整而有感染力的病毒粒子、不完整的“空壳”病毒和提取的病毒 DNA，在氯化铯中的浮密度分别是 1.38～1.395 g/mL，1.30～1.315 g/mL 和 1.724 g/mL。病毒具有较强的耐热能力，适应 pH 范围极广，可在 pH 为 3～10 范围内的环境中保持结构稳定，感染性无明显变化。对酶、脂溶剂及有机溶剂具有很强的抵抗力。用 0.5%漂白粉溶液或 2%的烧碱溶液作用 5 min 可以杀死病毒(Kim et al.,2006)。

10.2.4 复制周期

病毒的感染和复制起始于其与细胞表面受体的结合，这也是影响病毒宿主特异性、致病性及组织嗜性的关键因素之一。已有研究证实，与 PPV 同属的犬细小病毒(CPV)和猫瘟热病毒(FPV)的细胞表面受体是转铁蛋白受体(Tf R)，通过病毒的 VP2 蛋白与其结合，进而感染细胞。然而，很少有明确的证据表明，Tf R 是 PPV 的细胞表面受体，甚至有些证据表明，Tf R 不是该病毒的细胞表面受体。另外一些研究表明 PPV 病毒粒子与细胞表面糖蛋白的末端唾液酸部分结合。O-和 N-连接的唾液酸都用于连接，神经氨酸酶消化的唾液酸部分的重建证明了这一点。通过抑制剂进入的研究表明，除了网格蛋白介导的内吞作用和巨噬细胞吞噬作用外，第三种未知的进入机制可能涉及 PPV 的穿膜，而小窝途径不起任何作用。PPV 有在 pH≤8 聚集的趋势，单个颗粒强烈倾向于通过网格蛋白介导的内吞作用进入，而聚集体则明显有利于胞吞作用。在病毒成功进入靶细胞后，便赖于宿主 DNA 的复制机制进行自身复制。PPV DNA 的 3′端能自我折回产生了 DNA 多聚酶作用所需的引物－OH，复制不需 DNA 环化，不需 RNA 引物，在宿主细胞 DNA 多聚酶 α 和 δ 的催化下，合成基因组的互补链，形成双链复制型 DNA 分子(replication form DNA，RF DNA)，再以 RF DNA 为模板，合成子代病毒基因组或进行 mRNA 的转录。病毒的非结构蛋白和结构蛋白都是在细胞质中合成的，然而 PPV 的 VP2 在细胞质中组装成三聚体。非线性核定位基序(NLM)由三聚体内表面的 4 个氨基酸(K272、K275、K487 和 R576)组成，并被细胞的输入机械识别并运输到细胞核，在那里它们与病毒基因组一起组装成衣壳。之后核衣壳再进入细胞质中与其他蛋白进行包装，如 PPV-NS1 蛋白通过共价键与新合成的单链 DNA 基因组的 5′末端结合，并在随后的病毒包装过程中 NS1 被去掉并连在病毒粒子的外层。PPV VP1 蛋白 C 端氨基酸与 VP2 的 N 端氨基酸序列相互重叠且 N 端富含硝性氨基酸残基，有利于与单链 DNA 结合，以稳定病毒单链基因组 DNA，启动病毒 DNA 复制及促进基因组 DNA 包装。然而，没有数据表明组装的 PPV 病毒粒子向细胞膜有任何囊泡运输，这使得关于这种拓扑现象的功能作用的问题悬而未决。

10.2.5 致病机制

PPV 主要通过胎盘从感染母猪垂直传播给仔猪。PPV 可在病猪心脏、肺脏、脾脏和性腺中复制，但其主要靶器官是母猪子宫，子宫内病毒含量最高可达 10^{12} 拷贝/mL。对于仔猪病毒同样感染心脏、肺脏、脾脏和性腺组织，以性腺含量最高。由此可见，病毒主要影响母猪的繁殖器官，同时也破坏肺脏等呼吸器官和脾脏等免疫器官；而对小猪的损伤主要在于破坏脾脏和性腺等生理功能，同时破坏心脏等中枢器官，从而造成死亡。

目前致病机理的研究集中在两个方面：一是猪感染 PPV 后体内激素水平变化。PPV 能吸附在母猪受精卵细胞上，而部分病毒能穿过透明带进入受精卵细胞发挥作用；妊娠黄体能分泌孕激素，支持胎儿发育，猪感染 PPV 后黄体发生萎缩，抑制胎儿的发育，从而导致流产、死胎、木乃伊胎及新生仔猪死亡。二是病毒的作用方式。2006 年 Kim 等研究发现，母猪感染 PPV 后，胎盘绒毛膜的间质细胞和内皮细胞内病毒含量随妊娠期的发展而明显增加，而子宫内皮细胞和滋养外胚层未检测到病毒，这表明母猪与胎儿间可能通过这些组织进行病毒的传播和传染。

10.3 诊断及防治

10.3.1 诊断

1.血清学

血清学检验分为两种：一是血凝抑制试验，二是中和试验。

(1)血凝抑制试验　一般初生仔猪、死产仔猪和妊娠 70 d 以上的木乃伊胎，因其体内含有一定量的抗体，故不宜做病毒检验。可采取心血或组织浸出液，测定其中抗体的血凝抑制滴度。此法除用于本病的诊断外，还可用于检查猪的感染情况和鉴定病毒。

(2)中和试验　此法可检出血清中的中和抗体并做出诊断，也用于检查猪的感染情况和鉴定病毒。美国于 1965 年首次报道有 2 组血清学特性不同的肠道病毒与不孕、胚胎死亡、木乃伊胎、死产有关。这 2 组病毒被命名为 SMEDIA 和 SMEDIB。它们所引起的症状与本病相似。两者很难从临床上区别，但可用荧光抗体试验或血凝抑制试验加以鉴别。据 1978 年发表的报告，在 6 年中对美国猪群流产调查，能引起母猪流产、死胎的原因很多，其中有 22%是由病毒引起的。在病毒中最常发现的是细小病毒和肠道病毒，此外还有伪狂犬病毒、呼肠病毒和腺病毒等。

2.病原学

感染的仔猪可采取扁桃体的生发中心或其他组织，死胎、木乃伊胎可采各种组织，做冰冻切片，用荧光抗体染色。如见细胞内有亮绿色荧光颗粒集结，可做出判断。直接免疫荧光法最为快速。病毒分离培养可由流产胎儿、死产仔猪、胎衣和母猪阴道分泌物采样，以肾、睾丸、肺、肝、肠系膜淋巴结为佳，制作成无菌悬液，接种于传代的猪胎肾细胞。16～36 h 后检查细胞的核内包涵体，5～10 d 检查细胞病变。如见有本病毒的特征性病变，再用血清学方法检查，可确诊。

10.3.2 防治

1.弱毒疫苗

弱毒疫苗又称活疫苗，经人工致弱而失去对原宿主的致病力，但仍保持良好的免疫原性的病原体，或用自然弱毒病原体制成的疫苗。弱毒疫苗免疫力较强、产生抗体快、用量少、成本低，但存在毒力返强及散毒的可能，并需要低温贮运。目前的弱毒疫苗主要有 NADL-2、HT 株、HT-SK-C 株和 N 株，这些弱毒疫苗主要在国外应用。最早应用于临床的是 NADL-2 弱毒株，该毒株是 PPV 强毒株在细胞上连续传 50 代以上致弱的。该毒株的 VP2 基因比强毒株 NADL-8 少 300 nt。研究人员将 PPV 野毒株在猪肾细胞上低温 30 ℃连续传 54 代，产生了 HT 变异株，该毒株接种猪后能诱导产生高滴度的抗体和较强的免疫力，并且不产生病毒血症。杜坚等对分离到的一株 PPV 自然弱毒株进行免疫接种试验证实，该弱毒株具有良好的免疫原性和保护力，并且不产生病毒血症。尽管已有多株弱毒疫苗在临床上应用，但是由于 PPV 强毒株的大量存在，人们对病毒重组及弱毒返强的担心一直使弱毒疫苗的应用受到一定限制。

2.灭活疫苗

我国均普遍使用 PPV 灭活疫苗，使用的主要灭活剂有福尔马林、β-丙内酯(β-PL)、N-乙酰乙烯亚胺(AEI)、二乙烯亚胺(BEI)等。有试验表明，PPV 用福尔马林灭活后制成疫苗的保护效果不如用 N-乙酰乙烯亚胺灭活后制成疫苗的保护效果好；用 *β*-丙内酯灭活疫苗的保护力较好。免疫佐剂也是影响 PPV 灭活疫苗免疫效果的重要因素，但几种佐剂的混合物，如油佐剂、SDS、L-121、氢氧化铝和油乳剂的混合物以及 SDS、氢氧化铝的混合物作佐剂的疫苗产生的抗体滴度均较低。目前经常采用的佐剂是蜂胶、氢氧化铝和油水乳剂。PPV 灭活多联疫苗的使用较为广泛，主要有猪细小病毒-猪伪狂犬病病毒、猪细小病毒-乙脑病毒等二联苗，因为除了 PPV 外，猪伪狂犬病病毒(PRV)、猪繁殖与呼吸综合征病毒(PRRSV)、乙脑病毒(JEV)等均能引起母猪的繁殖障碍，而且多联苗的使用可以简化免疫程序，降低临床应激反应，适合规模化养猪。

3.新型疫苗

除减毒活疫苗和灭活疫苗之外，基于基因工程原理的细小病毒新型疫苗也在研究和开发之中。这类疫苗主要为亚单位疫苗和核酸疫苗。吴丹将 PPV VP2 基因及猪 γ-干扰素(IFN-γ)基因同时克隆到真核表达载体中，构建了共同表达 VP2 和 IFN-γ 的基因免疫质粒，用此表达质粒单独或加入脂质体肌注接种小鼠，结果表明，脂质体可以加强表达质粒接种小鼠的免疫应答水平，为研制 PPV 基因疫苗提供了依据。吕建强等将 PPV 的 VP2 基因插入猪伪狂犬病病毒载体中，有望研制出猪细小病毒-猪伪狂犬病毒二联重组基因工程苗。另外，以表达 VP1 及 VP2 蛋白的 DNA 疫苗在免疫效果评估中也表现出良好的免疫保护效果，有望成为防控 PPV 的下一代新型疫苗。

参考文献

姜轲冉.猪细小病毒 2 型简介 ELISA 与间接免疫荧光检测方法建立及血清流行病学初步调查.杭州：浙江大学，2012.

刘国阳，唐波，常晨，等.猪圆环病毒 2 型与猪细小病毒混合感染对仔猪致病性的研究.江西农业学报，2019，31(9)：79-85.DOI：10.19386/j.cnki.jxnyxb.2019.09.14.

潘雪珠，刘洪云，严仲烈，等.猪细小病毒 S-1 毒株的分离和鉴定.上海畜牧兽医通讯，1983，1：1-3.

杨尚斌，高洪，蒋欢，等.散养户猪群细小病毒感染的血清学调查.中国畜牧兽医，2012，39(5)：205-207.

Bachmann P A，Sheffy B E，Vauhan J T. Experimental in utero infection of fetal pigs with a porcine parvovirus. Infect Immun,1975,12(3):455-460.

Cartwright S F, Huck R A. Viruses isolated in association with herd infertility, abortions and stillbirths in pigs. Vet Rec,1967,81:196-197.

Kim J,Ha Y'Chae C.Potentiation of porcine circovirus 2-induced postweaning multisystemicwasting syndrome by porcine parvovirus is associated with excessive production of tumor necrosis factor-tl.Veterinary Pathology Online,2006,43(5):718-725.

Kresse J I, Stewart W C, Carbrey E A, et al. Swine buffy coat culture: an aid to the laboratory diagnosis of hog cholera. Am J Vet Res,1975,36(2):141-144.

Kresse J I, Taylor W D, Stewart W W, et al. Parvovirus infection in pigs with necrotic and vesicle-like lesions. Vet Microbiol,1985,10(6):525-531.

Molitor T W, Joo H S, Collect M S. Porcine parvovirus: virus purification and structural and antigenic properties of viron polypeptides.J Virol,1983,45:842-854.

Palinski R M,Mitra N,Hause B M. Discovery of a novel parvovirinae virus,porcine parvovirus 7,by metagenomic sequencing of porcine rectal swabs. Virus Genes,2016,52(4):564-567.

Wilhelm S, Zeeuw E J L, Selbitz H J, et al. Tissue distribution of two field isolates and two vaccine strains of porcine parvovirus in foetal organs after experimental infection of pregnant sows as determined by real-time PCR.J Vet Med,2005,B52:323-326.

（丛郢颖）

第 11 章　猪圆环病毒 2 型感染

本章提要

猪圆环病毒 2 型是目前我国猪群中流行范围及流行率最高的病原之一，其感染猪引起多种临床症候群，包括断奶仔猪多系统衰竭综合征、猪繁殖障碍、猪呼吸道疾病综合征和肉芽肿性肠炎等，危害十分严重。本章从猪圆环病毒 2 型引起的疾病的流行病学、病原学以及诊断及防治等方面介绍该病相关的最新进展和知识，为该病防控提供理论依据。

11.1　猪圆环病毒 2 型感染概述

猪圆环病毒（porcine circovirus，PCV）是圆环病毒科（*Circoviridae*）圆环病毒属（*Circovirus*）的成员，是一类非常小的无囊膜的单股环状 DNA 病毒。1974 年猪圆环病毒 1 型（porcine circovius type 1，PCV1）作为 PK15 细胞系的一种污染物被分离出来（Tischer et al.，1982）。虽然 PCV1 在猪群中广泛存在，但是不会引发明显的临床症状。1991 年在加拿大新出现的一种称为断奶仔猪多系统衰竭综合征（postweaning multisystemic wasting syndrome，PMWS）的患猪中分离到一种新病毒，该种病毒虽然与 PCV1 非常类似，但是在抗原和基因上存在较大差异，因此被称为猪圆环病毒 2 型（porcine circovirus type 2，PCV2）（Allan et al.，1998）。

PCV2 给世界养猪业造成很大的经济损失。为了便于综合描述与 PCV2 感染相关的疾病，美国猪兽医协会用猪圆环病毒相关疾病（porcine circovirus-associated disease，PCVAD）来定义这些疾病，包括 PMWS、猪繁殖障碍（PCV2-associated reproductive failure）、猪呼吸道疾病综合征（porcine respiratory disease complex，PRDC）、肉芽肿性肠炎（granulomatous enteritis）等。在欧洲，经常使用猪圆环病毒病（porcine circovirus disease，PCVD）代指猪圆环病毒相关疾病。疫苗免疫已经成为防控 PCVD 一个有效的方法（Beach and Meng，2012）。

11.1.1　流行现状

自从 1991 年在加拿大断奶仔猪多系统衰竭综合征病猪中发现 PCV2 以来，世界各地不断检测到该病毒。疫苗免疫可以降低猪圆环病毒相关疾病的发病率，减少经济损失，但是却不能清除该病毒。PCV2 不断发生变异，虽为 DNA 病毒，但是其核苷酸替代率很高，可以与 RNA 病毒相媲美（Kekarainen et al.，2014）。目前，基于 PCV2 全基因或 ORF2 序列的遗传进化分析，该病毒分为六种基因型：PCV2a～PCV2f，其中 PCV2a、PCV2b 和 PCV2d 是主要的基因型。2003 年之后，猪群中 PCV2 的基因型逐渐从以 PCV2a 主导转变成 PCV2b 主导，与此同时，猪群中 PCVD 的发生率和严重程度也高于以前。PCV2c 仅在存档的猪血清中检测三例，2006 年开始，PCV2d 毒株逐渐增多，目前已经变成了许多国家的流行毒株（Xiao et al.，2015）。这说明 PCV2 存在明显的基因型的转变。近两年，一些研究人员陆续发现少量的新基因型毒株，如 PCV2e 和 PCV2f 等（Bao et al.，2018）。不同基因型间的 ORF2 基因的同源性介于 85.4%～93.6%之间，并且具有特征性的氨基酸变化特点，如 PCV2 的 Cap 蛋白（aa 位置 86～91）中的标签序列，可以区分 2a（86TNKISI91）、2b（86SNPRSV91）和 2d（86SNPLTV91）基因型病毒，除此之外还存在一些散在分布的特征性突变位点。

虽然存在不同的基因型，但是多克隆抗体和单克隆抗体与同源和异源毒株的反应特性类似，所以只存在一个血清型。近几年，随着 PCV2 毒株及其单克隆抗体的多样化，发现单克隆抗体与不同 PCV2 毒株的反应特性存在差异。Lefebvre 等（2008）利用抗 PCV2 单克隆抗体发现毒株之间存在抗原性差异，Saha 等（2012）利用大量的单抗和 PCV2 毒株进行 IPMA 检测，结果发现该病毒单克隆抗体可以分为广谱性和非广谱性，并通过表位竞争试验发现 PCV2 表面至少存在 5 个重叠的构象中和表位，这与 Lekcharoensuk 等（2004）研究结果类似。中国学者从 2010 年开始也发现毒株之间甚至基因型之间的抗原性差异，并鉴定出一些关键氨基酸位点。由此可见，不同基因型毒株之间存在明确的抗原性差异。这种抗原性差异在中和抗体上也有体现，Huang 等（2020）发现鼠源广谱性中和性单克隆抗体 3A5 可以中和 PCV2a、PCV2b 和 PCV2d 不同基因型毒株，但是中和效率存在显著差异，单克隆抗体 3A5 中和 PCV2a 毒株的效率是 PCV2b 和 PCV2d 毒株的 25～125 倍。PCV2 新的基因型不断出现，又存在明显的抗原性差，不同基因型之间的交互保护研究受到广泛关注。Opriessnig 等（2017）发现 PCV2a 商品化疫苗可以保护猪只抵御 PCV2b 和 PCV2d 美国毒株的感染。我国学者也发现 PCV2a/LG 株灭活疫苗可以在临床上保护猪只抵抗 PCV2b/YJ 株感染的不良影响。Park 等（2019）研究发现一种商品化的 PCV2a 亚单位疫苗可以有效地抵抗 PCV2a、PCV2b 和 PCV2d 流行毒株的攻击。既然那么多文献报道 PCV2a 商品化疫苗可以提供有效的交叉保护，那么，又如何解释 PCV2a 疫苗免疫猪群中暴发由 PCV2d 毒株导致的相关疾病呢？因此，PCV2 不同基因型毒株间的抗原性差异是否会影响各基因型毒株之间的交互免疫反应还有待进一步详细证实。

11.1.2 临床症状

1.猪圆环病毒 2 型亚临床感染

PCV2 血清学调查显示，该病毒感染广泛存在于世界各地的猪群中，而发展成为具有明显临床症状的病例却不多。回顾性研究显示，虽然早在 1962 年首次于德国发现 PCV2 感染，但是第一例确诊的 PMWS 病例却发现于 20 世纪 80 年代中期。所以，最常见的 PCV2 症候群为亚临床感染。尽管不能观察到 PCV2 感染的明显临床症状，但是平均日增重会降低，淋巴结组织有轻微的病理学损伤。PCV2 疫苗免疫能有效地改善亚临床感染猪群的生产性能（平均日增重、仔猪的成活率和胴体重量）。

2.猪圆环病毒 2 型显性感染

目前猪群中的许多临床症状都与 PCV2 感染有关。其中描述最多、症状最显著是 PMWS。其他与 PCV2 感染相关的病症分别为繁殖障碍、PRDC 和肉芽肿性肠炎。

(1)断奶仔猪多系统衰竭综合征(PMWS),也称为猪圆环病毒2型系统性疾病(PCV2 systemic disease,PCV2-SD),该病主要发生于断奶后,在PMWS发病猪场中,发病率介于5%~20%之间,死亡率可以达到80%。典型的临床症状表现为生长迟缓、进行性消瘦、体弱、黄疸、呼吸困难和腹泻等。眼观病理变化包括:颌下淋巴结、腹股沟淋巴结和肠系膜淋巴结、肺脏非塌陷杂色病变、偶发脾梗死、肝脏萎缩褪色和肠炎。PMWS组织病理学变化包括淋巴组织中淋巴细胞耗损伴随肉芽肿性炎症反应,可能还包含细胞质内包涵体、肉芽脓性到淋巴组织细胞性间质性肺炎、淋巴组织细胞性肝炎、间质性肾炎和肉芽肿性肠炎。

(2)猪呼吸道疾病综合征(PRDC),也称为猪圆环病毒2型肺脏疾病(PCV2 lung disease,PCV2-LD),具有呼吸系统疾病一般的临床症状,包括呼吸窘迫和呼吸困难等。主要的微观病例变化包括:淋巴细胞-组织细胞性的到肉芽肿性间质性肺炎或支气管性间质性肺炎,细支气管周围纤维素增生,中等程度到严重的坏死性溃疡性支气管炎或者增生性坏死性肺炎。

(3)肉芽肿性肠炎,也称作猪圆环病毒2型肠道疾病(PCV2 enteric disease,PCV2-ED),典型症状是腹泻,其病理变化主要表现为肉芽肿性肠炎,派伊尔氏淋巴集结淋巴细胞减少伴随肉芽肿性炎症。除了派伊尔氏淋巴集结,其他淋巴组织不应该有明显的病理变化。

(4)猪繁殖障碍,也称作猪圆环病毒2型繁殖性疾病(PCV2 reproductive diease,PCV2-RD),主要的临床症状为流产或胎儿木乃伊化,返情率高。典型的病理变化包括:胎儿纤维性或坏死性心肌炎。

11.2 猪圆环病毒2型

11.2.1 分类及分型

PCV为单链DNA(single-stranded DNA,ssDNA)病毒。基于形态学和基因组特征以及宿主种类,ssDNA病毒被分为6个不同的科(图11-1)。丝状噬菌体科(*Inoviridae*)和微小噬菌体科(*Microviridae*)对细菌具有感染性;联体病毒科(*Geminiviridae*)和矮化病毒科(*Nanoviridae*)属于植物病毒;另外两个ssDNA病毒科发现于脊椎动物,分别为细小病毒科(*Parvoviridae*)和圆环病毒科(*Circoviridae*)。

基于形态学和基因组组成特点,圆环病毒科分为圆环病毒属(*Circovirus*)和圆圈病毒属(*Gyrovirus*)。输血性肝炎病毒(transfusion-transmitted virus,TTV)也曾列在圆环病毒科内,第8次报告则将其更名为细环病毒(torque teno virus,TTV),单列为未定科的指环病毒属(*Anellovirus*)成员,该属不仅包括TTV,还有细小环病毒(torque teno mini virus,TTMV),TTV和TTMV除感染人类外,也感染灵长动物和家畜等。

圆环病毒属以PCV1和PCV2为代表,除这两种病毒外,还包括一些禽类病毒:鹦鹉喙羽病毒(psittacine beak and feather disease virus,PBFDV)、鸽圆环病毒(pigeon circovirus)、金丝雀圆环病毒(canary circovirus)、鹅圆环病毒(goose circovirus)、鸭圆环病毒(duck circovirus)、燕雀圆环病毒(finch circovirus)、乌鸦圆环病毒(raven circovirus)、海鸥圆环病毒(gull circovirus)和天鹅圆环病毒(swan circovirus)。鸡贫血病毒是圆圈病毒属唯一成员。

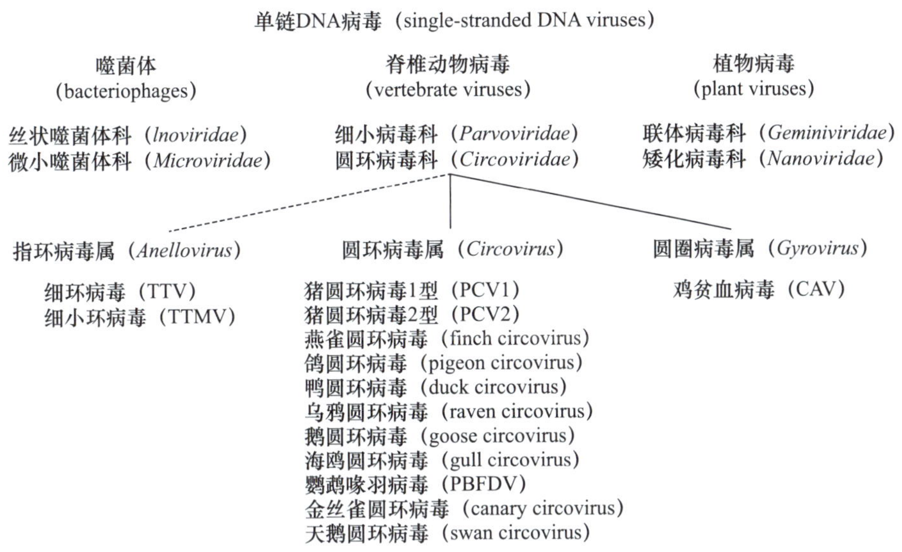

图 11-1　单链 DNA 病毒的分类

11.2.2　基因组

PCV2 的基因组是环状、单股、共价闭合、典型的双义 DNA。基因组只有 1 766～1 769 nt，是迄今为止最小的动物病毒之一。主要包含 2 个开放阅读框架(open reading frames，ORFs)ORF1(rep)和 ORF2(cap)。这两个 ORFs 使 PCV2 具备了一种病毒必须具备的两个重要特性：病毒基因组可以复制并可成功组装成成熟的子代病毒。PCV2 吸引广大科研工作者关注的主要原因不仅是因为它可以引起猪复杂的疾病而且还由于该病毒精简的分子原件。ORF1 和 ORF2 的编码方向相反，ORF1 位于病毒基因组上，而 ORF2 位于基因组的互补链上，这就使 PCV2 成为典型的双义基因组病毒。在这两个 ORFs 之间存在两段间隔序列：短的位于两个 rep 和 cap 的 3′末端之间；长的位于两个基因的 5′末端之间，后者包含病毒基因组的复制原点。该复制原点为颈环结构，其顶端含有保守的九核苷酸序列，是病毒滚环复制的剪切位点；颈环结构的下游有 4 个重复的六聚物基序，是病毒复制酶的结合位点。近些年，有研究表明另外一种编码病毒非结构蛋白的 ORF3 位于 ORF1 内，但是阅读方向与其相反，与 ORF2 的阅读方向相同。

11.2.3　形态及结构

PCV 是无囊膜二十面体对称($T=1$)的小病毒(图 11-2)，直径为(17±1.3)nm(Tischer et al.，1982)。每个病毒粒子由 60 个 Cap 蛋白组成(图 11-3A)。于大肠杆菌中表达截短的 PCV2-Cap 蛋白(40～231 aa)，通过结晶和 X-射线衍射分析，解析出该蛋白 2.3 Å 的结构。PCV2-Cap 蛋白是一种规则的凝胶卷样结构，由两个 β 折叠层组成。每个 β 折叠层分别包括 4 个反向平行的 β 折叠，标记为 B～I(图 11-3B)。由 BIDG 组成的 β 折叠层的长度大约是 CHEF 所组成 β 折叠层长度的两倍。60 个 Cap 蛋白大体上都呈放射状排列进而组装成一个完整的病毒样颗粒(virus like particle，VLP)。每个 Cap 蛋白大约有 4 600 $Å^2$ 的面积被掩盖在组装好的 VLP 中，其中环状结构贡献 3 480 $Å^2$，而 β 折叠部分只占 1 120 $Å^2$。连接 8 个 β 折叠的环长短交替，BC 环、DE 环、FG 环和 HI 环分别由 4～9 个氨基酸残基组成，而 CD 环、EF 环和 GH 环则分别由 21～36 个氨基酸残基组成。Cap 蛋白的表面如同多山的地形，三聚体对称轴附近为较为平坦的基底，两个凸出物分别隆起于五聚体和二聚体对称轴。相邻 Cap 蛋白的 DE 环于病毒粒子的外表面相互靠近共同形成五聚体对称轴，每个环有 460 Å^2 的面积被埋藏在病毒粒子内部。BC 环和 HI 环于 Cap 蛋白的外表面共同组成旋钮样凸出物修饰五聚体对称轴。靠近二聚体对称轴的 CD 环形成病毒粒子表面第二高凸出物，每个环有 340 Å^2 的表面积被埋藏在病毒粒子内部。与三聚体对称轴有关系的 GH 环相互紧密靠近，每个环有 1 010 Å^2 的表面积被埋藏在病毒粒子内部。

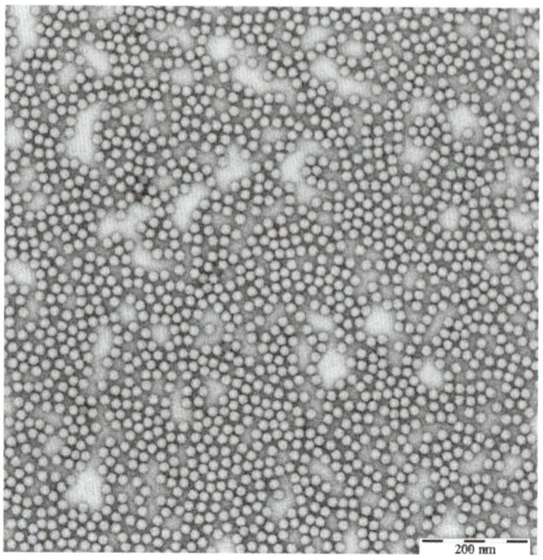

图 11-2　PCV 负染电镜图片

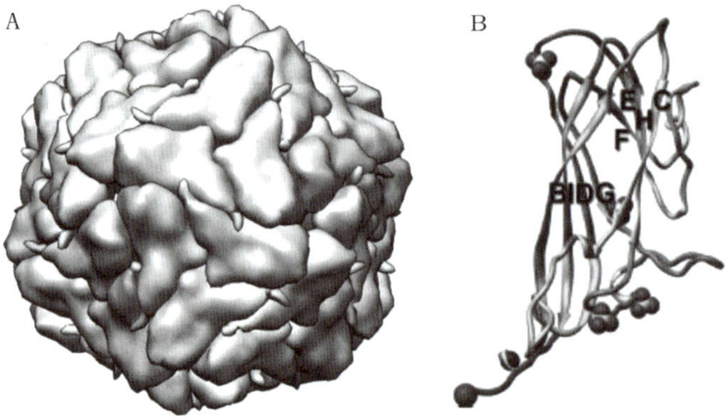

图 11-3　PCV2 病毒(A)和 Cap 蛋白结构特征(B)

PCV 对外界环境抵抗力很强。在酸性及氯仿环境中可存活较长时间；72 ℃存活 15 min，56 ℃不能将其灭活；可以抵抗乙醇、碘、氯己定和苯酚类消毒剂的灭活作用。PCV2 可以被强碱(如 NaOH)、氧化剂(如次氯酸钠)和季胺类化合物灭活。

11.2.4　复制周期

PCV2 主要感染单核/巨噬细胞系和各种淋巴器官中的淋巴母细胞，偶尔发现于肠上皮细胞、肺泡壁细胞、支气管、细支气管、胆道和肾小管上皮细胞、肝细胞、有条纹的平滑肌细胞、成纤维细胞、神经元和血管内皮细胞(114、152、160、181、182)。PCV2 缺少自身的 DNA 聚合酶，因此完全依赖宿主细胞的 DNA 聚合酶来完成病毒基因组的复制。所以处于复制阶段的细胞有助于病毒的复制。PCV2 复制周期比较长，在 PK-15 细胞中一个复制周期 30～36 h。

1.吸附

一般情况下，病毒通过糖胺聚糖(glycosaminoglycans，GAGs)(硫酸肝素或唾液酸)作为最初的病毒受体黏附到宿主细胞表面。经证实硫酸肝素(heparan sulphate，HS)和硫酸皮肤素(dermatan,DS)是 PCV2 的黏附受体。所有类型细胞表面的糖蛋白上大多都具有这两种 GAGs。接种 PCV2 于受体细胞,30 min 后,附着在细胞表面的病毒已经达到饱和状态。通过分析 PCV2-Cap 蛋白的氨基酸序列,发现(97RIRKVKV103)在所有 PCV2 毒株中是高度保守的,并且符合硫酸肝素结合位点的特征,因此被称为 PCV2 假定硫酸肝素结合序列。由于这段序列位于 Cap 蛋白的内表面,所以它作为受体结合序列的作用就受到了质疑。暴露于 Cap 蛋白表面的碱性氨基酸似乎更有可能成为硫酸肝素结合位点或序列。

2.穿入和脱壳

PCV2 吸附于宿主细胞膜后通过胞吞作用进入宿主细胞。这种胞吞作用的内化方式是非常低效的,其内化的动力学特征和机制随细胞类型的不同而存在差异。单核细胞系 3D4/31 的内吞作用是笼形蛋白依赖性的,该细胞的内吞效率只有 50%,作用 3 h 后,内吞效率也就只有 70%。对于上皮细胞系 PK-15、SK 和 ST 细胞,具有两种内化途径:第一种是笼形蛋白介导的内吞;第二种是依赖肌动蛋白和小 GTPase 的内吞途径。第一种内吞途径并不会导致 PCV2 完整的感染,而第二种途径却可以达到这个目的。对于单核细胞、巨噬细胞和单核细胞源性及骨髓细胞源性的树突细胞,PCV2 可以进入细胞,但是确切的机制还未见报道。

如同内吞过程,PCV2 的脱壳过程也随细胞类型的不同而不同。在单核细胞系 3D4/31 细胞中,内涵体酸化之后 PCV2 脱衣壳释放其基因组。对于上皮细胞系 PK-15、SK 和 ST 细胞及原代肾细胞,脱壳机制刚好相反,因为阻断内涵体 pH 的降低可以促进 PCV2 的复制。使用蛋白酶抑制剂可以证实与 PCV2 脱壳有关的蛋白酶是丝蛋白酶,而不是天冬酰胺酶、半光氨酸酶和金属蛋白酶。对于单核细胞、巨噬细胞和单核细胞源性及骨髓细胞源性的树突细胞,PCV2 的脱壳是受阻的。在这些细胞中,PCV2 可以通过一些途径逃避宿主细胞强有力的裂解机制。总之,对于上皮细胞系和单核细胞系,不同的蛋白酶在 PCV2 脱壳的过程中发挥作用。为什么 PCV2 在一些单核细胞、巨噬细胞和单核细胞源性及骨髓细胞源性的树突细胞中可以逃避脱壳,还有待进一步研究。

3.复制和合成

病毒感染宿主细胞后,病毒的基因组 ssDNA 被转运至细胞核,利用宿主细胞的 DNA 聚合酶合成双链 DNA 中间体作为病毒 DNA 的复制模板。Rep 和 Rep′蛋白与双链 DNA 结合,调控基因组 DNA 的复制。Rep 和 Rep′蛋白与双链 DNA 复制原点结合后,使其变得不稳定并展开进而暴露出九聚体序列作为单链 DNA,随后 Rep/Rep′识别并切割该序列。PCV2 基因组的复制模式是滚环复制。rep、rep′和 cap 的 mRNA 被转录出来并且运输到细胞质中合成 Rep、Rep′和 Cap 蛋白。这三种蛋白都存在 NLS,一经合成之后就被运输到细胞核内。

Rep 的转录体的起始位点位于核苷酸(767±10)位。其启动子序列与复制原点重叠,位于核苷酸 640~796 位。Rep 蛋白绑定在 6 聚体 H1 和 H2 上,对其启动子进行负调控。而 Rep′蛋白同样结合于 H1/H2,但却对其启动子无抑制作用。相比 Prep,cap 基因的启动子并不位于 ORF1 和 ORF2 的基因间区域,而位于 rep 基因内 1 168~1 428 位,Cap 蛋白并不影响 Pcap。Cap 蛋白基因的转录体起始位点在核苷酸 1 238 位,其中包括一段 119 个碱基的非翻译前导序列(1 238~1 120 位)。这段 RNA 序列的存在或许是为了确保 Cap 蛋白合成的正确性。

4.组装和释放

在 PCV2 的感染周期中,Cap 蛋白、Rep 蛋白和 Rep′蛋白均于合成之后进入细胞核。细胞核是病毒 DNA 复制的场所，因此 PCV2 的组装肯定发生在细胞核中，而核膜参与病毒的组装过程。最后组装好的病毒粒子即子代病毒被转运到细胞质中，感染后 30～36 h 可以检测到子代病毒粒子释放到细胞外。此外，子代病毒被认为可以通过细胞核的崩解和细胞的溶解释放。另外，成熟的病毒粒子聚集在细胞质中形成包涵体，该包涵体可以通过出芽或胞吐的方式将病毒释放到细胞外。

11.2.5 致病机制

血清学调查研究表明，PCV2 感染在世界各地都有发生，然而临床疾病的患病率要低很多，这表明亚临床感染是该病毒感染最常见的形式。从亚临床感染发展到 PCVAD 是多因素的，并不是所有感染 PCV2 的猪都会发展为临床 PCVAD。导致疾病进展的主要因素包括病毒因素、免疫调节、管理相关因素和宿主因素。病毒因素包括相同/不同基因型的 PCV2 毒株之间可能存在的毒力差异。流行病学研究表明，PCV2b 可能比 PCV2a 更具毒性，因为 PCV2b 最常从自然产生的 PMWS 中分离出来。然而，PMWS 在两个基因型上都得到了实验再现，一些实验研究表明 PCV2a 和 PCV2b 具有同等的致病性。感染异源（PCV2a/PCV2b 或 PCV2b/PCV2a）或同源（PCV2b/PCV2b）菌株的猪出现临床疾病，且异源毒株猪的临床疾病严重程度明显高于同源菌株猪。相反，在另一项研究中，同源（PCV2a/PCV2a）或异种（PCV2a/PCV2b）双重感染后，并不能复制出猪的临床疾病。因此，在某种基因型和 PMWS 之间还没有明确的联系。免疫调节包括免疫刺激和免疫抑制，前者可通过与猪细小病毒（porcine parvovirus，PPV）、猪繁殖与呼吸综合征病毒（porcine reproductive and respiratory syndrome virus，PRRSV）、猪肺炎支原体（mycoplasma hyopneumoniae，Mhyo）等病原体共感染，或通过注射血蓝蛋白等免疫刺激产品和疫苗来实现。然而，免疫刺激并不总是确保 PCV2 复制/发展成为 PMWS。由环孢素或地塞米松诱导的免疫抑制也会导致 PCV2 在猪体内复制水平的增加，而没有出现 PMWS 的临床表现。白细胞介素-10（IL-10）诱导的免疫抑制也与 PMWS 的临床形态发展有关。与管理相关的因素，如高库存密度和围栏内温度波动等主要环境条件，也与 PMWS 的发展有关。宿主基因似乎会影响 PCV2 感染的结果，虽然所有品种的猪似乎都容易感染 PCV2，然而，实验研究表明，与杜洛克猪、大白猪和皮尔卡丹猪相比，长白猪出现更严重的淋巴病变，最终导致临床疾病。

PMWS 病猪淋巴细胞严重衰竭，影响淋巴组织和血液中 T 细胞和 B 细胞的数量。损耗的程度与组织中 PCV2 抗原的数量直接相关。有报道称，PCV2 在淋巴母细胞样细胞系中复制可导致感染细胞裂解。此外，病毒与滤泡树突状细胞的相互作用似乎会干扰 B 细胞的成熟、存活和耗竭。这提示感染 PCV2 的树突状细胞和巨噬细胞可能间接导致病猪组织淋巴细胞耗竭。目前，尚不清楚淋巴细胞耗竭是否是病毒在淋巴组织复制的直接结果，抑或是病毒感染细胞后由于所诱导的细胞凋亡、细胞增殖的减少或细胞间信号通路的破坏而产生的间接后果。这种淋巴细胞的消耗通常被认为是 PMWS 病猪与 PCV2 亚临床感染猪相比，其特异性抗体产生慢且弱的主要原因。更具体地说，PMWS 病猪缺乏有效的中和抗体，但是尚不清楚这种受损的体液反应是 PMWS 病猪体内高 PCV2 载量的原因还是后果。PMWS 病猪的细胞免疫反应也受到了影响，对于 PMWS 患猪，不同淋巴组织中细胞因子的表达量也发生不同程度的改变。胸腺衰竭和萎缩的病猪中，IL-10 的变化是最常见的。PMWS 病猪在感染 10～14 d 后，IL-10 的水平要高于亚临床感染的仔猪。

用 PCV2 在体外感染源于 PMWS 患猪和健康猪的外周血单核细胞(peripheral blood mononuclear cells,PBMCs),结果发现细胞因子确实存在特异性的改变,但是两组之间无显著差异。PCV2 自身就可以诱导 PBMSs 的细胞因子反应,而与猪的免疫或疾病状态无关。但是,PCV2 感染之后仅有很少一部分猪最终发展成为 PMWS。从此可以推测,在 PCV2 感染的过程中,有些猪可以解除该病毒诱导的免疫失衡,而另一些猪却不具备这个能力,最终导致疾病的发生。具体的原因还有待进一步深入研究。

11.3 诊断及防治

11.3.1 诊断

结合临床症状、病史和组织病理学检测可以初步诊断 PCVAD,至于是哪种综合征,还需要根据微观病理变化和病毒含量进行具体分析判定。主要分为以下几种判定标准:

(1)亚临床感染 ①缺少明显的临床症状;②轻微的组织病理学损伤,主要集中于淋巴组织;③淋巴组织中可以检测到少量的 PCV2。普通 PCR 可以代替标准 2 和标准 3。

(2)PMWS ①体重下降和皮肤苍白(也可能出现呼吸道和消化道症状);②淋巴组织中淋巴细胞中等程度或严重减少伴随肉芽肿性炎症(许多其他组织也会出现肉芽肿性炎症);③受损组织可以检测到中等程度或大量的 PCV2。

(3)PRDC ①呼吸系统疾病一般的临床症状;②淋巴细胞-组织细胞性的到肉芽肿性间质性肺炎或支气管性间质性肺炎,细支气管周围纤维素增生,中等程度到严重的坏死性溃疡性支气管炎或者增生性坏死性肺炎;③肺脏可以检测到中等程度到大量的 PCV2;④淋巴组织不应该有明显的病理变化,否则提示为 PMWS。

(4)繁殖障碍 ①妊娠晚期繁殖性障碍;②胎儿纤维性或坏死性心肌炎;③胎儿心脏中检测到中等程度或大量的 PCV2;④定量 PCR 是诊断 PCV2-RD 比较敏感的方法;⑤返情率高;⑥返情之后 PCV2 抗体阳转或返情前后 PCV2 抗原阳性。

(5)肉芽肿性肠炎 ①腹泻;②肉芽肿性肠炎,派伊尔氏淋巴集结淋巴细胞减少伴随肉芽肿性炎症;③肠黏膜和派伊尔氏淋巴集结可以检测到中等程度到大量的 PCV2;④除了派伊尔氏淋巴集结,其他淋巴组织不应该有明显的病理变化,否则提示为 PMWS。

11.3.2 防治

综合性防控措施:①提供适当的饲养空间,减少应激,实施"全进全出"策略和避免各年龄段猪混养。使用抗生素控制继发感染、血清疗法和减少饲养数量等方法效果有限。②控制 PCV2 感染最有效的方法是疫苗免疫。疫苗的临床和试验应用结果证明疫苗免疫可以预防 PCVAD、降低病毒血症水平和提高生长性能。目前,商品化的疫苗有灭活的 PCV2 疫苗和灭活的 PCV1/2 嵌合体疫苗和杆状病毒表达的 PCV2a ORF2 抗原亚单位疫苗。无论是一次免疫还是二次免疫,仔猪均于 3 周龄进行首免,对于两次免疫的疫苗使用方法是一免后 3 周进行第二次免疫。妊娠母猪在分娩前 2 周和 5 周分别进行疫苗免疫。

参考文献

Allan G M, McNeilly F, Kennedy S, et al. Isolation of porcine circoviruslike viruses from pigs with a wasting disease in the USA and Europe. J Vet Diagn Invest,1998,10:3-10.

Bao F, Mi S, Luo Q, et al. Retrospective study of porcine circovirus type 2 infection reveals a novel genotype PCV2f. Transbound Emerg Dis,2018,65(2):432-440.

Beach N M, Meng X J. Efficacy and future prospects of commercially available and experimental vaccines against porcine circovirus type 2 (PCV2). Virus Res,2012,164:33-42.

Huang L, Sun Z, Xia D, et al. Neutralization mechanism of a monoclonal antibody targeting a porcine circovirus type 2 cap protein conformational epitope. J Virol,2020. DOI:10.1128/JVI.01836-19.

Kekarainen T, Gonzalez A, Llorens A, et al. Genetic variability of porcine circovirus 2 in vaccinating and non-vaccinating commercial farms. J Gen Virol,2014,95:1734-1742.

Lefebvre D J, Costers S, Van Doorsselaere J, et al. Antigenic differences among porcine circovirus type 2 strains, as demonstrated by the use of monoclonal antibodies. J Gen Virol,2008,89:177-187.

Lekcharoensuk P, Morozov I, Paul P S, et al. Epitope mapping of the major capsid protein of type 2 porcine circovirus (PCV2) by using chimeric PCV1 and PCV2. J Virol,2004,78:8135-8145.

Opriessnig T, Xiao C T, Halbur P G, et al. A commercial porcine circovirus (PCV) type 2a-based vaccine reduces PCV2d viremia and shedding and prevents PCV2d transmission to naïve pigs under experimental conditions. Vaccine,2017,35:248-254.

Park K H, Oh T, Yang S, et al. Evaluation of a porcine circovirus type 2a (PCV2a) vaccine efficacy against experimental PCV2a, PCV2b, and PCV2d challenge.Vet Microbiol,2019,231:87-92.

Saha D, Huang L P, Bussalleu E, et al. Antigenic subtyping and epitopes' competition analysis of porcine circovirus type 2 using monoclonal antibodies. Vet Microbiol,2012,157(12):13-22.

Tischer I, Gelderblom H, Vettermann W, et al. A very small porcine virus with a circular single-stranded DNA. Nature,1982,295:64-66.

Xiao C T, Halbur P G, Opriessnig T. Global molecular genetic analysis of porcine circovirus type 2 (PCV2) sequences confirms the presence of four main PCV2 genotypes and reveals a rapid increase of PCV2d. J Gen Virol,2015,96(7):1830-1841.

（黄立平）

第12章 猪圆环病毒3型感染

本章提要

自2016年第一次于类似皮炎肾炎综合征母猪中发现猪圆环病毒3型以来,该病毒的研究备受关注。随着研究的进行,它对养猪业的危害一直颇具争议性。到现在为止,猪圆环病毒3型的体外培养非常困难,目前只有两个成功的动物感染模型发表。与PCV2类似,猪圆环病毒3型广泛检出于世界各地的猪群中,甚至是高度健康的群体中,与猪的健康状况没有显著的相关性。本章主要针对猪圆环病毒病3型流行现状、病原的分子生物学、遗传和变异、致病机制和防控策略做一综述,以期对猪圆环病毒3型的研究提供借鉴。

12.1 猪圆环病毒3型感染概述

猪圆环病毒3型(porcine circovirus type 3,PCV3)是圆环病毒科圆环病毒属的一员。PCV3是2016年在美国新发现的一种病毒,它存在于具有猪皮炎肾炎综合征(porcine dermatitis and nephropathy syndrome,PDNS)样临床症状的母猪体内(Palinski et al.,2017)。滚环扩增之后进行测序结果显示,病毒基因组是一种包含三个开放阅读框(Open reading frame,ORF)的长度为2 000 nt的环状基因组。ORF1编码复制酶蛋白,ORF2编码衣壳蛋白,这两种ORFs与蝙蝠圆环病毒的同源性分别为55%和35%,而与PCV1和PCV2的同源性分别为31%~48%,表明PCV3与以前报道的圆环病毒不同。

12.1.1 流行现状

自从2016年以来,PCV3的研究备受关注。PCV3在许多国家逐渐被发现,包括日本、韩国、中国、瑞典、俄罗斯、泰国、巴西、丹麦、意大利和西班牙(Franzo et al.,2018),PCV3在世界各国的猪群中广泛存在,并且具有极高的检出率,阳性率从9.6%~60%不等。

从感染病猪和健康猪均可以检测到PCV3。有研究者发现:PCV3感染与消化系统疾病和呼吸道系统疾病有密切关系,分别有10.4%的患消化系统疾病和26.6%患呼吸系统疾病的猪的样本为PCV3阳性。此外,流行病学调查显示,重度呼吸道疾病和腹泻断奶仔猪的PCV3阳性率分别为63.75%和17.14%,显著高于轻度呼吸道疾病(13.14%)、非腹泻性(2.86%)和无症状性(1.85%)断奶仔猪的PCV3阳性率。从健康母猪和生猪屠宰场采集的样本中也检测到PCV3,其阳性率分别为21.9%和19.14%。另一组来自巴西的研究发现,健康猪的PCV3阳性率是29.8%,高于病猪的17.9%。另外,PCV3可以感染几乎所有年龄的猪,包括1日龄到24

周的猪、后备母猪和多胎母猪。这些结果表明，PCV3 感染与动物健康状况、性别或年龄无关，但与临床症状相关的证据似乎也不充分。

12.1.2 临床症状和病理变化

PCV3 首次在母猪及其流产胎儿中发现，母猪临床症状主要表现为食欲不振、多发性 PDNS 样临床症状和繁殖障碍等，而且与心脏和多器官炎症相关。在发病母猪中观察到典型 PDNS 病变，包括坏死性血管炎、肾小球肾炎、肉芽肿性淋巴结炎和支气管间质性肺炎，并在类似 PDNS 的组织中检测到 PCV3 核酸和抗原。在心脏和多器官炎症病例中，显微镜下病变主要表现为非化脓性心肌炎或心脏小动脉炎。迄今为止，唯一报告的实验性 PCV3 感染是在 4 周龄和 8 周龄的猪中进行的，研究者将 PCV3 感染性克隆转染 PK15 细胞获得 PCV3，然后通过鼻内接种途径感染实验猪。感染后第 8 天，4 周龄的实验猪出现发烧、厌食、腹泻、呼吸窘迫和体重减轻等症状，并且于部分感染猪中观察到 PDNS 样病变，随后突然死亡。通过免疫组织化学检测，PCV3 抗原存在于所有器官中。八周龄感染猪的临床病程和病变与 4 周龄感染猪相似。目前，高度期望实验性感染猪结果的进一步报道，那样就可以更清楚说明 PCV3 的致病性。

通过流行病学调查，PCV3 存在于各种健康状态的猪群中，出现临床症状的为数不多，如果能够证实 PCV3 感染与某些综合征明确相关的话，那么大多数 PCV3 感染为亚临床感染。

12.2 猪圆环病毒 3 型

12.2.1 分类及分型

猪圆环病毒 3 型属于圆环病毒科圆环病毒属中的一员。根据 PCV3 的全基因或者 ORF2 的序列，可被分为三个主要的进化分支，PCV3a、PCV3b 和 PCV3c，除此之外，PCV3a 又被分为 PCV3a-1、PCV3a-2 两个亚群和一个过渡进化分支。然而，基于不同国家来源的 PCV3 基因序列分析发现，不同毒株之间存在很高的同源率，核苷酸和氨基酸水平的同源率分别为 94.44%～100%和 96.3%～100%，突变位点主要集中于 Cap 蛋白的 8～10 位、24 位、27 位、77 位、137 位和 150 位氨基酸。这些结果表明，PCV3 基因相对稳定，与地理起源无明显的相关性。Franzo 等提出了一种新的 PCV3 统一分类标准：具体来说，建议在完整基因组水平上最大基因型内遗传距离为 3%，在 ORF2 水平上最大为 6%，自举支持率高于 90%，并且分析方法之间具有一致性。由于 PCV3 与其生物学/流行病学特征之间缺乏有意义的关联，因此作者不建议进一步细分。

12.2.2 基因组

PCV3 基因组是一个 GC 含量约为 50%的 2 kDa 单链环状 DNA，包含三个主要的开放阅读框架(open reading frame，ORF)。PCV3 基因组的排列与 PCV1 和 PCV2 相似，ORF1 和 ORF2 的方向相反。位于 ORF1 和 ORF2 5′基因之间的 235 nt 内包含一个 9 个核苷酸的保守序列(TAGTATTAC)，该序列是基因组滚环复制的起点(ori)，该保守序列与 PCV1 的相同。按照约定，9 个核苷酸保守序列中的第八位 A 被定义为基因组中的位置 1。

PCV3 的 ORF1 编码 296～297 氨基酸的复制酶蛋白(Rep),它与蝙蝠圆环病毒的 Rep 同源率为 54%～55%,与 PCV2 的 Rep 同源率为 48%。与 PCV1 和 PCV2 不同,一个非 ATG 起始密码子 GTC 位于 Rep 编码基因的 5′端。PCV3 的 ORF2 编码 214 aa 的衣壳蛋白(Cap),与 PCV1 和 PCV2 在氨基酸水平上的同源率分别为 24%和 26%。ORF3 编码蛋白包含 231 个预测的氨基酸,但其功能目前尚不清楚。

12.2.3 猪圆环病毒 3 型的分离培养

对于 PCV2,很容易从发病猪脏器中分离到病毒,虽然在 PK15 细胞中不产生细胞病变,但是增殖是没有问题的,并用于致病性研究和疫苗生产等。然而,尽管使用了具有高病毒载量的组织,但在 PK15 或 ST 细胞系中分离和培养 PCV3 的尝试多年来一直失败(Palinski et al.,2017)。最近只有一次尝试使用原代猪肾细胞已成功地从自然感染 PCV3 的猪的淋巴结中分离出该病毒,而其他 PCV 阴性(Oh and Chae,2020)。在发现 PCV3 三年后的 2019 年,一个中国研究小组成功构建了感染性 PCV3 克隆,该克隆在 PK15 细胞中传代 15 次后最终被用于感染猪(Jiang et al.,2019a)。然而,无论是韩国学者使用原代猪肾细胞分离培养 PCV3,还是中国的研究团队使用 PK15 培养 PCV3,均未提供该病毒的特异性的电镜图片。

12.2.4 致病机制

PCV3 首次在母猪和流产胎儿中发现,与 PDNS 样临床症状和繁殖障碍有关系,在发病母猪中观察到的典型 PDNS 病变,包括坏死性血管炎、肾小球肾炎、肉芽肿性淋巴结炎和支气管间质性肺炎,并在类似 PDNS 的组织中检测到 PCV3 DNA 和抗原。Phan 等报道该病毒还与心脏和多器官炎症相关:显微镜下病变主要表现为非化脓性心肌炎和/或心脏小动脉炎(Phan et al.,2016)。最近,Jiang 等报道了接种 PCV3 感染性 DNA 克隆或 PCV3 感染性 DNA 克隆联合免疫刺激的仔猪出现典型的 PDNS 样疾病的临床症状;40%接种的动物在接种后几天内死亡。在接种仔猪的肺、心脏、肾脏、淋巴结、脾脏、肝脏和小肠中发现了临床病变和 PCV3 抗原。此外,在感染了 PCV3 的母猪中观察到肝脏病理,包括坏死性血管炎和肉芽肿性淋巴结炎。这些结果表明,PCV3 病毒粒子和基因组 DNA 都具有感染性和致病性,PDNS 可能与 PCV3 感染有关。

12.3 诊断及防治

12.3.1 诊断

自从 PCV3 被发现以来,该病毒备受关注,随之而来建立了很多检测诊断方法,主要包括检测 PCV3 核酸的普通 PCR、定量 PCR(基于 SYBR green 染料或 TaqMan 探针)和恒温扩增 PCR 等;在组织原位检测 PCV3 抗原或核酸的方法占少数:利用 PCV3 特异性抗体建立的免疫组织化学方法检测脏器中的 PCV3,另外一种就是原位杂交方法(ISH)示踪组织中的 PCV3 核酸;还有一些学者建立 IHC 方法,并在多种组织中检测到该病毒抗原(Jiang 等,2019b)。目前检测 PCV3 特异性抗体的方法相对少一些,由于病毒体外繁殖受限,所以主要是利用 Cap 重组蛋白建立的间接 ELISA。虽然方法比较多,但是目前非常缺少标准的抗原和抗体检测方法。随着 PCV3 研究的不断深入和体外病毒培养的逐渐成熟，会开发出更特异性的与该病毒的致病性和免疫保护具有相关性的检测方法。

12.3.2 防治

在氨基酸水平上，PCV3 的 Cap 蛋白与 PCV2 的 Cap 蛋白只有约 31% 的一致性，所以 PCV2 疫苗并不可能给 PCV3 带来交叉保护。由于 PCV3 的致病性的不确定性以及病毒的体外培养还不能有效地重复，所以大大制约了该病毒疫苗的研发进度。

参考文献

Franzo G，Legnardi M，Hjulsager C K，et al. Full-genome sequencing of porcine circovirus 3 field strains from Denmark，Italy and Spain demonstrates a high within-Europe genetic heterogeneity. Transbound Emerg Dis，2018，65：602-606.

Jiang H，Wang D，Wang J，et al. Induction of porcine dermatitis and nephropathy syndrome in piglets by infection with porcine circovirus type 3. J Virol，2019，93(4)：e02045-18.

Jiang S，Zhou N，Li Y，et al. Detection and sequencing of porcine circovirus 3 in commercially sourced laboratory mice. Veterinary Medicine and Science，2019b，5：176-181.

Oh T，Chae C. First isolation and genetic characterization of porcine circovirus type 3 using primary porcine kidney cells. Vet Microbiol，2020，241：108576.

Palinski R，Pineyro P，Shang P，et al. A novel porcine circovirus distantly related to known circoviruses is associated with porcine dermatitis and nephropathy syndrome and reproductive failure. J Virol，2017，91(1)：e01879-16.

Phan T G，Giannitti F，Rossow S，et al. Detection of a novel circovirus PCV3 in pigs with cardiac and multi-systemic inflammation. Virology journal，2016，13：184.

（黄立平）

第 13 章 猪细环病毒感染

本章提要

猪细环病毒(TTSuV1)在猪群中广泛存在,该病毒常与猪圆环病毒 2 型、猪细小病毒、猪繁殖与呼吸综合征病毒等混合感染。目前该病毒对猪的致病性仍在确定之中,病毒尚未成功分离。本章主要对该病毒的流行现状、基因组结构和分类等作一简述。

13.1 猪细环病毒感染概述

猪细环病毒(torque teno sus virus, TTSuV)是猪群中广泛流行的动物病毒之一,致病性不详。Verschoor 等(1999)首次在猪血清中检测到该病毒。随后,Segalés 对西班牙猪群进行的流行病学调查显示 TTSuV 阳性率很高(Segalés et al.,2009)。国内一些地区 TTSuV1 和 TTSuV2 的阳性率达 37%和 21%以上,表明 TTSuVs 呈世界性流行。该病毒常与猪圆环病毒 2 型(porcine circovirus type 2,PCV2)、猪细小病毒(porcine parvovirus,PPV)、猪繁殖与呼吸综合征病毒(porcine reproductive and respiratory syndrome virus,PRRSV)等混合感染。国外专家研究证实 PCV2 感染引起的断奶仔猪多系统衰竭综合征(postweaning multisystemic wasting syndrome,PMWS)与 TTSuV1 之间存在协同致病性。由于 TTSuV 感染并不能引起猪明显的临床症状,所以容易忽视该病的存在;PCV2 单一感染猪也同样不引起明显的症状。这两种病原体混合之后却能促进 PMWS 的发生。目前 PMWS 在世界范围内广泛存在,给养猪业造成很大经济损失。因此,应加强对 TTSuV 在引起 PMWS 中作用的研究。

13.1.1 流行现状

自 TTSuV 发现以来,已在中国、加拿大、美国、韩国、日本、西班牙、意大利、匈牙利、德国、巴西、奥地利等国家发现有该病毒的流行。全世界 24%~100%的猪血清中都发现了 TTSuV (McKeown et al.,2004)。直到最近,TTSuV 才受到重视。目前为止,大部分农场都含有 TTSuV 感染猪。

尽管环病毒属主要经口腔-粪便进行水平传播,胎盘/子宫内的垂直传播在传播中也有很重要的地位(Martínez-Guinó et al.,2010)。在部分 1 周龄的仔猪鼻和粪便中,检测结果为 TTSuV DNA 阳性,并且随着年龄的增加患病率也增加。15 周龄仔猪的粪便(15%)比鼻腔中 TTSuV 的阳性率要低(TTSuV1 含 30%,TTSuV2 含 55%)。病毒也能进行垂直传播,已经在胎儿的组织、血液及公猪精子和母猪初乳中检测出了该病毒。胎儿的 TTSuV2 的感染率很高，很多胎儿都感染了 TTSuV2，但是却没有明显地表现出流产。有趣的是，胎儿组织的 TTSuV DNA 量很低。在人工授精的野猪的精液中也检测到了 TTSuV（Kekarainen et al.，2007）。精液可能是垂直传播的一个重要途径，但至今未发现该病毒可以影响精液的特性。由于这些有效的传播途径，TTSuV 在世界范围内普遍存在。然而，最近的一项研究表明，不同的亚型在不同的区域占有主要地位（Sibila et al.，2009）。

用半定量 PCR 技术检测 5 周龄猪和胎儿的组织发现，DNA 呈阴性或仅含少量的病毒，而 5 周龄到宰杀前（约 25 周龄）的很多猪组织中含有大量的 TTSuV。感染 TTSuV 可导致胎儿早期就持续性进行性感染。抗 ORF1 编码蛋白抗体数量的增加和血清中病毒 DNA 载量的降低之间的关系说明了病毒中和抗体的存在（Huang et al.，2011）。然而，在大部分研究的动物中，病毒血症的总清除率并不明显，这也许说明了病毒的持续存在。另外，胎儿免疫力发育完全之前的感染会使宿主对 TTSuV 产生免疫耐受。

13.1.2 临床症状

从目前检测结果看，TTSuV 在健康猪只中带毒率很高，因此，该病毒感染可能不会引起动物立即发病。然而，如果该病毒同其他病毒，如 PCV2、PRRSV 等混合感染，可能会加重这些病原导致的疾病。人类的 TTVs 已经试验证明与自身免疫风湿性疾病、肝脏病变和呼吸性疾病有关，且不同毒株所引起的症状程度存在一定的差异（Nishizawa et al.，1997）。

近期研究证实 TTSuV 感染可能会引起 PCV 相关疾病（porcine circovirus associated disease，PCVAD）（Ellis et al.，2008）。在一项对 PCVD 调查中，TTSuV 的流行率在断奶仔猪多系统衰竭症猪中（91%）比健康猪中（72%）高。另外，PMWS 猪中 TTSuV2 的病毒载量明显高于健康猪或者猪皮炎肾病综合征（porcine dermatitis and nephrotic syndrome，PNDS）病猪。

13.1.3 病理变化

在试验条件下，无菌动物在 PCV2 感染前一周接种 TTSuV1 组织匀浆会引起 PMWS 病。单独感染一种病毒并不能导致病的发生。另外，通过同时接种 PRRSV 和 PRRSV 阴性但含有 TTSuV1 的组织匀浆可以导致类 PDNS 的发生。TTSuV1 本身可以导致无菌动物的轻微的间质性肺炎，短暂的胸腺萎缩，膜性肾小球病和肝脏组织细胞中淋巴细胞的浸润。目前还没有对于无菌动物 TTSuV2 的研究。然而，从现有的有用的数据来看，TTSuVs 毒株不仅遗传上独特，病理表现也很明显。目前还没有证据表明 TTSuVs 的单独感染或者与 PCV2 的共感染与繁殖障碍有关（Martínez-Guinó et al.，2010）。

在野外条件下，TTSuV 和 PCV2 的共感染的概率非常大，然而大多数的共感染并不导致疾病的发生，只表现为亚临床状态。疾病的发生不仅与共感染有关，还与病毒的载量相关。因此，TTSuV 只是一些可以导致免疫系统损伤的疾病发生时的并发症或激发因子。最新的研究表明 TTSuV2 而不是 TTSuV1 在宿主发病状态时会增加病毒粒子的复制和释放。由此可以推测 TTSuV2 的病毒血症可能与动物免疫能力有关，因此，免疫功能不全的 PMWS 动物内病毒的复制就不受控制了。

13.2 猪细环病毒

13.2.1 分类及分型

猪细环病毒属于指环病毒科(*Anelloviridae*)。国际病毒委员会(2012)将 11 个病毒属：α TTV(*Alphatorquevirus*)、βTTV(*Betatorquevirus*)、γ TTV(*Gammatorquevirus*)、δ TTV(*Deltatorquevirus*)、ε TTV(*Epsilontorquevirus*)、η TTV(*Etatorquevirus*)、ι TTV(*Iotatorquevirus*)、κTTV(*Kappatorquevirus*)、λTTV(*Lambdatorquevirus*)、θ TTV(*Thetatorquevirus*)、ζ TTV(*Zetatorquevirus*)归属于指环病毒科。其中 TTSuV1a、TTSuV1b 属于 *Iotatorquevirus* 病毒，TTSuVk2 属于 *Kappatorquevirus* 病毒属(http://www.ictvonline.org/virusTaxonomy.asp? bhcp=1)。而 TTSuV1a、TTSuV1b 和 TTSuVk2 曾被命名为猪输血传播病毒(porcine transfusion transimitted virus，PTTV)或(porcine torque teno virus，PTTV)。而 TTSuVk2 则又被命名为 TTSuV2(Huang et al.，2012)。TTSuV 根据其基因型不同分为两种类型，TTSuV1 和 TTSuV2；TTSuV1 内又有四个亚型 TTSuV1a、1b、1c 和 1d，TTSuV2 也有四个亚型 TTSuV2a、2b、2c 和 2d。人源的细环病毒(Torque teno virus，TTV)，最早由 Nishizawa 于 1997 年从一例输血后发生急性感染的非甲-戊型肝炎病人血清中发现，与肝炎有关，曾被认为是人类圆环病毒(Nishizawa et al.，1997)。在灵长类、家养动物以及老鼠的体内也相继发现 TTV 的存在，并以初乳途径垂直传播(Verschoor et al.，1999)。

13.2.2 基因组

TTSuVs 的基因组为一个环状的 DNA 分子，至少有 4 个假定的 ORF：ORF1、ORF2、ORF1/1 和 ORF2/2，以及一个 GC 含量较高的非编码区(untranslated region，UTR)(De Villiers et al.，2011)。UTR 包括启动子和增强子，可以根据不同的细胞表现出不同的转录活性。TTV 和 TTSuV1 基因组中至少有 6 个 mRNA 剪辑体，表达至少 6 个蛋白 ORF1、ORF2、ORF1/1、ORF2/2、ORF1/2 和 ORF2/3。TTSuV1 ORF1 编码病毒壳体蛋白和病毒复制相关蛋白，而且已经在猪血清中检测到抗 TTSuV1 ORF1 编码蛋白的 IgG 抗体。ORF2 编码非结构蛋白，推测其与病毒复制有关。

13.3 诊断及防治

13.3.1 诊断

1.TTSuV 病原学诊断方法

TTSuV 的病原学诊断以 PCR 方法为主，主要针对 TTSuV1 和 TTSuV2 的基因组特征，设计特异性的引物。已经报道的方法包括常规 PCR(Segalés et al.，2009；Liu et al.，2013)、套式 PCR(王礞礞等，2009)和荧光定量 PCR 方法(Andreas et al.，2010；陈欣等，2010))。这些方法都在临床检测中得到了一定的应用，相对传统的 PCR，荧光定量 PCR 的特异性和敏感性更高，也逐渐成为主流的检测技术。

电镜技术：Yukio等对含有TTV粒子的样品用电镜观察，HIV患者血清样品在浮力密度在1.31～1.33 g/mL的部分观察到球形病毒样颗粒，直径为30～32 nm。病毒粒子经过富集后，与金标记的抗IgG抗体反应后，通过免疫电镜观察，发现病毒粒子是以与IgG抗体结合的方式存在的，并首次观察到TTV的病毒粒子形态（Yukio et al.，2000），但目前关于TTSuV形态还没有观察到。

2.血清学诊断方法

利用抗原或抗体检测的体外免疫反应技术建立的诊断方法称为血清学诊断方法。Huang等利用大肠杆菌表达系统首次对TTSuV2假定ORF1壳体蛋白的氨基末端进行了截短表达，对该蛋白进行纯化。利用该纯化的蛋白抗原分别建立了Western blot和ELISA方法，用于检测猪血清中TTSuV2抗体，并用建立的ELISA方法对猪血清中进行了流行病学调查（Huang et al.，2011）。Jarosova和Celer（2013）合成TTSuV1和TTSuV2 ORF1编码蛋白的多肽，鉴定出抗原表位，并以合成的多肽作为抗原建立间接ELISA检测方法，猪血清中TTSuV1和TTSuV2的阳性率分别为78%和88%，与Liu等（2013）以单抗抗原表位作为抗原建立间接ELISA检测方法的检测结果基本一致。

13.3.2 防治

鉴于该病毒的致病性仍在研究之中，病毒尚未成功分离和拯救，导致目前尚无防控该病毒的有效措施。

参考文献

陈欣，符芳，王伟，等. TTV1与TTV2 SYBR_GreenI实时荧光PCR检测方法的建立和应用. 中国预防兽医学报，2010，32(12)：948-951.

王礤礤，周燕君，陈宗燕，等. 我国猪群中TTV的鉴定及其分子流行病学分析. 中国预防兽医学报，2009，31(10)：751-755.

Andreas G，Stefan P，Wiebke S E，et al. Porcine torque teno virus：determination of viral genomic loads by genogroup-specic multiplex rt-PCR，detection of frequent multiple infections with geno groups 1 or 2，and establishment of viral full-length sequences. Vet Microbiol，2010，143(2-4)：202-212.

De Villiers E M，Borkosky S S，Kimmel R，et al. The diversity of torque teno viruses：*in vitro* replication leads to the formation of additional replication-competent subviral molecules. J Virol，2011，85：7284-7295.

Ellis J A，Allan G，Krakowka S. Effect of coinfection with genogroup 1 porcine torque teno virus on porcine circovirus type 2-associated postweaning multisystemic wasting syndrome in gnotobiotic pigs. Am J Vet Res，2008，69(12)：1608-1614.

Huang Y W，Harrall K K，Dryman B A，et al. Serological profile of torque teno sus virus species 1 (TTSuV1) in pigs and antigenic relationships between two TTSuV1 genotypes (1a and 1b)，between two species (TTSuV1 and-2)，and between porcine and human anelloviruses. J Virol，2012，86(19)：10628-10639.

Jarosova V，Celer V. Preliminary epitope mapping of torque teno sus virus 1 and 2 putative capsid protein and serological detection of infection in pigs. J Gen Virol，2013，94：1351-1356.

Kekarainen T，López-Soria S，Segalés J. Detection of swine torque teno virus genogroups 1 and 2 in boar sera and semen. Theriogenology，2007，68(7)：966-971.

Liu J, Zhang L, Huang L, et al. Identification of two new antigen epitopes on the putative capsid protein encoded by Torque teno sus virus type 1 ORF1. Veterinary Microbiology, 2013, 167: 372-382.

Liu J, Zhang L, Huang L, et al. Three new emerging subgroups of torque teno sus viruses (TTSuVs) and co-infection of TTSuVs with porcine circovirus type 2 in China. Virology Journal, 2013, 10: 189.

Martínez-Guinó L, Kekarainen T, Maldonado J, et al. Torque teno sus virus (TTV) detection in aborted and slaughterhouse collected foetuses. Theriogenology, 2010, 74: 277-281.

McKeown N E, Fenaux M, Halbur P G, et al. Molecular characterization of porcine TT virus, an orphan virus, in pigs from six different countries. Vet Microbiol, 2004, 104: 113-117.

Nishizawa T, Okamoto H, Konishi K, et al. A novel DNA virus (TTV) associated with elevated transaminase levels in posttransfusion hepatitis of unknown etiology. Biochem Biophys Res Commun, 1997, 241: 92-97.

Segalés J, Martínez-Guinó L, Cortey M, et al. Retrospective study on swine torque teno virus genogroups 1 and 2 infection from 1985 to 2005 in Spain. Vet Microbiol, 2009, 134: 199-207.

Sibila M, Martínez-Guinó L, Huerta E, et al. Torque teno virus (TTV) infection in sows and suckling piglets. Vet Microbiol, 2009, 137: 354-358.

Verschoor E J, Langenhuijzen S, Heeney.T.T. virus (TTV) of nonhuman primates and their relationship to the human TTV genotypens. J Gen Virol, 1999, 80: 2491-2499.

Yukio I, Masaharu T, Masako F, et al. Visualization of TT virus particles recovered from the sera and feces of infected humans. Biochemical and Biophysical Research Communications, 2000, 279: 718-724.

（刘建波）

第 14 章 猪腺病毒感染

本章提要

猪腺病毒广泛存在于猪群中，感染该病毒后大部分猪只表现为隐性感染，少数猪出现厌食、肠炎、共济失调、肌肉抽搐和躺卧等临床症状，目前尚无针对该病毒感染的特异性治疗和预防手段。本章重点介绍猪腺病毒的流行病学和病原生物学特征。

14.1 猪腺病毒感染概述

猪腺病毒(porcine adenovirus，PAdV)具有严格的宿主局限性，目前发现其仅感染猪。在实验条件下，人腺病毒也可以感染猪。PAdV 感染猪大多数是无临床症状的，但是有时也可引起脑炎、肺炎、肠炎、肾病理变化或呼吸道疾病。在对成年猪进行血清学检测时会发现大多数猪呈 PAdV 抗体阳性，说明该病毒感染在猪群中普遍存在，但是其引起的疾病的发病率却非常低。如果感染猪表现出中度的肠道感染症状，可以从肠道内容物中分离到该病毒。在有鼻炎以及呼吸道症状的猪只中，从呼吸道拭子样品中也可进行病毒分离。也有证据表明，PAdV 也可能是引起母猪繁殖障碍的病因之一。

14.1.1 流行现状

PAdV 是于 1964 年在英格兰首次被分离到的。在 20 世纪 60—70 年代，英格兰和加拿大做过几次血清学调查，证实猪群中 PAdV 感染非常普遍。在美国、比利时、日本和英国都曾有 PAdV 引起的临床疾病的报道。在不同地区做的血清学流行病学调查中，PAdV 的流行率存在较大差异，如 20 世纪 60 年代的英格兰不同地区的流行率在 25%～60%之间，而美国的魁北克则在 15%～18%之间。近年来有关此病毒感染情况调查比较少，其在全球的流行及分布情况不清楚。PAdV 在国内报道并不多，2006 年李瑞江等通过 PK-15 细胞首次在中国分离得到该病毒。此后，汪镇南和翟伟分别通过 PK-15 细胞和 ST 细胞分离鉴定到该病毒。

14.1.2 临床症状

PAdV 能引起猪腹泻以及呼吸道疾病，且易与其他疾病混合感染，虽然不像牛、犬和鸡等腺病毒感染危害那么严重，但其却是广泛存在于猪群的一种潜在的病毒性传染病，猪多数情况下表现为隐性感染，少数毒株能引起猪脑炎、腹泻、肺炎及肾病变。临床上 PAdV 感染常见的症状主要有：病猪表现为间歇性腹泻(排黄色水样粪便)、精神沉郁、消瘦、脱水，偶尔表现为腹泻并呕吐。剖检症状包括小肠壁变薄、肠系膜淋巴结肿大、在小肠及大肠可能会存在黄色水样便。PAdV 感染很少引起死亡，但也有报道在一次暴发中的致死率为 30%。

14.1.3 病理变化

从脑分离到 PAdV 4 型的病猪脑炎病例表现为血管周围细胞浸润和小神经胶质细胞形成结节。肾损害病例表现为肾小管营养不良和毛细血管扩张，外表出现瘀血点。空肠末梢和回肠的肠细胞中发现核内包涵体。胎盘感染小猪血管损害，在内皮细胞内有核内包涵体。实验感染仔猪表现间质性肺炎，特征为肺泡中隔增厚，有的有包涵体，淋巴细胞、浆细胞和组织细胞浸润。PAdV 4 型引起肾小管周的严重浸润。PAdV 1 型和 3 型引起脑膜脑炎和肝、心、胰腺和肾上腺的慢性炎性变化（王娇，2014）。

14.2 猪腺病毒

14.2.1 分类及分型

PAdV 是无囊膜的双链 DNA 病毒，属于腺病毒科（*Adenoviridae*）哺乳动物腺病毒属（*Mastadenovirus*）成员。自 Haig 等于 1964 年首次从下痢仔猪的粪便中分离出 PAdV 后，又从呈现脑炎症状的仔猪脑、健康猪粪便，甚至在培养猪瘟病毒的猪肾细胞中也曾分离到腺病毒。目前已知 PAdV 共分 3 个种 5 个血清型。这 3 个种分别命名为：PAdV-A、PAdV-B 和 PAdV-C。PAdV-A 包括 PAdV1～3，这些病毒分离于腹泻或健康猪。在 PAdV-B 中仅有一个成员为 PAdV-4，这是最为常见的一个血清型，在临床表现为肠炎、脑炎、肺炎以及鼻炎等猪中均有分离。PAdV-C 中仅有 PAdV-5 一个血清型，这类病毒从新生仔猪的脑以及有呼吸道症状的猪的鼻腔分泌物中分离到。所有血清型的鉴定都是通过交叉中和实验来确定。最近分离到两株新的 PAdV：PAdV-WI 和 PAdV-SVN1。两株病毒在遗传背景上非常相似，被认为是哺乳动物腺病毒属中的一个新的种。PAdV-WI 分离于猪栏的废水，PAdV-SVN1 分离于培养的猪泌尿道上皮细胞。

14.2.2 基因组

PAdV 的基因组为线状的双链 DNA，大小为 32～35 kb，C+T 含量约为 55%。基因组通常根据转录和翻译的时间先后顺序分为早期区（E）和晚期区（L）。E 区基因编码的蛋白主要为病毒基因组的复制机器，L 区主要编码病毒的结构蛋白。病毒基因组具有末端倒置重复序列（ITR），ITR 在病毒复制过程中具有重要作用，每一个 ITR 可分为 AT 富集区和 GC 富集区两部分，AT 富集区位于病毒 DNA 分子的最末端，GC 富集区同源性较差。

14.2.3 形态及结构

成熟的 PAdV 病毒粒子无囊膜，呈二十面体立体对称，核衣壳直径为 70～80 nm。衣壳由 252 个壳粒组成，以 $T=25$ 的对称性组装成完整的病毒颗粒。在这些壳粒中，有 240 个是六邻体，由六邻体蛋白三聚体组成，构成二十面体的 20 个面以及棱的大部分；另外 12 个是五邻体，由五邻体蛋白的五聚体组成，分别位于二十面体的12个顶点上。在五邻体的中心装配有纤突蛋白三聚体，直径为2 nm，纤突顶端为一个直径为4 nm的球形物，主要负责结合于细胞受体。病毒的主要结构蛋白为六邻体蛋白、五邻体蛋白和纤突蛋白。除此之外，还有次要结构蛋白Ⅵ、Ⅲa、Ⅷ和Ⅸ，这些蛋白镶嵌于五邻体和六邻体之间，主要在病毒粒子装配过程中起稳定衣壳结构的作用。病毒的核心为双链DNA及与其结合的蛋白组成，包括末端蛋白、Mu、Ⅶ和Ⅴ等，这些蛋白主要与病毒基因组复制相关。

14.2.4 致病机制

PAdV侵入消化道后，最初在扁桃体和小肠后段增殖，后泛化到心、肝、脾、肺、肾，粪便排毒达数周。目前已经明确，当PAdV-3在细胞核内存在时，能造成肠道上皮细胞损伤以及绒毛脱落。将1型腺病毒接种妊娠母猪子宫内，可能造成流产，并可在流产胎儿的肠上皮内看到核内包涵体。在某些病例中，PAdV可能会导致继发感染或并发感染。将腺病毒与猪支原体共同接种时，常可明显提高肉变性肺炎的发病率，症状也较严重。

14.3 诊断及防治

14.3.1 诊断

在临床上，如果断奶仔猪出现腹泻症状时，作为鉴别诊断的需要，可以怀疑PAdV感染。在进行病原学检测或病毒分离时，常用的生物材料为空肠末端或小肠中段组织、腹泻粪便以及口腔液。抗体检测则按照正常血清样品采集及制备流程准备。

PAdV在猪源细胞上生长很好，可以利用传代或原代猪源细胞进行培养，常用的细胞包括传代或原代猪肾细胞、原代甲状腺细胞和原代睾丸细胞。在培养2～5 d内出现细胞病变，在培养的组织中可以看到包涵体。出现细胞病变后，需要用其他方法来进行确诊。在对肠道组织或粪便样品进行组织培养后，可以通过负染色样品在透射电子显微镜下观察病毒粒子的形态来进行鉴定。除此之外，还可用间接免疫荧光、补体结合试验、直接免疫荧光以及蛋白电泳等方法检测病毒抗原的存在。PCR方法常用于环境样品中PAdV的检测，但不用于临床诊断。

血清学方法常用于该病的流行病学调查。常用的方法有中和试验和间接荧光抗体检测。

14.3.2 防治

PAdV对环境因素的耐受力比较强，通常在环境中可以存活10 d。加热56 ℃及以上温度，在10 min内可以灭活病毒。病毒在酸性环境（pH 3～4）稳定，对氯仿不敏感；漂白剂、甲醛、乙醇和酚类化合物可有效杀灭病毒（郑兴福等，2017）。

目前没有针对PAdV的疫苗。预防该病毒感染主要依赖于日常管理和加强生物安全措施。

预防本病只能通过加强饲养管理，应激因素是本病的一个病因，因此，在日常饲养管理中，应避免各种应激因素的作用，减少应激引起的发病。猪群最好是自繁自养，尽量不要从场外引种，防止将病原引入。日常饲养过程中要将猪舍内外清理干净，制定出严格的消毒制度。

猪的饲料和饮水要卫生，猪舍要具备良好的保暖和通风环境，确保温度变化不大，而且能将有害气体排出，保持良好的空气质量。治疗应选用抗生素防止继发感染，同时应用提升机体免疫力的药物，病猪还要饲喂充足的营养物质。

参考文献

王娇.猪腺病毒感染的症状及诊断.兽医临床，2014，2：148.

郑兴福，聂兴泽.猪腺病毒感染的流行与诊疗方案.现代畜牧科技，2015，31(7)：87.

（刘在斯，王靖飞）

第 15 章 猪口蹄疫

本章提要

在猪的常见传染病中，口蹄疫无疑是危害最为严重的疫病之一，一旦暴发流行，必然造成巨大政治、经济损失。由于该病传播途径多、速度快、难控制，世界动物卫生组织（WOAH）将口蹄疫列在法定上报的动物传染病之首。在人类与口蹄疫病毒斗争的100多年中，虽然积累了丰富的知识和经验，对该病的研究也较为深入，但到目前为止，除一些发达国家继续保持无口蹄疫状态外，很多发展中国家仍在遭受该病的危害，想要做到对其彻底净化始终是一个极其困难的挑战。本章针对口蹄疫的流行特点、临床症状、血清型和基因型进行了简要介绍，论述了口蹄疫病毒的传播和致病机制，提出如何对其进行诊断和预防，为科学防控该病提供理论依据。

15.1 口蹄疫概述

15.1.1 流行现状

口蹄疫（foot and mouth disease，FMD）是由口蹄疫病毒（foot and mouth disease virus，FMDV）感染引起的一种高度接触性并可快速远距离传播的疾病，与其他类型的传染病相比具有排毒性强、传染媒介较多的特点，并且能通过空气进行传播，可造成大片的感染，所以流行性特点明显。此外，口蹄疫的传播不分季节，一年四季均可发生，相对而言春秋季发生较多。猪是FMD发生的放大器，在该病的流行中发挥着重要作用（李天芝等，2017）。

FMDV共有7个血清型，流行具有明显的地域性，其中A、O两型流行区域最广，欧洲、亚洲、非洲、南美洲都有流行；亚洲一型（Asia1）主要在亚洲流行，目前在我国已经得到控制；南非一型（SAT1）、南非二型（SAT2）、南非三型（SAT3）以前仅流行于非洲，但近几年SAT1和SAT2出现了地理界线跨越到中东地区的现象；C型主要分布于南美洲和亚洲的印度、哈萨克斯坦等国，但流行趋势已近停止，2004年以后，全球未出现C型FMD的报道（Knight-Jones et al.，2016）。

1.国际流行趋势

FMD曾是全球流行的传染病，大多数国家都有出现，目前主要在亚洲、中东和非洲的部分国家或地区流行或散发（Jamal et al.，2018）。近年来，每年报告发生FMD或存在FMDV感染的国家均在60个以上（King et al.，2017）。仅2018年全球就有50多个国家向WOAH通报发生FMD。其中，亚洲共有19个国家和地区报告发生疫情或检测到病毒，血清型包括O、A

和 Asia1 型，尤以 O 型分布最广(孙映雪等，2019)。从全球主流血清型来看，2021 年 1—11 月，收集了 14 个国家和地区 451 份样品，其中 O 型 171 份，A 型 31 份，SAT2 型 13 份，C 型自 2004 年之后无疫。值得关注的是各流行区域之间的融合趋势和异域毒株跨区域流行现象越来越常见。如 SAT2 型 FMD 有由南向北扩散的趋势，Asia1 型也有向欧洲蔓延的势头。总而言之，FMD 流行和无疫状态并不是一成不变的，但亚洲和非洲大多数地区仍属于重疫区。

2.国内流行趋势

近几年我国 FMD 的疫点分布广泛，发病率和病死率均有增加，危害不可小视。据统计，从 2005—2021 年，共报告疫情 175 次，其中包括 3 个境外毒株的传入疫情高峰年(2010，O/Mya-98；2013，A/Sea-97 G2；2018，O/Ind-2001)。2018 年可谓是最具代表性的一年，突破了 FMD 发病的历史新高，根据农业农村部通报的疫情数据统计，我国累计 12 个省(自治区)共报告发生 27 起 FMD 疫情，其中 O 型 26 次 A 型 1 次，发病动物报告次数以猪为主，共 10 次。毒株包括 O 型和 A 型 2 种血清型的 5 个流行毒株，强度相当。综合分析近几年 FMD 毒株在我国的流行情况，呈现以 O/Mya-98 为主的 O 型、A 型多毒株并存的流行态势。目前 O 型 FMD 仍然是我国防控的重点和难点，而且由于流行毒株多且复杂导致疫情有增多趋势。2020 年的流行趋势仍以散发 O 型和 A 型为主，发生区域性流行的可能性低(王芳蕊，2019)。

15.1.2 临床症状

FMD 的传染性很强，发病率高。猪的临床表现比较严重，以蹄部水疱为主要特征，潜伏期一般在 2～14 d，自然感染的潜伏期一般较短，主要取决于病毒感染量、毒株和感染方式。猪 FMD 发病初期表现为急性发热，体温可达 40～42 ℃，伴随精神沉郁、食欲不振等症状。蹄部表现出剧烈疼痛，病猪的蹄叉、蹄冠、蹄踵和趾间隙呈现潮红、发热、肿胀、敏感等症状，随后蹄冠部皮肤发白，出现水疱，进而扩展到蹄后部球节乃至蹄叉，持续一段时间后水疱出现破裂，流出黄色或透明液体，进一步导致糜烂，甚至蹄壳脱落露出鲜红色血面。患病猪跛行或卧躺，常不愿站立或靠墙站立。但并不是所有病猪四蹄均会出现症状，部分病猪只有其中一蹄或者两蹄出现症状。猪口腔部的病变不明显，通常在舌面出现一个或几个苍白点，部分猪可在口腔黏膜、鼻端、乳头等处出现水疮和烂斑。一般良性经过，如蹄部出现病变，2～3 周或更久可愈。此外，在口鼻吻突上面的水疱在破裂之前含有少量水疱液。FMD 还会造成母猪流产，患病母猪乳房皮肤有水疱性病损。

15.1.3 病理变化

初始组织病变发生在角质化的复层鳞状上皮，组织会发生气球样变，细胞棘层胞质染色加深，真皮层细胞水肿。感染早期可以通过坏死细胞、随后产生的单核细胞和粒细胞渗出物判定病毒是否存在。成年发病猪死亡率较低，通常不超过 5%，病理剖检可见咽喉、气管、支气管及前胃黏膜等部位出现水疱、烂斑及溃疡灶，心肌炎性病变，真胃、大小肠黏膜出血性炎症病变。发病仔猪可呈急性胃肠炎或心肌炎而突然死亡，对其进行解剖可见心肌炎，淋巴组织玻璃样变，肌纤维坏死，并可见单核细胞分泌物，但病毒导致的细胞病变只发生在少数的细胞中，不易被发现。同时伴有心脏肌肉出现坏死，心包膜有点状出血，心肌表面出现灰白色或淡黄色斑点或条纹，俗称“虎斑心”(吴元忠等，2018)。

15.2 口蹄疫病毒

15.2.1 分类及分型

FMDV 在分类上属于小 RNA 病毒科，小 RNA 病毒科包括 46 个种，分属 26 个属。FMDV 与牛鼻病毒 A、牛鼻病毒 B 和马鼻病毒 A 同分于口疮病毒属，也是本属的典型代表毒株，是人类确认的第一个动物病毒，同时也是研究最深入的动物病毒之一。

猪 FMDV 现有 7 个血清型，即 O、A、C、SAT1、SAT2、SAT3(即南非 1、2、3 型)以及 Asia1(亚洲 1)型。1922—1926 年间，分别确定了来自法国的 O 型和来自德国的 A 型、C 型毒株。随后经过英国学者艰苦的分型研究，于 1948 年分离鉴定出 SAT1、SAT2 和 SAT3 型，此工作组在 1954 年还发现了 Asia1 型，病料来自巴基斯坦。为了反映同一血清型不同分离毒株抗原性的差异，又进一步将同一血清型划分为血清亚型，目前已知的有 80 个以上的亚型，各型之间无交叉免疫，同型内各亚型间交叉免疫力不同，不能保证都有完全的交叉免疫，这也导致了 FMDV 多型性和易变异的特点。随着核苷酸测序技术的不断进步，完成了绝大部分的 FMDV 全基因组测序工作，其中 O 型约 130 株，A 型约 60 株，Asia1 型 35 株，SAT1 型 9 株，SAT2 型 4 株，SAT3 型 3 株。依据 VP1 序列的变异程度划分，还可将同一血清型中关系密切的一组病毒分为不同拓扑型，拓扑型毒株具有明显的地域性。其中，O 型 FMDV 分为 10 个拓扑型，A 型可分为 3 个拓扑型，C 型有 8 个拓扑型，Asia1 型仅 3 个亚型，均属一个拓扑型，SAT1～3 型共可分 8 个拓扑型。

15.2.2 基因组

FMDV 基因组为单股正链 RNA，呈线状，全长约 8.5 kb，完整的基因组 RNA 具有感染性，由 5′端非编码区(5′UTR)、开放阅读框(ORF)、3′端非编码区(3′UTR)和 poly(A)组成。5′UTR 全长约 1 300 bp，最前端是 VPg，紧接着是 S 片段、功能未知区和内部核糖体进入位点等。ORF 长约 7.0 kb，由 L 基因，P1 结构蛋白基因，P2、P3 非结构蛋白基因，以及起始密码子和终止密码子组成。3′UTR 长约 172 bp，为高度的茎环结构，与病毒基因组复制相关，由 poly(A)以及 poly(A)和 P3 区之间的碱基组成。见图 15-1。

5′UTR 由 5 个功能区组成，包括 Vpg、S 片段、Poly(C)区段、内部核糖体进入位点(IRES)、假节结构(PKs)和顺式复制元件(cre)区段等结构。VPg 蛋白在病毒 RNA 开始复制时起重要作用，它与 FMDV 病毒感染性有一定联系，只要 VPg 保持完整，就会形成具有感染性的病毒粒子。VPg 也同时参与病毒装配，因为在病毒 RNA 被装入病毒前首先要与 VPg 结合。S 片段由 360 个碱基组成，高度保守且与 5′和 3′端相互配对，可形成一个三叶草状茎环结构，具体功能尚不确定，但被推测可能是聚合酶的一个结合位点，进而参与维持细胞内病毒基因组的稳定。S 片段下游连有一段 420 bp 的 poly(C)序列，约 90%的胞嘧啶组成了 poly(C)片段，仅含有少量 U 与 A，几乎大部分形成二、三级结构，毒株的不同与 poly(C)的长短差异相关。紧接着 poly(C)结构的是一些 PKs，其功能目前还不清楚。PKs 的下游有一个发夹结构，该结构是一个 cre，这一结构是在研究人的鼻病毒和脊髓灰质炎病毒时发现的，是小核糖核酸病毒复制所必需的基因。IRES 位于 cre 与 ORF 之间，长约 450 bp，IRES 是 FMDV RNA

的翻译起始结构，是一种不依赖于帽子结构的高度结构化元件。被认为是真正的 IRES 的是 3′端的 UUUC 基序，此原件是由易变的嘧啶富集区和 AUG 组成。

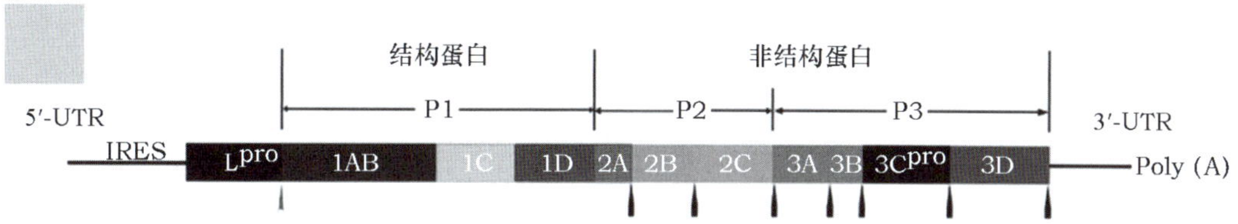

图 15-1 FMDV 基因组示意图

基因组的 ORF 由 4 个区域组成，依次为 L^{pro} 蛋白编码区、P1 区、P2 区和 P3 区。5′末端的 L 区长约 600 bp，L 蛋白是一种蛋白酶，有报道指出 L 蛋白可以阻止宿主蛋白质的合成，是 FMDV 的一种毒力因子。L 区下游的 P1 区决定着病毒的抗原性和血清型，全长约 2 200 bp，含有 1A、1B、1C 和 1D 4 个基因，编码 FMDV 的 4 种结构蛋白 VP4、VP2、VP3 和 VP1，VP0 是 VP2 和 VP4 的前体。FMDV 非结构蛋白基因包括 P2 和 P3 编码区，P1 区的下游为 P2 区，约 1 460 bp，编码 2A、2B、2C 蛋白。FMDV 的 2A 蛋白仅有 16 个氨基酸，能够自我催化 P1-2A 同 2C 解离。从氨基酸序列分析，2A 可能是一种特异性的蛋白酶。2B 和 2C 的功能尚不清楚。P2 区的下游为 P3 区，长约 2 720 bp，P3 基因由 3A、3B、3C、3D 共同组成。3A 具有膜相关性，被认为是小 RNA 病毒复制复合体与膜结构结合的锚定蛋白，3A 蛋白与 FMDV 的致病性有关。3C 蛋白具有酶活性，对该病毒大部分多蛋白有切割作用，也同时在宿主蛋白内发挥裂解作用。3D 编码区相对保守，是 FMDV 感染相关抗原，催化病毒 RNA 的合成 。

3′UTR 下游是长度不一的 poly(A)结构，长度为 85～101 nt。poly(A)尾与病毒的毒力有关，poly(A)越长感染性越强，poly(A)还能使 FMDV 转录及时有效地终止。

15.2.3 形态及结构

FMDV 是已知最小的动物病毒之一，病毒颗粒呈球形，表面光滑，呈二十面体立体对称，直径 20～30 nm，无囊膜，完整的病毒由衣壳包裹一个分子的 RNA 组成，分子质量为 6.9×10^6 kDa，蔗糖密度梯度中的相对沉降系数为 146 S，成熟的病毒粒子约含 30% RNA 和 70%的蛋白质。不含核酸 RNA 的病毒样颗粒，沉降系数为 75 S。146 S 或 75 S 空衣壳在酸性、碱性或一定温度条件下降解为无免疫原性的 12 S 和 5 S 粒子。

病毒衣壳由 60 个壳粒组成，每个壳粒分别由一个拷贝的 VP1、VP2、VP3 和 VP4 组成。五个壳粒组成 1 个五邻体，12 个五邻体以 $T=3$ 对称性组装成正二十面体的球形颗粒。其中，VP1、VP2、VP3 位于病毒衣壳表面，立体结构相似，是由 8 个 β 折叠桶组成，折叠桶之间由表面环结构所连接。VP4 位于病毒内部，通过一个十四烷基基团共价键与氨基端相连，最终构成相对比较光滑的球面，表面有一些细小的环状或纤突突起，五次轴中心点有一个小孔，可以允许小分子进入病毒颗粒。一般认为 VP1 上具有最重要的抗原位点，其上的 G-H 环参与构成重要的抗原位点，第 141～160 位和 200～213 位氨基酸残基是 FMDV 的主要抗原区，能诱导动物产生中和抗体，也是抗原性的高变区。VP1 上还有一个保守的 RGD(Arg-Gly-Asp)基序，是 FMDV 与细胞受体结合所必须序列，G-H 环识别受体的功能与 RGD 序列有关。虽然只有 VP1 能诱导动物产生中和抗体，但 4 种结构蛋白都具有免疫原性。

15.2.4 复制周期

FMDV 是在宿主细胞内完成一个增殖周期的，复制周期最快可达 3 h，一般需要 5～10 h，最终实现对细胞的致死性病变。病毒感染的第一步是受体的特异性识别，研究证实，整联蛋白和硫酸乙酰肝素是 FMDV 的受体（Wang et al.，2015），研究发现病毒感染细胞与病毒表面 G-H 环上的 RGD 序列有关，而且 RGD 序列周围的序列也对病毒受体识别具有重要作用。病毒经网格蛋白介导途径侵入细胞后脱壳，在酸化内涵体内裂解，然后释放出 RNA，在核糖体上借助 IRES 通过不依赖帽子结构的机制启动蛋白质翻译。利用宿主蛋白合成系统先合成一条多蛋白，多蛋白在翻译的同时会发生解离，最初 L 蛋白自我催化从多蛋白上裂解下来，然后多蛋白裂解成 P1、P2 和 P3 蛋白，同时在宿主蛋白酶的作用下多蛋白继续裂解为不同的前体蛋白和最重要的病毒裂解蛋白酶 3C，再经过逐级裂解，将聚蛋白裂解为不同的结构蛋白和非结构蛋白，为病毒基因组复制和病毒颗粒装配准备了必需的元件、酶及辅助因子。RNA 复制时基因组末端相互反应形成核蛋白复合体，RNA 聚合酶在复合体内与正链 RNA 结合，以 VPg 为引物，合成负链 RNA，再以负链 RNA 为模板合成正链 RNA，在该过程中常形成双股 RNA 的复制中间体。以负链 cRNA 为模板合成多股正链 RNA，此时合成速度加快，部分正链 RNA 用于病毒蛋白翻译，部分进行 RNA 复制，随着病毒正链 RNA 和病毒蛋白的积累，包装之后形成子代病毒。随着病毒 RNA 的积累，病毒蛋白的加工和部分细胞元件的积累，病毒粒子开始装配和成熟，造成细胞裂解、死亡，病毒粒子被释放到胞外，侵染新的宿主细胞。至此，病毒完成识别、侵入、翻译、复制、装配、成熟和释放（Martinez-Salas et al.，2017）。

15.2.5 致病机制

FMDV 能够经过多种途径进行传播，如唾液、喷嚏以及粪便、尿液等分泌物直接或间接传播。通过呼吸的空气感染就属于间接传播的一种典型方式（Seo et al.，2015）。侵入宿主后，先进入细胞或组织中，进而感染多种部位，产生一系列的生理和病理变化，诱导多种宿主应答，最终形成病毒的致病特征。病死的动物可通过其骨、肉、血液及曾经用过的饲料、水源等进行病毒的扩散，如南非 2000 年和英国 2001 年的 FMD 暴发均源于给猪饲喂未经处理的带病毒食物，日本 2000 年 FMD 暴发即是由于给家畜饲喂了受污染的草料引起的。治愈的动物也具有散毒的风险，因为其体内可能还会携带没有被完全消除的病毒，移动时极有可能导致其他动物大范围的感染。如果死亡的家畜没有经过彻底消毒，运输过程中的交通工具就会成为传播工具扩大病毒的传染范围。FMDV 还可通过空气间接地传染给易感动物，病毒还可以侵入动物的皮肤、呼吸道和消化道，该疾病的传播跳跃性比较强，并具有周期发生的规律。

猪患病通常是因为吃了没有经过消毒处理的饲料、直接和患病动物接触，或者运输猪只的交通工具曾运输过感染病毒的动物等。此外，如果母猪乳房上的水疱溃烂，幼猪进食后会导致心肌炎或者肠胃炎，甚至死亡。猪的易感性不及牛，但排毒量大。经验证在冷藏条件下，猪肉、舌、脾、肝、肾在保存 1 d 后，肺、猪胃和肠保存 30 d 后，仍可检测到病毒。在冷冻条件下，病毒在肺、胃、肠、脾、肝和肾等内脏器官中至少可存活 210 d，但在舌中仅可存活 10 d。也就是说，在冷藏和冷冻的猪肉中，FMDV 可持久残留。所以，冷藏及冷冻猪肉传播病毒的风险等级比较高，尤其是未经热处理的内脏器官、头、尾和舌，传播 FMDV 的风险更高。另外，在咸肉、猪肉香肠、火腿脂肪和加工好的肠衣中，病毒的存活时间也比较长，散毒风险也很高。总之，在进食猪肉及其副产品时，尽量用 75 ℃以上温度处理至少 20 min，这样就可以排除其传播病毒的风险。

持续性感染也是 FMD 重要的传染源，病毒可在宿主体内持续存活数月乃至数年，甚至终生，而动物并不表现临床症状，只是呈现亚临床感染状态，并且具有向外排毒的能力。

研究 FMD 的致病机制有助于揭示该病毒的感染途径从而抑制病毒的传播，也为开发新型抗病毒药物及方法提供参考。病毒感染后，在进入机体的部位开始最初复制，此时在没有出现临床症状、也没有形成溃疡的部位可检出 FMDV 核酸。接着病毒迅速地扩散到机体大部分的上皮部位，产生病毒血症，导致体温升高和全身临诊症状，在病毒血症期间，病毒还可侵入心肌和骨骼肌中，常伴随细菌并发和继发感染。随后病毒随血液分布到吻突、脚趾、悬蹄、四肢承受压力及关节部位的皮肤、嘴、舌及泌乳母猪的乳头继续繁殖，引起局部组织的淋巴管炎，导致在应激和机械损伤部位形成水疱。水疱不断地发展，融合乃至破裂，此时患畜体温逐渐恢复正常，血液中病毒量减少乃至消失，逐渐从乳、粪、尿、泪及涎水中排毒。最终病畜进入恢复期，多数病例逐渐好转。

15.3 诊断及防治

15.3.1 诊断

在我国，养猪业已经成为经济效益越来越明显的产业，FMD 对于养猪业的影响无疑是巨大的，也关乎我们国家的畜牧业发展质量。因此在猪养殖过程中，须提高对该疾病的重视程度，采取快速、有效的方法做好猪 FMD 的诊断工作，这样对最大限度提升养殖效益具有一定的现实意义。FMDV 诊断技术是在不断地进步和优化中日渐成熟的，其发展经过了三个阶段，从早期的细胞培养试验、补体结合试验和病毒中和试验，到随后以酶联免疫吸附反应（ELISA）为主的抗原和抗体检测方法，再到现今的以聚合酶链反应（PCR）为基础的多种分子生物学诊断技术，形成了多方位、多层面的诊断监测手段。

1.血清学

猪 FMDV 血清学诊断方法是比较常见并且是应用最广泛的，由于该病毒的血清型较多，准确诊断血清型是防控该病的首要环节。早期的血清学诊断方法主要包括病毒中和试验、补体结合实验、凝集试验、免疫扩散试验、免疫沉淀试验、免疫电泳和免疫荧光，随后 ELISA 得到飞速发展，成为最为核心的血清学检测方法并沿用至今。正是因为 ELISA 具有特异、敏感、快速、简便等特点，并能运用自动化操作迅速检测大量样品，已成为国际上检测 FMD 的常规方法之一，包括液相阻断 ELISA、固相竞争 ELISA 以及间接夹心 ELISA 等。我国已研制出可用于 FMDV 的抗原定型检测的间接夹心 ELISA 方法；口蹄疫 O 型、Asia1 型和 A 型固相竞争 ELISA 抗体检测方法（特尼格尔等，2016）；该病毒非结构蛋白抗体单抗阻断 ELISA 试剂盒，用于区分自然感染和疫苗免疫动物，监测手段可谓是多方位、多层面的。同时免疫层析检测技术也因其简单快捷的操作方法被广泛适用于现场初筛。近年来，利用不同血清型的抗体建立快速分型的多重免疫层析试纸条也非常有效（Yang et al.，2015），但缺点是由于试验设计采用固相免疫学的原理，灵敏度略低于 ELISA 和 PCR。

2.病原学

（1）病原分离　传统的病原学诊断方法是检测猪 FMDV 的黄金标准，即做病原体的分离、培养与鉴定。主要手段有两种:细胞培养和动物接种。

细胞培养通常利用对 FMDV 敏感的细胞系进行病毒分离试验,常用初代小牛甲状腺细胞、小牛肾细胞、乳仓鼠细胞等,其结果是以动物细胞是否发生病变为根据,可观察到细胞变圆、核浓缩、细胞脱落等细胞病变,最后再用 ELISA 或 RT-PCR 实验对所培养的病毒进行验证。

动物接种是将病毒上清液接种动物致使其发病,再从产生病变的动物体内分离出 FMDV,用于 FMDV 鉴定的动物有:乳鼠、豚鼠、仓鼠、乳兔、鸡胚,以乳鼠、豚鼠最常用。通常情况下从病料中将病原体分离提取后,接种于 2～7 d 龄乳鼠,在 24 h 左右观察小鼠变化,结果小鼠行动不便,四肢僵直,呼吸急促,最终导致小鼠死亡。豚鼠感染是将病原接种于预先划破跖部的皮肤,或作皮内注射,次日即可在接种部位见到小水疱,随后水疱慢慢消失,没有发现糜烂面,但在豚鼠口腔内发生继发性水疱,豚鼠常伴有消瘦,部分死亡的现象。病原分离的优点为结果准确、可靠,但缺点是培养程序繁杂,耗时、耗力。

也可利用电镜法对 FMD 病原进一步诊断,判断依据为病毒的大小结构、形态特征及立体构象等特点,但此方法仅用于病原学诊断的参考。

(2)分子生物学诊断　近年来已建立的检测 FMDV 的各种分子生物学方法应用也非常广泛,该方法以被检病料中少量的病原遗传物质为模版,在体外迅速扩增该遗传物质,实质就是检测待检样品是否含有 FMDV 的核酸序列。具有灵敏度高、省时、操作简便等特点,且能够同时检测多种样品。主要包括聚合酶链式反应(PCR)、寡核苷酸指纹图谱法、基因芯片技术、核酸杂交技术及聚丙烯酰胺凝胶电泳技术等。其中利用 PCR 为基础的诊断技术应用最广且种类繁多,包括常规 RT-PCR 方法、多重 RT-PCR 方法、荧光定量 RT-PCR 方法、环介导等温扩增技术、核酸试纸检测技术、解旋酶恒温基因扩增技术等。PCR 可在数小时内对仅有几个拷贝的基因放大数万倍,使其在凝胶电泳后形成明显可见的 DNA 条带。这种方法可检测病毒,也能直接检测核酸片段,样品可以来自淋巴器官、肌肉、皮肤等组织,这也是 PCR 特有的优势。其中,具有快速、敏感、特异性强的实时定量 RT-PCR 技术在 FMDV 基因表达水平的分析、病原体的定性和定量检测等方面应用最为广泛,有助于对 FMD 进行疫源追踪、毒型鉴定和毒株遗传学系统树分析。

(3)其他　利用电镜法也可进行 FMD 病原诊断,判断依据为病毒的大小结构,形态特征及立体构象等特点,但此方法仅用于病原学诊断的参考。

随着对 FMDV 的深入研究,其诊断技术也在日益成熟,但不同方法之间也各有利弊,科研人员也在尝试将多种 FMDV 检测方法结合起来取长补短,进一步完善其应用价值。总之,高效、快速、便于操作并适合基层应用的方法必将成为 FMD 诊断技术的发展趋势。

15.3.2　防治

全球有关国际组织、区域组织及国家高度重视 FMD 防控,制定实施了 FMD 控制或消灭计划以及路线图和相关配套文件(OIE/FAO,2019)。我国对口蹄疫 FMD 实行以免疫为主的防控策略,对 O 型、A 型和 Asia1 型进行强制免疫,并且取得了显著成效。Asia1 型 FMD 自 2009 年之后,再未见临床病例,A 型疫情趋于缓和,田间疫情逐年减少。尽管如此,中国作为世界第一养猪大国,疫病防控形势仍十分严峻。在当前非洲猪瘟防控形势的影响下,疫区传播风险加大,防控措施一旦落实不到位还会遭到周边国家疫情的侵袭,给 FMDV 的净化工作造成更大的困难。因此,FMD 的免疫防控不能松懈。目前,我国已采取了一系列应对该病的综合防范措施，同时也建议猪场对新技术不断更新，就猪场本身制定有效的免疫防控流程。

1.疫苗研究及使用

近年来，FMD 疫苗的研制有了长足的进步，多种类型的疫苗竞相出现。除了 FMD 灭活疫苗外，合成肽疫苗、病毒样颗粒(VLPs)疫苗、表位疫苗、基因缺失疫苗等基因工程疫苗的研发也都进展迅速。各类疫苗的使用大大提升了猪 FMD 的免疫效果，使得 FMD 免疫抗体合格率一般都保持在 70% 以上。

灭活疫苗在 1937 年研制成功以来，用了 80 多年的时间分别从生产技术、生产成本、生产效率和疫苗质量进行了大幅度提升，目前悬浮培养工艺已经被广泛使用。兰州兽医研究所通过反向遗传学改造的手段联合相关企业共同研发了猪 FMD O、A 二价灭活疫苗(Re-O/MYA98/JSCZ/2013 株＋Re-A/Wh/09 株)获得了一类新兽药证书，此疫苗毒株的抗原广谱性以及生产性能较之前的灭活疫苗都有显著提高。

合成肽疫苗于 1982 年研发成功，为 FMD 疫苗的研发开辟了一条新的道路，根据 FMDV VP1 上的中和抗体表位，化学合成相应的氨基酸制备成合成肽疫苗，并根据 FMDV 的真实结构在体外模拟出其三维空间结构，免疫后能够产生高水平的保护性，随着研究的深入，合成肽疫苗的免疫原性也得到了不断地增强。相比灭活疫苗具有高效、安全、稳定以及免疫后可以与野毒感染进行区分的优势。

中国农业科学院兰州兽医研究所的 VLPs 疫苗于 2021 年获得新药证书，作为一种新型的基因工程疫苗，它是由病毒的一个或多个结构蛋白自动组装而成的空心颗粒，具有表面结构规则，大小合适，不具有传染性，能产生很好免疫效果的潜力疫苗。并且在血清中的半衰期较长，质量稳定、安全可靠。利用生物矿化的概念和技术，耐热 FMD VLPs 疫苗，呼之欲出，使常规 FMD VLPs 能够在室温中长时间保存，克服了 VLPs 疫苗的冷链需求限制，开辟了 VLPs 疫苗换代产品的新阶段。

FMD 表位疫苗是指利用基因工程方法体外表达或人工合成病原微生物的抗原分子表位，将其作为抗原研制成的疫苗。与传统的灭活疫苗主要诱导机体产生体液免疫应答相比，表位疫苗能诱导细胞免疫，具有良好的安全性。对于 FMDV 这样具有高度变异性的病毒，多表位疫苗的优势就是含有广谱的表位信息，同时减少了传统疫苗中与免疫无关的成分，特异性强，安全可靠，而且便于规模化生产，具有广阔的开发前景。

FMD 基因缺失疫苗是利用基因工程技术切去病毒致病基因，使其失去致病力，但仍保留其免疫原性及复制能力，成为基因缺失株。兰州兽医研究所联合中牧股份、中农威特等研发的猪 O 型 FMDV 3A3B 表位缺失灭活疫苗(O/rV-1 株)已经获得新兽药证书。该疫苗缺失了病毒的 3A3B 表位，具有免疫标记特性，可用于区分疫苗免疫与野毒感染，具有较好的应用前景。

我国根据疫情监测和牲畜的免疫状况对 FMD 实施计划免疫，做到有计划地利用疫苗进行预防接种，使牲畜提高免疫水平。按农业部规定，所有的猪群都要进行 O 型 FMD 强制免疫，疫苗的种类包括灭活疫苗和合成肽疫苗。接种要结合当地疫情发生的情况和免疫效果，制定切合地方和本场实际的免疫程序，选择正规厂家的疫苗，严格把握疫苗接种的操作规范及剂量。对处于非正常状态的猪要区别接种。同一批猪接种时应使用同一厂家和同一批次的疫苗，全程注意周边环境的卫生，做好消毒工作，针头一猪一换。接种后出现过敏反应的要及时使用肾上腺素处理。疫苗的储存环境也十分重要，一旦发现疫苗的外观发生变化应立即停用。

随着生物技术的不断发展，兽用疫苗领域不断取得创新性成果。科研人员有信心和能力开发出更具免疫活性和生物安全性的新型 FMD 疫苗，为将来彻底控制并最终消灭该病提供新的途径。

2.抗病毒制剂

在 FMD 疫苗使用过程中，配合一些抗病毒制剂往往能够在疫苗免疫初期发挥早期抗病毒的作用，提高疫苗的免疫功效。

众所周知，干扰素(IFN)可以使宿主细胞抵御病毒侵染，并快速诱导机体产生非特异性保护反应，对病毒性疾病具有较好的防治效果。针对 FMD 的防控，用 IFN 配合疫苗使用，可以弥补疫苗反应期长的缺点。有研究表明，Ⅰ类和Ⅱ类 IFN 在体外和体内可协同抑制 FMDV 的复制。另外，以 RNA 干扰为策略的一些人工合成的核苷酸也可被用于控制 FMD。例如，反义 RNA 转染 BHK-21 细胞后能大大减少该病毒对细胞的感染量，siRNA 也对部分毒株表现出不同程度的抗病毒活性。

纳米抗体是一种新型基因工程抗体，具有生产成本低、与抗原亲和力高、特异性强、相对分子质量小等优点，且结构独特，因而成为对抗病毒的抗体之一，常被用于病毒性疾病的预防及治疗。研究人员经过在豚鼠体内的攻毒验证，一些纳米抗体可以不同程度地阻止 FMDV 附着到宿主细胞表面，从而使病毒滴度大幅降低，具有抗病毒的巨大潜力(Dong et al.,2022)。

近年来，越来越多的抗 FMDV 药物也得到了关注。金丝桃素在 BHK-21 细胞感染 FMD 的各阶段都有明显抑制细胞病变的作用。它在体外抗 FMDV 的途径主要通过抑制该病毒与宿主细胞的吸附及融合，从而能有效降低该病毒的 $TCID_{50}$。利巴韦林在 BHK-21 细胞中被验证可以治疗 FMDV 感染。一些中草药成分也被证明对 FMDV 有抑制作用，红茶菌与该病毒混合后接种 BHK-21 细胞，可发现其对 FMDV 的杀灭效果。双黄连、黄芪多糖以及一些复方中药被证明对 FMD 有拮抗作用。除此之外，三氮唑核苷、2′-甲基胞嘧啶、5-氟尿嘧啶和 5-氮杂胞嘧啶，这些核苷类似物在体外可使 FMDV 复制产量减少 50～140 倍，有的甚至对该病毒的 7 个血清型都有抗性。嗪酰胺衍生物在体外以及猪体内试验表明其存在抗 FMDV 效应。中西药结合制剂的运用也被各猪场作为抗 FMDV 的有效方案，异丙肌苷＋阿莫西林＋黄芪多糖就是满意度比较高的方案之一。

综上所述，FMDV 抗病毒制剂的作用是不容小觑的，即使是短期的，如果在免疫过程中合理搭配，足以弥补“免疫窗口期”。针对 FMD 在易感动物种群中传播速度很快的特点，抗病毒制剂作为一种治疗或者预防策略，在免疫之前使用有可能会产生更佳的效果。

3.其他措施

除了免疫和药物治疗，加强活畜移动监管是避免 FMD 传播的重要举措。活畜移动是目前 FMD 传播的主要原因，因此，要加强监测和流行病学调查。完善活畜调运检疫，加强产地、运输和隔离检疫，禁止从疫区、病史场引进种猪及商品猪，加强引种及交易环节的检疫检验，及时检出重大疫病的阳性个体，对病猪进行无害化处置，防止疫病传播。全面掌握我国 FMD 病原分布、血清型、流行毒株及变异情况。

加强日常饲养管理。饲管人员要熟练掌握生猪养殖相关的关键技术，实现生长、预防和增收的协调统一。做好卫生消毒工作，要严格按照饲养管理要求来开展消毒工作，在消毒时要做好防护工作，并对猪舍进行全方位的消毒；提供舒适的生存环境，保证猪舍内的湿度和温度适宜，做好通风设计，并根据当前猪群的生长发育及生产功能需求，保持科学合理的饲养密度，减少环境中的应激因素，提升猪群健康水平。养殖期结束要坚持“全进全出”的管理制度，清场后也要对猪舍实施彻底的清洗保洁和全面消毒，之后坚持半年左右的休养期，最大化地降低历史病的复发风险。

加强饲料管理。按饲养要求来选购合格饲料，务必满足猪群的生长要求，必要时可在饲料中添加蛋白质、维生素及矿物质等营养物质，做到科学喂养，避免造成积食或者食料不足的情况；猪场中最好设置一个专门的饲料储藏室，安排专人对饲料进行管理与申领，避免长时间堆放饲料使其发生变质或者发霉；清理料槽中的剩料，被患病猪污染的饲料，也需要及时清理，避免健康猪在接触中患病。

强化技术储备。及时开展疫苗评价，跟踪病毒变异情况。结合网络等高新技术，对 FMD 的大数据进行记录和分析，通过计算机统计和分析掌握疫病传播和感染规律。利用高科技平台既可以将数据进行共享，又可以找到世界范围最前沿的 FMD 防控技术，从而指导养殖户制定专门的防治工作规划。当 FMD 发生的时候，可以及时根据规划采取有效措施。

参考文献

李天芝，于新友，李峰，等. 口蹄疫的诊断及防控措施.养猪，2017：113-116.

孙映雪，朱琳，陈伟，等.2018 年全球口蹄疫流行状况分析.中国动物检疫，2019，36(6)：49-55.

特尼格尔，黄天鹏. 口蹄疫诊断技术的研究进展.畜牧与饲料科学，2016，37(3)：102-105.

王芳蕊.近年口蹄疫在我国的流行特点研究及防治措施.当代畜牧，2019(11)：7-9.

吴元忠，杨建宏.猪口蹄疫的诊断及其综合防控.中国畜牧兽医文摘，2018，34(2)：230.

Dong H，Liu P，Bai M，et al. Structural and molecular basis for foot-and-mouth disease virus neutralization by two potent protective antibodies. Protein& cell，2022，13：446-453.

Jamal S M, Belsham G J.Molecular epidemiology，evolution and phylogeny of foot-and-mouth disease virus infect. Genet. Evol，2018：84-98.

King D, Mioulet V, Ludi A, et al. Update on the current global situation for FMD: work of the OIE/FAO network to detect new outbreaks and monitor threats.Global foot-and-mouth research alliance scientific meeting 2017. Incheon, South Korea：October，2017：25-27.

Knight-Jones T J, Robinson L, Charleston B，et al.Global foot-and-mouth disease research update and gap analysis: 2-epidemiology wildlife and economics transbound. Emerg，2016：14-29.

Martinez-Salas E, Belsham G J.Genome organization，translation and replication of foot-and-mouth disease virus RNA foot-and-mouth disease virus: current research and emerging trends. Caister Academic Press，2017：13-42.

OIE/FAO.Reference laboratory network for FMD.FMDV prototype strains[DB/OL]，2019.

Seo I H，Lee I B，Hong S W，et al.Web-based forecasting system for the airborne spread of livestock infectious disease using computational fluid dynamics.Biosystems Engineering，2015：169-184.

Wang G, Wang Y, Shang Y.et al. How foot-and-mouth disease virus receptor mediates foot-and-mouth disease virus infection.Virology Journal，2015，12：9.

Yang M, Caterer N R, Xu W, et al. Development of a multiplex lateral flow strip test for foot-and-mouth disease virus detection using monoclonal antibodies. Journal of Virological Methods，2015，221：119-126.

（郭慧琛）

第 16 章　猪水疱病

本章提要

猪水疱病，又称猪传染性水疱病，是猪水疱病病毒感染猪引起的一种高度传染性疫病。首次发现于 1966 年的意大利，之后在欧洲的许多国家流行蔓延，造成严重的经济损失。该病可以感染任何品种、年龄和性别的猪，尤其对仔猪具有较大危害，易导致死亡。一般在集约化程度高的规模化猪场易发生该病，其症状与口蹄疫相似，但牛、羊不发病，死亡率较低，病程持续时间较短。因其发病率较高，速度传播较快，猪群一旦感染就会出现体重减轻、发育缓慢及妊娠母猪的流产等症状，严重损害养猪业的发展。本章从病原、流行病学、临床症状、诊断防治等方面对猪水疱病作一简述，为本病的深入研究和预防提供一些参考。

16.1　猪水疱病概述

16.1.1　流行现状

猪水疱病（swine vesicular disease，SVD）是猪水疱病病毒（swine vesicular disease virus，SVDV）感染猪引起的一种高度传染性疫病。该病于 1966 年首先发现于意大利，自此以后在欧洲和亚洲许多国家先后出现，20 世纪 70 年代初期为流行的高峰时期。英国在 1972 年至 1979 年共暴发了 446 次 SVD，以后逐渐趋于缓和。21 世纪后，根据 WOAH 的报告，世界范围内 SVD 的疫情似乎比较平静，只在欧洲的意大利和葡萄牙有暴发的报告。2012 年意大利坎波巴索省发现 5 起 SVD 暴发的疫情，这次疫情的传染源来自一个养猪场，此养猪场曾向另外四家猪场运送过生猪。

1970 年后，我国许多省份也相继屡次发生 SVD。到 20 世纪 80 年代末期只有散在暴发，但 90 年代似乎 SVD 有重新抬头的趋势。近几年我国没有报告发生过 SVD 疫情。但是，国内仍存在大量频繁从国外引进种猪、进口猪肉以及走私入境猪肉和猪副产品的现象，致使养猪生产中常常发生水疱病样症状，很难保证我国不存在 SVD。因此，要对 SVD 的防控予以高度重视。

16.1.2　临床症状

SVDV 的潜伏期为 2～6 d，处于潜伏期的猪，其皮肤和肌肉中含有一定量的病毒。感染 10 d 以上的猪的皮肤破溃组织中存在大量病毒。接触性传播一般在感染 24 h 后即可发生，此时感染猪通过鼻黏膜排毒，感染 48 h 后可在直肠和咽腔检出病毒。感染后第 4～5 天分别处于病毒血症和初期水疱形成期，水疱在形成 2～3 d 后破溃，在水疱液和水疱皮中有高浓度病毒。

本病的典型临床症状是蹄部、鼻端、口唇皮肤黏膜、舌面黏膜和腹部及乳头等部位的皮肤发生水疱和烂斑。首先观察到的是猪群中个别猪发生跛行，一般在硬地上行走时比较明显，伴有弓背和疼痛反应，或者卧地不起，体型越大越明显。体温通常会升高 2～4 ℃。发病率在不同暴发点差别很大，有的不超过 10%，但也有的达 100%。死亡率一般很低。病猪恢复速度较快，一般 3 周就能够完全恢复。哺乳母猪感染后易导致哺育仔猪发病，甚至死亡。

临床症状可分为典型型、温和型和稳定型。典型型主要表现为病猪的趾、附趾的蹄冠以及鼻盘、舌、唇和母猪乳头发生水疱。早期症状为蹄冠的角质与皮肤结合处上皮苍白肿胀，36～48 h 后，形成明显水疱，内部充满水疱液，很快破裂，但有时维持数天。水疱破裂后形成溃疡，真皮暴露，颜色鲜红，严重时蹄壳脱落，造成跛行。有的猪呈犬坐式或躺卧地下，严重者用膝部爬行。体温升高至 40～42 ℃，病猪精神沉郁、食欲减退或停食，但病程较快，一般情况下，无并发其他疾病者不引起死亡，病程一般经过 10 d 左右会自愈，重症者要 15 d 以上才可康复。偶见病猪发生中枢神经系统紊乱，特征为向前冲、转圈运动，用鼻摩擦、用嘴咬啃猪舍用具，眼球颤动，有时出现强直性痉挛，随着病程发展，可出现轻瘫、麻痹等神经症状。温和型少数病猪会在蹄部出现少量水疱。在猪群中传播缓慢，症状表现不明显，发病后恢复较快，往往不容易被察觉。隐性型感染无临床症状，但感染猪能排出病毒，对易感猪有很大的危险性。

16.1.3 病理变化

组织学检查，蹄部皮肤表现为表皮鳞状上皮细胞发生空泡变性、坏死和形成小水疱。病变始于棘细胞层，镜下可见细胞水肿变性和细胞间积液。角质细胞死亡，皱缩呈球形，单个或聚团地漂浮在水疱液中。部分发病猪可见心内膜有条状出血斑，心肌纤维间偶有少数小出血灶，血管内皮细胞肿胀、增生，其他脏器无可见的病理变化。表现有神经症状的猪，组织学变化主要为非化脓性脑膜炎和脑脊髓炎，脑灰质和白质出现软化病灶，大脑中部病变较背部严重。脑膜淋巴细胞浸润，出现血管套现象。病变的后期细胞坏死明显，约 30%病例基底层以上组织与基底层相脱离（张春宝，2015）。

16.2 猪水疱病病毒

16.2.1 分类及分型

SVDV 属于小 RNA 病毒科肠道病毒属。SVDV 与柯萨奇病毒 B5 在核苷酸以及氨基酸水平的同源性很高，且两者有非常相近的理化特性、生物学特性及血清学关系，SVDV 因此被认为是人类病原体柯萨奇 B5 病毒的一个变种，在分类时将其同柯萨奇 B 型病毒分为同一个谱系。

猪水疱病病毒只有一个血清型,不同株之间的抗原差异性很小。根据遗传进化关系,目前将该病毒分为4个基因型。虽然本病与其他猪水疱型疾病临床症状十分相似,但其血清与口蹄疫(FMD)、水疱性口炎(VS)、猪水疱疹(VES)等病毒却无交叉中和反应,而与人类的CVB5却关系密切。SVDV一些毒株可被CVB5抗血清中和,该现象的存在具有一定的生物学价值。SVDV是否会由人到猪或由猪到人相互传递还有待进一步研究。曾经有报道称人与高浓度的SVDV接触时,引起了同脑炎临床症状相同的疾病。此外,与SVDV接触的实验室工作者的血清中,也检测出高滴度的特异性中和抗体。

16.2.2 基因组

SVDV的基因组为单股正链RNA,既可以作为mRNA,又是负链RNA的模板,全长约为7.4 kb,其碱基组成中含有较高量的腺嘌呤(A),且G-C含量较低,其3′端含polyA,5′端非编码区与3B共价连接。基因组结构从5′端到3′依次为5′-非编码区(5-NCR)、开放阅读框(ORF)、3′-非编码区(3′-NCR)以及PolyA(Christian et al.,2015)。

ORF由起始密码子、结构蛋白基因、非结构蛋白基因和终止密码子组成,ORF编码一条2 185个氨基酸的多蛋白,经蛋白酶作用后,形成11种功能蛋白。5-NCR长742~743核苷酸,包括P1、P2和P3区,编码结构蛋白VP4、VP2、VP3和VP1,具有丰富的二级结构,没有帽子结构,但有一个内部核糖体进入位点和调控病毒复制与装配的信号。3′-NCR是由终止密码子开始的103 nt和PolyA,包括P2和P3区,裂解产生7种非结构蛋白:2A、2B、2C、3A、3B、3C和3D,这些蛋白主要参与调控病毒的复制。2A是一种多功能蛋白酶,参与多蛋白在初级裂解过程中的切割;作为SVDV的一个毒力决定因子,诱导细胞蛋白酶裂解eIF4GI,抑制细胞(帽依赖)蛋白质的合成;激活IRES的活性,促进IRES依赖的蛋白质的合成。2B和2C蛋白的功能还不清楚。3C蛋白是一种半胱氨酸蛋白酶,催化多蛋白前体的大部分成熟裂解。3D蛋白是一种依赖RNA模板的RNA聚合酶,催化合成病毒基因组RNA。见图16-1。

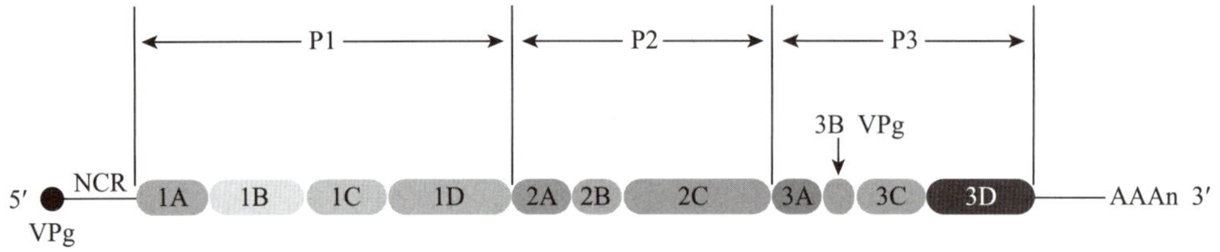

图16-1 SVDV基因组示意图

16.2.3 形态及结构

SVDV形状近似球形,直径22~23 nm,无囊膜,故对乙醚不敏感,碱性环境中易被杀死,在酸性条件下相对稳定。在氯化铯中的浮密度为1.43 g/cm^3,沉降系数为(150±3)S,不含脂质和碳水化合物。在感染细胞内常可见病毒呈晶格排列和环形串珠状排列。每个病毒粒子的衣壳由各60个拷贝的四种结构蛋白构成(VP1、VP2、VP3和VP4),这些亚单位自我组装形成正二十面体对称结构,并包裹一条单股正链RNA。VP1是病毒衣壳外层表面的最大部分,与其他结构蛋白结合,形成正二十面体的五次轴顶点。VP2与VP3交替缠绕在病毒粒子的 3 倍轴上，相对暴露在衣壳表面。VP4 为内壳蛋白，与病毒 RNA 相互作用。VP4 和 VP2 则以前体蛋白形式存在，即 VP0。SVDV 的抗原表位位于外壳蛋白 VP1、VP2 和 VP3 上。有人用抗单克隆抗体突变法和融合 PCR 技术分别鉴定出 SVDV 结构蛋白上的至少 10 个构象依赖型表位。除此之外，线型表位也是小 RNA 病毒参与体液免疫应答的结构之一，据推断在 SVDV 的结构蛋白上至少有 7 个线型表位，但其免疫原性相对较弱（孙世琪，2009）。

16.2.4 复制周期

病毒 RNA 的复制是通过两种复制中间体在细胞质内进行的。即分别以正链 RNA 和负链 RNA 作为模板进行复制。病毒 RNA 首先复制负链 RNA，再由负链 RNA 复制正链 RNA，由正链 RNA 翻译病毒蛋白，并参与组装病毒粒子。病毒正链 RNA 编码一条大的聚合蛋白，它是翻译后被切割成各个功能蛋白的。结构蛋白和正链 RNA 和与之共价连接的 3B 一起组装成完整病毒粒子。病毒在猪肾细胞系上的复制周期为 3～4 h。

16.2.5 致病机制

本病仅发生于猪，不同品种、年龄的猪均可感染发病。该病没有季节规律，一年四季均可发病。养殖密度大、调动频繁的猪群往往发病率较高。

SVDV 对舌、鼻盘、唇、蹄的上皮，以及心肌、扁桃体的淋巴组织和脑干均有很强的组织嗜性。实验表明 SVD 与 FMD 不同，通过空气传播的可能性很小。几乎所有 SVD 的发生都与被污染的饲料，污染的场地、运输活猪车辆，或引进病猪有关，只有个别次数的暴发原因不明。病猪和带毒猪的粪、尿、鼻液、口腔分泌物、水疱皮及水疱液含有大量病毒，猪群经损伤的皮肤、消化道被病毒感染。一般认为感染主要经过两个途径，一是从污染的场地通过有外伤的皮肤直接侵入上皮组织，增殖后的病毒通过血液循环到达其他易感部位而产生病变。另一途径是经口进入消化道，通过消化道上皮和黏膜侵入的病毒，经血液循环到达易感部位，从而发生水疱性损伤及非化脓性脑脊髓炎等病变。感染母猪也有可能通过胎盘传染仔猪。由于有病毒血症过程，所以所有组织均可成为传染源。

SVD 病猪及猪肉产品、处于 SVD 潜伏期的活猪及猪肉产品是最主要的传染源。健猪与病猪同居 24～45 h 即能感染，虽未出现临床症状，体内已存有病毒。发病后不同时间的猪，其肌肉、内脏、水疱皮、血液等均会带毒。生猪肉及其制品都会长期携带活病毒，带毒时间取决于周围的环境条件。猪尸体可带感染性活毒达 11 个月以上。猪肉产品经 69 ℃以上高温 15 min 即可杀灭 SVDV。腌肉由于被高浓度的钠离子所包围，肉制品类似煮过但病毒仍残存，须经 110 d 后才能灭活。

虽然猪是唯一的自然宿主，但牛和羊与受 SVDV 感染的猪混群后，可以从其口腔、乳和粪便中分离出病毒，而且羊体内可以发生该病毒的增殖，但它们无任何临诊症状。对于牛和羊能否成为传染源以及在传播中的作用尚无定论，但机械传播是可能的。

病毒侵入猪体，一般先通过伤口或破损的皮肤、黏膜侵染到体内，随后在感染部位小范围增殖，引发局部免疫渗出，经 2～4 d 形成一期水疱。随着病毒数量增多逐渐进入血液并随血流和淋巴流到全身组织，进而发展为病毒血症。此时为病毒大面积扩散期，皮肤、全身淋巴结、扁桃体等都是病毒最易定植的部位，最敏感的部位是下腹部皮肤、乳头周围、鼻盘、呼吸道黏膜、蹄部和嘴唇等，病变也最明显（李学鑫，2020）。受侵染的组织会发生炎性渗出和红肿，表现二期水疱。二期水疱经过一段时间后会自行破溃，这意味着病猪已经度过病毒血症阶段，体温会逐渐下降并恢复正常，水疱破溃后伤口也会自行愈合，最终完全自愈。

16.3 诊断及防治

16.3.1 诊断

自从发现 SVD 以来，人们对 SVDV 的鉴别诊断进行了大量的研究工作。由于 SVD、FMD、VES 和 VS 的临床症状很相似，且这四种病都是病毒引起的，所以确诊是否为 SVD 主要依靠实验室方法区分，临床症状只是辅助诊断。实验室诊断方法主要有病毒分离、ELISA 及 RT-PCR 等。病毒分离往往涉及培养细胞、观察病变，费时费力，而 ELISA 容易出现假阳性或假阴性，因此 RT-PCR 已经成为常见的实验室诊断 SVD 的方法。此外，国外还建立了用于检测血清中抗体水平的中和试验以及竞争 ELISA 的方法（Wiesław Niedbalski et al.，2017）。

1.血清学

血清学诊断方法很多，包括中和试验、琼脂免疫扩散试验、补体结合试验、免疫电泳试验、荧光抗体试验和 ELISA。早期检测 SVDV 感染的方法是判定血清中是否存在抗体，WOAH 规定的标准方法是血清微量中和试验。这种方法是国际公认的检测 SVDV 毒抗体最好的方法。但是，此法检测大量样品费时费力。后来，荷兰研制出 SVDV 抗体 ELISA 检测试剂盒，其特异性和敏感性都较高，不仅简便准确，而且省时省力。各类 ELISA 方法与免疫荧光技术、补体结合试验及间接血凝试验相比，都显示出了特异、敏感、快速、简便、价廉、可靠性好等特点，且能自动化操作，并能迅速检测大量样品，在 SVD 的诊断中常被作为首选方法（Xu et al.，2017）。

2.病原学

病原学常采用细胞对病毒分离培养和小鼠接种试验，SVDV 只能在猪肾原代细胞、猪原传代细胞（PK-15，IB-RS-2）及人羊膜传代细胞上增殖，而 FMDV 不仅能在猪肾细胞上，而且能在牛肾、BHK-21、原代牛甲状腺细胞上增殖。病毒分离往往涉及培养细胞、观察病变，费时费力。另外，利用 FMDV 不耐酸的特点，可以用 pH＝5 的溶液处理水疱液，电镜下能看到 SVDV 粒子，但看不到 FMDV 粒子。

根据病毒对乳鼠的致病力和对酸、碱的敏感性可对 SVDV 和 FMDV 进行鉴别诊断。采集发病猪的水疱皮制成悬液或用水疱液分别接种 1～2 日龄乳小鼠和 7～9 日龄乳小鼠，两组乳小鼠均死亡者为 FMDV；1～2 日龄乳小鼠死亡，而 7～9 日龄乳小鼠不死者，为 SVDV。经 pH 3～5 的溶液处理后接种 2 日龄乳鼠，是 SVDV 则小鼠死亡，为 FMDV 则小鼠存活。

RT-PCR 是最为常用的病毒 RNA 检测方法。近年来，更灵敏的荧光定量 RT-PCR 技术被越来越多地应用到 SVDV 的检测中。实时荧光定量 RT-PCR 技术是目前最准确、重复性最好并得到国际公认的 SVDV 核酸分子定量和定性检测的标准方法。研究人员还开发 RT-

LAMP 检测方法，可以有效检测 SVDV 而不需要事先提取 RNA，这为几种猪的水疱性疾病的鉴别诊断检测提供了一种新的方法（Veronica et al.，2016）。

16.3.2 防治

1.疫苗研究及使用

接种疫苗是预防和控制 SVD 最有效的方法。应该在规定的时间内对猪进行免疫接种，以增强猪机体的抗病能力，降低其感染 SVDV 的概率。目前，可以使用的疫苗主要有灭活疫苗、鼠化弱毒疫苗以及细胞培养弱毒疫苗等。灭活疫苗安全可靠，免疫后 7～10 d 产生免疫力，保护率在 80% 以上，接种 4 个月后仍有较强的免疫力。鼠化弱毒疫苗对猪的免疫保护力也在 80% 以上，免疫保护期在 6 个月以上。细胞培养灭活疫苗的免疫保护期相对较短，为 4 个月，对猪可能产生轻微的反应，但不引起同居感染，同样是目前安全性较好的弱毒苗。

被动免疫往往在猪感染发病后起到控制疫情扩散，减少发病率的作用。用 SVD 病高免血清和康复血清进行被动免疫有良好效果，免疫期达 1 个月以上。在其他猪发病期间也可对未发病猪进行紧急免疫。

2.抗病毒制剂

肌肉注射猪用干扰素是常用的抗病毒制剂。蜂胶和疫苗配合使用不但可以提高机体的抗病毒水平，还可以抑制继发感染。此外，一些中药也有良好的抗病毒功效，包括双开灵、双黄连、板蓝根、黄芪多糖等，能起到一定的清热解毒的效果。同时，还可以使用口服的方式配合使用维生素等药物，提升其免疫力。为了防止继发感染，往往还会加入一定量的抗生素辅助治疗，注射恩诺沙星、阿莫西林、头孢噻呋钠等都有一定疗效。

3.其他措施

严格猪群检疫制度，加强对引入的活猪、猪肉及其产品进行严格的检疫。在出现临床症状但未确诊的情况下，应尽快采取隔离、封锁、消毒等措施，如确诊为传染病，立即按国家有关要求扑杀并上报疫情。在检疫和接种过程中，做好疫苗质量控制以及接种的监督。

养殖人员应严格按照正规饲养程序操作，加强饲养管理，严格控制传染源。避免从场外引进种猪，最好是采用自繁自养的方式。提供清洁的饮水和饲料，根据猪只的不同生长周期相应调整日粮配方，饲喂全价饲料，或补充相应的微量元素。改善饲养环境，减少应激。猪场内要保持清洁，对粪便等排泄物进行无害化处理，对用具等要清洗和消毒。可用过氧乙酸、福尔马林和次氯酸钠等消毒。

加强对猪群的观察，发现异常，及时应对。对患病猪待水疱破后，用 0.1%高锰酸钾或 2%明矾水洗净，涂布紫药水或碘甘油，数日可治愈（宋学武，2020）。

参考文献

李学鑫.猪水疱病的诊断及防控措施.畜牧兽医科技信息，2020(1)：126.

宋学武. 猪传染性水疱病的流行病学、临床症状、实验室诊断与防控措施.现代畜牧科技，2020(1)：97-98.

孙世琪，郭慧琛，刘湘涛，等. 猪水疱病病毒致病和免疫的分子基础.畜牧市场，2009(11)：23-25.

Christian A W Bruhn，Sandra C Abel Nielsen，Jose Alfredo Samaniego，et al. Viral meningitis epidemics and a single, recent, recombinant and anthroponotic origin of swine vesicular disease virus. Evolution Medicine & Public Health,2015(1):289-303.

Veronica L Fowler, Emma L A Howson, Mikidache Madi, et al. Development of a reverse transcription loop-mediated isothermal amplification assay for the detection of vesicular stomatitis New Jersey virus: use of rapid molecular assays to differentiate between vesicular disease viruses. Journal of Virological Methods, 2016,234:123-131.

Wiesław Niedbalski, Fitzne A. Occurrence and diagnosis of swine vesicular disease: past and present status. Medycyna Weterynaryjna,2017,73(4):197-201.

Xu W, Goolia M, Salo T, et al. Generation, characterization, and application in serodiagnosis of recombinant swine vesicular disease virus-like particles. Journal of Veterinary Science,2017,18(S1):361-370.

（郭慧琛）

第 17 章 猪捷申病毒性脑脊髓炎

本章提要

捷申病毒通常在猪群中流行时不引起临床症状，但有些毒株感染会引起一种中枢神经系统疾病，称猪捷申病毒性脑脊髓炎，也叫猪捷申病。在 20 世纪 40—50 年代，由捷申病毒 1 型引起的严重暴发在欧洲比较普遍。我国最早在 2003 年报道了该病的发生。目前，该病已经成为世界范围流行的猪传染病之一，影响世界养猪业的正常生产。为什么有些毒株感染会引起严重疾病和高致死率，而有些却为隐性感染，这值得进一步研究。本章主要介绍猪捷申病的流行病学、病原学以及防治等，为该病的进一步研究及防治提供参考依据。

17.1 猪捷申病毒性脑脊髓炎概述

猪捷申病毒性脑脊髓炎（Teschovirus encephalomyelitis），又称猪捷申病（Teschen disease）、猪塔尔凡病（Talfan disease）以及猪脑脊髓灰质炎（poliomyelitis suum），由猪捷申病毒（porcine Teschovirus，PTV）引起，主要的临床表现为非化脓性脑炎。在 1929 年，原捷克斯洛伐克的捷申城的猪群暴发了一种以脑炎症状为主要临床表现的严重疾病，其致死率超过 90%，造成了严重的经济损失。从发病猪中分离到了第一株 PTV 毒株，根据疫情发生地命名为 Teschen，故该病被命名为猪捷申病（Jeffrey，2014）。

17.1.1 流行现状

自 1929 年在原捷克斯洛伐克捷申小镇首次被报道之后，该病随后在世界不同国家出现并流行，给全球养猪业造成了严重的经济损失。在 20 世纪 40—50 年代，该病在欧洲许多国家暴发并持续流行，成为当时猪群中危害最严重的疫病之一。在Teschovirus流行的同期，英国和丹麦分离到了 PTV 弱毒株，并命名为 Talfan，该毒株与 Teschen 同属 PTV 血清 1 型，此后美国、加拿大和澳大利亚等国家先后报道发现低致病性 PTV（Salles et al.，2011）。西欧于 20 世纪 80 年代前根除了该病。此后，该病也偶尔在其他地区的国家发生。2005—2011 年间，捷克对家猪及野猪中 PTV 的流行情况做了调查，发现在这两种猪群中 PTV 流行率分别为 27.1% 和 44.4%。2009 年海地共和国部分猪群中暴发了一种严重的疾病，病猪主要表现出后腿麻痹、眼球震颤等症状，发病率和死亡率分别为 60% 和 40%，经病原学诊断，确定为 PTV 感染所致。

2003 年，我国首次报道了从内蒙古某地发病猪群中采集的样品中分离到了 PTV，该毒株属 PTV-1 型，与 Talfan 株的同源性为 98.9%（冯力等，2012）。同年，在吉林省某猪场出现猪急性腹泻、呼吸困难及死亡现象，在对病因的调查中分离到一株 PTV，经鉴定为 PTV-8 型（Cui et al.，2010）。2014—2017 年在湖南省做的流行病学调查发现，临床发病猪中 PTV 的阳性率为 19.03%（Yang et al.，2010）。从已有的资料判断，PTV 可能在我国猪群分布比较广泛，且存在多种血清型，不同血清型 PTV 的分布存在一定的地区差异性。

17.1.2 临床症状

猪捷申病的临床症状因毒株不同而存在较大的差异。常见的症状主要为脑脊髓灰质炎，也可导致母猪繁殖障碍。弱毒株感染通常表现出多种临床症状，如皮肤损伤、腹泻、心包炎、心肌炎和肺炎等。能引起脑脊髓灰质炎的血清型是 PTV-1、PTV-2、PTV-3 和 PTV-5，其中以 PTV-1 型的强毒株引起的临床症状更为严重。在病程前期会引起体温升高到 41.5 ℃，并出现厌食、精神沉郁等症状；部分病猪会表现出眼球震颤，肌肉震颤、强直或者僵硬，躯体抽搐，四肢出现阵发性痉挛，叫声变小甚至完全消失，角弓反张等典型的神经系统炎症相关症状。病程末期，病猪瘫痪、一般因呼吸障碍而死亡。PTV 弱毒株引起的脑脊髓灰质炎症状比较温和，发病率和病死率都比较低。

17.1.3 病理变化

PTV 感染会导致神经系统的炎性损伤，以脊髓腹侧、小脑皮质和脑干最显著，表现为神经元进行性弥漫性染色质溶解，胶质细胞局灶性增生和血管周围套现象。PTV 可通过胎盘感染胎儿，导致母猪不孕、产死胎和木乃伊胎等繁殖障碍。但感染母猪无特异性病理变化，偶尔可在脑干见轻度胶质细胞增生及形成血管周围套。母猪在妊娠前期感染 PTV，通过胎盘感染胚胎，导致胚胎死亡后被吸收，母猪产仔率下降；妊娠中后期胎儿感染，母猪常产出木乃伊胎、死胎、畸形胎；死亡胎儿可见胸腔、心包积液，皮下和肠系膜水肿等，需与其他病毒引起的此类疾病相鉴别区分。PTV 虽可引起猪腹泻，但肠绒毛不萎缩。常可在腹泻仔猪的粪便中分离到 PTV，人工感染动物模型可引起短暂的轻微腹泻、心包炎、心肌炎和肺炎；PTV-3 可引起浆液纤维素性心包炎，感染严重的仔猪可出现局灶性心肌坏死。

17.2 猪捷申病毒

17.2.1 分类及分型

猪捷申病毒是 A 型捷申病毒家族成员的统称，属于小 RNA 病毒科（*Picornaviridae*）捷申病毒属（*Teschovirus*）。捷申病毒至少有 13 个血清型，分别为 PTV-1～PTV-13。血清 1～10 型主要包括以前被认为是猪肠道病毒（porcine enterovirus，PEV）血清 1～7 型，以及 11～13 型，PTV-11～PTV-13 是 PEV 被转移到捷申病毒属之后发现的新病毒。

捷申病毒脑脊髓炎是指由 PTV-1 型中的某些强毒株引起的严重疾病，最早称为捷申病。PTV-1 中的其他毒株以及其他血清型的 PTV 感染猪，会引起相似的、温和的神经系统症状。对这些温和的疾病有各种各样的命名，如塔尔凡病、地方流行性轻瘫和猪脊髓灰质炎等。该病曾经是世界动物卫生组织（WOAH）规定需要报告的疾病，用不同的名字便于同捷申病毒脑脊髓炎进行区分。目前，该病已经不在 WOAH 需报告的疾病名录中。当前，无论病情是严重的，还是温和的，只要是由 PTV 引起的有神经症状的疾病，统称为捷申病毒脑脊髓炎。

17.2.2 基因组

PTV 基因组全长大小约为 7 200 nt，基因组排列顺序为：5′UTR-L-VP4-VP2-VP3-VP1-2A-2B-2C-3A-3B-3C-3D-3′UTR。在 5′末端和 3′末端都有一段非翻译区（UTR），5′UTR 长度远大于 3′UTR；其中 5′UTR 含 poly（C）结构，结合有一个分子质量较小的基因连接蛋白 VPg，而 3′UTR 含 poly（A）结构。整个基因组含有一个大的开放阅读框，经蛋白酶切割加工后形成 P1、P2 和 P3 多肽前体，其中 P1 为衣壳蛋白的前体，经过加工成熟后为 PTV 的衣壳蛋白；P2 和 P3 均为非结构蛋白的前体，成熟后形成一些中间前体产物，这些产物都非常稳定，参与病毒复制的各项生命活动。

17.2.3 形态及结构

PTV 是已知最小的动物 RNA 病毒。病毒粒子为球形颗粒，直径为 25～30 nm，无囊膜。完整的病毒粒子由衣壳和 RNA 核心两部分组成。衣壳由 60 个壳粒按照 $T=3$ 对称性组装成正二十面体，每个壳粒分别由一个拷贝的 VP1、VP2、VP3 和 VP4 组成，其中 VP1～VP3 暴露在病毒表面，而 VP4 在衣壳内部。VP1 被认为是病毒的受体结合蛋白，也是最为主要的抗原蛋白。衣壳内部的核心由病毒的基因组 RNA 及其结合蛋白组成。

17.2.4 生命周期

目前，PTV 受体还不是十分清楚。但和小 RNA 病毒科其他成员类似，病毒的 VP1 上的 G－H 环、以及 VP1 和 VP2 在病毒粒子表面凸起的部分可能参与受体结合。吸附到细胞表面后，通过受体介导的细胞内吞途径进入细胞质。一般认为是在内吞小体中通过穿膜肽在核内体上打孔的模式，将病毒的基因组释放进入细胞质，从而启动病毒基因组的复制和翻译。在基因组复制时，需先终止正链 RNA 的翻译，再开始负链的合成。其中 3D 蛋白酶催化 RNA 链延伸，激活 VPg 蛋白作为负链合成的引物，以负链为模板，在 3′UTR 的 poly（A）尾为负链合成的起点，从而启动整个复制过程。此外，负链还可作为合成病毒蛋白的模板，在非依赖帽子结构机制的指导下合成病毒蛋白。PTV 的复制与感染过程受许多因素的作用与影响，如蛋白与 RNA 相互作用、蛋白与蛋白间的相互作用；病毒为了感染宿主细胞，先改变宿主细胞膜的通透性，导致囊泡与细胞膜发生重排，抑制细胞信号传导及蛋白分泌；从而抑制宿主细胞的转录和翻译，导致骨架被破坏，细胞溶解。小 RNA 病毒在敏感细胞的细胞质内复制、包装和成熟，其中大多数小 RNA 病毒可以在组织培养细胞内生长，并常引起感染细胞发生颗粒变性，细胞变圆，48～72 h 内完全破坏。在体外培养中，PTV 的敏感细胞主要有 IB-RS-2、PK-15、BHK-21 等猪肾传代、原代细胞。

17.2.5 致病机制

猪是 PTV 的唯一宿主，不同品种不同日龄猪只均可感染，以幼龄猪的易感性最高。PTV 呈地方性流行，隐性感染猪、病猪和康复猪、排毒猪为主要传染源，疾病在猪群的发生呈波浪式。带毒猪通过排泄物持续散毒，污染饮水和饲料导致其他各个年龄段猪群经消化道、呼吸道等途径感染。未妊娠母猪感染后，带毒期可达 2 个月，妊娠母猪带毒期约为 3 个月，可通过胎盘感染胎儿。公猪精液可带毒，但无证据表明精液中携带病毒可感染母猪。

病毒通过粪口途径进入消化系统后，首先在扁桃体和肠道组织中复制。扁桃体在 PTV 入侵、维持感染以及排毒中起着重要作用。在肠道组织中，大肠和回肠感染的频率高于小肠上部，而前者组织中含有更高浓度的病毒。肠道组织中的细胞支持病毒复制的理论尚未获得充分的证据支持，但通过同脊髓灰质炎病毒感染过程的比较，认为病毒复制很可能与肠道固有层网状内皮组织有关。肠道感染会在第 4 天后引起体温升高，随后 24～48 h 内出现腹泻。毒力强的 PTV 毒株可引起病毒血症，病毒随血流进入中枢神经系统，感染神经细胞并引起损伤，导致瘫痪或四肢麻痹、肌肉松弛或紧张等神经症状出现。如果出现呼吸系统麻痹，则可因呼吸衰竭导致猪只死亡。上皮细胞的损伤并不是这些感染的一个特点。目前已经证实经过鼻或口接种 PTV 母猪，可引起胚胎发生感染，可以推断怀孕子宫在病毒血症时传播给胎儿病毒（Huang et al.，1980）。病毒的鼻内接种可能会导致实验性肺感染，但气溶胶的吸入物中病毒尚不清楚。

17.3 诊断及防治

17.3.1 诊断

猪只出现体温升高，伴随共济失调以及瘫痪或麻痹等临床症状，可初步怀疑为 PTV 感染。青年母猪或成年母猪出现流产，在流产的胎儿中有少数死胎或木乃伊胎，也可以怀疑为 PTV 引起的繁殖障碍。

PTV 在猪源细胞系中生长良好，可以利用细胞系进行病毒分离和鉴定。常用原代或传代猪肾细胞来培养 PTV。病毒培养后，可用病毒中和试验以及免疫荧光抗体检测等方法进行进一步确诊。采集用甲醛固定的组织样品，利用免疫组化方法可以检测组织中存在的病毒。

RT-PCR 方法是最为常用的诊断方法之一。该方法可以区分猪肠道病毒以及 PTV-1，同时具有良好的特异性和敏感性，不与猪伪狂犬病毒、猪呼肠孤病毒、猪蓝耳病病毒、猪细小病毒以及猪冠状病毒等临床上常见的病毒存在交叉反应。针对 PTV 的实时荧光定量 RT-PCR 方法也已经建立并在临床上应用，该方法的敏感性和特异性更高，并能实现对病毒的定量。

由于 PTV 是一种很特别的病毒，且只有一个血清型，因此，血清抗体检测对该病的诊断也非常特异。已经建立用于检测 PTV-1 的血清抗体的 ELISA 方法。

17.3.2 防治

PTV-1 的流行率很高，针对该类型的病毒在国外已经开发出了疫苗。国外上市的疫苗有两类：灭活苗和减毒活疫苗，两种疫苗都同样可产生良好的免疫效果。但随着该病在国外流行率的降低，疫苗已经不再生产和使用。体液免疫反应在预防 PTV 感染中发挥主要作用，由于 PTV 存在很多的血清型，因此，疫苗无法提供交叉免疫保护。

对 PTV 的感染没有特效的治疗手段。表现为温和的脊髓灰质炎的猪只，如果能平稳度过轻瘫期，则可能存活下来。

建立针对 PTV 的综合防控措施是有效控制疫情以及预防感染发生的主要途径。在 PTV-1 引起的猪脊髓灰质炎发生过的国家，成功控制疫情的措施主要包括：加强检疫、移动限制、扑杀感染猪以及在疫区周围进行紧急环状免疫等。预防后备母猪感染的最有效的措施是对其隔离饲养，避免其暴露于污染的粪便、污水以及其他物品等。对新繁育的种猪，可以在其繁育前一个月在一个单独的圈舍饲养，让其暴露于低水平的 PTV，使其通过低水平的感染获得免疫力。

参考文献

冯力，胡守萍，时洪艳，等.猪捷申病毒 Swine/CH/IMH/03 分离株细胞适应性和致病性研究.中国预防兽医学报，2012，34(7)：530-533.

Cui S J，Zhang C F，Roland Zell，et al. Isolation and characterization of the first Chinese strain of porcine Teschovirus-8.Journal of Virological Methods，2010，167(2)：208-213.

Huang J，Gentry R F，Zarkower A. Experimental infection of pregnant sows with porcine enteroviruses. American Journal of Veterinary Research，1980，41(4)：469-473.

Jeffrey J Zimmerman .猪病学.10 版.赵德明，译.北京：中国农业大学出版社，2014：634-638.

Salles Mônica W S，Scholes Sandra F E，Dauber Ma.Porcine teschovirus polioencephalomyelitis in western Canada.Journal of Veterinary Diagnostic Investigation，2011，23(2)：367-373.

Yang T，Yu X，Luo B，et al. Epidemiology and molecular characterization of porcine teschovirus in Hunan，China，2018，65(2)：480-490.

（付利芝）

第 18 章 猪病毒性脑心肌炎

本章提要

猪病毒性脑心肌炎又称为猪脑心肌炎病，其病原为脑心肌炎病毒。自该病毒发现以来，各个国家相继发现其宿主种类多样且能引起多种动物发病，其中猪最易感，感染后可导致仔猪急性心肌炎和呼吸衰竭，怀孕母猪繁殖障碍。脑心肌炎病毒还能感染人，给公共卫生安全带来了重大隐患。本章阐述了猪病毒性脑心肌炎的病原、流行状况、临床症状、诊断及防治。

18.1 猪病毒性脑心肌炎概述

18.1.1 流行现状

猪病毒性脑心肌炎(swine encephalomyocarditis，EMC)，又称猪脑心肌炎，是由猪脑心肌炎病毒(swine encephalomyocarditis virus，EMCV)感染引起，主要临床症状为急性脑炎、心肌炎和心肌周围炎。1945 年在美国的佛罗里达州，从临床上表现为心肌炎的黑猩猩体内首次分离到 EMCV。1959 年在巴拿马首次证实因急性心肌炎死亡的仔猪的病因是 EMC 感染。随后，在全球很多地区发现有该病毒的存在及流行。EMC 在各个季节都有发生，但以秋季多发，推测是由于病毒在低温条件下较稳定而在高温条件下易失活的原因所致。目前该病在亚洲、南美洲、北美洲、非洲和欧洲均有报道，但主要还是集中在养猪业较为发达的地区。相关报道显示欧洲感染量最多，在 1990 年到 2001 年间，比利时、意大利、希腊、塞浦路斯等国家多次发生 EMCV 的流行。亚洲地区多个国家也曾数次报道相关疫情，日本和韩国对本国猪场及野猪进行检测，发现都存在较高的 EMCV 抗体阳性率。新加坡也曾在 2001 年和 2002 年报道过 EMCV，当时导致其动物园中 4 人以及两只猩猩突然死亡(毛东杰，2019)。

2005 年，我国首次从病死仔猪和流产胎儿中发现并分离到了 EMCV。此后，国内相继报道从猪、老鼠、老虎等多种动物中分离到该病毒。有研究对我国多个省份及地区的规模化猪场进行血清学调查，发现 EMCV 抗体阳性率可高达 76.31%。目前，EMCV 感染在我国猪群中已广泛存在，并且已经分离到多个 EMCV 毒株(王丹等，2014)。

18.1.2 临床症状

EMC 临床上一般表现为两种类型，即最急性型和急性型。一般猪的年龄是判断临床疾病的重要指标，主要是对仔猪造成损害，仔猪的致死率可达 80%～100%。EMCV 的潜伏期为

2～4 d。猪感染后有一个短暂的发热过程，由于持续的时间短（24 h 左右），很难被发现。因此，最急性型主要表现为同窝仔猪在无任何临床症状的情况下突然死亡，或仔猪在较短时间内因过度兴奋导致严重虚脱而死亡。急性型病猪会短时间内体温升高至 41 ℃以上，精神萎靡，步态蹒跚，食欲不振或拒食。部分猪在耳朵、四肢内侧、腹下出现大面积充血，并存在数量不等的出血点，有的甚至在早期就可见全身有数量不同的出血点。还有些病猪会出现呕吐、震颤、下痢、呼吸困难或进行性麻痹等症状，且在采食或驱赶时处于极度兴奋状态，最终往往是由于心力衰竭而突然倒地死亡。对于大猪来说，虽然有时会出现一些急性死亡病例，但多数表现为亚临床感染。此外，怀孕母猪感染病毒后往往会表现出不同程度的繁殖机能障碍，包括流产、木乃伊胎或死胎增加等。

18.1.3 病理变化

对病死猪进行剖检可观察到胸腹部皮肤发绀，胸腔、腹腔和心包内有黄色积液，并含有少量纤维蛋白。其中心脏病变最为明显，常发生局灶性间质性心肌炎，急性病例心肌极度柔软、苍白肿大，可见许多散在大小不同的病灶，病灶中心的心肌充血水肿，心肌纤维变性坏死，巨噬细胞及淋巴细胞出现炎性浸润，坏死区和炎性区大小不等且二者可能有所重叠，坏死心肌往往发生无机盐沉着、钙化，常可见白垩样斑点，一般来说以靠近肺动脉的右心室更多见，心膜层的渗出液中常见有嗜酸性细胞浸润。有的心脏冠状沟及纵沟血管扩张充血，心腔扩张，其内含有大量不凝固的血液，部分区域的心包与心外膜粘连。机体其他各个器官、组织血管高度扩张充血。脾脏褪色、缺血萎缩，比健康猪的脾脏约缩小一半。肺常见充血和水肿，极少数病例还会出现肺泡上皮下间质细胞过度增生并伴有巨噬细胞聚集。脑膜轻度充血，脑脊液明显增多，打开脑软膜可见大量淡红色的脑脊液流出。脑组织各级血管扩张充血，脑沟充斥多量血液，脑回变扁。胃底腺部黏膜潮红，各段小肠、大肠的黏膜均潮红，回肠、盲肠及结肠黏膜的多数淋巴滤泡肿胀，胃门及肠系膜淋巴结均呈现不同程度的出血、肿胀。

18.2 猪脑心肌炎病毒

18.2.1 分类及分型

猪脑心肌炎病毒属小 RNA 病毒科（*Picornaviridae*）心病毒属（*Cardiovirus*）脑心肌炎病毒种。心病毒属被分成两个种：脑心肌炎病毒和泰勒氏病毒。根据毒株来源可分别称为门戈 Mengo 病毒、哥伦比亚-SK 病毒、ME 病毒和小鼠脑脊髓炎病毒等，这些病毒合称为脑心肌炎病毒种。到目前为止，相关研究人员已分离到 40 多个 EMCV 毒株（许亚非等，2020）。对于鼠源的 EMCV 来说，根据致病特征可分为 EMCV-D 致糖尿病型 EMCV 和 EMCV-B 非致糖尿病型 EMCV 两种，进一步研究表明这是由于在 VP1 上存在一个氨基酸差异所致。根据临床症状 EMCV 又可分为两种，脑心肌炎型毒株和繁殖障碍性毒株，其中前者可导致动物致死性心肌炎和心肌周围炎，而后者主要引起流产、弱胎、木乃伊胎和死胎等。此外，还有部分毒株既可以引起脑心肌炎，又可以引起繁殖障碍。

EMCV 具有独特的单一血清型。不同毒株具有不同的致病力和组织嗜性，此病毒在世界各地都有广泛分布，但各个国家和地区内的病毒具有不同的毒力和致病性。依据病毒基因发育进化树，EMCV 的基因型可分为三大类，分别为 1、2、3 型，其中 1 型又分为 1a、1b 两个亚型，3 型分为 3a、3b 两个亚型，不同基因型或亚型，可能存在种属来源不同，也可能存在地域性区别。据报道，在欧洲的大部分国家，尤其是欧盟成员国，症状很轻微，甚至不表现症状，在猪场很少见此病。在澳大利亚和新西兰就严重得多。而包括中美洲和加勒比海地区在内，这种病会造成心脏损伤从而导致死亡。在美国中、西部地区，这种病则会引起繁殖问题。随着该病毒不断地被发现，其基因型的分类也越来越明确。

18.2.2 基因组

EMCV 的基因组为一个单股正链 RNA 分子，分子质量为 2.6×10^3 kDa，基因组全长约为 7.8 knt，含有 5′-UTR、3′-UTR 和一个较大的阅读框（ORF），具有典型的小 RNA 病毒科成员的基因组结构特点：5′-UTR-(L)-4-3-4-3′-UTR，结构见图 18-1。其 5′-UTR 连接一个 L 蛋白（引导蛋白 L），其主要作用是在 EMCV 感染时抑制其产生的应激颗粒的堆积，下游连接着一个 ploy(C) 和一个内部核糖体介入位点（IRES）Ⅱ型，IRES 全长 450 nt，分为 5 个结构域，无帽子结构的 EMCV 需依赖 IRES 为蛋白翻译的起始位点。3′-UTR 非编码区长约 120 nt，末端多聚腺苷酸化形成 poly(A) 结构，poly(A) 长度为 7～15 nt，主要稳定 mRNA 和起始 RNA 复制，同时与病毒感染性相关。ORF 编码的蛋白包含非结构和结构原件的多蛋白，其分成三个前体分子 P1、P2 和 P3，裂解后生成 4 种结构蛋白 VP4、VP3、VP2 、VP1 和 8 种非结构蛋白。P1 裂解为 1A(VP4)、1B(VP2)、1C(VP3)和 1D(VP1)四种结构蛋白，主要构成病毒衣壳，是病毒主要的抗原位点，并且与病毒的吸附和致病性密切相关（凡静静等，2012）。VP1 是 EMCV 所有蛋白中抗原性最强的蛋白，也是 EMCV 中变异较大的蛋白。P2 和 P3 主要是病毒基因组复制相关蛋白和多蛋白裂解相关蛋白。P2 裂解为 2A、2B 和 2C。2A 蛋白与宿主蛋白质合成和发病机制有关，具有蛋白酶活性，可引发 P1-2A 和下游基本序列之间链的裂解，或者多肽链的断裂。2B 蛋白作为病毒载体，通过形成膜通道改变膜对离子的渗透性，2B 蛋白还能激活 NLRP3 炎性小体。2C 蛋白可能具有 ATP 酶活性，可参与病毒的复制。P3 裂解为 3A、3B、3C 和 3D。研究发现这四种蛋白与病毒基因组的复制密切相关。3A 蛋白在病毒逃避宿主免疫反应中起着重要作用。3B 蛋白就是 VPg，含有大量的亲水性氨基酸，在病毒的 RNA 合成中具有引物蛋白的作用，该蛋白也参与病毒的装配过程。3C 蛋白在病毒蛋白水解过程中发挥重要作用，与病毒的致病性有关，并进一步促进病毒的增殖。3D 是 RNA 依赖性聚合酶，与病毒复制有关。

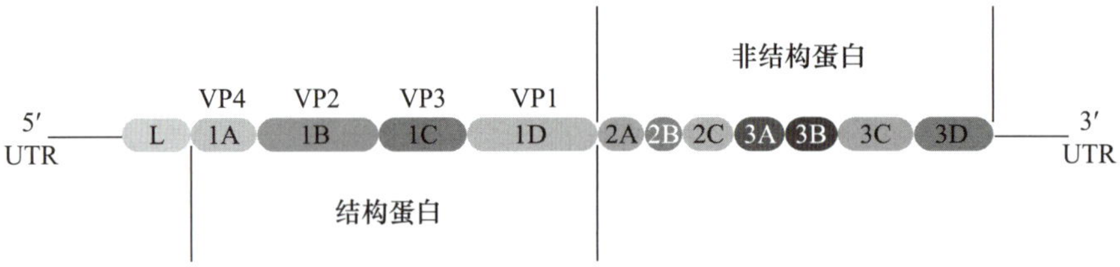

图 18-1 EMCV 基因组结构图

18.2.3 形态及结构

EMCV 粒子大小约为 25 nm，呈二十面体对称，无囊膜，外表为裸露的病毒衣壳，光滑呈球形。根据 EMCV 中的典型毒株 Mengo 病毒的研究和描述可知其病毒的空间结构组成蛋白衣壳由 60 个衣壳粒子组成，每个衣壳粒子含有 4 种结构蛋白，即 VP1、VP2、VP3 和 VP4，这四种结构蛋白组成了一个基本结构单位，而 5 个这样的基本结构单位可以组成一个五聚体，病毒便是由 12 个 5 聚体组成的二十面体的衣壳，具有对称旋转形，位于顶端的 5 个 VP1 蛋白分布在 5 次旋转对称轴上，而 VP2 和 VP3 蛋白互相环绕在二次和三次旋转对称轴上。VP1 被认为是受体结合蛋白，受体结合位置位于 VP1 和 VP3 的结合处形成的凹陷位置，介导结合的主要结构域为 G-H 环。除此之外，研究显示 VP2 的病毒粒子表面有较深的“口袋”结构，也是病毒衣壳上细胞的受体结合位点。并且证明鼠源 Mengo 病毒结构蛋白 VP2 中存在构象型或线性中和表位。VP3 与病毒的细胞嗜性高度相关，也散存着一些抗原表位。VP4 蛋白较小，完全位于衣壳内层，抗原性最弱。

18.2.4 复制周期

小 RNA 病毒在宿主体内有一种明显而有效的机制就是利用宿主来表达自身的蛋白。能够使病毒的基因组绕过常规的翻译机制直接而有效地与宿主的核糖体结合。翻译开始于 5′端的长约 700 个碱基的片段，然后产生一个前体蛋白。该前体蛋白经过一系列的加工和水解，成为成熟的病毒衣壳蛋白，以及病毒的其他非结构蛋白。然后经过病毒编码蛋白酶的自身水解和催化作用形成成熟的病毒蛋白。

18.2.5 致病机制

EMCV 分布广泛，该病毒对猪、牛、马、啮齿类动物（大鼠、小鼠、松鼠）等的易感性较高，且人也能够感染该病毒，但通常不表现症状，多项证据表明可能是由于人类与感染动物长期接触而造成感染。目前，还没有完全清楚该病的传播方式，也没有确定猪之间如何传播，最常见的是通过携带病毒的啮齿类动物污染的饮水和饲料而导致猪及其他易感动物感染。病毒能够长时间在啮齿动物体内存在，但不会使其发病，尤其是动物组织中含有高水平的病毒，并能够经由尿液和粪便向外界排出病毒。因此，病毒在猪群中不断蔓延的主要原因是猪直接接触感染病毒的啮齿动物尸体或者接触到污染有病毒的器具、饮水、饲料等。其中易感性最高的是哺乳仔猪，具有较高的发病率和死亡率，而断奶仔猪和成年猪通常不表现临床症状，呈隐性感染。

大量的 EMCV 通过消化道排出体外存在于猪粪便中，污染饲料、饮水和周围环境，经消化道感染健康的仔猪。特别是在刚感染的一段较短时间内排出较多病毒，这也可作为病毒在猪群间传播的传染来源之一。健康猪直接接触感染猪或者接触其排出的尿液和粪便、直接接触病死猪，都是病毒潜在的传播途径，即猪最有可能自然感染的途径是通过口腔感染。另外，有研究表明妊娠或者分娩母猪能够经由胎盘将病毒垂直传染给仔猪。

EMCV 对于动物的致病机理和其他的小 RNA 病毒基本相同，首先第一步就是对敏感细胞进行吸附，因此，病毒对宿主细胞的结合效率及细胞嗜性对病毒的毒力和致病性有很大的影响。由于 EMCV 的基因组在细胞质中，因此它会翻译成病毒颗粒形成时不可或缺的病毒蛋白。EMCV 操纵宿主脂质代谢并诱导细胞膜重排以产生复制所需的复制细胞器。病毒进入宿主细胞释放出成熟的病毒颗粒，从而感染多种动物的不同组织。在啮齿类动物中，EMCV 主要表现为胰腺、胰岛、唾液腺、泪腺、心脏和神经系统在内的多组织嗜性，而在猪中，其主要的靶器官是心脏。

18.3 诊断及防治

18.3.1 诊断

1.血清学

目前用于诊断该病的血清学方法有很多种，如病毒血凝抑制试验（HI）、酶联免疫吸附试验（ELISA）、免疫荧光抗体检测（IFA）、琼脂糖免疫扩散（AGID）以及病毒中和试验（VN）等，而不同方法的优、缺点也有所不同。其中 ELISA 是一种快速、简洁、灵敏、准确的检测方法，并且能检测大量临床样品，目前国内外已经有很多关于这方面试验方法的研究成果，是最常用的诊断 EMCV 的特异性血清学方法。VN 较 ELISA 方法具有更高的敏感性。HI 只是针对一些具有高血凝活性的 EMCV 分离株进行特异性抗体的检测，但在病毒感染早期研究仍有重要作用。IFA 也是 EMCV 检测最常用的方法之一。该方法利用已有的 EMCV 抗体，与病料组织相结合，然后加入含有荧光素酶标记的二抗，通过显微镜观察有无荧光判定阴、阳性。IFA 也可以作为抗体检测技术。

2.病原学

本病的病原学诊断是目前诊断该病最经典、最可靠的方法，最常用来分离病毒的病料样本是心脏和脾脏（常洪涛等，2014）。可以通过给小鼠饲喂切碎的病死猪心脏，发现其在 4～7 d 内陆续发生死亡，从而进行初步诊断。还可采取病死猪的脾脏和心脏的右心室，充分研碎制成乳剂，添加适量的链霉素和青霉素后进行离心，取上清液对实验小白鼠进行腹腔或者脑内注射，2～5 d 后，发现小鼠后腿出现麻痹，且最终死亡，对其进行剖检能够看到发生脑炎和肾脏出现萎缩等，如将上清液接种 6 周龄的仔猪，每头肌肉注射 40 mL，仔猪也会出现死亡。此外，还可以使用细胞培养方法分离病毒，EMCV 可以在许多培养细胞上生长，如鼠胚成纤维细胞、仓鼠肾细胞 BHK-21 以及猪源和人源的许多原代肾细胞和细胞系，并可以迅速地产生明显的细胞病变。其中 BHK-21 细胞最敏感（Wei et al.，2017），但 HELA 或 Vero 细胞系也较为常用。感染的细胞形成单层后，短时间内出现完全的细胞病变，主要是细胞出现圆缩、崩解，即迅速发生细胞完全溶解，尤其是野外分离的毒株则更为明显。还可以进一步取培养物进行制样，使用透射电镜观察，如果看到病毒粒子就能够确诊为该病。

EMC 初期临床症状不明显，而且各个毒株敏感性不同，发生临床症状不同，且多呈亚临床感染，近年来，分子生物学技术常用来进行 EMCV 病原的确诊。PCR、多重 PCR 和荧光定量 PCR 等诊断技术，自发现以来就在操作快捷、简单、敏感性和特异性强等方面发挥了显著的优势，因此快速成为 EMCV 的常用诊断方法，其中以 RT-PCR 方法应用最为广泛（Shaomin Qin et al.，2018）。此外，反转录环介导等温扩增技术（RT-LAMP）也成为一种新兴的检测手段。

18.3.2 防治

1.疫苗研究及使用

EMC 是一种具有自然疫源性的人兽共患疫病，对人类健康始终存在潜在的威胁，当前我国猪群中的 EMCV 感染日益趋于严重，因此，应加快高效疫苗的研制和推广。国外的 EMC 灭活苗和弱毒活疫苗出现得比较早，美国研制出的 EMCV 灭活疫苗已经商业化，主要是应用细胞培养增殖病毒，用甲醛灭活后制成油乳剂灭活苗，母猪皮下或肌肉注射 5 mL。其具有较好的免疫效果，在免疫过的猪体内可以检测到高效价的抗体，在使用 EMCV 野毒株对其进行攻毒时，可以保护猪不产生临床症状。另外，该疫苗对经胎盘感染也具有很好的保护作用，病愈后康复的猪可以获得较强的免疫力，但可能会长期隐性带毒或向外界排毒。近年来新型基因工程苗的研发也获得较大进展。

2.抗病毒制剂

该病目前还没有针对性的治疗药物，对于患病仔猪只能采取对症治疗。一旦发现病猪后要立即进行隔离，采取快速诊断，同时注意不要使其受到不良刺激，氯丙嗪可预防应激反应，可按每千克体重肌肉注射 1～2 mL 氯丙嗪。还可选用干扰素、黄芪多糖、双黄连等药物抑制病毒的复制。如果病猪能够正常采食或者饮水，可在每 100 kg 饲料或饮水中添加 40 g“口蹄保心散”（主要成分为大黄、黄芩、黄连等），同时每天按体重肌肉注射 0.05～0.10 mL/kg 复方聚肌胞注射液（即“抗毒增免特号”），连续使用 3～5 d，该药是一种干扰素诱导剂，使用后能够诱使猪机体迅速生成较多的干扰素，提升猪机体对病毒的抵抗力，从而阻碍病毒复制，有效降低死亡率。为了防止继发感染，可适当用一些抗生素治疗。

3.其他措施

本病的防治主要是采取综合性防治措施。由于鼠类是传播此病的主要中间宿主，因此预防本病首先应注意防止啮齿类动物偷食或污染饲料与水源，同时做好环境卫生和消毒工作，加强饲养管理。在管理猪群时，应经常观察，一旦发现可疑病猪应立即隔离，采取分群饲养。病猪污染的环境和场所要交替使用双链季铵盐或者含氯消毒剂进行彻底消毒，并且确保猪舍通风良好，环境干燥卫生。病死动物要尽快进行无害化处理，以防止健康猪群和人感染。另外，要尽量避免使猪产生应激反应，可有效地降低猪的病死率，偶有耐过本病的猪也要尽量避免移动，以防出现心脏病等后遗症而导致死亡。

参考文献

常洪涛，刘慧敏，贺秀媛，等.地方土猪脑心肌炎病毒的分离、鉴定及全基因组序列分析.病毒学报，2014，30(4)：375-381.

凡静静，冯若飞，马忠仁. 脑心肌炎病毒及其蛋白结构和功能研究进展.动物医学进展，2012，33(2)：67-70.

毛东杰. 猪病毒性脑心肌炎的流行病学、临床症状及防控. 现代畜牧科技，2019(10)：100-101.

王丹，冯若飞，马忠仁，等. 我国不同地区猪脑心肌炎和细小病毒流行病学调查.中国兽医杂志，2014，50(9)：43-45.

许亚非，关海燕. 猪脑心肌炎病毒病的分析诊断和治控措施.饲料博览，2020(2)：68.

Shaomin Qin，Darren Underwood，Luke Driver，et al.Evaluation of a duplex reverse-transcription real-time PCR assay for the detection of encephalomyocarditis virus，2018，30(4)：554-559.

Wei J，Zhang H，Li X，et al. Transcriptional profiling of host cell responses to encephalomyocarditis virus (EMCV). Virology Journal，2017，14(1)：45.

（郭慧琛）

第 19 章 猪塞内卡病毒病

本章提要

猪塞内卡病毒病是由A型塞内卡病毒感染引起的一种高度接触性传染病。各品种和日龄猪均可感染，且发生无明显的季节性，对人和其他动物无致病性。2015年后，出现了猪塞内卡病毒病的临床症状加重、新生仔猪病死率升高等新变化，引起了研究人员的高度重视。本章介绍了猪塞内卡病毒病的流行病学特征、临床症状及病理变化，阐述了其病原结构、基因组成及诊断方法等方面取得的进展。提出了针对本病的防控措施，希望能给我国的生猪养殖业提供参考。

19.1 猪塞内卡病毒病概述

19.1.1 流行现状

猪塞内卡病毒病是由猪塞内卡病毒(senecavirus A，SVA)引起的一种高度接触性传染病，该病已经在加拿大、美国、巴西、中国、泰国、哥伦比亚、越南等7个国家广泛流行。2007年和2012年，在加拿大和美国的研究表明该病毒与猪特发性水疱病(PIVD)相关。2015年初，巴西的6个州暴发了PIVD，最终证明这次PIVD暴发是由SVA感染引起(Leme et al.，2015)。在哥伦比亚，一家商业养猪场发生猪口鼻部和蹄冠部水疱疫情，病因调查发现发病猪SVA检测为阳性，分离的病毒与美国流行毒株亲缘关系近，而与巴西的毒株亲缘关系较远。2016年，泰国首次在猪群中检测到SVA。2018年，越南报道了第一株SVA，并对其全基因组进行了测序和分析。

2015年夏天，广东某养猪场出现水疱病，发病猪鼻腔和口腔溃疡、厌食、跛行，新生仔猪表现为急性死亡，病因调查结果显示口蹄疫(FMD)、猪水疱病(SVD)和水疱性口炎(VS)均呈阴性，只有SVA呈阳性。自此以后，我国华中、华南以及东北等多个地区出现猪水疱样病，并通过PCR等检测技术证实为SVA感染所致。

2016年之前，在我国的SVA同加拿大和巴西分离株的同源性更高，主要引起新生仔猪的急性死亡。2016年末以来，我国福建、黑龙江和河南等地的SVA分离株的基因序列与2015年美国SVA分离株表现出高度一致性，表明这类毒株可能来源于美国(Liu et al.，2018)。而2017年所有的SVA病例均为包括育肥猪和母猪在内的成年猪，仔猪没有表现出任何疾病的临床表现。这些特征表明，目前在我国猪群中至少有两型SVA在流行。

19.1.2 临床症状

SVA 感染引起的水疱与其他病毒如 FMDV、VSV 等引起的极其相似。塞内卡病毒感染猪表现的主要症状包括:肌肉无力、嗜睡、跛足、腹泻;在鼻部和蹄部冠状带出现充满液体的水疱,破溃后形成溃疡。这些病变最初表现为水疱,接着水疱会形成变白的肿胀区域,随后迅速破裂形成可能被血清纤维蛋白渗出物覆盖的溃疡。与其他水疱性疾病一样,7 d 后溃疡开始修复,并且上皮的再生通常在 2 周内完成。SVA 感染相关的水疱和糜烂主要见于母猪和育肥猪,病变初期可在短时间内发现厌食和高热(40.3～40.8 ℃),并发跛行(Segales et al.,2017)。仔猪感染 SVA 后会出现昏睡、精神沉郁、偶见腹泻等症状,体温一般无明显变化,仅有极少数发生水疱性病变。出生 0～3 日龄死亡率 40%～80%,4～7 日龄死亡率低于 30%(Leme et al.,2016a)。

19.1.3 病理变化

仔猪在试验感染塞内卡病毒后,口鼻及蹄等部位形成的水疱破裂后成为深溃疡和皮肤糜烂,继而演变为结痂性病变。在一项对 9 周龄猪的研究中,没有看到其他肉眼或显微镜下的病变。15 周龄猪接种 SVA 后,扁桃体、脾脏和淋巴结出现轻度至中度淋巴样增生;肺多局灶性轻度肺不张,伴弥漫性充血和多局灶性轻度血管周围淋巴细胞、浆细胞和巨噬细胞聚集。在自然感染的新生仔猪,肉眼可见的病变包括肾脏的瘀点出血、舌部和冠状动脉带的溃疡性病变;组织病理学显示间质性肺炎、白喉舌炎、淋巴细胞性心肌炎、膀胱和输尿管移行、上皮变性和淋巴浆细胞性脑炎。皮下和肠系膜水肿也见于腹泻的仔猪(Oliveira et al.,2017)。

19.2 塞内卡病毒

19.2.1 分类及分型

2015 年,国际病毒分类委员会(ICTV)将猪塞内卡病毒更名为“A 型塞内卡病毒”,其所在的属命名为“塞内卡病毒属”,属小 RNA 病毒科(*Picornaviridae*)。目前该病毒科由 9 个属组成,包括肠道病毒属、鼻病毒属、口疮病毒属、心病毒属、肝病毒属、双埃柯病毒属、马鼻炎病毒属、嵴病毒属和捷申病毒属。SVA 具有所有小 RNA 病毒共有的一些特征,与心病毒属成员的亲缘关系相对较近,通过与其他小 RNA 病毒科病毒的比较发现,SVA-001(第 1 株 SVA)的 P1、2C、3C 和 3D 蛋白与心病毒属成员的关系最为密切,如脑心肌炎病毒和泰勒病毒,但两者也存在许多不同之处(如 IRES 类型、2A 蛋白长度等)。

目前分离到的 SVA 只有一个血清型。有研究认为,该病毒可能是小 RNA 病毒科病毒和黄热病病毒科病毒基因重组产生的。基于 SVA 的 VP1 基因,可将其分为三个基因型。值得注意的是最早分离株毒株 SVA-001 对人和猪等动物都没有明显的致病性;2007 年分离的毒株可引发猪水疱样疾病;2014 年底开始发现的毒株毒力显著增强,并在多个国家同时引起疫情暴发。

19.2.2 基因组

SVA 基因组为一个单股正链 RNA 分子,长约为 7.2 kb。病毒基因组结构分为 3 个区,分别为 5′端非编码区(5′ UTR)、一个编码多蛋白的开放阅读框(ORF)和 3′端非编码区(3′ UTR)。5′ UTR 包含 VPg 结合序列和内部核糖体进入位点(internal ribosome entry site,IRES);3′ UTR 下游有 poly(A)尾。SVA 的 ORF 结构同其他小 RNA 病毒科成员相同,呈L-4-3-4 分布特征(图 19-1)。IRES 是存在于 5′ UTR 与起始密码子 AUG 之间的一个调控内部翻译起始元件,它可以有效地引导核糖体翻译病毒的 mRNA。ORF 的表达产物为一个多蛋白,该蛋白在特定蛋白酶的作用下裂解成先导蛋白(L)和 P1、P2、P3 三个蛋白中间体。先导蛋白(L 蛋白)全长 79 aa。在大多数小 RNA 病毒科病毒中,L 蛋白特殊的"锌指"构象可稳定蛋白结构,调控病毒在宿主细胞内的转录和翻译。但 SVA 的 L 蛋白较为特殊,其序列上缺乏蛋白水解活动所需的催化残基位点,既不含有"锌指"构象基序,也不含有磷酸化酪氨酸基序,表明 SVA 的 L 蛋白在功能上可能与其他小 RNA 病毒有区别。P1 进一步裂解为 VP1、VP3 和 VP0 三个蛋白,VP0 在其后组装的过程中会被水解为 VP2 和 VP4。P2 裂解为 2A、2B 和 2C 三种非结构蛋白。2A 具有抑制宿主细胞 mRNA 转录的作用。2B 蛋白可能在增强膜通透性方面发挥作用。2C 蛋白可能参与病毒 RNA 基因组的复制。P3 进一步裂解为 3A、3B、3C 和 3D 多肽。3A 的功能尚不清楚,推测为膜结合蛋白。3B 蛋白为 VPg 蛋白,其作用类似于病毒 RNA 合成的引物。3C 是蛋白酶。3D 是 RNA 聚合酶,在 RNA 复制过程中发挥 RNA 依赖的 RNA 多聚酶作用(Chen et al.,2016)。

19.2.3 形态及结构

成熟的 SVA 粒子无囊膜,呈典型的二十面体对称结构,直径为 25～30 nm(Strauss et al.,2017)。病毒粒子的衣壳由 60 个拷贝 VP1、VP2、VP3 和 VP4 组成;其中 VP1～3 位于衣壳表面,组成了 12 个五邻体;VP4 位于衣壳的内表面,和病毒的基因组存在互作,可能参与介导病毒核酸的组装。VP1 和 VP3 是病毒的主要抗原蛋白,其表面存在多个具有中和作用的抗原表位,为亚单位疫苗设计的主要靶标。病毒受体结合域位于 VP1 和 VP3 形成的凹陷内,位于 VP1 G-H 环上的 RGD 被认为是受体特异性结合的 motif。

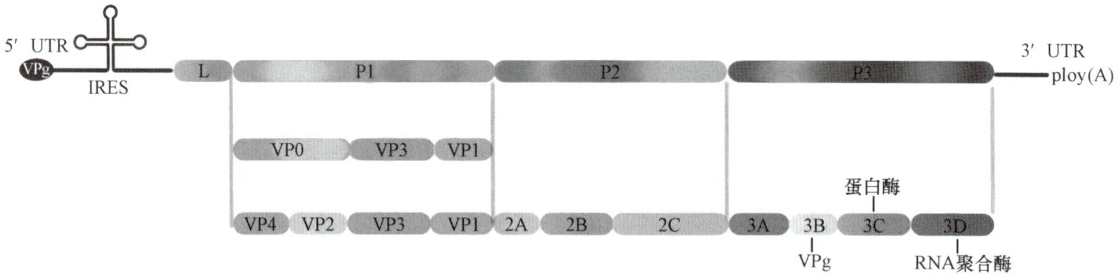

图 19-1 SVA 基因组示意图

19.2.4 复制周期

在 IRES 的引导下,核糖体将 SVA 唯一的 ORF 翻译成"多蛋白",然后在病毒编码的特定蛋白酶的作用下,多蛋白首先被 4 种结构蛋白和 7 种非结构蛋白裂解,然后由复制酶以正链 RNA 为模板合成负链 RNA,再以负链 RNA 为模板合成新的病毒 RNA,与蛋白质组装成病毒颗粒。

19.2.5 致病机制

与大部分猪传染性疾病一样，携带病毒的感染猪是 SVA 最为主要的传染源，包括患病猪和无临床症状的病毒携带者。自然和试验性感染 SVA 的结果表明，健康猪通过接触排毒猪的口腔/鼻腔分泌物、粪便以及尿液污染的环境和器具可感染该病毒。而直接与感染动物的水疱液以及溃疡部位接触是该病毒的最为主要的传播途径。此外，研究人员从受感染和未受感染猪舍收集到的家蝇和小鼠样本中也检测到病毒基因并分离到病毒，证明家蝇和小鼠这些物种可能在该病毒的传播中起一定作用。

在感染初期，塞内卡病毒主要定植于宿主的扁桃体，并开始大量复制和增殖。随后病毒进入血液引起病毒血症，继而经血液循环系统进入各主要器官。SVA 攻毒试验显示，接种后第 3 天血清中的病毒含量就到达顶峰；随后的 3 d 内，宿主的主要组织包括肺、纵隔和肠系膜淋巴结、肝、脾、小肠、大肠、肾和心脏等开始出现病毒感染，引发多器官的炎症反应，表现为淋巴组织淋巴样增生，肺部血管周边淋巴细胞、浆细胞和巨噬细胞浸润等；随着病毒血症的发展，第 4 天开始病猪出现嗜睡、厌食和跛行等临床症状，皮肤表面开始出现白色肿胀或红斑；接种后第 5～6 天，皮肤出现水疱，然后慢慢发展为多发性的深部溃疡、皮肤腐烂或破损，形成典型的水疱病病变。随着宿主体内中和抗体的出现，病毒血症逐渐减弱，感染 10 d 后血清中基本检测不到病毒。随着病毒血症的减弱和消失，水疱损伤部位开始好转，一般到试验感染后的第 12～16 天可痊愈。

19.3 诊断及防治

19.3.1 诊断

目前，病原学诊断和血清学诊断是塞内卡病毒病主要的实验室诊断方法。SVA 感染导致的蹄部水疱与 FMDV、VSV、SVDV 和猪水疱疹病毒等感染引起的临床症状非常相似，因此，仅通过临床症状很难做出准确诊断，确诊需要进行实验室检测。

1.血清学

血清学方法中包括 ELISA、间接免疫荧光、病毒中和试验和免疫组化等方法（Dvorak et al.，2017）。血清学的方法适于大规模的流行病学研究或监测。最初通过间接 ELISA 对血清中的 SVA 抗体进行检测，但此方法存在较强的交叉反应且特异性不高，目前已被竞争 ELISA 替代，该方法近年来在美国猪群 SVA 流行病学监测和实验室确诊工作中被广泛使用。ELISA 适合大量临床样品的检测，尤其适合基层应用。血清中和试验具有特异性高的特点，对于确定动物或人群的免疫状态非常重要，广泛应用于血清学调查。血清中特异性抗体的水平是鉴定病毒感染的有用参数，但此方法要求较高，基层实验室很难应用推广。琼扩法适合基层应用，但检测敏感性太低。

2.病原学

病原学诊断包括病毒分离鉴定、PCR 和免疫组化等。其中病毒分离鉴定方法为 SVA 实验室诊断的“金标准”。病毒分离时采取病猪扁桃体、淋巴结、水疱皮等病料，在猪睾丸细胞（ST 细胞）、猪肾细胞（PK-15）、人胚肾细胞（PER.C6）和非小细胞肺癌细胞（NCI-H1299）中分离培养，待出现病变后准备负染色样品，用电子显微镜观察发现典型的细小病毒形态的病毒粒子而确诊。但该方法耗时长、灵敏度低，并且分离后仍需其他检测技术进行确认，所以病毒分离一般只应用于以获取病毒株为目的的试验。

分子生物学方法在诊断该病原上有明显的优势，它可以检测到 SVA 特异的核苷酸序列，具有敏感性高、特异性强、操作简便等优点，是当前 SVA 病原学监测的主要方法。常用的方法有 PCR 方法和荧光 PCR 检测方法，尤其是荧光 PCR 检测方法，敏感性高、特异性好，是目前最受欢迎、使用最多的诊断方法（Feronato et al.，2018）。此外，还有数字 PCR、等温扩增（LAMP）以及将 RT-LAMP 与 lateral flow dipstick（LFD）可视化结合在一起的 RT-LAMP-LFD 分析（Armson et al.，2019）。这些方法都各具特点，为普通实验室和现场 SVA 的初步筛选和检测提供更多的选择。

目前可用的其他诊断方法包括免疫组化和原位杂交，这两种方法分别用来鉴定组织样本中的特定病毒抗原和核酸。免疫组化一般选用 SVA 特异的单克隆抗体对患病动物的组织切片进行染色，借此观察 SVA 的组织嗜性及其在组织中的分布情况。近年来，研究人员开发了一种新颖的原位杂交技术 RNA scope（ISH）来检测感染组织中的 SVA RNA。

19.3.2 防治

1.疫苗研究

SVA 是一种新发病毒，目前国内针对该病毒的疫苗尚处于研发阶段。国内科研人员已经用反向遗传操作技术构建了 KS15-01 毒株的克隆载体 pKS15-01-Clone，为 SVA 的基础研究和疫苗研发提供了有力的平台。灭活疫苗也在研发之中，初步的免疫试验结果表明，免疫猪可以产生较高的中和抗体（Yang et al.，2018）。

2.防控

由于目前还没有 SVA 疫苗，也没有特效的治疗手段，加强日常的生物安全管理是防控该病的主要手段。首先，应加强对来自疫区的货物、携带物、邮寄物、运输工具的查验和防疫消毒工作，发现疫情立刻上报当地兽医部门，及时送检、及时确诊，病死猪要做无害化处理；其次在场内尽可能避免通过人员流动、器具共用，以及饲料饮水污染造成的疫情传播与扩散；最后还要加强饲养管理，搞好环境卫生，加强日常消毒工作，不同阶段猪分开饲养，避免随意混群，做好防蚊蝇和灭鼠工作，防止猫、狗等其他动物进入猪场。

参考文献

Armson B，Walsh C，Morant N，et al. The development of two field-ready reverse transcription loop-mediated isothermal amplification assays for the rapid detection of Seneca Valley virus 1. Transbound Emerg Dis，2019，66：497-504.

Chen Z，Yuan F，Li Y，et al. Construction and characterization of a full-length cDNA infectious clone of emerging porcine Senecavirus A. Virology，2016，497：111-124.

Dvorak C M，Akkutay-Yoldar Z，Stone S R，et al. An indirect enzyme-linked immunosorbent assay for the identification of antibodies to Senecavirus A in swine. BMC Vet Res，2017，13：50.

Feronato C，Leme R A，Diniz J A，et al. Development and evaluation of a nested-PCR assay for Senecavirus A diagnosis. Trop Anim Health Prod，2018，50：337-344.

Leme R A, Oliveira T E, Alcantara B K, et al. Clinical manifestations of Senecavirus A infection in neonatal pigs, Brazil, 2015. Emerg Infect Dis,2016a:22,1238-1241.

Leme R A, Zotti E, Alcantara B K, et al. Senecavirus A: an emerging vesicular infection in Brazilian pig herds. Transbound Emerg Dis,2015,62:603-611.

Liu J, Ren X, Li Z, et al. Genetic and phylogenetic analysis of reemerged novel Seneca Valley virus strains in Guangdong province,2017. Transbound Emerg Dis,2018,65:614-617.

Oliveira T E S, Michelazzo M M Z, Fernandes T, et al. Histopathological, immunohistochemical, and ultrastructural evidence of Spontaneous Senecavirus A-induced-esions at the choroid plexus of newborn piglets. Sci Rep,2017,7:16555.

Segales J, Barcellos D, Alfieri A, et al. Senecavirus A: an emerging pathogen causing vesicular disease and mortality in pigs? Pathol,2017:54,11-21.

Strauss M, Jayawardena N, Sun E, et al. Cryo-EM structure of Seneca valley virus procapsid. J Virol,2017:01927.

Yang F, Zhu Z, Cao W, et al. Immunogenicity and protective efficacy of an inactivated cell culture-derived Seneca Valley virus vaccine in pigs. Vaccine,2018,36:841-846.

(郭慧琛)

第 20 章 猪嵴病毒感染

本章提要

猪嵴病毒是小 RNA 病毒科的成员，最早于 2007 年发现于匈牙利，目前在世界各地均有报道。猪嵴病毒可能是引起仔猪腹泻的病原，其在有腹泻症状的仔猪样品中有较高的检出率。我国也报道了可能由猪嵴病毒感染引起的仔猪腹泻、呕吐甚至死亡的疫情。目前关于猪嵴病毒感染是否引起仔猪腹泻还没有定论。本章主要介绍截至目前，世界范围内对猪嵴病毒的认识及研究进展，为进一步了解该病毒提供参考。

20.1 猪嵴病毒感染概述

20.1.1 流行现状

猪嵴病毒(porcine kobuvirus，PKoV)最早于 2007 年在匈牙利临床健康猪中检测到(Reuter et al.，2008)，之后日本(Khamrin et al.，2010)、韩国(Park et al.，2010)、泰国(Khamrin et al.，2009)、荷兰和巴西(Barry et al.，2011)等国也相继在无腹泻症状和有腹泻症状的猪中检测到 PKoV。PKoV 感染主要发生在欧洲、美洲和亚洲的部分国家，其中以亚洲国家报道最多。不同地区报道的 PKoV 在当地猪群中的流行率有很大的差异，变化范围为 13%～99%。我国研究人员从表现为腹泻、呕吐、脱水以及死亡等症状的仔猪中检测到 PKoV(Yu et al.，2009)。近几年有关 PKoV 与仔猪腹泻相关的报道也逐渐增多。PKoV 作为新发现的病毒，其流行范围之广，感染率之高，引起了社会各界人士的普遍关注。最新研究结果发现，肠道只是 PKoV 易感部位之一，除此之外该病毒还可侵入血液系统导致病毒血症。

20.1.2 临床症状

PKoV 是一种新发现的病毒，在猪群腹泻样品中阳性检出率很高，在健康猪粪便或血清样品中也能检测到。目前，PKoV 尚不能有效地分离培养，无法进行动物回归试验。因此，PKoV 是否引起猪的肠道疾病尚不能确定。在已经有的有关 PKoV 的报道中，该病毒通常和其他肠道病毒共感染，引起温和的腹泻症状。从目前掌握的资料来看，4 周龄以下的仔猪似乎对 PKoV 更易感，可能与此阶段的仔猪免疫系统还没有发育完全有关。

20.2 猪嵴病毒

20.2.1 分类及分型

猪嵴病毒为小 RNA 病毒科（*Picornaviridae*）嵴病毒属（*Kobuvirus*）成员（Reuter，Boros et al.，2011）。PKoV 是一种单股正链 RNA 病毒，病毒粒子为小的球形颗粒、无囊膜。病毒依据日本词“Kubo”命名，该词的意思是“凸起”，因该病毒在电镜下可观察到其表面有“嵴”状凸起。嵴病毒属包含 6 个病毒种，分别为爱知病毒 A（aichi virus A，AiV-A）、AiV-B、AiV-C、AiV-D、AiV-E 和 AiV-F，通过系统发生树进一步将这些病毒分为 16 个基因型。属于 AiV-A 的嵴病毒包括：人爱知病毒（aichi virus，AiV）、犬嵴病毒 1 型（canine KoV-1，C KoV-1）和鼠嵴病毒 1 型（murine KoV-1，MKoV-1）。属于 AiV-B 的病毒包括牛嵴病毒 1 型（bovine KoV-1，BKoV-1）和绵羊嵴病毒 1 型（sheep KoV-1，SKoV-1）。PKoV 和山羊嵴病毒（goat KoV，GKoV）属于 AiV-C。牛分离株（cattle KoV，CKoV）属 AiV-D（cattle）。AiV-E 和 AiV-F 分别为兔分离株（rabbit KoV）和蝙蝠分离株（bat KoV-1）。

20.2.2 基因组

PKoV 基因组为一个单股正链 RNA 分子，基因组全长为 8.25 kb，基因组含有一个大的开放阅读框，编码一个多蛋白。病毒的基因组 5′端结合一个小的病毒蛋白（3B）取代了甲基化的帽子结构，5′UTR 有一个Ⅱ型内部核糖体进入位点（IRES）。基因组末端为 3′UTR 和 poly（A）尾。PKoV 编码的多蛋白水解后产物依次是前导蛋白 L（非结构蛋白），结构蛋白 VP0、VP3、VP1 和非结构蛋白 2A、2B、2C、3A、3B、3C、3D。其中 VP1 蛋白是衣壳蛋白中的主要免疫原性蛋白，是刺激宿主产生中和抗体的主要免疫原，它裸露在病毒颗粒的表面，也是最容易变异的结构蛋白。3C 蛋白为一种半胱氨酸蛋白酶，负责该病毒多蛋白的剪切。3D 区域含有高度保守的氨基酸特征结构 KDELR、YGDD 和 FLKR，为病毒 RNA 依赖的 RNA 聚合酶。

病毒的 RNA 具有感染性，它同时可以作为病毒的基因组以及 mRNA。IRES 的存在能使病毒的基因组直接翻译出多蛋白，这个多蛋白最初由病毒的蛋白酶处埋成为几种前体蛋白以及成熟蛋白，生成的蛋白包括结构蛋白、复制酶、VPg，以及辅助病毒复制的非结构蛋白等。

20.2.3 形态及结构

PKoV 病毒粒子为无囊膜的球形颗粒，直径约为 30 nm，衣壳呈类二十面体对称结构（Yamashita et al.，1998）。病毒的衣壳蛋白 VP0-VP3-VP1 组装成一个五邻体，12 个这样的五邻体组装成类二十面体对称的病毒颗粒。在其他小 RNA 病毒中，成熟的病毒粒子中的 VP0 进一步被切割为 VP2 和 VP4，其中 VP4 包装于病毒衣壳的内表面，但在嵴病毒中，VP0 并不发生切割。

20.2.4 复制周期

目前，PKoV 尚不能分离培养，其病毒复制周期不是十分清楚。其基本过程为：病毒吸附到宿主细胞受体上，通过细胞内吞途径进入细胞质；在内吞小体内，病毒可能在内体膜上通过打孔途径，将病毒的基因组释放到细胞质中；VPg 从基因组上脱离，基因组翻译出多蛋白；病毒的基因组复制是在来源于内质网膜形成的病毒工厂中进行，有单股正链 RNA 基因组指导合成双链 RNA 基因组；以新合成的双链 RNA 为模板，转录或复制生成新的 mRNA 以及单股正链病毒基因组 RNA；新合成的病毒基因组装载进已经装配的衣壳前体，形成完整的病毒粒子；最后，感染细胞裂解，将病毒释放到细胞间隙。

20.2.5 致病机制

PKoV 主要通过粪-口途径传播，可经由粪便扩散。密切接触便于病毒的跨种群传播，同感染的野猪密切接触也可能是家猪感染的来源，同时其他动物之间，如牛、绵羊、猪以及山羊等也可能通过直接接触导致病毒跨种间传播。

PKoV 目前在世界范围内广泛流行，在健康仔猪群、断乳仔猪群、育肥猪群、母猪群的粪便或血清样品中阳性检出率均很高，在具有腹泻症状的仔猪群中尤甚，而且在这些发病乳猪中其他常见腹泻病原如 TGEV、PEDV 和 PRoV 的检出率并不高。尽管如此，PKoV 是否与猪的肠道疾病相关，目前尚无定论。尽管普遍认为猪嵴病毒可能感染猪的胃肠道，但在发生或没有腹泻病症的猪粪便或血清样品中均能检测到该病毒。这说明 PKoV 可能是条件性常在病毒，感染率高并不能确定其是否与仔猪腹泻相关，仍需要病毒分离与动物回归试验证实其与仔猪腹泻的关系。

20.3 诊断及防治

20.3.1 诊断

1.病毒分离

病毒分离培养是鉴定病原的最直接、最有效的方法，但是病毒的分离培养周期较长，而且需要有易感的细胞系。有报道用 BS-C-1 和传代的 Vero 细胞成功分离到了爱知病毒，但此过程需要 4～6 周。其他也有用 Vero 和 PK-15 分离 PKoV 的报道，但需要在细胞培养体系中加入感染仔猪的同源组织。细胞病变后，可用其他 PKoV 特异性检测方法进行确诊。

2.血清学

酶联免疫吸附试验（ELISA）作为实验室常用的一种检测技术，具有快速、简便、灵敏、易标准化等优点，常被用于疫病的检测与诊断。ELISA 方法可用于血清样品中 PKoV 抗体检测。

3.分子生物学

分子生物学技术目前仍是用于实验室检测 PKoV 的最常用技术，对该病毒的检测大都采用 RT-PCR 或实时荧光定量 PCR 方法。根据 PKoV 高度保守的 3D 基因设计特异性引物进行 PCR 扩增，可以快速、准确地对 PKoV 进行检测。

另外，随着基于高通量测序技术的病毒组学方法在临床诊断中的普及，该方法也已经成为发现 PKoV 感染以及与其他病毒混合感染最为有效的手段之一。

20.3.2 防治

由于 PKoV 的致病性及其危害尚不确定，目前尚无该病毒的疫苗。

对已经确诊的 PKoV 感染，应将感染猪隔离单独饲养，主要从提高患病猪免疫力以及防止继发其他病原感染的思路来进行精细管理或干预。为防止感染数量及规模扩大，应加强对养殖环境的消毒以及其他改善卫生条件的措施。

预防猪只感染的主要方法为加强猪场的生物安全管理。

参考文献

Barry A F，Ribeiro J，Alfieri A F，et al. First detection of kobuvirus in farm animals in Brazil and the Netherlands. Infect Genet Evol，2011，11：1811-1814.

Khamrin P，Maneekarn N，Hidaka S，et al. Molecular detection of kobuvirus sequences in stool samples collected from healthy pigs in Japan. Infect Genet Evol，2010，10：950-954.

Khamrin P，Maneekarn N，Kongkaew A，et al. Porcine kobuvirus in piglets，Thailand. Emerg Infect Dis，2009，15：2075-2076.

Park S J，Kim H K，Moon H J，et al. Molecular detection of porcine kobuviruses in pigs in Korea and their association with diarrhea. Arch Virol，2010，155：1803-1811.

Reuter G，Boldizsar A，Kiss I，et al. Candidate new species of Kobuvirus in porcine hosts. Emerg Infect Dis，2008，14：1968-1970.

Reuter G，Boros A，Pankovics P. Kobuviruses—a comprehensive review. Rev Med Virol，2011，21：32-41.

Yamashita T，Sakae K，Tsuzuki H，et al. Complete nucleotide sequence and genetic organization of Aichi virus，a distinct member of the Picornaviridae associated with acute gastroenteritis in humans. J Virol，1998，72：8408-8412.

Yu J M，Jin M，Zhang Q，et al. Candidate porcine Kobuvirus，China. Emerg Infect Dis，2009，15：823-825.

（杨德成）

第21章 猪传染性胃肠炎

本章提要

猪传染性胃肠炎是一种传统疾病，主要引起猪只的呕吐、腹泻和哺乳仔猪的高死亡率。目前该病在我国的局部地区流行和引起猪只发病，对养猪业的危害已从20世纪40年代的非常严重逐渐变得微弱。尽管猪传染性胃肠炎对我国养猪业的危害不如猪流行性腹泻，但我们仍应密切关注其流行和发生。本章从流行现状、临床症状、病理变化、病毒分类及分型、基因组、形态结构、复制周期、致病机制、诊断及防治等方面来阐述猪传染性胃肠炎及其病原猪传染性胃肠炎病毒的特征，旨在帮助读者了解猪传染性胃肠炎。

21.1 猪传染性胃肠炎概述

21.1.1 流行现状

猪传染性胃肠炎(swine transmissible gastroenteritis，TGE)是由猪传染性胃肠炎病毒(swine transmissible gastroenteritis virus，TGEV)引起的猪的一种急性、高度接触性传播的肠道疾病。该病的主要特征是感染猪只腹泻、呕吐、脱水和2周龄以内哺乳仔猪的高死亡率(可高达100%)。TGEV于1946年在美国首次被报道，有极高的传染性，可感染任何日龄的猪，但主要感染仔猪，可导致2周内的哺乳期仔猪严重的腹泻、呕吐、脱水等症状，造成极大的经济损失，该病为世界动物卫生组织(WOAH)规定上报的疫病。我国最早于1956年在广州发现该病，于1973年分离出该病毒，目前在我国各地普遍都有流行。1984年以来由于TGEV自然缺失毒株猪呼吸道冠状病毒(porcine respiratory coronavirus，PRCV)在欧洲的出现和快速传播，导致欧洲95%以上猪群呈TGEV抗体阳性。尽管TGE造成的经济损失是严重的，但由于PRCV形成的地方性流行减轻了该病的影响，使其在欧洲的暴发变得罕见。TGE在韩国、日本及东南亚国家亦流行，但其引起的危害比猪流行性腹泻引起的低。

根据不同年龄猪的易感性，TGE可呈三种流行形式。流行性，对于易感的猪群，当TGEV入侵之后，常常会迅速导致各种年龄的猪发病，尤其在冬季，大多数猪表现不同程度的临诊症状；地方流行性，局限于经常有仔猪出生的猪场或不断增加易感猪，如育肥猪的猪场中，虽然仔猪能从免疫后或从母猪乳汁中获得被动免疫，但受到时间和免疫能力的限制，当病毒感染力超过猪的免疫力时，猪将会受到感染，所以TGEV能长期在这些猪群中存在；周期性流行，常发生于TGEV重新侵入有免疫母猪的猪场，由于前一冬季感染猪在夏天或秋天已被屠宰，新进的架子猪和出栏猪便成为易感猪。TGEV 的感染来源有 4 种:第一种亚临床感染猪。在存在亚临床感染的猪群中,病毒长期存在,并在条件适合时引起临床感染暴发。第二种是狗、猫、狐狸、燕八哥、苍蝇等,这些动物或昆虫通过机械携带传播病毒。第三种是带毒猪或发病猪通过鼻内分泌物、粪便、乳汁排毒。第四种是感染了 TGEV 的动物尸体。

近年来,随着 PEDV 在我国的暴发和流行,TGE 的发生率和造成的腹泻似乎越来越低,在腹泻样品中的检出率为 5%~6%。虽然 TGEV 的发病率低了,但我们依然要对其进行检测和监测,密切关注其流行趋势。

21.1.2 临床症状

TGEV 能够感染各日龄的猪,主要引起呕吐、腹泻和脱水。两周龄以内的哺乳仔猪感染后发病率和死亡率可高达 100%,但 TGEV 和 PRCV 血清阳性的猪群以及超过 5 周龄的猪的死亡率通常较低。一般 2 周龄以内的仔猪感染后 12~24 h 会出现呕吐,继而出现严重的水样或糊状腹泻,粪便呈黄色,常夹有未消化的凝乳块,恶臭,体重迅速下降,仔猪明显脱水,发病 2~7 d 死亡,死亡率达 100%;在 2~3 周龄的仔猪,死亡率明显下降,一般在 0~10%。断乳仔猪感染后 2~4 d 发病,表现水泻,呈喷射状,粪便呈灰色或褐色,个别猪呕吐;在5~8 d 后腹泻停止,极少死亡,但体重下降,常表现发育不良,成为僵猪。有些母猪与患病仔猪密切接触呈现反复感染且症状较重,主要表现为体温升高、泌乳停止以及呕吐、食欲不振和腹泻等消化道症状。此外,TGEV 也可以感染肺脏上皮细胞,引起呼吸系统疾病。

21.1.3 病理变化

TGEV 感染仔猪引起的主要病理变化为急性肠炎,从胃到直肠可见程度不一的卡他性炎症。胃充满凝乳块,黏膜充血;小肠充满气体,肠壁变薄、弹性下降呈透明或半透明状;肠内容物呈黄色、稀薄,有大量泡沫;肠系膜淋巴结肿胀;心、肺、肾等器官未见明显肉眼可见病变。

病理组织学变化可见小肠绒毛萎缩变短,甚至脱落;与健康猪相比,绒毛缩短的比例为 1∶7;肠上皮细胞变性,黏膜固有层内可见浆液性渗出和淋巴细胞浸润。肾由于曲细尿管上皮变性尿管闭塞而发生浊肿,脂肪变性。电子显微镜观察,可看到小肠上皮细胞的微绒毛、线粒体、内质网及其他细胞质内的成分变性,在细胞质空泡内有病毒粒子存在。

21.2 猪传染性胃肠炎病毒

21.2.1 分类及分型

猪传染性胃肠炎病毒属于尼多目(*Nidovirales*)冠状病毒科(*Coronaviridae*)冠状病毒亚科(*Coronavirinae*)α-冠状病毒属(*Alphacoronavirus*)的成员。

TGEV 只有一个血清型,但不同毒株之间也存在一定的抗原性差异。TGEV 与猪血凝性脑脊髓炎病毒和猪流行性腹泻病毒无抗原相关性,但与猪呼吸道冠状病毒存在交叉保护。TGEV 与狗冠状病毒(CCV)和猫冠状病毒(FIPV)之间都有抗原相关性。通过血清中和试验和间接免疫荧光法证明,TGEV 与 CCV、TGEV 与 FIPV 之间存在双相交叉反应,因此,这三种病毒在流行病学、诊断和免疫方面有一定的关系。2011 年国际病毒分类委员会第九次报告将这三种病毒分类为一种病毒，并命名为 α-冠状病毒 1 型。近年来，笔者所在研究团队从现地腹泻样品中成功分离、鉴定出了 AHHF 株，并证实该毒株能够引起 5 日龄哺乳仔猪发病。根据病毒全基因组序列构建的系统发育树分析结果表明我国 TGEV 流行毒株分为 2 个群，即普渡(Purdue)群和米勒(Miller)群(Zhang et al.,2017)。2016 年意大利学者报道在意大利北部的猪群发现带有 PEDV S 基因的 TGEV 嵌合病毒(Akimkin et al.,2016)，目前我们国家尚未发现该类型的毒株。

21.2.2 基因组

TGEV 作为冠状病毒家族的一员，尽管它们是最大的单股正链 RNA 病毒，但与其他的正链 RNA 病毒仍具有一些相似的特征。主要表现为：病毒基因组本身具有感染性，并不依赖于合成的 RNA 依赖的 RNA 聚合酶(RdRp)的作用；病毒在细胞质中复制，并与细胞膜紧密相连。冠状病毒基因组结构具有一些共有的特征：①5′UTR 长度从 209 nt 到 528 nt 不等，但都包含相似的以 AUG 起始的小 ORF。②3′UTR 从 288 nt 到 506 nt 大小不等(尽管有些 IBV 的毒株具有较长的 3′UTR，那是因为有某些重复序列的存在)，并且 poly(A)尾上游 73～80 nt 之间都具有 GGAAGAGC 八核苷酸序列，所有都具有 poly(A)尾巴。③所有毒株都具有一个超大的基因 1(分为 ORF1a 和 ORF1b，占整个基因组的 2/3)，编码多蛋白，该多蛋白在病毒基因组复制，亚基因组 sgmRNA 合成、转录等过程起着重要作用。此外，在 ORF 1a 和 ORF 1b 之间往往存在约 43 个核苷酸(nucleotide，nt)的重叠区，包含一个冠状病毒独有的转移序列(slippery site)即 5′-UUUAAAC-3′，该序列促使 ORF 1a 在转录的过程中发生一个-1 移码，导致 pp1ab 的正确转录，避免 pp1ab 发生转录终止。④所有毒株都编码 4 个结构蛋白，分别为纤突蛋白(spike，S)、小囊膜蛋白(envelope，E)、膜蛋白(membrane，M)和核衣壳蛋白(N)。

TGEV 基因组是不分节段的单股正链 RNA，长度约为 28 kb，具有正链 RNA 病毒特有的结构特征：5′端含有甲基化的帽子结构、3′端含有长度不一的 poly(A)尾巴。TGEV 基因组共编码 9 个完整的 ORF，具有 α-冠状病毒独有的基因组特征，在其 5′端和 3′端含有非编码区序列(uncoding region，UTR)，其基因组结构顺序为 5′UTR-ORFl-S-3a-3b-sM-M-N-ORF7-3′UTR。TGEV 基因组编码 9 种蛋白质，其中 4 种结构蛋白：S、M、E、N 蛋白；5 种非结构蛋白：复制酶 1a、复制酶 1b、ORF3a、ORF3b 和 ORF7。S 蛋白研究比较广泛，S 基因全长 4 300 bp 左右，编码纤突蛋白，可帮助囊膜形成纤突，突出于病毒粒子表面，含有氨肽酶受体的识别位点，具有细胞膜融合作用，而且 S 蛋白携带 B 淋巴细胞识别的抗原决定簇，是机体产生 TGEV 中和抗体的诱导蛋白。N 蛋白，磷酸化蛋白，位于病毒粒子内部，高度保守与病毒 RNA 基因组相结合，其基因全长为 1.7 kb，参与基因转录、干扰素抑制、宿主细胞周期的凋亡等，并且该蛋白对病毒粒子的装配起非常重要的影响。目前，因为其具有重要的免疫原性，很多研究人员针对其研发抗病毒相关药物。M 蛋白，基质蛋白，基因全长 2.5 kb，主要嵌入在脂囊膜中，在病毒核衣壳装配过程中与囊膜连接，具有决定病毒粒子的装配位点、病毒成熟及出芽位点的作用，介导产生补体依赖性中和抗体，诱导 IFN-α 的产生，通过各种机制干扰干扰素信号等功能。

TGEV 基因组约 2/3 的基因用于编码病毒复制酶，该酶介导病毒复制、转录和翻译，复制酶基因的 ORF1 区域由 ORF1a 和 ORF1b 两个开放阅读框组成，ORF1a/1b 多蛋白的翻译涉及核糖体高效的移码活动。ORF3 由 ORF3a 和 ORF3b 两个开放阅读框组成。一些研究表明，ORF3a 对病毒的毒力不是不可或缺的，但该基因的缺失可能会影响病毒的毒力和组织嗜性，ORF7 通过负调控影响下游 Caspase 依赖性凋亡通路，从而抑制宿主细胞的免疫防御，增加 TGEV 的生存能力。

21.2.3 形态及结构

TGEV 是有囊膜包裹的，外形呈圆形、椭圆形或多边形，粒子大小较均一，纤突大而稀疏，直径为 80～120 nm 的病毒粒子。病毒粒子的内部为基因组 RNA 和核衣壳(nucleoprotein，N)蛋白组成的核蛋白核芯，呈螺旋状。囊膜上覆有花瓣状纤突，长 18～24 nm，以极小的柄连接在囊膜的表面，其末端呈球形，直径约为 10 nm。

21.2.4 复制周期

TGEV 侵入宿主细胞的第一步是通过 S 蛋白与特异性细胞受体猪氨基肽酶 N 结合来完成的。研究表明，S 蛋白 S1 球部的内侧是病毒与受体识别的特定位点，当 S1 与受体结合后，它与 S2 蛋白之间的结合力减弱，导致 S1 与 S2 分离，暴露出 S2 上的 3 个螺旋(N、M、C 螺旋)，并发生折叠，改变其构象，以利于病毒囊膜与宿主细胞膜发生融合。其结果是使病毒穿过细胞膜，进入细胞质。病毒进入细胞后，首先在细胞质内脱壳，释放出来的单股正链基因组 RNA 的 ORF1 进行翻译切割产生病毒复制所需要的各种复制酶，然后在复制酶的作用下，通过不连续转录模式转录生成新的基因组 RNA 和 6～8 条亚基因组 mRNA。关于转录模式目前有 3 种假说：一是先导引物转录模式，二是负链跳转模式，三是亚基因组 mRNA 与正进入细胞的病毒体结合作为合成亚基因组(－)RNA 的模板，这种亚基因组(－)RNA 反过来再作为合成亚基因组 mRNA 的模板，这 3 种转录模式并不互相排斥，可能发生于不同的转录阶段。转录生成的基因组 RNA 和亚基因组 mRNA 进入细胞质后，开始翻译过程。首先是基因组 RNA 进行翻译，产生病毒 RNA 复制所需的各种蛋白酶。然后是亚基因组 mRNA 进行翻译，产生 S 蛋白、M 蛋白、N 蛋白和 E 蛋白等结构蛋白。病毒颗粒的包装在粗糙内质网进行，形成囊泡，再移入高尔基复合体中。病毒组装时，N 蛋白先与病毒 RNA 结合形成复合体，再通过与 M 蛋白、E 蛋白的相互作用被包裹到病毒的衣壳中，核衣壳与带有 M 糖蛋白的细胞内膜融合发芽，随后在出芽过程中，糖蛋白突起也插入病毒粒子中，在 M 蛋白作用下，成熟的病毒体从平滑的囊泡释放出来。

21.2.5 致病机制

TGEV 通过消化道和呼吸道入侵机体。病毒经口咽、食管、胃进入消化道，在小肠上皮细胞发生感染，导致空肠和回肠的绒毛显著萎缩。感染的上皮细胞受到破坏脱落，破坏了小肠上皮细胞吸收功能，使肠道水解乳糖和吸收其他营养成分的功能下降，肠腔内高渗，导致严重腹泻脱水。TGEV 经鼻腔进入呼吸道，在鼻黏膜和肺中增殖，然后经血液进入小肠。本病的潜伏期很短，一般为 12～18 h，仔猪发病后往往表现为严重脱水而死亡。

笔者所在研究团队通过研究发现 TGEV 感染后能够诱导明显内质网应激，病毒诱导的应激能够显著抑制病毒复制。尽管该病毒同时激活 ATF6、IRE1 和 PERK 3 条不同的内质网应激信号通路，但内质网应激抑制病毒主要通过激活 PERK 通路，从而磷酸化 eIF2a，导致蛋白翻译下调和激活 NF-kappaB，诱导干扰素表达，从而抑制 TGEV 感染。同时发现 TGEV 激活的 IRE1 通路能够降解 microRNA-30a-5p，其靶上 SOCS 蛋白，从而促进病毒复制（Xue et al.，2018；Ma et al.，2018）。

21.3 诊断及防治

21.3.1 诊断

根据临床症状和组织病理学病变不能够对 TGE 进行诊断，因为引起猪腹泻的其他病原，PEDV、猪轮状病毒（PoRV）感染等所引起的临床症状和病理变化与 TGEV 极其相似，无法对它们进行鉴别诊断，因此对 TGEV 进行实验室诊断是非常必要的。病毒分离常被看作是诊断病毒病的金标准。实验室诊断可采取猪小肠黏膜作抹片，进行荧光抗体染色，发病猪小肠各段可发现多量的荧光细胞。感染的上皮细胞、电镜观察可见绒毛减少或缩短，细胞质破裂，在细胞质的空泡内或滑面内质网中可见到病毒粒子。

1.病原学

（1）病毒分离　用于 TGEV 分离和培养的最普遍的细胞是 ST 细胞或 PK15 细胞。用含有双抗的 PBS 悬起小肠内容物，反复冻融 3 次后，离心过滤接种至 ST 细胞或 PK15 细胞中。细胞培养中 TGEV 的复制依赖于维持液中的胰酶，胰酶的蛋白水解作用使得 TGEV S 蛋白裂解成 S1 和 S2，从而增强病毒的吸附和感染力，并促进病毒释放。

（2）免疫荧光（IF）　广泛用于检测病毒分离时细胞维持液中或感染后的肠组织的冰冻切片中是否存在 TGEV 抗原。细胞内病毒抗原采用荧光标记的 TGEV 特异性抗体检测。在荧光显微镜下，感染细胞的细胞质中可直观观察到带有荧光的病毒抗原。此方法也可用于检测 TGEV 感染不同时期小肠绒毛上皮细胞上的抗原。

（3）抗原 ELISA 检测　用 TGEV 特异性抗体包被 ELISA 板，以样品为抗原进行孵育，若样品中含有病毒粒子便会结合特异性抗体，再结合酶标二抗，用化学底物显色。

（4）RT-PCR 检测　传统 RT-PCR 技术是根据病毒基因组设计特异性引物，对 TGEV 目标区域进行扩增，随后电泳并观察扩增片段大小。实时 RT-PCR 技术既可以使用插入双链 DNA 的非特异性荧光染料，还可以用荧光标记的寡核苷酸探针与靶序列探针杂交后检测。

2.血清学

（1）间接免疫荧光（IFA）　基于抗原抗体反应，以 TGEV 感染后的 ST 或 PK15 细胞培养物作为抗原底物，检测动物血清样品是否感染，若样品为阳性，特异性抗体能与抗原结合，用荧光标记的二抗进行检测。

（2）中和试验（VN）　病毒中和即中和抗体（neutralizatial antibody，NAb）结合病毒粒子，从而影响病毒复制周期的一个或多个步骤，诱导病毒粒子裂解，减少病毒感染。该方法是将疑似感染动物的血清中具有中和活性的抗体与病毒相互作用，通过细胞是否病变来判定动物是否感染。

（3）抗体 ELISA 检测　目前有间接 ELISA 和阻断或竞争 ELISA 两类检测试剂盒用于检测 PEDV 抗体。间接 ELISA 是将抗原包被在聚苯乙烯表面，与待检样品共同孵育，形成的抗原抗体复合物，通过酶标二抗和底物显色液共同检测。阻断或竞争 ELISA 是基于病毒特异的单克隆或多克隆抗体构建的，当将抗原加入微孔板的同时，加入待检样品，样品中的抗体与血清中的抗体相互竞争，使抗原结合到微孔板上，再结合酶标二抗，通过底物显色液检测。

虽然免疫荧光法(IF)、免疫组织化学技术(IHT)、直接电镜(DEM)、免疫电镜(IEM)、酶联免疫吸附试验(ELISA)、阻断 ELISA、链霉亲和素-生物素(SAB)技术、原位杂交法(in situ hybridization)、竞争阻断 ELISA 可用于 TGE 的诊断，然而这些方法不但费时，而且特异性和敏感性较低。为了快速诊断 TGEV，研究人员先后建立了检测 TGEV M 基因、N 基因、ORF3 基因和 S 基因的反转录聚合酶链反应(RT-PCR)或 RT-nested PCR。

近年来环介导等温扩增技术(LAMP)广泛应用于各种病原的快速诊断，该方法具有快速简便、敏感性高、特异性高的优点；同 PCR 方法相比，不需要 PCR 仪，产物不需要进行核酸电泳，根据颜色变化用肉眼即可判断结果，且成本低，省时间。研究人员针对 TGEV N 基因建立了 RT-LAMP 方法，该方法比 RT-PCR 和 ELISA 方法更敏感，可用于现地样品中 PEDV 的检测。

由于 TGE 与 PED 的临床症状和病理变化极其相似，为了在临床上将二者快速区分开，研究人员建立了多重 RT-PCR 和多重 RT-nested PCR。为了检测和区分猪肠道病毒感染，又建立了鉴别诊断 TGEV、PEDV、PoRV 的多重套式 RT-PCR。为了对 TGEV 进行定性和定量研究，减少污染的概率，研究人员建立了实时荧光定量 RT-PCR，同时又建立了区分 TGEV 与 PEDV 的实时荧光定量 RT-PCR。

TGE 抗原快速检测试剂盒可用于猪场 TGE 的快速诊断，该方法检测 TGEV N 蛋白的敏感性为 92%、特异性为 98%。虽然准确性比 RT-PCR 低，但是在 5～10 min 内即可确诊。因此，该方法也可用于现地检疫或屠宰检验。由于弱毒疫苗可能存在返祖现象，为了更好地检测和区分现地感染是由野毒株还是疫苗株引起的，研究人员先后建立了基于 TGEV ORF3 基因限制性片段长度多态性分析的方法来区分 TGEV 强、弱毒感染。

21.3.2 防治

TGEV 能够感染任何日龄的猪，但主要侵害仔猪，特别是在两周龄以内的仔猪，新生仔猪感染后 20 h 内可发生肠胃炎，1～4 d 死亡，而 2 周内仔猪主要靠免疫母猪初乳中特异性 IgG 抗体获得被动免疫而起到保护作用，而且免疫时间取决于母乳中抗体的滴度。目前市场上有几种预防 TGE 的疫苗，主要是灭活苗和弱毒苗。疫苗免疫后能够提供良好的免疫原性，但是疫苗只能起到预防的作用，在感染初期并不能阻止或者减慢病情的发展。现有的研究表明被动泌乳性免疫在保护新生仔猪免受 TGEV 的感染方面具有重要作用。新生仔猪通过吸食初乳被动获得抗体(主要是 IgG)，可以保护仔猪预防系统性感染的发生。在仔猪出生后一周，乳汁中的 IgA 开始占主导，而 IgG 抗体水平开始下降。IgA 分泌至乳汁中，在仔猪的被动免疫中发挥重要的作用。免疫母猪通过初乳和乳汁将中和抗体传递给仔猪，肠腔中的抗体可以起到中和病毒的作用(Joshi et al.,2018)。

在 TGEV 的被动免疫研究中发现，采用不同的免疫策略，被动免疫效率差别较大。用口服 TGEV 弱毒株的方式进行首次免疫，肌肉注射进行 2 次免疫的方式，由于 IgA 的产生需要病毒感染肠上皮细胞进行胃肠道的刺激，因此在初乳和乳汁中 IgG 完全占主导，在产后几天的时间里，IgG 的水平迅速下降。对 3 日龄的新生仔猪进行攻毒实验结果表明，以口服加肌肉注射免疫母猪 TGEV 弱毒株的方式不能为仔猪提供较好的被动免疫保护。攻毒之后的发病率为 100%，死亡率为 25%。在用 TGEV 强毒株攻毒后，其中有 5 头母猪表现出腹泻的临床症状，在接触感染的仔猪之后，母猪血清和母乳中的抗体水平迅速升高；并且感染后母乳中IgA的抗体水平占主导。同时IgA产生的机制可能与病毒感染后从肠道到乳腺的转移有关。研究也表明血清中的中和抗体并不影响IgA产生细胞从肠道到乳腺的转移。肌肉注射TGEV强毒株后，未发病母猪乳汁中IgG占主导，并且IgG抗体水平在产后几天内迅速下降，攻毒实验表明，TGEV强毒感染仔猪可导致100%发病率和69%的死亡率。而在母猪肌肉注射TGEV强毒株后，由于血液传播感染肠道细胞到导致发病母猪乳汁中主要是IgA，攻毒实验可以为仔猪提供完全的被动免疫保护，同时母猪也未发病，抗体水平也没有明显的变化。另一种免疫途径是乳房内接种TGEV强毒株，所有接种母猪均未发病，乳汁中IgG占主导，这一结果与乳房内接种TGEV弱毒株的结果一致。但也有结果表明乳房内接种TGEV强毒株可以在初乳和乳汁中产生IgA。乳房内接种攻毒实验表明，可以为3日龄仔猪提供100%的保护；但11日龄后进行攻毒，被动免疫保护效率为0。原因可能是3日龄攻毒时仔猪体内中和抗体水平较高，11日龄后随着中和抗体水平下降，保护效果变差。通过比较IgG和IgA的抗体水平及攻毒之后的被动免疫保护率，说明乳汁中高水平的IgA以及提高IgA抵抗酶消化的能力，可以显著提高TGEV的被动免疫保护效果。

目前研究表明最大限度地诱导黏膜免疫应答，尤其是肠道的黏膜免疫应答，可以诱导初乳和乳汁中高水平IgA的表达，仔猪通过采食初乳可以摄入乳汁中的IgA，从而获得被动免疫来抑制TGEV的感染(Chattha et al.,2015)。前期的研究结果表明，口服TGEV弱毒疫苗分产前40 d和产前20 d进行免疫，可以在乳汁中诱导sIgA的产生，但免疫保护率在新生仔猪中不稳定。原因可能是弱毒疫苗株丧失了在肠道复制的能力，不能有效地诱导肠道黏膜免疫及产生高水平的中和抗体应答。疫苗在母猪肠道内诱导主动免疫失败的结果是，在攻毒后母猪发病并表现出明显的临床症状，哺乳仔猪的发病率和死亡率就很高。因此，诱导有效地针对PEDV和TGEV的肠道黏膜免疫对于保护母猪肠道至关重要。使用灭活TGEV疫苗经非口途径，如肌肉注射免疫，不能诱导黏膜免疫应答，在分娩母猪的血清和初乳中IgG占主要部分，而IgA的含量很低。在血清和初乳中的IgG的含量在母猪分娩后迅速下降，不能为仔猪提供较好的被动免疫应答。但如果血清中的IgG含量较高并渗入初乳中，仔猪在吸食初乳后可以获得被动免疫保护，帮助仔猪安全度过第一周。

免疫接种是预防和控制PED的有效手段。在我国PED、猪传染性胃肠炎、猪轮状病毒混合感染日趋严重的情况下，中国农业科学院哈尔滨兽医研究所马思奇研究员率领团队于1999年研制成功国内外首个猪传染性胃肠炎、猪流行性腹泻二联灭活疫苗，于2003年研制成功国内外首个猪传染性胃肠炎、猪流行性腹泻二联活疫苗，这两个疫苗均获得国家一类新兽药注册证书；2014年冯力研究员率领团队研制出我国首个猪传染性胃肠炎、猪流行性腹泻、猪轮状病毒(G5型)三联活疫苗(以下简称猪病毒性腹泻三联活疫苗)，该疫苗获得了国家二类新兽药注册证书。猪病毒性腹泻三联活疫苗解决了我国无猪轮状病毒疫苗和三种病原混合感染疫苗可用的难题，主、被动免疫保护率分别高达96.15%和88.67%，实现了打一针预防三种病的目的，减少了猪只的应激反应和生产成本，为我国猪病毒性腹泻的科学防控提供了有效手段。该疫苗先后获得中国专利优秀奖(2017年)、黑龙江省科学技术奖(发明)一等奖(2017年)和国家技术发明奖二等奖(2018年)。此外，北京大北农科技集团股份有限公司2015年研制出猪传染性胃肠炎、猪流行性腹泻二联活疫苗(HB08株+ZJ08株)；华中农业大学2016年研制出猪传染性胃肠炎、猪流行性腹泻二联灭活疫苗(WH-1株+AJ1102株)、2017年研制出猪传染性胃肠炎、猪流行性腹泻二联活疫苗(WH-1R 株+AJ1102R 株);华派生物集团 2018 年研制出猪传染性胃肠炎、猪流行性腹泻二联活疫苗(SCJY-1 株+SCSZ-1 株);齐鲁动物保健品有限公司 2018 年研制出猪传染性胃肠炎、猪流行性腹泻二联活疫苗(SD/L 株+LW/L 株)。这些疫苗的上市,为 TGE 的防控奠定了坚实的基础。

参考文献

Akimkin V, Beer M, Blome S, et al. New chimeric porcine coronavirus in swine feces, Germany, 2012. Emerg Infect Dis,2016,22(7):1314-1315.

Chattha K S, Roth J A, Saif L J. Strategies for design and application of enteric viral vaccines. Annu Rev Anim Biosci,2015,3:375-395.

Joshi L R, Okda F A, Singrey A, et al. Passive immunity to porcine epidemic diarrhea virus following immunization of pregnant gilts with a recombinant orf virus vector expressing the spike protein. Archives of Virology,2018,63(9):2327-2335.

Ma Y, Wang C, Xue M, et al. The coronavirus transmissible gastroenteritis virus evades the type I interferon response through IRE1α-mediated manipulation of the micro RNA miR-30a-5p/SOCS1/3 Axis. J Virol,2018,92(22):e00728-18.

Xue M, Fu F, Ma Y, et al. The PERK arm of the unfolded protein response negatively regulates transmissible gastroenteritis virus replication by suppressing protein translation and promoting type I interferon production. J Virol,2018,92(15):e00431-18.

Zhang X, Zhu Y, Zhu X, et al. Identification of a natural recombinant transmissible gastroenteritis virus between Purdue and Miller clusters in China. Emerg Microbes Infect,2017,6(8):e74.

(陈建飞)

第 22 章 猪流行性腹泻

本章提要

猪流行性腹泻是目前引起我国新生仔猪死亡的重要传染病，该病自 20 世纪 70 年代末开始在我国的猪群中存在并散发，给局部地区的养猪业造成了严重的威胁。2010 年 12 月以来，猪流行性腹泻在我国暴发，给我国养猪业造成了严重的经济损失。猪流行性腹泻已成为世界性疾病，虽然有商品化疫苗在现地应用，但其仍然在猪群中发生，尤其是在产房的哺乳仔猪中发生，是哺乳仔猪死亡的“第一杀手”。本章从流行现状、临床症状、病理变化，病毒分类及分型、基因组、形态结构、复制周期、致病机制，诊断及防治等方面来阐述猪流行性腹泻及其病原猪流行性腹泻病毒的特征，旨在帮助读者进一步了解猪流行性腹泻。

22.1 猪流行性腹泻概述

22.1.1 流行现状

猪流行性腹泻(porcine epidemic diarrhea，PED)于 1971 年首次在英格兰的架子猪和育肥猪中暴发，除 4～5 周龄以下哺育仔猪不发病外，其他猪只均发病；1976 年英格兰的猪群中发生了 PED，所有日龄的猪均能感染发病；随后，PED 在欧洲大陆其他国家陆续发生。我国于 1973 年首次在上海的猪群中发现 PED，日本于 1983 年首次证实猪急性腹泻是由 PEDV 引起，韩国于 1992 年首次证实 PEDV 能引起所有日龄的猪只发生腹泻，泰国于 1995 年首次报道了 PED 的发生。在亚洲该病的流行情况与欧洲不同，主要是高死亡率的急性腹泻，给养猪业造成了很大的经济损失。2007 年末到 2008 年，PED 在泰国的许多商品化猪场中流行，引起非常严重的经济损失。越南于 2009 年初暴发 PED，给当地的养猪企业造成了很大的经济损失。2010 年底，PED 首先在我国华南地区的猪群中暴发，随后在我国绝大部分省份的猪群中暴发，给我国养猪业造成了巨大的经济损失。2013 年 2 月，美国俄亥俄州的猪群中首次暴发 PED，随后蔓延至 30 多个州，重创了美国的养猪业，约 10%的猪场破产。随后，在加拿大、墨西哥及南美洲的部分国家也暴发了 PED。2014 年韩国、日本及中国台湾地区的养猪场相继暴发了 PED，给当地的养猪业造成了严重的经济损失(Jung and Saif，2015；Lin et al.，2016)。目前，PED 已在欧洲、亚洲、北美洲和南美洲流行，一年四季均可发生，有时夏季高温时节也有发生和流行。

22.1.2 临床症状

PEDV 主要侵害 7 日龄以内仔猪，仔猪出生后 2～3 d(最短是出生后 6 h)发病。有些猪场 PED 反复发作，间隔 2～3 周又有新的哺乳仔猪群发病。新生仔猪发病后精神不振，食欲减退，呕吐物含凝乳块，排黄色、灰色或黄绿色水样粪便，挤压腹部时立即喷出水样稀粪。多数仔猪发病后 2～4 d 死亡，发病率可达 60%～100%，死亡率高达 100%。在保育猪和育肥猪中，发病率为 20%～80%，但是没有死亡或死亡率很低。成年猪发病后，食欲减退，精神稍差，排稀粪，泌乳量减少，5～7 d 后可自然恢复，无死亡，病死率随年龄增长而降低。成年母猪表现一过性症状(腹泻)并伴有产奶下降现象。

22.1.3 病理变化

病变主要在小肠，感染濒死或死亡仔猪剖解后肉眼可见为小肠充血、肠壁变薄、鼓气、充满淡黄色或黄绿色稀便；盲肠、结肠充满稀便；肠系膜充血、淋巴结肿大、水肿；胃内有大量未消化的白色凝乳瓣。小肠病变开始于空肠，而后波及整个小肠段。临床出现腹泻后 6 h 达到高峰，主要是上皮细胞变性、坏死和脱落。

22.2 猪流行性腹泻病毒

22.2.1 分类及分型

2011 年国际病毒分类委员会(International Committee on Taxonomy of Viruses，ICTV)第 9 次报告，将猪流行性腹泻病毒(porcine epidemic diarrhea virus，PEDV)划归为尼多目(*Nidovirales*)冠状病毒科(*Coronaviridae*)冠状病毒亚科(*Coronavirinae*)α-冠状病毒属(*Alphacoronavirus*)。和 PEDV 同属的还有 Alphacoronavirus 1[包括 TGEV、犬冠状病毒(canine coronavirus，CCoV)和猫冠状病毒(feline coronavirus，FCoV)]、人冠状病毒 229E(human coronavirus 229E，HCoV 229E)、人冠状病毒 NL63(human coronavirus NL63，HCoV NL63)、长翼蝠冠状病毒 1(miniopterus bat coronavirus 1)、长翼蝠冠状病毒 HKU8(miniopterus bat coronavirus HKU8)、菊头蝠冠状病毒 HKU2(rhinolophus bat coronavirus HKU2)和黄蝠冠状病毒 512(scotophilus bat coronavirus 512)。冠状病毒的分类如表 22-1 所示。

根据全长 S 基因构建的系统发育树分析结果表明 PEDV 流行毒株主要分为 2 个基因型，即 G1 型——经典毒株(国外又称 S 基因缺失插入型)和 G2 型——变异毒株(国外又称非 S 基因缺失插入型)，二者的主要差异为 G2 型的 S 基因及其编码蛋白存在核苷酸及氨基酸缺失/插入现象和大量的点突变现象，这些变化主要集中在 S 基因 5′端的 1 200 个核苷酸和 S 蛋白 N 端 400 个氨基酸内。我国 PEDV 流行毒株在 2010 年以前主要以 G1 型为主，2010 年以来主要以 G2 型为主(Chen et al.，2013)。近年来，在北美、南美、东南亚、韩国及日本的流行毒株也是以 G2 型为主。2017—2018 年在日本和北美的 PEDV 流行毒株中又发现了 S 基因大片段(582～648 个核苷酸)缺失毒株，这些缺失主要位于 S 基因 5′端的 28～723 核苷酸之间，从而导致其编码的 S 蛋白在 N 端 10～241 氨基酸之间缺失 194～216 个氨基酸。这些 S

基因大片段缺失毒株在临床上能够引起猪只的轻度腹泻和呕吐(Diep et al.,2017;Su et al.,2018)。目前,在我国猪群中还没用发现S基因大片段缺失的PEDV流行毒株。

表 22-1　冠状病毒分类

属	名称	种类	宿主
α-冠状病毒	TGEV	猪传染性胃肠炎病毒	猪
	PRCoV	猪呼吸道冠状病毒	猪
	PIPV	猫传染性腹膜炎病毒	猫
	FCoV	猫肠道冠状病毒	猫
	CCoV	犬冠状病毒	犬
	HCoV229E	人冠状病毒229E株	人
	PEDV	猪流行性腹泻病毒	猪
	SeACoV	猪肠道阿尔法病毒	猪
	HCoV-NL63	人冠状病毒NL63株	人
β-冠状病毒	MHV	鼠肝炎病毒	鼠
	BCoV	牛冠状病毒	牛
	HCoV-OC43	人冠状病毒OC43株	人
	HEV	血凝性脑脊髓炎病毒	猪
	PCoVb	鸟嘴海雀病毒	海雀
	ECoV	马冠状病毒	马
	CRCoV	犬呼吸道冠状病毒	犬
	SARS-CoV	严重急性呼吸综合征冠状病毒	人
	HCoV-HKU1	新型冠状病毒(严重急性呼吸综合征病毒2)	人
γ-冠状病毒	IBV	人冠状病毒HKU1株	人
	TCoV	传染性支气管炎病毒	鸡
	PhCoV	火鸡冠状病毒	火鸡
	GCoV	雉鸡冠状病毒	雉鸡
	PCoVu	鹅冠状病毒	鹅
	DCoV	鸽子冠状病毒	鸽
δ-冠状病毒	BCoV-HKU11	鸭冠状病毒	绿头鸭
	MCoV-HKU13	夜莺冠状病毒HKU11	夜莺
	PDCoV	文鸟冠状病毒HKU13	文鸟
	TCoV-HKU13	猪德尔塔冠状病毒	猪

22.2.2 基因组

PEDV 具有大约 28 kb 的单股正链 RNA 基因组，有 5′帽子和 3′多腺苷酸化尾部，包含 5′非翻译区(UTR)、至少 7 个开放阅读框(ORF1a，ORF1b 和 ORF2～6)，和3′UTR。两个大的 ORF 1a 和 1b 占据编码非结构蛋白(Nsps)5′近端基因组的 2/3，产生 16 种非结构蛋白 Nsp1～16。3′近端基因组区域中的 ORF 编码四种结构蛋白：150～220 kDa 糖基化的纤突(S)蛋白，20～30 kDa 膜(M)蛋白，7 kDa 囊膜(E)蛋白，58 kDa 核衣壳(N)蛋白和一个辅助基因 ORF3。在病毒结构蛋白中，PEDV 的 S 蛋白是病毒粒子囊膜上的 Ⅰ 型糖蛋白，其在病毒进入宿主期间与细胞受体相互作用并刺激宿主产生中和抗体的过程中起到重要作用。此外，它与病毒在体外环境生长适应性和在体内毒力致弱有关。因此，PEDV 的 S 糖蛋白通常用于确定该病毒分离株之间的遗传相关性，以及用于开发相关诊断分析产品和研发有效疫苗。M 蛋白是病毒囊膜中最丰富的成分，是病毒组装过程所必需的，也可以引发具有病毒中和活性的保护性抗体的产生。E 蛋白在冠状病毒出芽期间起重要作用，E 和 M 蛋白的共表达可形成冠状病毒样病毒粒子。N 蛋白在病毒复制和冠状病毒病变的发病机制中具有多种功能。一般来说，在冠状病毒组装期间，冠状病毒的 N 蛋白与病毒基因组 RNA 相互作用并与其他 N 蛋白分子结合以保护病毒基因组，成为螺旋核衣壳的关键基础。笔者所在团队在研究中发现 PEDV 在感染细胞的细胞质中复制，但其 N 蛋白却特异性地定位于细胞核中，核转运机制及 N 是否与特定的核仁成分相关尚不清楚。研究发现核仁磷蛋白与 N 蛋白相互作用并定位于核仁中，体外研究表明 N 蛋白 148～294 位氨基酸和 NPM1 118～188 位氨基酸是两者相互结合的关键位点。有趣的是 N 蛋白进出核仁并不依赖于 NPM1 在细胞核和细胞质之间穿梭的能力。过表达 NPM1 能够促进 PEDV 复制，而下调 NPM1 则抑制 PEDV 的复制。此外，N 蛋白与 NPM1 的结合保护其免受胱天蛋白酶-3 的蛋白水解降解，导致细胞存活增加，从而促进 PEDV 的复制。ORF3 作为 PEDV 中唯一的辅助基因表达的蛋白，被认为起到离子通道的作用并影响病毒毒力(Wang et al.，2012)。

22.2.3 形态及结构

PEDV 是具有囊膜略球形或类球形的病毒粒子，直径范围为 95～190 nm，病毒粒子表面纤突蛋白长度约为 18 nm。病毒粒子从内往外依次为病毒 RNA 与 N 蛋白形成的核衣壳(RNP)，囊膜和位于囊膜表面的 E 蛋白、M 蛋白及 S 蛋白，其中 S 蛋白以三聚体的形式存在于病毒粒子表面。

22.2.4 复制周期

PEDV 基因组复制与其他冠状病毒相似，病毒粒子通过膜融合侵入宿主细胞内，然后释放其具有感染性的基因组 RNA。首先，基因 1 翻译一个多聚前体蛋白质，经共转译处理后产生 RNA 依赖性 RNA 聚合酶(RdRp)和其他合成病毒 RNA 的蛋白质，RdRp 以基因组 RNA 为模板转录产生负链 RNA，然后以负链 RNA 为模板合成不同长度的亚基因组 mRNA(sgmRNA)和基因组 RNA，所有 sgmRNA 的共同特征是 5′端有与基因组 RNA 相同的 L 序列、3′端有一套相同的重叠序列。一般情况下，每个 sgmRNA 翻译合成其 5′端 ORF 所编码的一种蛋白质，这样不同的 sgmRNA 在细胞质中合成了病毒所有结构蛋白。N 蛋白与新合成的基因组

RNA 在细胞质中形成螺旋的核衣壳，核衣壳与固定在内质网和高尔基体之间空隙的 M 蛋白结合后再与 E 蛋白结合，E 蛋白和 M 蛋白相互作用促使病毒粒子出芽，形成包裹的核衣壳。最后，包裹的核衣壳与在高尔基体内经糖基化等修饰的三聚体 S 蛋白结合形成成熟的病毒粒子，通过类似融合的胞吐作用释放到细胞外（Lee，2015）。成熟的病毒粒子通过粪便或呕吐物排放到环境中，病毒再通过口-粪途径或泌乳母猪的乳汁感染易感猪只，从而在猪群中进行传播。

22.2.5 致病机制

PEDV 经口和鼻感染后入小肠，侵染仔猪的部位主要包括空肠后半段、回肠等器官的柱状上皮细胞，而其他脏器内至今未发现病毒增殖。PEDV 主要在粗面内质网上，以出芽方式进行。经粗面内质网破裂后，PEDV 粒子进入细胞质，并与其融合而突出胞外。病毒主要造成肠黏膜上皮细胞及其相关细胞器的损伤，从而将会出现细胞功能障碍，如肠上皮吸收表面积的减少，腹泻的主要原因就是吸收表面积的减少造成的消化、吸收的紊乱。严重腹泻可以导致严重脱水进而引起致病猪的死亡。同时感染 PEDV 后，肠上皮细胞的 ATP 酶活性降低或缺乏，碱性磷酸酶含量也会显著减少，引起营养物质吸收障碍，晶体渗透压升高，导致仔猪因脱水、衰竭而死亡。

目前关于 PEDV 感染后的免疫应答研究较多。7 周龄的普通商品猪以口服的方式感染 non-S INDEL PEDV（S 基因中无插入和缺失），对感染前 7 d 至感染后 42 d 血清中 IgG 的抗体水平进行研究发现，血清中针对 S 蛋白 S1 片段的抗体在感染后 7 d 就可以检测到，10 d 后可以检测到针对 N 和 M 蛋白的抗体，但是针对 E 蛋白的抗体始终检测不到。抗体水平在感染后 14～17 d 达到高峰，在感染后 42 d 仍然可以检测到。针对 S1 产生的 IgG 抗体与其他猪肠道冠状病毒，如 TGEV、PRCV 和 PDCoV 并不能反应，说明 S 蛋白是 PEDV 感染最敏感及特异性最高的分子标记。在 11 日龄普通商品猪中，实验结果表明，攻毒保护效果与肠道相关淋巴组织（十二指肠和回肠固有层及肠系膜淋巴结）及血液中的 IgA 和 IgG 抗体分泌细胞的水平存在很强的相关性，并且保护效果同样与 IgA 和 IgG 的抗体水平有关。自然感染 PEDV 的母猪，感染后 1 个月在肠道中就可以检测到 IgA 和 IgG 抗体分泌细胞，然后逐渐减弱，但在感染后 6 个月仍然可以检测到。不同日龄猪的感染实验结果表明，在感染后 10 d 左右可以在血清中检测到病毒的中和抗体，在感染后 18 d 左右达到最高，在感染后 21 d 中和抗体水平稍有下降然后保持在较高水平并持续到感染后 42 d。

有研究结果表明，用 PED 病毒强毒株和弱毒株口服感染 40 日龄的断奶猪，在感染后 24 d 检测中和抗体发现，强毒和弱毒免疫组的中和抗体水平相似，但攻毒实验发现，只有口服感染强毒株的猪可以免于强毒的攻击。实验结果表明，T 细胞免疫应答在诱导免疫保护方面可能发挥重要的作用。然而目前关于病毒感染后细胞因子应答的数据较多，而缺乏细胞免疫方面的结果，但有文献表明 PEDV 感染 9 日龄未断奶的仔猪导致血液和回肠中 NK 细胞的比例和活性下降。与断奶猪相比，新生仔猪 NK 细胞的固有免疫功能的缺陷很可能加剧了 PEDV 对新生仔猪的感染，这一结果在猪传染性胃肠炎病毒感染中同样存在。

与哺乳仔猪相比，断奶猪发病时间相对较晚、病程较短及粪便排毒量较少，这与炎症因子的反应时间迟缓的结果相一致，所以推测炎症反应在病毒的致病性方面发挥重要的作用。PEDV E 蛋白和 N 蛋白可以通过诱导内质网应激来上调 IL-8 的表达进而激活 NF-κB

信号通路，此外 PEDV 感染后 Toll 样受体（TLR2、TLR3 和 TLR9）在介导 NF-κB 信号通路激活中发挥重要作用（Cao et al.，2015）。PEDV 同样存在抑制宿主免疫应答的机制，目前研究表明至少 10 种病毒编码蛋白（nsp1、nsp3、nsp5、nsp14、nsp15、nsp16、ORF3、E、M 和 N）具有拮抗干扰素的功能。鉴定病毒拮抗天然免疫的病毒蛋白，并详细研究病毒拮抗干扰素的具体机制有助于疫苗的设计和研发。

22.3 诊断及防治

22.3.1 诊断

根据临床症状和组织病理学病变不能够对 PED 进行诊断，因为引起猪腹泻的其他病原，如猪传染性胃肠炎（TGE）、猪轮状病毒（PoRV）感染等所引起的临床症状和病理变化与 PED 极其相似，无法对它们进行鉴别诊断，因此对 PEDV 进行实验室诊断是非常必要的。病毒分离常被看作是诊断病毒病的金标准，然而对 PED 而言病毒分离相对困难。实验室诊断可采取猪小肠黏膜作抹片，进行荧光抗体染色，发病猪小肠各段可发现多量的荧光细胞。感染的上皮细胞、电镜观察可见绒毛减少或缩短，细胞质破裂，在细胞质的空泡内或滑面内质网中可见到病毒粒子。

1.病原学

（1）病毒分离　用于 PEDV 分离和培养的最普遍的细胞是 Vero 细胞或其克隆株 Vero E6 细胞。用含有双抗的 PBS 悬起肠内容物，反复冻融 3 次后，离心过滤接种至 Vero 细胞中。细胞培养中 PEDV 的复制依赖于维持液中的胰酶，胰酶的蛋白水解作用使得 PEDV S 蛋白裂解成 S1 和 S2，从而增强病毒的吸附和感染力，并促进病毒释放。

（2）免疫荧光（IF）检测　广泛用于检测病毒分离时细胞维持液中或感染后的肠组织冰冻切片中是否存在 PEDV 抗原。细胞内病毒抗原采用荧光标记的 PEDV 特异性抗体检测。在荧光显微镜下，感染细胞的细胞质中可直观地观察到带有荧光的病毒抗原。此方法也可用于检测 PEDV 感染不同时期小肠绒毛上皮细胞上的抗原。

（3）抗原 ELISA 检测　用 PEDV 特异性抗体包被 ELISA 板，以样品为抗原进行孵育，若样品中含有病毒粒子便会结合特异性抗体，再结合酶标二抗，用化学底物显色。

（4）RT-PCR 检测　传统 RT-PCR 技术是根据病毒基因组设计特异性引物，对 PEDV 目标区域进行扩增，随后电泳并观察扩增片段大小。实时 RT-PCR 技术既可以使用插入双链 DNA 的非特异性荧光染料，还可以用荧光标记的寡核苷酸探针与靶序列探针杂交后检测。

2.血清学

（1）间接免疫荧光（IFA）检测　基于抗原抗体反应，以 PEDV 感染后的 Vero 细胞培养物作为抗原底物，检测动物血清样品是否感染，若样品为阳性，特异性抗体能与抗原结合，用荧光标记的二抗进行检测。

（2）中和试验（VN）　病毒中和即中和抗体（neutralizatial antibody，NAb）结合病毒粒子，从而影响病毒复制周期的 1 个或多个步骤，诱导病毒粒子裂解，减少病毒感染。该方法是将疑似感染动物的血清中具有中和活性的抗体与病毒相互作用，通过细胞是否病变来判定动物是否感染的方法。

(3)抗体 ELISA 检测　目前有间接 ELISA 和阻断或竞争 ELISA 两类检测试剂盒用于检测猪流行性腹泻病毒抗体。PEDV 抗原快速检测试剂盒可用于猪场该病的快速诊断,该方法检测 PEDV S 蛋白的敏感性为 92%、特异性为 98%。在 5～10 min 内即可确诊,此方法也可用于现地检疫或屠宰检验。

(4)胶体金试剂条检测　为了快速地评价疫苗免疫效果或是否感染野毒,建立了检测 PEDV 特异性 sIgA 的免疫层析试纸条,可用于检测乳汁中的 sIgA,该方法与 ELISA 抗体检测方法相比省时、省力。同时,为了快速诊断,又研制出了一种快速灵敏的基于铕(Ⅲ)螯合微粒的横向流动试纸条,用于 PEDV 检测和流行病学监测(Liu 等,2020a,2020b)。

22.3.2　防治

综合性管理是预防 PED 的关键。作为猪场的经营管理者及兽医工作者,一定要把“预防为主”的方针放在首位,在生产实践中,采取一系列的综合防治措施,使饲养管理规范化、科学化,并保证防疫措施制度化、经常化,提高养猪防病水平,以保证养猪生产能持续、稳定地发展。

(1)实行科学的饲养管理。按猪的品种、性别、年龄、体重、体质强弱、性情等进行合理分群饲养,根据各种猪的营养要求确定饲养标准和饲养管理方法,以保证猪只的正常发育和健康,防止发生营养缺乏病。加强饲养卫生,创造良好的环境,做好清洁卫生工作,保证猪舍清洁舒适,通风良好,冬天能保温防寒,夏天凉爽防暑,以减少季节性疾病以及消化道、呼吸道疾病的发生。

(2)加强母猪及仔猪的营养管理。母猪因妊娠及泌乳需要大量的营养物质,尤其是泌乳期间,要保证蛋白质、无机盐、维生素的供给量,以便其分泌高质量的乳汁。在哺乳头一个月,这个问题非常重要,断奶前 3～5 d 应逐渐减少精料和多汁料的饲喂量,防止乳房炎的发生。在保证母猪的营养的条件下,一定要加强仔猪的科学管理,首先是让仔猪尽早吃到初乳,这样可以提高仔猪对疾病的抵抗力。二是给仔猪补铁、补硒,防止仔猪缺铁性贫血和缺硒。

(3)做好引进猪的检疫、防疫工作。最好采用自繁自养的策略,如果必须引进种猪用于品种的更新和避免血缘关系太近而影响到整个猪群生产性能,应做到不从疫区购买,买入后要隔离观察 1～2 个月,确认健康无病才可以混群饲养,在隔离期间对几种主要的传染病进行预防接种,如口蹄疫、猪瘟等,这样可以提高其特异性的抗病力。

(4)建立并严格执行科学的防疫制度。按防疫要求选择、安排建场地点,场址选择、基建的布局结果要依据是否有利于贯彻执行卫生防疫制度而定。场址要建设在地势高、向阳、背风、排水便利、水源充足、供电方便的地方,离公路、河道、村镇、工厂、学校等 500 m 以外。猪场四周应建围墙,厂内生产区域、行政管理区、生活区分开。粪便发酵池也最好设在围墙外。坚持入场消毒,在猪场的大门处和猪舍入口处设消毒池。猪场的工作人员进入猪场时,要换工作服和鞋。猪场原则上谢绝参观,不要让无关人员进入猪场。参观者,必须换鞋和工作服,并经彻底消毒后方可进入。场外车辆用具不准进入场内,出售猪只只能在场外进行。饲养人员要固定,不要互串猪舍,用具和所有设备要固定在本舍内使用。消毒池的消毒药水要定期更换,经常保持有效浓度。杜绝外来畜产品入场,不准把生猪肉带进生产厂区。食堂、饭店等伙食单位的泔水,必须经过煮沸消毒后才能喂猪。禁止在饲养区内屠宰和解剖死猪。妥善处理粪便,猪舍每天定时清扫粪便,并送去发酵处理。不准人员随地大小便,防止猪吃人粪,以免发生疾病。

(5)严格执行消毒制度。消毒的目的在于杀灭外界环境中的各种病原体,这是控制疫病发生的一项重要措施。消毒应根据病原体的种类及特点而选择适当的消毒药及消毒方法,并保证足够的消毒剂量。消毒畜舍时应封闭好门窗,先对地面消毒,以免病原体随尘土飞扬,然后再对其他部分消毒。最好每隔 1 h 再喷洒消毒药水 1～2 次。此外,对其他工具,人员的工作服、鞋帽等都要进行彻底的消毒。消毒药一般选择广谱、高效、低毒、低残留、廉价、作用快、性质稳定、易溶于水和使用方便的消毒剂。平时要建立定期的消毒制度。猪舍和用具每年的春秋各进行一次大清扫、大消毒,以后每月消毒一次。母猪在临产前也要对猪舍和用具进行一次彻底的消毒,并空舍 1 周,才能让猪群进舍。在猪场发生传染病时,猪舍和用具应每周消毒 1 次,严重的可以每间隔 1 d 消毒 1 次。消毒时,应将圈舍中的粪尿和污物清扫干净,铲去表层土壤,再用消毒药液进行消毒。消毒药可用 10%～20%的石灰乳、2%火碱溶液和 3%福尔马林等。

(6)合理使用药物预防。有目的地进行药物预防,包括添加抗生素类的添加剂、定期的药物驱虫,在使用抗生素类添加剂时,应该注意避免抗药性的产生,同时注意药物的用量,避免蓄积性中毒。在药物的使用过程中,一定要做好登记,包括药物的名称、批号、生产厂家、使用剂量、使用时间和使用方法,以便观察使用效果。同时出现问题及时处理,保证用药的科学与合理。

(7)饲喂特异性抗体或免疫预防因子可用于治疗 PED。如抗 PEDV 鸡卵黄免疫球蛋白(IgY)和来自高免母牛的初乳能够有效地抗该病毒感染,减少仔猪的死亡率,并能提高攻毒仔猪的存活率。研究表明从草药中提取的吡喃类化合物槲皮素 7-鼠李糖苷(Q7R)具有抗 PEDV 的抗病毒活性。

(8)疫苗免疫接种。PED 虽然起源于欧洲,但由于危害不严重,欧洲没有进行相关的疫苗研究。欧洲在 PED 暴发期间,有意地让怀孕母猪接触感染后死亡小猪的肠内容物,人为地刺激母猪产生乳汁免疫,希望缩短 PED 暴发在猪场的持续时间。然而,这种治疗方法有以下缺点:①小肠内容物中 PEDV 效价不均匀;②不能达到预期的诱导免疫效果,包括稳定的乳汁免疫;③能够通过污染其他病毒性病原(猪繁殖和呼吸道综合征病毒和猪圆环病毒 2 型等)而引起其他疾病传播。

在病毒性腹泻的免疫机制中,黏膜免疫具有非常重要的作用。肠道黏膜分泌的 IgA 抗体能抵御入侵的病原菌。口服疫苗能刺激黏膜免疫,并能产生黏膜和血清保护性 IgA 抗体,是预防肠道传染病的有效途径。转基因植物作为口服疫苗有可能产生理想的黏膜免疫反应,从而达到预防病毒性腹泻病的目的。2003 年韩国 Bae 等将 PEDV 中和表位区域 COE 基因转入烟草,构建了表达抗原的转基因烟草。利用表达的抗原口服免疫小鼠,试验结果表明能有效地诱导产生保护宿主细胞免受 PEDV 感染的体液和黏膜免疫应答。尽管在烟草中表达的 PEDV 表位有抗原决定簇,但是外源抗原在烟草中表达水平低限制了转基因植物疫苗的发展,为此,2005 年 Kang 等在无尼古丁的烟草中表达了合成的 PEDV 中和表位基因,外源抗原的表达量占全部可溶性植物蛋白的 2.1%,大约是天然基因表达量的五倍,为可食转基因植物疫苗的研究奠定了基础。

乳酸杆菌作为微生态制剂中的主要益生菌,广泛应用于食品、饲料加工业。构建乳酸杆菌质粒载体,表达在黏膜系统中增殖的病原微生物的保护性抗原基因,制备绿色环保、可食用的多功能黏膜免疫的微生态制剂疫苗应用前景广阔。侯喜林等用干酪乳酸杆菌表达的重组 PEDV N 蛋白经口服和鼻内接种怀孕母猪和小鼠，在黏膜免疫的小鼠或猪体内没有检测到具有抗该病毒感染的中和活性抗体，但是初乳中 IgA 的水平明显比 IgG 的水平高，哺育仔猪的 IgG 水平也明显提高。表明表达的重组 N 蛋白能够诱导产生抗 PEDV N 抗原的高水平的黏膜型 IgA 和循环性 IgG 免疫应答。葛俊伟等先后构建了表达 PEDV N 基因和中和抗原位点的重组干酪乳杆菌，并将表达的外源蛋白口服免疫小鼠。研究结果表明重组干酪乳杆菌表达的重组 PEDV N 蛋白和重组 PEDV COE 蛋白具有良好的免疫原性，可以刺激肠道产生局部免疫应答，又可诱导产生系统特异性免疫应答，经口免疫小鼠能激发出特异性的体液免疫和细胞免疫，在小鼠体内显示了很好的免疫效力，为口服疫苗的研制奠定了基础。

近年来，国内外学者对 PED 新型疫苗研制进行了探索。新型疫苗主要有表达 S 蛋白的亚单位疫苗(Chang et al.，2018)，表达 S 蛋白的重组病毒活载体疫苗(Pascual-Iglesias et al.，2019)和反向遗传苗(Hou et al.，2019)。这些疫苗对猪只安全，能诱导产生相应的抗体并起到一定的保护作用，但与临床应用还有一定的距离。

参考文献

Cao L, Ge X, Gao Y, et al. Porcine epidemic diarrhea virus infection induces NF-κB activation through the TLR2, TLR3 and TLR9 pathways in porcine intestinal epithelial cells. J Gen Virol, 2015, 96(Pt 7): 1757-1767.

Chang C Y, Hsu W T, Chao Y C, et al. Display of porcine epidemic diarrhea virus spike protein on baculovirus to improve immunogenicity and protective efficacy. Viruses, 2018, 10(7): 346.

Chen J, Liu X, Shi D, et al. Detection and molecular diversity of spike gene of porcine epidemic diarrhea virus in China. Viruses, 2013, 5(10): 2601-2613.

Chen J, Wang C, Shi H, et al. Molecular epidemiology of porcine epidemic diarrhea virus in China. Arch Virol, 2010, 155(9): 1471-1476.

Diep N V, Norimine J, Sueyoshi M, et al. Novel porcine epidemic diarrhea virus (PEDV) variants with large deletions in the spike (S) gene coexist with PEDV strains possessing an intact S gene in domestic pigs in Japan: a new disease situation. PLoS One, 2017, 12(1): e0170126.

Hou Y, Ke H, Kim J, et al. Engineering a live attenuated porcine epidemic diarrhea virus vaccine candidate via inactivation of the Viral 2′-<i>O</i>-methyltransferase and the endocytosis signal of the spike protein. J Virol, 2019, 93(15): e00406-00419.

Jung K, Saif L J. Porcine epidemic diarrhea virus infection: etiology, epidemiology, pathogenesis and immunoprophylaxis. Vet J, 2015, 204(2): 134-143.

Lee C. Porcine epidemic diarrhea virus: an emerging and re-emerging epizootic swine virus. Virol J, 2015, 12: 193.

Lin C M, Saif L J, Marthaler D, et al. Evolution, antigenicity and pathogenicity of global porcine epidemic diarrhea virus strains. Virus Res, 2016, 226: 20-39.

Liu J, Gao R, Shi H, et al. Development of a rapid immunochromatographic strip test for the detection of porcine epidemic diarrhea virus specific SIgA in colostrum. J Virol Methods, 2020a, 279: 113855.

Liu J, Shi H, Cong G, et al. Development of a rapid and sensitive europium (Ⅲ) chelate microparticlebased lateral flow test strip for the detection and epidemiological surveillance of porcine epidemic diarrhea virus. Arch Virol,2020b,165(5):1049-1056.

Pascual-Iglesias A, Sanchez C M, Penzes Z, et al. Recombinant chimeric transmissible gastroenteritis virus (TGEV)-porcine epidemic diarrhea virus (PEDV) provides protection against virulent PEDV. Viruses, 2019,11(8):682.

Su Y, Hou Y, Prarat M, et al. New variants of porcine epidemic diarrhea virus with large deletions in the spike protein, identified in the United States, 2016—2017. Arch Virol,2018,163(9):2485-2489.

Sun D, Wang X, Wei S, et al. Epidemiology and vaccine of porcine epidemic diarrhea virus in China: a mini-review. J Vet Med Sci,2016,78(3):355-363.

Wang K, Lu W, Chen J, et al. PEDV ORF3 encodes an ion channel protein and regulates virus production. FEBS Lett,2012,586(4):384-391.

(陈建飞)

第23章 猪血凝性脑脊髓炎

本章提要

猪血凝性脑脊髓炎是由冠状病毒属的血凝性脑脊髓炎病毒引起的一种急性、接触性传染病。主要感染幼猪，以呕吐、食欲废绝、便秘、进行性消瘦、腹泻及中枢神经系统功能障碍为特征，临床上也称之为仔猪呕吐消瘦病，病死率高达20%～100%。本章主要针对猪血凝性脑脊髓炎病毒的病原、分子生物学、致病机制和防控策略做一综述，以期对猪血凝性脑脊髓炎的防治提供借鉴。

23.1 猪血凝性脑脊髓炎概述

猪血凝性脑脊髓炎(porcine hemagglutinating encephalomyelitis，PHE)是由冠状病毒属的血凝性脑脊髓炎病毒(hemagglutinating encephalomyelitis virus，HEV)引起的一种急性、接触性传染病。主要感染仔猪，以呕吐、食欲废绝、便秘、进行性消瘦、腹泻及中枢神经系统功能障碍为特征，临床上也称之为仔猪呕吐消瘦病，病死率高达20%～100%。

PHE于50年代末期首先发现于加拿大的安大略省(ROE，1958)，当时于仔猪中发现临床表现不同的两种疾病，一种以突然发生呕吐，继以消瘦为特征，称为猪呕吐消瘦病；另一种主要表现为脑脊髓炎症状，称为猪脑脊髓炎。其后分别从两种病猪体内分离到病毒，1971年证明这两种病是同一种冠状病毒引起的两种不同的临床类型。

23.1.1 流行现状

我国最早于1985年有在北京近郊地区PHE疾病发生的报道(刘宝岩，1986)，以后在吉林、辽宁、台湾等省份均有发生流行，尤其是1994年发生于台湾的HEV暴发感染，使得拥有5 000头种母猪的猪场的病猪死亡率几乎达100%。2000年及2007年吉林省部分个体猪场先后暴发PHE，死亡率高达80.6%和100%。

血清学检测证明猪感染很普遍，且呈世界性。对日本60个猪场2 496份血清进行检测，阳性率高达82.1%，但猪群中未见有任何相关症状。在育肥猪中的血清阳性率，北爱尔兰为46%，英格兰为49%，加拿大为31%，德国为75%，美国为89%。淘汰母猪的血清阳性率，美国为98%，北爱尔兰为43%。在丹麦、法国、澳大利亚和比利时也发现了大量血清阳性猪。

23.1.2 临床症状

根据临床表现观察，可分为脑脊髓炎型和呕吐消瘦型，这两种类型可同时存在于一个猪群中，也可发生在不同的猪群或不同地区。

脑脊髓炎型：发生于出生后 4～7 d 的仔猪，体温短暂升高，先是食欲废绝，随后出现嗜睡、呕吐、便秘。病猪背毛倒立、四肢蓝色，有部分病猪打喷嚏、咳嗽、磨牙。1～3 d 后出现中枢神经症状，步态不稳、趴地、发抖或痉挛、后肢逐渐麻痹。感觉过敏，遇突然声响或扰动便发出嚎叫，最后病猪侧卧，四肢做游泳动作，呼吸困难，眼失明，眼球震颤、昏迷死亡。病程约 10 d，病死率达 98%以上。

呕吐消瘦型：病猪初期体温升高，反复呕吐，仔猪聚堆，倦怠无力，时常拱背，以后磨牙，虽嘴伸到水中但又不喝水或喝水量极小，便秘。危重的病猪因咽喉肌肉麻痹而吞咽困难，失重快，多在 1～2 周内死亡。有些不死转为慢性或生长不良，发病和死亡率差异很大，一般在 20%～80%。

23.1.3 病理变化

临床上呈急性感染的发病猪，脑软膜表面出血和充血现象比较严重，同时脑实质和脑脊髓膜上可见有紫红色小点分布。而慢性感染的猪死亡后，胃充气膨胀，腹围增大，出现恶病质状态。肌肉间结缔组织出现轻度或中度水肿。偶有病例出现肝脏和肾脏实质变性，胃黏膜淤血、充血，肺泡壁毛细血管充血、淤血，表现为间质性肺炎，胃肠呈卡他性炎，尤以小肠最为明显。临床上大多数病例呈现非化脓性脑炎的典型病变。神经细胞发生不同程度的变性，脑软膜和脑内小静脉充血，大脑实质可见有轻微的水肿，血管腔周围单核细胞和淋巴细胞浸润，形成“血管套”现象。疾病呈慢性经过时，镜下可以观察到神经胶质细胞增生，并且聚集在一起，形成胶质结节。此外，在有些病例中会看到少突胶质细胞围绕在神经细胞周围增生，形成明显的“卫星现象”，有的神经细胞发生变性、坏死，出现“噬神经现象”；肾小管上皮细胞发生颗粒变性和坏死。

23.2 猪血凝性脑脊髓炎病毒

23.2.1 分类及分型

猪血凝性脑脊髓炎病毒(PHEV)属于套式病毒目冠状病毒科(*Coronaviridae*)冠状病毒属(*Coronavius*)第 2 抗原群的成员。猪是该病毒的唯一自然宿主。冠状病毒科下设冠状病毒亚科与环曲病毒亚科，冠状病毒亚科根据病毒抗原的差异性又分为 α、β、γ 和 δ 共 4 个属。PHEV 属 β 冠状病毒属成员。

23.2.2 基因组

PHEV 基因组为一个单股、正链的 RNA，基因组长度为 25～30 kb。基因组包含一个 5′帽结构和一个 3′多聚(A)尾结构，可直接作为 mRNA 翻译病毒复制所需蛋白。编码非结构蛋白(Nsps)的复制酶基因占基因组的 2/3，约 20 kb，而编码结构蛋白和辅助蛋白的基因只占病毒基因组的 1/3，约 10 kb。基因组的 5′端包含一个先导序列和未翻译区（UTR），其中包含 RNA 复制和转录所需的多个茎环结构。此外，在每个结构基因或辅助基因的开头是转录调控序列（TRSs），它们是表达这些基因所必需的。3′UTR 还包含复制和合成病毒 RNA 所需的 RNA 结构。冠状病毒基因组的结构是 5′-leader-UTR-replicase-S（spike）-E（envelope）-M（membrane）-N（nucleocapid）-3′UTR poly（A）tail，辅助基因分布在基因组 3′端的结构基因中。在组织培养中，辅助基因编码的蛋白基本上不是复制所必需的，但一些辅助基因已经被证明在病毒发病机制中具有重要作用。

23.2.3　形态及结构

PHEV 是冠状病毒属的成员之一，在形态上具有典型的冠状病毒特征。在电镜下观察可见典型的囊膜结构以及“日冕状”的突起附于病毒粒子表面纤突。粒子中心有致密的核心，被内外双层膜包裹着，直径 70～130 nm，而粒子的总直径为 100～150 nm。纤突(S)蛋白、跨膜蛋白(M 和 E)这三种病毒编码的糖蛋白位于病毒粒子囊膜上，纤突(S)蛋白在病毒侵入细胞或者在病毒传播过程中具有重要的作用，冠状病毒的 S 蛋白主要包括 S1 和 S2 两个结构域，S1 主要负责识别宿主细胞上的特异性受体，进而诱导产生病毒的中和抗体，S2 蛋白的功能是将冠状病毒的 S 蛋白与病毒表面的囊膜相连接，冠状病毒抗原种类的不同是 S1 区核酸序列不同的重要来源；跨膜蛋白（M 和 E）是冠状病毒粒子组装所必需的，膜蛋白（M 蛋白）被认为是内部结构和囊膜的组成成分，小膜蛋白（E 蛋白）是构成病毒囊膜的一部分，与其他囊膜蛋白相比，小膜蛋白数量要少得多。PHEV 还具有血凝素-脂酶（HE）蛋白，该蛋白可以使鸡以及大鼠、小鼠的红细胞发生凝集，因此也经常利用血凝实验来检测该病毒的毒价。核衣壳蛋白（N）的主要功能是参与病毒的复制与组装。

23.2.4　复制周期

病毒先吸附到宿主细胞上，与细胞上的病毒受体结合，侵入细胞内。S 蛋白在冠状病毒的入侵和感染细胞过程中起到了非常重要的作用，可介导病毒颗粒靶细胞的结合及病毒细胞膜的融合，使病毒侵入细胞，进而在细胞内复制。PHEV 的复制也开始于 S 蛋白的受体结合域与敏感细胞受体的结合，如 S 蛋白可与神经细胞黏附分子（neuronal cell adhesion molecules，NCAM）特异性结合，推测 NCAM 可能是该病毒的受体，S 蛋白的受体结合域为第 291～548 位氨基酸，但病毒与宿主细胞结合，通常会有多种细胞受体参与其中。而病毒基因组的表达较复杂，首先，病毒 RNA 作为信使 RNA（mRNA，messenger RNA）来合成 RNA 依赖的 RNA 多聚酶。两个大的编码多聚酶的开放阅读框（大小共约 20 kb）被翻译，其中较大的开放阅读框会通过核糖体移码而形成一个多蛋白，该多蛋白进而被切割形成不同的蛋白，这些蛋白会组装形成有活性的 RNA 多聚酶。所形成有活性的多聚酶开始转录全长的互补 RNA（负链），转录得到的基因组全长 RNA 以及一系列共 3′末端的亚基因 mRNAs 被翻译形成病毒的蛋白。相互重叠的套式 mRNAs 组成成员最多可达到 10 个，它们拥有共同的 3′末端和相同的 5′前导序列。这些特征是通过不连续翻译的前导序列激活机制而形成的：多聚酶首先从互补 RNA（负链 RNA）的 3′末端开始转录非编码的前导序列，带有帽子结构的前导 RNA 继而从模板上解离下来并结合到任意一个基因起始位置的互补序列上继续转录到 5′末端。只有与套式系列中下一个较小的 mRNA 不同的序列才会被翻译，继而形成各种不同的病毒蛋白。

在宿主细胞中的复制需多种病毒基因的参与,研究表明 S 基因、N 基因和 R 基因均是 PHEV 复制的关键基因,它们都含有该病毒复制的必需位点。

23.2.5 致病机制

PHEV 复制的主要部位是呼吸道,可导致轻度或亚临床疾病。免疫荧光检测显示,鼻黏膜、扁桃体、肺上皮细胞及小肠内一些不明细胞均可感染。通过研究表明 PHEV 可以通过外周神经系统从原发性复制部位传播到中枢神经系统,病毒在鼻黏膜和扁桃体的原发性复制可使病毒传播到三叉神经节和脑干三叉神经感觉核。病毒或通过迷走神经感染迷走神经感觉神经节和脑干迷走神经感觉核。病毒还可以从肠肌间神经丛向脊髓的局部感觉神经节扩散。通过电子显微镜发现了神经细胞内的病毒颗粒,从周围通过细胞质移动到轴突。但在周围的胶质细胞中或在炎症细胞中没有发现病毒颗粒。

在外周病毒传播后,该病毒感染范围很广,沿髓核向脑干、脊髓,偶尔向大脑和小脑传播。脑内免疫荧光染色显示,感染局限于核周和神经元突起。呕吐是由迷走神经感觉神经节(迷走神经远端)内的病毒复制或迷走神经神经节感染神经元引起的呕吐中枢冲动引起的。研究认为该病毒引起的胃肌间神经丛损伤可能有助于胃淤滞和胃排空延迟。

PHEV 与狂犬病毒有一定的相似性,感染宿主后沿外周神经向中枢神经传递,但经不同途径感染后病毒在体内的移行路径及分布特征存在一定差异,而且在整个感染过程中检测不到病毒血症。尽管猪是自然感染中唯一易受感染的物种,目前实验动物(小鼠、大鼠)已被广泛用作研究 PHE 发病机制的替代动物模型。大鼠的超微结构研究为神经发病机制提供了新的线索,在外周接种大鼠足垫后 3 d,在同侧背根神经节中发现了 PHEV 抗原,进一步的研究表明,病毒从感染神经元胞体的内质网和高尔基体连接处出芽,经囊泡内组装的子代病毒粒子经感觉神经元囊泡分泌方式释放,沿神经突起传递到新的神经细胞。

23.3 诊断及防治

23.3.1 诊断

1.病原学

无菌采集病猪的脑、肺或呼吸道分泌物等主要发病组织,经处理后接种于 PK-15 细胞或甲状腺单层细胞进行培养,如果有 PHEV 存在,可在接种后 24～48 h 出现融合细胞。用血凝试验(HA)对样品进行检测,对阳性样品盲传 3 代后收取病毒液,反复冻融后离心,取沉淀物,采用磷钨酸进行负染;将负染后的样品置于透射电镜下观察,若有典型的冠状病毒粒子出现,则可确诊为 PHEV 感染。

2.分子生物学

Sekiguchi 等根据 PHEV 的非结构蛋白及 S 蛋白设计引物,建立了 RT-PCR、巢式 RT-PCR 方法,用于检测病毒,巢式 RT-PCR 方法更为敏感。有研究报道根据 HE 基因和 S 基因设计引物建立了 RT-PCR 方法,该方法有较好的特异性和敏感性。另外,研究人员根据病毒 S 蛋白基因的保守序列设计合成 1 对特异性引物,建立了检测 PHEV 的 SYBR Green Ⅰ real-time PCR 方法,该方法具有快速、特异、敏感、重复性好等优点,可用于临床上 HEV 的检测及定量分析。

3.血清学

常见有血凝/血凝抑制试验(HA/HI)、中和试验(NT)、酶联免疫吸附试验(ELISA)以及免疫荧光技术(IFA)。

(1)血凝/血凝抑制试验(HA/HI) PHEV 的囊膜表面含有 HE 蛋白,该蛋白具有凝集鸡红细胞的特性,利用这一特性可进行该试验;试验设定已知的阴性血清、阳性血清、红细胞、抗原以及不加抗原的待检血清作为对照,同时,要在保证各对照孔没有错误的情况下,对结果进行评价和分析;最后以结果中出现完全抑制的血清稀释倍数为 HI 效价。

(2)中和试验(NT) 血清中和试验是检测血清中和抗体最常用的方法之一,Sasaki 等建立了利用血清中和试验检测 PHEV 中和抗体的方法(Sasaki et al.,2003)。将病毒液与不同稀释浓度的待测血清按照 1∶9 均匀混合,37 ℃温箱孵育 1 h;将每个滴度混合后的悬液加入长满单层易感细胞的试管中;培养 72 h 后,检测培养液的鸡红细胞的凝集活性。以此来检测病毒是否在细胞上增殖。若为阳性,中和抗体效价一般通常会大于 1∶8,反之则为阴性。

(3)酶联免疫吸附试验(ELISA) 该方法具有灵敏度高、特异性强、试验结果稳定和极易于自动化操作等优点,已被广泛应用于 PHEV 血清抗原/抗体的检测。陈克研等制备该病毒 N 蛋白单克隆及多克隆抗体,成功构建并组装了双抗夹心 ELISA 抗原诊断试剂盒(陈克研,2011)。应用该试剂盒与实验室建立的 RT-PCR 进行检测比较,2 种方法阳性检出符合率都在 90%以上;赵传博等建立了一种病毒抗原捕获 ELISA 的方法,该方法其最低检测下线为 3.75 mg/L(赵传博等,2013)。

(4)间接免疫荧光(IFA)检测 该方法可在荧光显微镜下观测到结果,确定抗原或者抗体。Andrie 等通过免疫荧光检测发现 PHEV 主要的复制部位是鼻黏膜、扁桃体、肺和小肠上皮细胞。IFA 方法具有操作简便、精度高等特点,广泛应用于病毒学相关研究中。通过固定病毒感染后的细胞,经过封闭再加入病毒抗体,37 ℃温箱孵育 1 h,PBS 冲洗后加入荧光标记二抗,37 ℃温箱孵育 1 h,PBS 冲洗后于荧光显微镜下观察。

23.3.2 防治

由于冠状病毒的高频重组,强大的基因组获得与结构域丢失能力,造成了冠状病毒的遗传多样性,增加了动物性疾病传染给人的可能性。PHEV 作为冠状病毒之一,也有基因组高频重组的可能,成为人畜共患病的潜在危机。该病毒通过猪群相互间的接触传染以及在猪群呼吸道定植造成的亚临床感染持续存在于大多数养殖场,该病毒的感染引起哺乳仔猪的高病死率以及育肥猪中呈隐性感染,导致肉产品质量的下降,对食品安全的潜在危险不容忽视。抗 PHEV 抗体(高免疫血清),通过腹腔内接种可保护新生仔猪不被感染,此外,中和特异性抗该病毒的单克隆抗体可用于以抗体为基础的疾病治疗。尽管在开发 PHEV 疫苗方面做了一些研究,但目前疫苗仍处于试验阶段,更好地理解病毒感染和复制将有助于更好地防治该病。

参考文献

陈克研. 猪血凝性脑脊髓炎免疫层析检测试纸及其灭活疫苗的研制. 长春:吉林大学，2011.

刘宝岩,薄清如. 某猪场暴发猪冠状病毒性脑脊髓炎.兽医大学学报，1986(1):84-87.

赵传博,王丽,董波,等. 猪血凝性脑脊髓炎病毒抗原捕获 ELISA 诊断方法的建立. 中国兽医学报,2013(4):37-42.

Ikuko Sasaki, KAZUSA Yoshinori, SHIRAI Junsuke, et al. Neutralizing test of hemagglutinating encephalomyelitis virus (HEV) in FS-L3 cells cultured without serum. Journal of Veterinary Medical Science,2003,65(3):381-383.

Roe C K, Alexander T J L. A disease of nursing pigs previously unreported in ontario. Canadian Journal of Comparative Medicine & Veterinary Science,1958,22(9):305-307.

(付利芝,余远迪)

第 24 章 猪德尔塔冠状病毒病

本章提要

猪德尔塔冠状病毒病是由新发现的猪德尔塔冠状病毒引起的猪的一种新发肠道传染病，其主要特征是呕吐、腹泻和哺乳仔猪的死亡。目前，该病已在美洲、亚洲的养猪国家中发生和流行。虽然该病的发病率和死亡率较低，但随着集约化养猪规模的扩大，其发病率会有所增加。德尔塔冠状病毒既能感染哺乳动物又能感染禽类，具有跨种间传播的趋势，对公共安全具有潜在的威胁性。本章从流行现状、临床症状、病理变化，病毒分类及分型、基因组、形态结构、复制周期、致病机制，诊断及防治等方面来阐述猪德尔塔冠状病毒病及其病原猪德尔塔冠状病毒的特征，旨在帮助读者了解猪德尔塔冠状病毒病。

24.1 猪德尔塔冠状病毒病概述

24.1.1 流行现状

猪德尔塔冠状病毒病（porcine deltacoronavirus disease，PDCoVD）是由猪德尔塔冠状病毒（porcine deltacoronavirus，PDCoV）引起的猪的一种接触性传播的肠道疾病。该病于 2014 年 2 月首次在美国俄亥俄州的猪群中发现，并迅速波及美国 20 多个州以及加拿大的部分地区。2014 年 3 月在加拿大 6 个农场检测到 PDCoV（Wang et al.，2014）。2014 年 4 月，在韩国腹泻仔猪的粪便中首次发现了 PDCoV（KUN-04），与 PDCoV HKU15-44 和 HKU15-155 核苷酸同源性为 98.8%～99%，与美国 PDCoV 株亲缘关系近，核苷酸同源性为 99.6%～99.8%。Lee 等对 2014 年 1 月至 2015 年 3 月的 59 个猪场采集的 691 份腹泻粪便样品进行 RT-PCR 检测，结果表明只有一个猪场的两份样品为 PDCoV 阳性。自 2012 年在中国香港鉴定出 PDCoV HKU15-44 和 HKU15-155 起（Woo et al.，2012），PDCoV 于 2015 年在中国内地的腹泻猪中被发现。回溯性研究结果表明在 2004 年收集的腹泻猪样本中检测到该病毒，说明可能在 2004 年之前中国内地存在 PDCoV。此外，国内的一些流行病调查结果显示 PDCoV 在中国内地局部区域的检出率高达 30%。笔者所在团队利用针对 PDCoV 包膜（E）蛋白、膜（M）蛋白基因的特异性引物，对 2014 年 1 月至 2015 年 11 月收集的 77 个猪场的 232 份临床腹泻样品进行了 RT-PCR 检测，结果表明 10.34%（24/232）的样品呈 PDCoV 阳性（陈建飞等，2016）。2015 年 6 月，泰国一家养猪场发生了 PDCoV 引起的仔猪和母猪腹泻，全基因组序列比对分析发现泰国检测到的 PDCoV 毒株与中国 PDCoV 毒株 CHN-AH-2004 亲缘关系最近，核苷酸同源性为 98.4%。

对 PDCoV 流行病学调查时发现该病毒与其他肠道病原体共感染的现象较为普遍。Marthaler 等对美国和加拿大收集的 293 份样品进行了检测，发现 PDCoV 的检出率为 30%，其中 PDCoV 和 PEDV、轮状病毒的共同感染率达 78%。在美国俄亥俄州和印第安纳州收集的 42 份腹泻样品中共 17 份检测到 PDCoV，在 PDCoV 阳性样品中有 7 份通过 RT-PCR 检测到 PEDV(3 份)和轮状病毒(4 份)呈阳性。Song 等利用巢式 PCR 对江西省 356 份猪腹泻样本进行了检测，结果显示 PDCoV 单独检出率为 33.71%，PDCoV 与 PEDV 混合感染率为 19.66%。董楠等对 2004—2014 年间收集的 215 例肠道或粪便样本进行检测，结果显示6.51% 为 PDCoV 阳性，其中 PDCoV 阳性样品中存在 50%的 PEDV 混合感染。Zhang 等对 2015—2018 年收集的 430 份粪便和肠道样品进行检测，结果显示 PDCoV 阳性率高达 23.49%，PDCoV 阳性样品中占 60.40%和 PEDV 共感染。这些结果表明 PDCoV 在世界范围内流行且与其他肠道病原体混合感染现象普遍。

24.1.2 临床症状

PDCoV 不仅可以感染哺育猪和断奶猪，还可以感染育肥猪和母猪。PDCoV 感染猪的临床表现为急性水样腹泻、呕吐、嗜睡、体重减轻、脱水和死亡。PDCoV 具有较强的致病性，哺乳仔猪感染后死亡率可高达 30%～40%，严重威胁着猪群健康。笔者所在团队利用分离鉴定的 PDCoV NH 株对 5 日龄 SPF 猪或商品化猪、16 日龄 SPF 猪、25 日龄断奶 SPF 猪进行口服接种，结果表明 5 日龄 SPF 猪或商品化猪在接种后 24～27 h，排出黄色水样粪便，出现典型的腹泻的临床症状(图 24-1)(Zhang et al.，2020)。与文献报道不同的是 PDCoV NH 株感染后没有出现呕吐的临床症状。15 日龄 SPF 猪和 25 日龄断奶 SPF 猪在接种后 4～5 d 出现腹泻的临床症状，其中 25 日龄断奶 SPF 猪临床症状持续 5 d 后恢复。160 日龄 SPF 猪肌肉注射 5 mL 病毒液，没有临床症状。这些结果说明随着猪只日龄的增大，感染发病也随着减少。

分别在无菌猪和商品猪上进行 PDCoV 感染实验时，发现临床症状并不完全相同，例如在商品仔猪的感染实验中，只观察到仔猪的腹泻，其他临床症状没有观察到。但是，研究结果表明在同一病毒及相同感染剂量的情况下，普通商品仔猪和无菌猪相比，普通仔猪对 PDCoV 的易感性更高。这 结果说明普通仔猪复杂的体内环境可能在病毒的致病性中发挥重要的协同作用。基于美国猪场的 PDCoV 感染数据，Anon 等报道该病毒在哺乳仔猪中可引起高达 40% 的死亡率，这一结果也表明，该病毒所引起的仔猪死亡率比 PEDV 要低，因此 PDCoV 的疾病危害程度可能低于 PEDV。但 Song 等的报道显示，来源于中国猪场中的 PDCoV 感染数据表明，该感染在哺乳仔猪中可以引起高达 80%的死亡率。PDCoV 感染之后还会引起哺乳仔猪的呕吐，呕吐加剧了脱水，从而增加了病毒感染后仔猪的死亡率。但目前为止，仔猪感染 PDCoV 引起呕吐的原因尚不清楚，是否 PDCoV 感染后会引起代谢性酸中毒，或与类似于高钾血症和急性 TGEV 和 PEDV 感染引起的酸中毒相似，还需进一步研究。

24.1.3 病理变化

像 PEDV 和 TGEV 一样，PDCoV 引起的腹泻可能是由于小肠绒毛上皮细胞大量损失造成的吸收不良引起的。从感染的小肠上皮细胞中可观察到轻度的空泡化、脱落，这可能会干扰水和电解质的吸收。因为 PDCoV 与 PEDV 感染之后相似的病理学特征，PDCoV 感染后也可能导致消化不良性腹泻。PDCoV 感染后病毒在肠上皮细胞中复制增殖，导致空肠或回肠肠绒毛上皮细胞之间的紧密连接结构的严重破坏；同时病毒感染后可导致萎缩性肠炎，这些因素可能与病毒血症的产生相关。在 PDCoV 感染猪中肉眼可见的病变仅限于胃肠道，其特征是肠壁变薄、透明，大量黄色液体在肠腔内积聚，胃内有未消化的凝乳。用 HE 和免疫组化的方法对感染肠段进行染色发现，PDCoV 感染主要表现为急性、弥漫性、轻度至重度萎缩性肠炎，引起的病变和抗原分布主要在空肠和回肠，说明空肠和回肠是病毒复制的主要部位。在急性感染期间，空肠和回肠可见空泡化的肠上皮细胞或大量脱落的细胞。固有层中巨噬细胞、淋巴细胞、嗜中性粒细胞和嗜酸性粒细胞浸润。在受感染猪的胃、心、肝、脾、肺和肾等其他器官中均未见病变且 PDCoV 抗原检测呈阴性。笔者所在团队对攻毒猪只进行剖检发现其肠壁变薄、透明，内有淡黄色液体；胃中充满未消化的奶块。病理切片 HE 染色表明，空肠和回肠的肠绒毛在感染后 72 h 出现明显的萎缩、变短和脱落(图 24-1)。

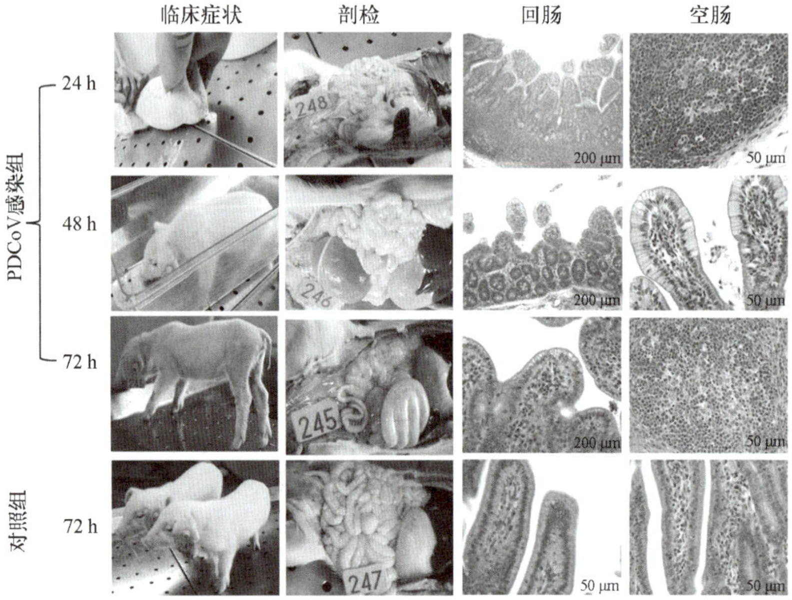

图 24-1　5 日龄 SPF 猪感染 PDCoV NH 株后的临床症状、剖检及病理变化

24.2　猪德尔塔冠状病毒

24.2.1　分类及分型

2011 年国际病毒分类委员会第九次报告将猪德尔塔冠状病毒划归为尼多目(*Nidovirales*)冠状病毒科(*Coronaviridae*)冠状病毒亚科(*Coronavirinae*)德尔塔冠状病毒属(*Deltacoronavirus*)。现有的研究表明，在多种野生的小型哺乳动物和禽类中均检测到德尔塔冠状病毒，说明德尔塔冠状病毒的宿主谱相当广泛。我国德尔塔冠状病毒最早发现于 2006 年，当时 Dong 等在对 SARS-CoV 进行血清学调查时，利用 PCR 方法从来自活动物交易市场的中国白鼬獾和亚洲豹猫的粪便中检出两种新型冠状病毒，对扩增目的片段进行测序及进化树分析结果表明这两株病毒在遗传进化上相似但与其他冠状病毒基因组序列的同源性较低。与其他冠状病毒相比，两株病毒独立进化，表现为独立分支。后来的研究表明两株病毒属于 δ 冠状病毒属成员。

2009 年，在中国香港的流行病学调查中，Woo 等从鸟群中检出夜莺冠状病毒（BuCoV HKU11）、画眉冠状病毒（ThCoV HKU12）以及文鸟冠状病毒（MunCoV HKU13）3 种新型禽源冠状病毒。最初将这 3 种冠状病毒列为 γ 冠状病毒属下一个新型冠状病毒亚组，随后的研究表明这 3 种禽源新型冠状病毒属于 δ 冠状病毒属成员。2012 年，Woo 等又检测到 50 多个冠状病毒阳性样本，其中 7 种为 δ 冠状病毒，包括 1 种猪 δ 冠状病毒（HKU15）和 6 种禽源 δ 冠状病毒（HKU16、HKU17、HKU18、HKU19、HKU20 和 HKU21）。该研究首次证明了 2007—2011 年中国大陆及中国香港的猪群中已经存在 PDCoV，采集的猪粪便拭子 PDCoV 阳性率为 10.1%；并首次对 PDCoV HKU15-44 和 HKU15-155 毒株的全基因组进行了测序、分析（Woo et al.，2012）。将 PDCoV 的基因组序列与同属其他冠状病毒的进行比较，发现该病毒的聚合酶基因、S 基因和 N 基因与已测序的亚洲豹猫、中国白鼬獾来源的冠状病毒核苷酸序列同源性高达 99.8%，这些结果提示 δ 冠状病毒在不同种属之间存在跨种传播的可能性。对现有的 PDCoV 基因组序列进行比对，发现不同病毒株核酸序列同源性很高，与最初测得 HKU15 的序列高度同源，说明 PDCoV 的进化相对比较保守。2015 年笔者所在团队利用猪肾细胞从患病仔猪的小肠内容物中成功分离鉴定出 PDCoV NH 株，并对其进行了传代培养和基因组序列测定，发现 NH 株与 HKU15-155、CHN-HB-2014 的同源性分别为 99.2%、99.3%，根据全基因组序列构建的系统发育树分析结果表明 NH 株与国内参考株的亲缘关系近，而与美国、韩国、泰国毒株的亲缘关系较远。

24.2.2 基因组

PDCoV 基因组长度为 25.4 kb[poly(A)尾除外]，是目前已知冠状病毒中基因组最小的病毒。其基因组是单股、正链、不分节段的 RNA，从左至右依次为：5′非编码区（UTR），开放阅读框 1a/1b（ORF1a/1b），纤突蛋白（S）基因，包膜蛋白（E）基因，膜蛋白（M）基因，ORF5（NS6）基因，核衣壳蛋白（N）基因，ORF7（NS7）基因和 3′非编码区。其中占全基因组约 2/3 的 ORF1a/1b 长约为 19.3 kb，辅助蛋白基因 ORF5 位于 M 和 N 基因之间，辅助蛋白基因 ORF7 位于 N 基因内部，其中 ORF1a/1b 编码的多蛋白 pp1a 和 pp1ab 被蛋白酶切割加工成与病毒复制和转录相关的 16 种非结构蛋白，这些非结构蛋白的功能有待进一步研究。

S 蛋白是由 1 160 个氨基酸（amino acids，aa）组成的大小约为 200 kDa 的三聚体糖蛋白，位于病毒粒子的表面，在识别并结合细胞受体，促进病毒与细胞膜融合和病毒进入细胞方面发挥重要作用。同时 S 蛋白是 PDCoV 的主要抗原，可以诱导机体产生中和抗体。其中 S1 包含 2 个相对独立的结构 CTD（C-terminal domain）和 NTD（N-terminal domain）。有研究将 S 基因截成 3 段，即 S1 亚基的 NTD（aa 50～286），S1 亚基的 CTD（278～616 aa）和 S2 亚基（601～1 087 aa），利用大肠杆菌系统成功表达了蛋白并对蛋白的免疫原性进行了评价，三段重组蛋白产生的抗血清都能在体外抑制病毒复制，但是 CTD 重组蛋白产生的抗血清中和作用效果最强，说明 PDCoV S 蛋白的 CTD 可能含有病毒的主要中和表位（Chen et al.，2020）。S 蛋白功能与其他冠状病毒 S 相似，在病毒与细胞受体结合，介导病毒入侵和感染中发挥重要作用。同时，S 蛋白也决定了病毒的组织嗜性，是病毒诱导机体产生中和抗体的主要抗原。因此,S 蛋白可作为研发抗 PDCoV 感染高效疫苗的靶标,且为诊断试剂的研发奠定了理论基础。E 蛋白是由 252 bp 的 E 基因编码的小膜蛋白,由 83 个氨基酸组成,大小为 8.4～12 kDa,是 PDCoV 编码的最小的结构蛋白。E 蛋白在冠状病毒形成病毒颗粒和冠状病毒组装中具有重要功能。M 蛋白是由 654 bp 的 M 基因编码的膜蛋白,大小为 25～30 kDa。其他冠状病毒的研究结果表明 M 蛋白是病毒囊膜中最丰富的蛋白且相对保守,在病毒的装配和出芽中起着重要作用。M 蛋白可以与其他蛋白发生相互作用,M 与 M 蛋白相互作用已经在组装过程中被证实。对于许多冠状病毒而言,M 蛋白和 E 蛋白在细胞中共表达可以诱导产生病毒样颗粒。在 PDCoV M 基因和 N 基因之间的辅助基因 ORF5,编码了一个辅助蛋白 NS6,其功能为拮抗宿主细胞干扰素信号通路,发挥免疫逃逸的功能。在 N 基因中发现编码 NS7 和 NS7a 两种辅助蛋白,但具体功能尚不清楚(Fang et al.,2017)。N 蛋白由 1 209 bp 的 N 基因编码,长度为 342 个氨基酸。N 蛋白是在病毒感染细胞中表达量最高的蛋白之一,在病毒复制和发病机制中具有多种功能。作为病毒核衣壳的唯一架构成分,N 蛋白通过与病毒核酸缠绕形成核衣壳来保护病毒基因组,在病毒装配及复制过程中发挥重要作用。有研究表明在稳定表达 PDCoV N 蛋白的猪肾细胞中 N 蛋白存在于细胞质和核仁中,表明 RNA 的合成或核糖体的合成是通过 N 蛋白与核糖体亚基或核仁蛋白相互作用来发挥功能的。Chen 等研究表明 PDCoV N 蛋白抑制了仙台病毒诱导的 IFN-β 产生和转录因子 IRF3 的激活,证明了 PDCoV N 是 IFN 的拮抗剂(Chen et al.,2019)。Fu 等制备了抗 PDCoV N 蛋白的单克隆抗体,并鉴定出该单抗的最短识别表位。

24.2.3 形态及结构

PDCoV 是一种具有囊膜的单链正链 RNA 病毒。电镜下 PDCoV 呈球形或椭圆形,囊膜上有冠状纤突,整体呈“皇冠”状,病毒颗粒直径为 80～160 nm。病毒粒子从内向外依次是 RNA 与 N 蛋白形成的核衣壳,然后是脂质形成的囊膜,在囊膜上有 S、E、M 蛋白,其中 S 蛋白以三聚体的形式存在。

24.2.4 复制周期

目前,PDCoV 的分离和培养主要使用猪肾细胞(LLC porcine kidney, LLC-PK)和猪睾丸细胞(swine testicular, ST)。美国国家兽医服务实验室利用 ST 细胞成功分离了两株 PDCoV,PDCoV USA/IL/2014 和 Michigan/8977/2014。Hu 等用 LLC-PK 细胞和 ST 细胞在病料中成功分离到 PDCoV OH-FD22,从猪小肠内容物中分离到 PDCoV OH-FD22(DC44)株。笔者用 LLC-PK 细胞分离的 PDCoV NH 株和 ST 细胞分离的 BJ 株,上 ST 细胞后 18～24 h 出现肉眼可见的 CPE。在病毒分离和培养过程中,病毒的复制和感染需要添加外源胰酶。胰酶可以显著提高病毒在传代过程中的病毒滴度。然而有研究表明,不添加胰酶,病毒也可以在 LLC-PK 细胞上复制但是没有细胞病变,并且病毒滴度比添加胰酶的要低。因此,胰酶对于病毒的复制不是必需的,但是胰酶的添加有助于病毒在 LLC-PK 细胞上复制。病毒在 ST 细胞上的培养适应与 LLC-PK 细胞略有不同,胰酶并不能促进 PDCoV 在 ST 细胞上进行传代。相反,在 ST 细胞上的连续传代需要添加胰液素或来源于无菌仔猪的小肠内容物。有研究表明在胰酶处理下病毒可以跨过内吞途径直接通过细胞膜途径进入细胞。同时有研究利用假病毒系统来研究胰蛋白酶对病毒入侵的影响,发现胰蛋白酶不能促进病毒入侵,也不影响病毒的释放。胰蛋白酶在 PDCoV 介导的细胞间膜融合起着重要作用，从而促进病毒传播。同时，该研究显示在相同的条件下 PDCoV 在 LLC-PK 细胞中更易感，说明 LLC-PK 细胞更有利于病毒的分离（Yang et al.，2020）。在 PDCoV 的传代过程中，LLC-PK 细胞中添加胰酶和 ST 细胞中添加胰液素，病毒产生相似的 CPE，主要表现为感染细胞变大、变圆，部分细胞出现细胞融合、细胞皱缩脱落现象。胰酶或胰液素在病毒分离和传代中的作用现在还不清楚。但现有的研究表明，在冠状病毒入侵细胞过程中，S 蛋白的切割对于病毒的感染至关重要。当 S 蛋白被细胞内的蛋白酶或外源添加的胰酶切割后，才能暴露出 S 蛋白的融合肽，促进病毒的囊膜和细胞膜融合，病毒基因组才能释放到细胞中，转录复制产生新一代的病毒粒子。

现有的动物实验结果表明，PDCoV 感染后会出现急性腹泻，在临床发病前的 1～2 d 可在粪便拭子中检测到病毒 RNA。在感染 1～3 d 后，粪便拭子中的病毒含量达到最大。Hu 等的研究结果表明，14 日龄的无菌猪口服感染 $10^{8.8}$ 基因组拷贝数的 PDCoV OH-FD22 株或 10^{11} 基因组拷贝数的 PDCoV OH-FD100 株，在感染后 21～24 h 出现严重的腹泻或呕吐症状，同时在粪便拭子中可检测到病毒核酸。在感染后 2～5 d 病毒核酸含量达到最大（$10^{7.8}$～$10^{8.9}$ 个基因组拷贝）。Chen 等用 5 日龄的普通仔猪，以 3×10^4 $TCID_{50}$/头的感染剂量口服感染 PDCoV USA/IL/2014 细胞适应株第 11 代病毒，在感染后第 5 d 所有感染仔猪均出现腹泻症状，其中有 3 头仔猪在感染后第 4 天可检测到排毒，在感染后第 5 d 所有猪只均出现排毒的现象。粪便拭子中的病毒含量在感染后 5～7 d 达到峰值，随后病毒含量逐渐降低。Ma 等用 4 头 10 日龄的普通仔猪和 3 头 10 日龄的无菌猪，以 10^6 PFU 的感染剂量口服感染与 PDCoV USA/IL/2014 株遗传关系上相近的另一株 PDCoV 细胞适应株 Michigan/8977/2014 株第 15 代病毒，所有的普通商品猪和所有的无菌猪分别在感染后 1 d 和感染后 3 d 表现出中度至严重的腹泻症状。并且在感染后 1 d，普通猪和无菌猪都可以在粪便拭子中检测到 PDCoV 的病毒核酸。在感染后 7 d 粪便中的病毒核酸拷贝数达到最大（10^6～10^7 RNA 拷贝数），随后逐渐降低。

PDCoV 感染后腹泻的持续时间为 5～10 d，并且在哺乳仔猪的粪便中可持续检测到病毒 RNA。无菌猪以 $10^{8.8}$ 个基因组拷贝口服感染 PDCoV 野毒株 OH-FD22 株，在攻毒后 21～24 h，出现腹泻的临床症状，腹泻持续时间长达 7 d。Hu 等的研究结果表明，无菌猪口服感染 TC-PDCoV OH-FD22 株 $10^{10.1}$～$10^{10.8}$ 个基因组拷贝，所有猪只在感染后第 2 天均表现腹泻的临床症状，腹泻持续时间为 4～6 d。PDCoV 感染后，长时间可在粪便拭子中检测到病毒核酸。用野毒株 PDCoV OH-FD22 株感染后的仔猪，粪便排毒时间长达20 d；用细胞适应株 TC-PDCoV OH-FD22 第 5 代和第 20 代病毒感染仔猪后，粪便中排毒分别为 18 d 和 20 d。病毒细胞适应株直至第 40 代，在感染后 15 d，粪便中仍可检测到病毒 RNA。

24.2.5 致病机制

人工感染普通商品猪和无菌猪实验证实了 PDCoV 具有较强的致病性。临床上 PDCoV 可感染不同日龄的猪，但感染新生仔猪后导致的死亡率较高，感染日龄较大的猪也可产生典型的临床症状，如水样腹泻、脱水、食欲下降，在粪便拭子中可检测到大量的病毒核酸，但对日龄较大的猪的致死率较低，通常会逐渐恢复。

PDCoV 的组织嗜性和 PEDV、TGEV 的相同，主要感染小肠细胞。PDCoV 感染小肠细胞后迅速导致感染细胞的急性坏死，肠绒毛萎缩、脱落。和 PEDV、TGEV 的感染相同，PDCoV

感染并不会诱导小肠组织的细胞凋亡。用间接免疫荧光和免疫组化的方法对 PDCoV 的感染肠段进行染色发现,该病毒抗原主要分布在小肠中的空肠和回肠,说明空肠和回肠是该病毒体内感染的靶器官。对感染 PDCoV 3~7 d 的仔猪剖杀后进行抗原检测发现该病毒抗原主要存在于萎缩的空肠上皮细胞中,在十二指肠、近端空肠及盲肠、结肠中检测到较少的病毒抗原。同时,在肠隐窝细胞中也检测到了少量的 PDCoV 抗原阳性细胞。PDCoV 之所以主要感染小肠组织可能是因为猪小肠绒毛上皮细胞中表达大量的氨基肽酶 N,目前的研究表明 APN 是 PDCoV 感染细胞的受体,该蛋白同时是 TGEV 感染肠组织的重要功能性受体。但也有研究表明,APN 并不是 PDCoV 感染靶细胞的功能性受体,APN 的表达可以促进该病毒的感染。笔者所在团队也对 APN 的功能进行了研究,结果发现表达 APN 的 BHK 细胞并不能介导病毒的感染,表明 APN 并不是 PDCoV 的功能性受体。因此,对于 PDCoV 的受体还需要进一步研究确定。另有研究报道,在病毒感染的早期阶段,在肠固有层细胞、集合淋巴结和肠系膜淋巴结中只能检测到少量病毒抗原。但在感染后 23~24 d,临床感染的猪只康复并停止排毒后,上述组织中可检测到大量的 PDCoV 阳性细胞。这些抗原阳性细胞可能也包括抗原递呈细胞,如巨噬细胞。在胃、肺、心脏、扁桃体、脾脏、肝脏及肾脏中未检测到病毒抗原,但由于病毒血症的原因,利用荧光定量 PCR 的方法,可以在多种组织中检测到低量的 PDCoV RNA 拷贝。

PDCoV 除了小肠复制外,研究人员试图寻找该病毒其他的复制器官。Hu 等用 10~14 日龄的无菌猪,口服或鼻内感染 PDCoV LLC-PK 细胞适应株 TC-PDCoV OH-FD22 第 5 代和第 80 代病毒。感染后第 3~10 天,尽管所有感染猪只都表现出临床症状并排毒,但在鼻拭子和支气管肺泡灌洗液中未检测到 PDCoV RNA,这提示 PDCoV 在呼吸道不能复制。但有趣的是鼻内感染的猪只也表现出了临床症状,一种解释可能是鼻内接种的病毒液从鼻腔经口感染消化道,另一种可能是目前在 PEDV 上发现的另一种感染途径,即在鼻内感染上皮细胞后,经抗原递呈细胞-CD3 T 淋巴细胞感染肠上皮细胞的途径。但目前这种感染途径只是猜测,还未得到实验验证。

目前对 PDCoV 免疫机制的研究主要局限在天然免疫方面。天然免疫主要通过天然免疫分子来清除和杀灭病原体,是机体抵抗病原微生物入侵的第一道防线。在众多的天然免疫分子中,干扰素是一种具有广谱抗病毒活性的细胞因子。干扰素抗病毒活性的发挥是通过干扰素与细胞表面的干扰素受体结合,激活细胞内的信号通路(JAK-STAT),通过信号级联放大的作用,激活一系列的干扰素相关刺激基因(ISG)的表达来发挥抗病毒作用。病毒在长期适应宿主的进化过程中,逐渐获得了拮抗宿主天然免疫的能力,以免疫逃逸的方式更好地适应宿主细胞。目前的研究表明,PDCoV 的 NS5 蛋白具有 3C 样蛋白酶的活性,可以通过切割干扰素信号通路中的 NEMO 分子,降低其表达量的方式,来抑制干扰素的产生。在干扰素下游信号通路中,NS5 可降低 JAK-STAT 信号通路中的关键分子 STAT2,抑制干扰素下游信号分子的激活及抗病毒基因的转录,从而达到免疫逃逸的目的。Fang 等的研究表明 PDCoV 编码的 NS6 蛋白通过与细胞内的 RIG-1/MDA5 相互作用,抑制 RIG-1/MDA5 对 RNA 分子的识别,从而抑制细胞内 β 干扰素的产生来发挥拮抗干扰素的功能(Fang et al.,2018)。非结构蛋白 nsp15 是一种 IFN 拮抗剂,它通过不依赖核糖核酸内切酶活性的机制抑制 β-干扰素的产生(Liu et al.,2019)。

在获得性免疫方面也进行了初步研究。笔者所在团队用灭活苗首次免疫后 20 d 检测抗体，结果表明抗体转阳，加强免疫后抗体水平继续升高；对分娩后的母猪血清中的抗体水平持续检测发现在产后 21 d 抗体水平依然维持在较高的水平。检测乳汁中 S 蛋白特异性的 IgG，结果表明乳汁中的针对 S 蛋白的 IgG 水平不高，且下降较快，在分娩后 4～5 d，ELISA 抗体转阴。同时，灭活苗免疫后，在乳汁中可以检测到针对 S 蛋白的特异性 SIgA，但 SIgA 的抗体水平下降较快，在初乳中的抗体水平最高。同时，检测了母猪血清中的中和抗体水平变化，所有母猪在免疫前中和抗体为阴性，在首次免疫后中和抗体水平转阳，但抗体水平不高，间隔 20 d 即产前 20 d 再次免疫后中和抗体水平迅速升高，在产后 21 d 仍然维持在较高的水平。

24.3 诊断及防治

24.3.1 诊断

目前对 PDCoV 的实验室诊断方法主要分为病原学和血清学两种。其中病原学的检测方法主要有：①电子显微镜（EM）。EM 可以直接观察到病毒颗粒的形态及大小，进而可按照已有的病毒学分类标准将病毒进行归类。PDCoV 在最初诊断时就是利用电子显微镜在腹泻样本中检测到了冠状病毒样的病毒颗粒，从而为 PDCoV 的进一步确诊指明了方向。②反转录 PCR（RT-PCR）及荧光定量 RT-PCR。RT-PCR 是临床检测中最为常用的病原学检测方法，针对 PDCoV 核酸检测的需要，目前已经建立的方法中主要靶标基因为 M 和 N，这些方法都具有良好的敏感性和特异性。也有以 M 基因作为靶标建立的荧光定量 RT-PCR 方法，使检测方法的特异性和敏感性得到了进一步提高。

血清学诊断诊断方法主要有：①免疫荧光技术。用于细胞或组织中 PDCoV 的检测，以确认该病毒的感染和分布。利用荧光标记的 PDCoV 特异性抗体检测细胞内的抗原，具有良好的特异性。②酶联免疫吸附试验（ELISA）。ELISA 具有快速、简便和敏感性强的特点，是常用的检测抗原或抗体的手段。目前建立的 ELISA 方法主要用重组表达的 PDCoV S1 和 N 蛋白作为包被抗原而建立。③中和试验。中和试验是免疫效果评价的金标准。但病毒中和试验所需的试验周期长，而且劳动强度大，细胞病变确定需要 3～4 d，很难用于临床大量血清样本的检测（Zhang et al.，2020）。

24.3.2 防治

疫苗免疫是防控 PDCoV 感染最为有效的手段之一。目前研究的疫苗主要有三类：灭活疫苗、减毒活疫苗以及其他新型基因工程疫苗。

笔者所在研究团队制备了 PDCoV 灭活疫苗，通过后海穴注射的免疫途径，分别在产前 40 d 和产前 20 d 对妊娠母猪进行免疫，在母猪分娩后让新生仔猪采食初乳，并在 5 日龄进行攻毒。根据临床发病、病理损伤及排毒情况对灭活疫苗的被动免疫保护效果进行评价。结果表明，母猪免疫灭活疫苗后在血清及母乳中可诱导 IgG 及中和抗体应答，仔猪通过吸食母乳可获得被动免疫保护。攻毒实验表明，灭活疫苗可为仔猪提供 87.1%的被动免疫保护率。另外，通过传代致弱的减毒活疫苗、DNA 疫苗以及亚单位疫苗等也都在研发过程中，实验室评估显示这些疫苗都能提供一定的免疫保护效果。

参考文献

陈建飞，王潇博，焦贺勋，等. 国内首株猪德尔塔冠状病毒(porcine deltacoronavirus)的分离鉴定. 中国预防兽医学报,2016,38(3):171-174.

Chen J, Fang P, Wang M, et al. Porcine deltacoronavirus nucleocapsid protein antagonizes IFN-β production by impairing dsRNA and PACT binding to RIG-I. Virus Genes,2019,55(4):520-531.

Chen R, Fu J, Hu J, et al. Identification of the immunodominant neutralizing regions in the spike glycoprotein of porcine deltacoronavirus. Virus Res,2020,276:197834.

Fang P, Fang L, Hong Y, et al. Discovery of a novel accessory protein NS7a encoded by porcine deltacoronavirus. J Gen Virol,2017,98(2):173-178.

Fang P, Fang L, Ren J, et al. Porcine deltacoronavirus accessory protein NS6 antagonizes interferon beta production by interfering with the binding of RIG-I/MDA5 to double-stranded RNA. J Virol, 2018, 92(15):e00712-00718.

Liu X, Fang P, Fang L, et al. Porcine deltacoronavirus nsp15 antagonizes interferon-β production independently of its endoribonuclease activity. Mol Immunol,2019,114:100-107.

Wang L, Byrum B, Zhang Y. Detection and genetic characterization of deltacoronavirus in pigs, Ohio, USA, 2014.Emerg Infect Dis,2014,20(7):1227-1230.

Woo P C, Lau S K, Lam C S, et al. Discovery of seven novel mammalian and avian coronaviruses in the genus deltacoronavirus supports bat coronaviruses as the gene source of alphacoronavirus and betacoronavirus and avian coronaviruses as the gene source of gammacoronavirus and deltacoronavirus. J Virol, 2012, 86(7):3995-4008.

Yang Y L, Meng F, Qin P, et al. Trypsin promotes porcine deltacoronavirus mediating cell-to-cell fusion in a cell type-dependent manner. Emerg Microbes Infect,2020,9(1):457-468.

Zhang J, Chen J, Liu Y, et al. Pathogenicity of porcine deltacoronavirus (PDCoV) strain NH and immunization of pregnant sows with an inactivated PDCoV vaccine protects 5-day-old neonatal piglets from virulent challenge. Transbound Emerg Dis,2020,67(2):572-583.

（陈建飞）

第 25 章 猪流行性乙型脑炎

本章提要

猪流行性乙型脑炎是由流行性乙型脑炎病毒感染引起的一种蚊媒性人兽共患病。本病多发生于 7—10 月蚊虫滋生繁衍和活动旺盛季节，猪是该病毒最主要的增殖宿主、扩散宿主和传染源，易感季节在管理不善的猪群中感染率极高，是夏秋季猪场主要流行病之一，常呈散发性或地方性流行，严重危害养猪业的健康发展，需要采取综合性措施加以防控。

25.1 猪流行性乙型脑炎概述

25.1.1 流行现状

流行性乙型脑炎属自然疫源性疫病，主要传播媒介是三带喙库蚊。本病发生有明显的季节性特征，大部分病例集中发生于 7—10 月份蚊虫滋生繁殖活动旺盛期，但在热带地区，可常年发生。流行病学调查发现，该病的发生流行与蚊虫的密度曲线相一致，气温、雨量与本病的流行也有密切关系。在我国随地理环境的不同，流行季节也略有不同，如东北地区的流行高峰在 8—10 月份，华北地区在 8—9 月份，华南地区在 6—9 月份。蚊虫可携带病毒越冬且能经卵传代，是病毒的长期储存宿主。家禽、家畜，特别是仔猪等动物被带病毒蚊虫叮咬后，出现短期的病毒血症，并不出现明显的症状，成为乙脑的重要传染源。蚊虫叮咬有病毒血症的动物再叮咬人后将病毒传播给人。带毒动物为该病的传染源，其中猪和鸟类是流行性乙型脑炎病毒(JEV)在自然界中最重要的贮存与增殖宿主和传染源。人与马是该病毒的终末宿主，猪是最主要的增殖宿主、扩散宿主和传染源。猪感染 JEV 后，容易产生病毒血症，血液中病毒量较多，通过蚊→猪→蚊循环，使病毒不断扩散。传播途径主要通过蚊虫(库蚊、伊蚊、按蚊等)叮咬传播，其中最主要的是三带喙库蚊传播。猪感染后还可经胎盘垂直传播，此外，野禽和其他哺乳类动物以及冷血动物，也可散播本病。该病的流行范围以往主要在亚洲及东南亚热带和亚热带地区，但自 20 世纪 90 年代以来，已在多个非流行地区相继发生，表明该病已突破原有的地域范围，正在不断扩散传播。在 20 世纪 90 年代以前，我国流行性乙型脑炎流行范围为兰州—长春连线以南的地区，而东北北部、青海、新疆以及西藏等地则未见本病报告。但近年来我国黑龙江、内蒙古、新疆与西藏均有病毒分离报告。表明该病在我国的传播范围扩大。

25.1.2 临床症状

猪群对于本病高度易感，感染后一部分患猪有比较明显的症状，临床上以发热、神经系统和生殖系统病变为特征，虽然绝大多数病例在病愈后可以获得一定的免疫力不再复发，但一旦感染，容易产生病毒血症，成为带毒的传染源。

临床诊疗表明，仔猪和育肥猪往往发病突然，病初体温高达 40 ℃以上，进食减少或停止，精神萎靡，喜卧嗜睡，流有浆液性或黏稠性鼻液，大便秘结，尿液发黄；继而部分猪出现神经症状，共济失调，或四肢痉挛，肢体震颤，关节肿胀；或后肢麻痹，走步跛行；或磨牙吐沫，摇头转圈，盲目冲撞，最终会因麻痹瘫痪而死亡，病程一般 1～3 d。

妊娠母猪感染后，常有高热、流产、畸形胎、死胎、木乃伊胎及子宫炎等。公猪感染后以睾丸肿大发炎、性欲减退、精液品质差、繁殖性能下降为特征；临床主要表现为睾丸肿胀、阴囊发热，指压有痛感，数日后虽然睾丸肿胀消退，但逐渐萎缩变硬，最终丧失精子形成功能，致母猪屡配不孕，严重影响猪场的繁殖力，给养猪业造成巨大的经济损失。

25.1.3 病理变化

妊娠母猪常见死胎或流产的胎儿脑腔水肿，俗称“无脑儿”“空脑儿”，脑膜和脊髓充血，皮下水肿，淋巴结肿大充血，胸腹腔积水，胎盘水肿出血；部分胎儿中枢神经组织发育不全，组织学检查可见非化脓性脑炎病变。流产母猪子宫内膜充血、水肿，黏膜有少量小点状出血，上覆有黏稠的分泌物。

公猪睾丸肿胀，可见睾丸实质性充血、鞘膜与白质间积液、有许多大小不等的小颗粒状坏死灶，附睾边缘和鞘膜脏层纤维性增厚；睾丸硬化者体积缩小，与阴囊粘连，实质结缔组织化。

新生仔猪感染后很难见到肉眼可见的病变。流产胎儿脑水肿，皮下血样浸润，肌肉似水煮样；木乃伊胎儿从拇指大小到正常大小；存活的弱仔可见到脑水肿、皮下水肿、胸腔积液、腹水、浆膜小点出血、淋巴结充血，肝和脾内有坏死灶，脑膜脊髓充血等。

25.2 猪流行性乙型脑炎病毒

流行性乙型脑炎病毒（epidemic encephalitis B virus，EEBV 或 Japanese encephalitis virus，JEV）是猪乙型脑炎的病原，该病原由蚊媒传播。因为最早于 1935 年由日本学者从东京地区因脑炎死亡病人的脑组织中分离到该病毒，故命名为日本脑炎病毒（Japanese encephalitis virus，JEV）（严杰，2012），所致疾病在日本称日本脑炎（JE）。1938 年我国也分离到此病毒，1950 年后进行了大量的流行病学研究，为了与甲型脑炎相区别，更名为流行性乙型脑炎（epidemic encephalitis B），简称乙型脑炎或乙脑。流行性乙型脑炎病毒属黄病毒科黄病毒属。病毒粒子为球形，直径约 40 nm，内有衣壳蛋白（C）与核酸构成的核心，外披以含脂质的囊膜，表面有囊膜糖蛋白（E）形成的刺状突起，即病毒血凝素，囊膜内有膜蛋白（M），参与病毒的装配。病毒基因组为单股正链 RNA，全长约 11 kb，基因组包含一个大的开放阅读框，编码 1 个大的多蛋白，经宿主蛋白酶或病毒自身蛋白酶剪切加工为 3 个结构蛋白以及 7 个非结构蛋白。病毒 RNA 在细胞质内直接起 mRNA 作用，翻译出结构蛋白和非结构蛋白，在细胞质粗面内质网装配成熟，出芽释放。

25.2.1 分类及分型

流行性乙型脑炎病毒属黄病毒科黄病毒属，为黄病毒属流行性乙型脑炎血清群代表成员，该血清群还包含墨罗河谷脑炎病毒（MVEV）、圣路易斯脑炎病毒（SLEV）、西尼罗病毒（WNV）与昆津病毒（KUNV）。该血清群病毒间都存在一定的血清学交叉反应。JEV 抗原较为稳定，只有一个血清型。在同一地区不同年代分离的毒株之间未发现明显的抗原变异。但不同地区与不同年代分离株在基因序列上差异较大，根据对 C/prM 基因序列的差异分析，可以将 JEV 分为 5 个不同的基因型（基因Ⅰ～Ⅴ型）。对 1935 至 1987 年间的 JEV 毒株分析表明，基因Ⅰ型毒株分布于泰国北部、柬埔寨；基因Ⅱ型分布于印度尼西亚、马来西亚和泰国北部；基因Ⅲ型则广泛分布于日本、中国、越南、尼泊尔、印度、斯里兰卡等地；基因Ⅳ分布于印尼东部。但在 90 年代以后，JEV 毒株的分布情况则变得复杂，1991 年在日本出现了基因Ⅰ型毒株（JaOArK36-91）。自 1994 年以后，日本地区的主要 JEV 毒株亚型由原来的基因Ⅲ型变为基因Ⅰ型。对中国国内的 JEV 监测结果表明我国早先的流行毒株主要为基因Ⅲ型，近年来则不断分离出基因Ⅰ型毒株，基因Ⅰ型毒株逐渐成为主要流行基因型。不同地区流行毒株基因型的转变表明病毒基因型的地域性分布变得愈来愈复杂，病毒地域间的扩散传播已呈现明显的增加趋势。

25.2.2 基因组

JEV 基因组为不分节段的单股正链 RNA，病毒 RNA 具有感染性。病毒基因组 RNA 全长约 11 kb，5′端与 3′端为非编码区。5′端有帽子结构 m7GpppAmp，具有启动翻译和保护 5′末端不被酶降解的作用。3′末端无多聚腺苷酸[poly（A）]尾，但有一段非常保守的核苷酸序列，能够形成稳定的发夹结构，与 RNA 复制时的核衣壳化有关。UTR 是病毒进行复制、转录和翻译至关重要的顺式作用元件。病毒基因组包含一个大的开放阅读框，编码 1 个大的多蛋白前体，经蛋白酶解后产生病毒结构蛋白 C、prM/M、E 和病毒非结构蛋白 NS1、NS2a、NS2b、NS3、NS4a、NS4b 和 NS5。

C 蛋白是病毒的衣壳蛋白，保护基因组免受核酸酶或其他因素的破坏。M 蛋白是病毒的外膜蛋白，是由其前体蛋白 prM 切割而成的，在病毒的包装过程中，M 蛋白的羧基端可能与插入脂质双层中的 E 蛋白完全疏水性 C 端相互作用，并和病毒核心共同组成感染性病毒。E 蛋白是病毒的囊膜蛋白，E 蛋白是与细胞膜受体相结合，并与细胞膜融合而使病毒进入细胞的主要蛋白。E 蛋白与病毒的吸附、入侵、致病性、组织嗜性、血凝反应、血清特异性和诱导宿主的免疫应答等作用紧密相关。E 蛋白变异对 JEV 神经毒力及神经侵袭力有举足轻重的影响。另外，E 蛋白还是引起宿主机体免疫及产生中和抗体的主要抗原蛋白，由它形成表面抗原决定簇，具有血凝活性和中和活性，刺激机体产生中和抗体，保护机体免受病毒攻击。NS1 蛋白为分泌型糖蛋白，由于 NS1 不是病毒颗粒的组成部分，所以无中和活性和血凝抑制活性。但它可在不出现中和抗体的情况下，诱导保护性免疫，而且不会引起包括抗体依赖性增强作用（ADE）在内的一些副反应。NS2a 蛋白和 NS2b 蛋白形成复合体，具有蛋白酶活性，在病毒复制以及多蛋白前体的剪切加工中发挥重要作用。NS3 蛋白具有丝氨酸蛋白酶超家族（serpin）成员的结构，包括酶活性中心和底物结合部位；第 2 个结构域与 RNA 解旋酶 DEAE 家族的结构相同；第 3 个结构域具有 RNA 三磷酸酶的活性。NS4a、NS4b 均为疏水性蛋白，是由 NS3

蛋白酶切割多蛋白产生。NS5 蛋白是 JEV 所有蛋白中分子质量最大且是黄病毒科中最保守的蛋白,具有甲基转移酶的和 RNA 依赖的 RNA 聚合酶活性。甲基转移酶使 5′的帽子结构甲基化,RNA 聚合酶结构域能够催化病毒 RNA 的合成。复制过程中,NS5 蛋白及 NS3 蛋白所形成的复合体与病毒基因组的 3′末端发夹状结构结合,起始病毒 RNA 的复制。

25.2.3 形态及结构

JEV 病毒粒子为二十面体对称的球形结构,直径为 35～50 nm(电子致密核心约 30 nm)。根据宿主的不同囊膜的组成也会发生变化,病毒粒子浮密度在 1.19～1.23 g/cm^3 之间,是黄病毒科最小的病毒之一。病毒粒子内为衣壳蛋白(C)与核酸构成的核心——核衣壳,核衣壳外有囊膜结构,囊膜表面有糖蛋白(E)形成的刺状突起。囊膜糖蛋白为病毒血凝素,具有凝血活性,能凝集雏鸡、鸽子和鹅的红细胞,其相应抗体抑制血凝并有中和病毒的作用。囊膜内还有膜蛋白(M),M 蛋白是病毒粒子在成熟过程中由前体膜蛋白(prM)剪切后形成,prM 蛋白与 E 蛋白形成异源二聚体,可以帮助 E 蛋白折叠,参与病毒的装配。

25.2.4 复制周期

JEV 病毒粒子以非特异性的方式附着到宿主细胞上后,病毒粒子的 E 蛋白与细胞表面的未知受体高度特异性结合。再通过依赖网格蛋白的受体介导的胞吞作用进入细胞。已报道有多种细胞表面分子均能与 JEV 相互作用,如用牛乳铁蛋白封闭 BHK-21 细胞的硫酸乙酰肝素分子能降低 JEV 对细胞的感染性。此外,热休克蛋白 70(HSP70)在蚊细胞系 C6/36 中也能与 JEV 的 E 蛋白相互作用。因此,病毒吸附蛋白(VAP)可能与由许多不同的蛋白形成的复合体结合,而不是单独与某一个受体结合。

通过内吞进入细胞后,在酸性条件作用下,E 蛋白通过构象变化使病毒囊膜与内吞体膜发生融合。病毒的基因组 RNA 被释放到细胞质中,基因组 RNA 作为 mRNA 在粗面内质网上翻译出一个多蛋白前体,被细胞和病毒蛋白酶切割加工成 RNA 复制和病毒组装所必需的成熟病毒蛋白。病毒 RNA 的翻译加工产物保证病毒的复制。在与内质网相连的细胞质中,RNA 在非结构蛋白 NS3 和 NS5 以及多种酶的共同参与下完成复制。基因组 RNA 在 JEV 非结构蛋白 NS3 和 NS5 以及细胞因子的作用下形成一个病毒复制复合体(RC)。病毒 RC 使病毒基因组 RNA 环化,并形成双链复制模式(dsRF),这个过程涉及 5′末端和 3′末端 UTR 的反向互补作用介导的长距离 RNA 相互作用。黄病毒基因组的环化能够确保病毒全长 RNA 分子的复制、dsRF 启动与亲代链互补的新的 RNA 链的生成。JEV RNA 复制需要全长负链中间体的合成,这种不对称的、半保留复制模式产生的正链是负链的 10～100 倍。细胞质是 JEV RC 存在的主要场所,据报道,其 60%的 RdRp 活性与细胞质膜相关,20%与核外膜相关,还有 20%与细胞核相关。RC 外有膜包裹,避免了被大量存在的蛋白酶破坏。在病毒基因组的 UTR,病毒 RC 识别病毒 RNA 顺式作用元件是病毒成功复制所必需的。

在病毒组装早期,病毒基因组 RNA 和 C 蛋白进入内质网凹陷腔与 prM 蛋白和 E 蛋白形成不成熟的病毒颗粒。不成熟的病毒颗粒通过细胞分泌途径运输到高尔基体。在反面高尔基网(TGN)内,不成熟的病毒颗粒在低 pH 的条件下发生结构变化,细胞 furin 蛋白酶作用于 prM 蛋白的切割位点。经过 PrM 蛋白被加工成 M 蛋白、TGN 低 pH 的诱导作用以及 prM/M 和 E 蛋白的结构重排,完全或部分成熟的病毒颗粒经过分泌途径被转移到细胞质空泡中。

最后,通过胞吐作用从感染细胞内分泌到细胞外。

25.2.5 致病机制

蚊吸食含病毒的血液后,病毒感染蚊中肠细胞并开始复制,随后病毒通过上皮细胞基膜释放并且在其他组织中增殖,进而感染唾液腺,病毒再从唾液腺细胞中释放至唾液中。蚊再通过叮咬将病毒传播给其他宿主。且蚊感染后终身带毒并可经卵传代,成为传播媒介和贮存宿主。在热带和亚热带,蚊终年存在,蚊和动物宿主之间构成病毒持久循环。在温带,鸟类是自然界中的重要贮存宿主。病毒每年或通过候鸟的迁徙而传入,或病毒在流行区存活过冬。有关病毒越冬的方式可为:①越冬蚊再感染鸟类,建立新的鸟—蚊—鸟循环;②病毒可在鸟、哺乳动物、节肢动物体潜伏越冬;③冷血脊椎动物可作为冬季贮存宿主(如蛇、蛙、蜥蜴等),可分离出病毒。

家畜和家禽在流行季节感染 JEV,一般为隐性感染,但病毒在其体内可增殖,侵入血流,引起短暂的病毒血症,成为 JEV 的暂时贮存宿主,经蚊叮咬反复传播,成为人类的传染源。特别是当年生仔猪最为重要,对 JEV 易感,构成猪—蚊—猪的传播环节,故在人群流行前检查猪的病毒血症和蚊带毒率,可预测当年人群的流行程度,并通过猪的免疫预防,可控制本病在猪及人群中的流行。当带毒雌蚊叮咬猪时,病毒随蚊虫唾液传入猪体皮下。先在毛细血管内皮细胞及局部淋巴结等处的细胞中增殖,进而形成病毒血症,此时病毒可突破母猪胎盘感染胎猪,感染胎猪脑组织受感染坏死导致死胎。初生仔猪感染可突破血脑屏障感染脑组织导致神经症状。公猪感染,病毒对睾丸组织造成损害。

25.3 诊断及防治

25.3.1 诊断

(1)临床诊断　成年猪感染 JEV,临诊上几乎没有脑炎症状的病例;少数仔猪与育肥猪感染呈现一定的临床症状,如体温突然升至 40～41 ℃,稽留热,病猪精神萎靡,食欲减少或废绝,粪干呈球状、表面附着灰白色黏液;部分仔猪发病后肢呈轻度麻痹、步态不稳或神经症状。初次妊娠母猪突然发生流产,产出死胎、木乃伊胎和弱胎,母猪无明显异常表现,同胎亦可见正常胎儿。公猪除有一般症状外,常发生一侧性睾丸肿大,也有两侧性的,患病睾丸阴囊皱襞消失、发亮,有热痛感,经 3～5 d 后肿胀消退,有的睾丸变小变硬,失去配种繁殖能力。如仅一侧发炎,仍有配种能力。以临床症状诊断还需要结合流行病学以及发病季节气温等因素,该病多发于蚊活跃的季节。

(2)病理学诊断　流产胎儿常见脑水肿，脑膜和脊髓充血，皮下水肿，胸腹腔积水，淋巴结充血、淤血，脏器浆膜斑点样出血。部分胎儿中枢神经组织可能发育不全，组织学检查可见到非化脓性脑炎病变。感染公猪可见睾丸实质充血、出血和有坏死灶；睾丸硬化者体积缩小，与阴囊粘连，实质结缔组织化。

(3)血清学诊断　可对出现临床症状猪采集血清进行病毒特异性抗体检测,特别是特异性 IgM 抗体检测阳性表明病毒的近期感染。而 IgG 抗体及中和抗体以及实体结合抗体检测亦表明曾经的病毒感染,可用于回顾性诊断和流行病学调查。抗体检测通常不能区分疫苗免疫与病毒感染,须结合养殖场疫苗使用记录以及当地环境与气候综合判断。

(4)微生物学诊断　猪感染可形成病毒血症,但病毒血症存在时间较短,通常从猪血清中分离病毒较为困难。而感染猪的脑脊液以及流产胎儿脑组织病毒含量较高,通常是分离病毒的首选材料。可将脑脊液和流产胎儿脑组织接种 C6/36 或 BHK-21 等敏感细胞中,可分离培养出病毒。乳鼠接种法也常用于 JEV 分离,取疑似病猪脑脊液或流产胎儿脑组织研磨成 10% 悬液,接种 1～3 日龄乳鼠脑内,连续观察 14 d,3 d 内死亡为非特异性死亡,待接种鼠发病濒死时,取脑组织制成悬液保存进一步进行鉴定。可用阳性血清做中和试验鉴定病毒或通过特异性抗体进行间接免疫荧光试验进行鉴定。也可以通过 PCR 方法进行鉴定。

(5)分子生物学诊断　可以采集疑似病猪脑脊液或流产胎儿脑组织,提取组织 RNA,用 JEV 特异性引物进行 RT-PCR 检测样品中的病毒核酸片段来检测病原。此外,还可以采用荧光定量 RT-PCR 以及环介导逆转录等温扩增法(RT-LAMP)对病毒核酸进行检测。RT-PCR 法与荧光定量 RT-PCR 法特异性强、灵敏度高,但有一定的设备设施要求。RT-LAMP 灵敏度高、特异性强,与传统 RT-PCR、荧光定量 RT-PCR 相比,不需要模板的热变性、温度循环、电泳及紫外观察等过程;不需要专门的仪器设备,有水浴锅或恒温箱即可;反应结果可以通过肉眼观察白色浑浊或绿色荧光的生成进行判定。可以根据检测场地条件选择合适的检测方法。

25.3.2　防治

JE 无特异治疗方法。控制该病的最有效方法是接种疫苗免疫预防,加强疫情监测,防蚊灭蚊也是控制该病的有效措施。

JEV 经蚊子叮咬后在禽畜和人类之间相互传播,在中国传播媒介以三带喙库蚊为主,三带喙库蚊密度增高时,JE 流行严重,三带喙库蚊带毒率较其他蚊种高,采取灭蚊措施,消灭蚊虫滋生地,疏通沟渠,填洼造地,排除积水,并于黄昏时往圈舍内喷洒绿色杀虫药物,控制三带喙库蚊后,JE 发病率可下降。

用疫苗免疫是有效的预防措施。针对 JE 我国先后开发出了鼠脑组织灭活疫苗以及弱毒活疫苗,其中鼠脑组织灭活苗现已较少使用,而更多的是使用弱毒活疫苗进行免疫。我国 JE 弱毒活疫苗是采用人用弱毒活疫苗株 SA14-14-2 株进行适应培育后研制而成。该疫苗免疫原性好,猪接种安全,在我国 JE 防控中发挥了重要作用。养猪场应制定切实可行的免疫方案,加强猪只免疫接种,减少病毒扩增与贮存量。给母猪群定期免疫接种,可有效预防和控制该病。免疫注射通常是在蚊虫出现之前,采用 JE 弱毒疫苗进行免疫接种,种猪群常在每年的 3—4 月进行。后备公母猪配种前再免疫接种一次,以后则按常规每年注射一次,以防母猪发生流产。现用疫苗毒株为基因Ⅲ型,对我国早期流行的以基因Ⅲ型为主的 JE 有较好的免疫保护效果。近年来我国不断分离出基因Ⅰ型 JEV 株,有成为主要流行基因型的趋势。病毒中和试验结果表明基于 SA14-14-2 株的弱毒活疫苗对中国流行的 2 种基因型 JEV 均具有较好的免疫效果。

参考文献

严杰.医学微生物学.北京:高等教育出版社,2012.

（华荣虹）

第 26 章 牛病毒性腹泻病毒感染

本章提要

牛病毒性腹泻病毒不仅能感染牛，而且能感染猪、绵羊、山羊、鹿及野生动物。国内外大量流行该病，研究结果表明，猪群中存在牛病毒性腹泻病毒感染，感染该病毒后可导致母猪繁殖障碍以及仔猪腹泻、消瘦、败血症等类似慢性猪瘟的临床特征，根据临诊症状、病理变化及一般的血清学方法很难将猪的牛病毒性腹泻病毒和猪瘟感染区别开来，因此给诊断工作带来了一定的困难。而且该病毒感染阳性率较高，分布区域广，我国又是世界上猪肉及其产品生产量和消费量大国，需加强对该病的综合防控。

26.1 牛病毒性腹泻病毒感染概述

牛病毒性腹泻(bovine viral diarrhea，BVD)是由牛病毒性腹泻病毒(bovine viral diarrhea virus，BVDV)引起的多种动物易感的传染病。牛病毒性腹泻病毒、猪瘟病毒以及羊边界病病毒同属于黄病毒科(*Flaviridae*)瘟病毒属(*Pestivirus*)，三者具有免疫学交叉反应。猪感染BVDV后表现出类似慢性猪瘟的临床症状和病理变化，增加了临床中猪瘟鉴别诊断的难度，且猪感染BVDV后产生的抗BVDV抗体对猪瘟病毒具有一定的抑制作用，对猪瘟疫苗的免疫产生干扰作用，降低猪瘟疫苗的免疫效果(Passler et al.，2010)。因此，猪群中BVDV的感染不但增加该病的防控难度，同时增加了猪瘟的防控难度。

26.1.1 流行现状

BVDV呈世界性流行，给各国养殖业造成了严重的经济损失。但直到2012年，世界动物卫生组织才将该病列为必须通报的疾病之一。近几年来，猪BVDV感染的发病率急剧上升。奥地利和德国的猪血清阳性率估计为3%～40%，荷兰为15%～20%(O'Connor et al.，1991；Terpstra et al.，1988)。据报道，北美猪群中BVDV的流行率在2%～43%，牛是猪BVDV感染的最常见来源(Sullivan et al.，2011)。国内在1996年首次报道分离到猪源型分离株ZM-95；对上海市猪的BVDV进行了调查，发现2007年和2008年BVDV的血清阳性率分别为35.9%和64.1%；有研究报道我国猪的BVDV感染状况严重，我国BVDV株的优势基因型为BVDV-1型，还报道了BVDV-1b和BVDV-1m是我国猪群的主要亚基因型。然而，该实验室于2011年首次鉴定出一株从猪血中分离的BVDV-2(SH-28株)，与从牛身上分离到的BVDV毒株相比，更为相似(Yu et al.，2012)。2012年闽西地区部分猪场的阳性率高达94.4%，其中种猪、育肥猪、保育猪和仔猪的阳性率分别为38.5%、17.3%、2.1%和27.4%。目前猪源 BVDV 已在我国养猪密集地区呈地方性发生与流行，应引起重视并及时做好防控工作。

26.1.2 临床症状

猪的 BVDV 感染通常发生在没有临床症状的情况下，使得病毒有机会在没有检测到的情况下传播。BVDV 自然感染猪出现类似于猪瘟的临床症状，例如怀孕率低、流产和死胎仔猪。仔猪的临床症状包括贫血、毛发粗糙、生长迟缓、先天性震颤、结膜炎、腹泻、多关节炎、皮肤瘀点和蓝耳尖（Terpstra et al.，1988）。在出生后感染 BVDV 的猪中，未观察到或仅有非常轻微的损伤。实验室感染猪出现暂时性白细胞减少、充血、慢性胃肠炎和败血症伴淋巴结、心外膜和肾脏出血，而出血和白细胞减少在急性脑脊液病例中非常常见，这使得研究人员将猪的 BVDV 感染误认为是猪瘟病毒。猪感染表现出的临床症状和病例变化差异很大，主要取决于感染的毒株种类和怀孕母猪感染时所处的阶段（Stewart et al.，1980）。

26.1.3 病理变化

Terpstra 等（1991）发现 1 窝感染了 BVDV 的 13 头仔猪中有 10 头出生 4 个月内发病死亡，表现为发热、贫血、被毛粗乱、生长迟缓、腹泻、消瘦、心外膜、肾脏及淋巴结有多量出血点，胃、结肠、盲肠黏膜溃疡，可见有多量的纽扣状溃疡灶等。在我国长岭地区曾发生 10 日龄猪感染 BVDV 发病的病例报告，出生后 5～6 d 仔猪开始发病，且成窝发生，发病猪临床表现为腹泻、震颤、站立不稳。病理剖检呈败血症变化，浆膜、皮下有出血点，肾皮质有雀斑状出血点，淋巴结肿大、周边性出血。

26.2 牛病毒性腹泻病毒

26.2.1 分类及分型

像多数遗传异质性 RNA 病毒一样，BVDV 不是单体病毒，而是抗原性、细胞致病性、毒力均有所不同的相关病毒组成的异质体。BVDV 仅有一种血清型，不同毒株间存在遗传多样性，及存在大量基因亚型的病毒株。过去曾根据基因组序列、致病性、抗原性等差异，将 BVDV 分为两种基因型：BVDV-1 与 BVDV-2（Pellerin et al.，1994；Vilcek et al.，1997），而在《国际病毒分类委员会（ICTV）第九次报告》中，将 BVDV-1、BVDV-2 划定为 2 个种，而不再是基因型（Owens et al.，2012）。近年来，出现了 Th/04_KhonKaen、D32 /00_HoBi 等毒株，这些毒株不同于 BVDV-1、BVDV-2，有研究小组将这一类病毒划分为 BVDV-3（张倩，2016）。根据接种培养细胞是否产生致细胞病变将 BVDV-1、BVDV-2 分为两种生物型，一种在培养的细胞上引起细胞病变（细胞病变型病毒）的基因型，另一种是引起持续感染但无明显细胞病变（非细胞病变型病毒）的基因型。仅非细胞病变型 BVDV 能导致怀孕早期的胎牛形成持续性感染，造成初生牛临床观察健康但终身带毒排毒，成为该病毒重要传染源之一。

26.2.2 基因组

BVDV 是有囊膜的单股正链 RNA 病毒，基因组全长大约 12.5 kb，整个基因组由 5′UTR、一个大的开放阅读框(open reading frame,ORF)、3′非翻译区(3′untranslated region,3′UTR)组成。ORF 编码区编码一条长约 4 000 个氨基酸的多蛋白前体多肽链,并由细胞和病毒基因编码的蛋白酶在翻译时和翻译后进行加工,生成成熟的病毒蛋白。ORF 的前面和后面分别是 50 个和 30 个未翻译区域,分别是 360～390 个核苷酸和 200～240 个核苷酸(图 26-1)。5′-末端没有帽子结构,虽然在 3′端没有 poly(A)束存在,瘟病毒属病毒基因组终止于 poly(C)。基因组是由单链 RNA 组成,但有相当多的二级结构是固有的,这一点可以从它在 15%乙醇存在下与 CF-11 纤维素结合的能力、在 2 mol/L 的 LiCl 中的溶解度以及对低浓度 RNase A 水解的抵抗力中得到证明。有研究认为在 50 个未翻译区域发现的茎环结构是形成一个内部核糖体进入位点的组成部分,其功能是在 ORF 的第一个密码子处引导核糖体的组装。病毒蛋白在基因组上的位置从 N 端到 C 端依次为:N^{pro}-capsid-E^{rns}-E1-E2-p7-NS2/3-NS4a-NS4b-NS5a-NS5b(Ridpath,2010)。

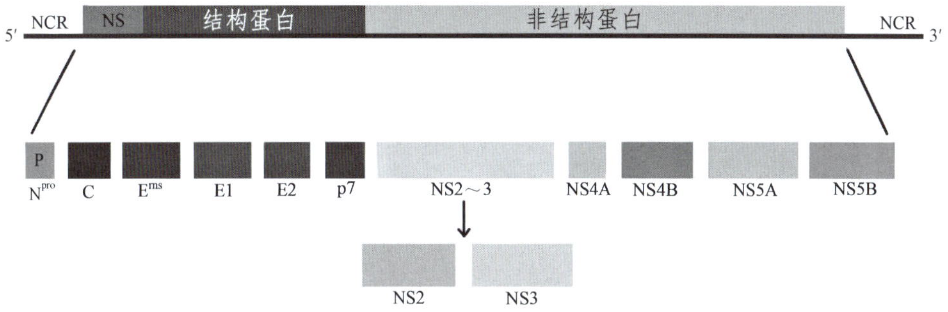

图 26-1 基因组结构模式图

26.2.3 形态及结构

黄病毒科瘟病毒属病毒的病毒粒子呈球形,40～60 nm,核衣壳呈二十面体对称,周围是紧密结合的脂质囊膜,囊膜表面有糖蛋白纤突。瘟病毒的结构蛋白有 4 种,分别是核衣壳蛋白 C 蛋白、ES、E1 和 E2 囊膜糖蛋白。病毒的囊膜由三种糖蛋白组成:E0、E1、E2,无论是在感染的宿主细胞还是在病毒粒子上,糖蛋白之间均通过二硫键连接,形成异源二聚体,这种结构对于病毒粒子的组装非常重要,这些异源二聚体构成病毒的囊膜结构。该病毒含有 7～ 8 种非结构蛋白,包括 NS5,RNA 依赖的 RNA 聚合酶,NS3,NS2B。其中 NS3 具有多种功能,如解旋酶和蛋白酶活性,还与形成 RNA 聚合酶复合物有关。NS2B 和 NS3 在多蛋白的切割中起作用,而宿主细胞蛋白酶在切割多蛋白后形成具有特殊作用的非结构蛋白 N^{pro},一种自我裂解的蛋白酶,即该蛋白能自我催化并从多蛋白中释放出来,是病毒复制的非必需蛋白,是 ORF 编码的第一个蛋白,但在感染细胞中能调节干扰素应答反应。

26.2.4 复制周期

瘟病毒属成员通常能在其主要宿主的原代细胞和传代细胞系中较好地增殖,BVDV 在牛胚胎成纤维细胞或牛肾细胞中增殖较好。从自然感染动物中分离到的瘟病毒在细胞培养时大部分不产生细胞病变。黄病毒科所有成员都是通过 E 糖蛋白上的配体介导病毒的吸附的,尽管细胞表面受体还未得到明确的证实。病毒通过受体介导的胞吞作用进入细胞,在细胞质中进行复制。病毒复制涉及互补负链 RNA 的合成，该负链 RNA 是合成正链 RNA 的模板。只有病毒的 mRNA 是基因组 RNA，能翻译一个多蛋白，该蛋白经切割和加工后形成多个结构和非结构蛋白。

26.2.5 致病机制

病毒附着于宿主细胞表面是病毒感染的第一步。BVDV E^{rns}、E2 为包膜糖蛋白，具有很好的抗原性，在病毒黏附细胞和细胞表面的特殊受体结合中起重要作用。首先，糖蛋白 E^{rns} 与细胞表面黏多糖如硫酸乙酰肝素结合，随即引发特异性的结合，E^{rns} 蛋白 C 端的保守基序 ^{213}KKLENKSK^{220} 可以调节它与黏多糖的结合，如果在培养基中加入可溶性的 E^{rns} 蛋白，将会阻碍病毒的复制。病毒受体是影响病毒宿主特异性和组织嗜性的主要决定因素，研究证明 CD46 是 BVDV 感染细胞表面的受体分子。病毒糖蛋白 E2 与宿主细胞表面受体 CD46 结合，介导病毒粒子与宿主细胞的特异性结合。受体 CD46 作为 BVDV 细胞受体促进病毒进入细胞时需要补体控制蛋白 1(CCP1)调节。随后病毒依赖于宿主细胞网格蛋白介导的内吞作用和酸化作用进入细胞内部，在内吞过程中，较低的 pH 引起的构象改变导致融合多肽插入靶细胞上。病毒融合蛋白的组氨酸被认为在 pH 诱导的构象改变中发挥重要的作用。另外，病毒糖蛋白 E1-E2 异聚体也在病毒的进入过程中发挥重要作用。

26.3 诊断及防治

26.3.1 诊断

猪感染 BVDV 后，表现出类似猪瘟的临床症状和病理变化，且临床中该病毒常与猪瘟病毒混合感染，仅凭临床特征很难实现猪源 BVDV 与猪瘟病毒的鉴别诊断，故对于猪源 BVDV 的确诊需借助实验室诊断技术。目前常用的猪源 BVDV 诊断技术主要有病毒分离鉴定、RT-PCR、荧光定量 RT-PCR、ELISA 等。

(1)病毒分离鉴定　将疑似 BVDV 感染的临床病料接种易感细胞，再通过细胞病变观察、生物学特性鉴定、电镜观察、中和试验、RT-PCR 检测、序列分析等方法对分离毒株进行鉴定。戴爱玲等采集福建省疑似猪瘟病毒感染的仔猪病料，将其接种 MDBK 细胞 72 h 后可产生明显的细胞病变，该分离毒株可被 BVDV 阳性血清中和，对氯仿、乙醚、胰酶、酸敏感，不耐热，RT-PCR 可检测出核酸片段与 BVDV NADL 株标准种毒的同源性为 89.02%，表明分离毒株为猪源 BVDV。邓宇等将 BVDV 阳性仔猪病料样品接种 MDBK 细胞，该毒株在 MDBK 细胞上盲传至 13 代未出现细胞病变，在直接免疫荧光试验中与 BVDV 阳性血清呈阳性反应，电镜观察显示病毒粒子结构属于 BVDV-1 型，表明成功分离鉴定 1 株猪源非致病变型 BVDV-1(邓宇等，2012)。病毒分离鉴定方法一直是 BVDV 诊断方法的“金标准”，但该方法中涉及细胞培养、电镜观察、RT-PCR 等方法，试验周期较长，操作较复杂，往往受到试验条件和专业技术人员水平等限制。

(2)RT-PCR 方法　该方法检测快速、操作简单、敏感性和特异性较高，是最常用的动物疫病快速确诊技术，目前在 BVDV 的快速诊断中得到了推广应用。邓宇等建立的猪源 BVDV 套式 PCR 检测方法能从 BVDV 标准毒株、猪源 BVDV 毒株中扩增 198 bp 的特异性片段，扩增猪瘟病毒、猪繁殖与呼吸综合征病毒均为阴性，敏感性可检测到 0.195 fg RNA 模板量，具有敏感、特异和稳定等特点，可用于猪源 BVDV 的临床诊断和流行病学调查（邓宇等，2012）；李天芝等根据 BVDV 5′端非编码区基因保守序列设计引物，建立了检测 BVDV 一步法反转录-聚合酶链（RT-PCR）方法，该方法对 BVDV 检测的灵敏性为 1 pg 总 RNA 量，应用该方法检测临床病料和猪瘟细胞毒活疫苗样品结果显示，该一步法 RT-PCR 方法检测速度快、特异性强、敏感性高，可用于猪瘟细胞毒活疫苗中污染的 BVDV 外源病毒检测。RT-PCR 方法特异、灵敏、快速，适合于一般实验室使用。

（3）荧光定量 RT-PCR 方法　该方法与常规 PCR 方法相比具有能够准确定量、敏感性更强、不需要核酸电泳等优点。王梦迪等根据 BVDV 5′-UTR 保守序列建立的特异性荧光 RT-PCR 方法，该方法最低检出限为 $1\times10^{-2.8}$ $TCID_{50}$/50 μL，检测 HCLV 毒株、PRRS 毒株、TGEV 毒株和 MDBK 细胞均为阴性，并且具有良好的组间重复性，适用于猪感染 BVDV 的监测。荧光定量 RT-PCR 方法能够对样品中的病毒核酸进行定量检测，但该方法对仪器设备、试验试剂、操作人员技术水平等要求均较高。

（4）ELISA 方法　该方法具有操作简单、检测快速、高通量、价格低廉、敏感性和特异性高等优点，成为当前动物疫病诊断中最常用的血清学检测技术。曾亮明等建立的猪源 BVDV ELISA 抗体检测方法中最佳包被质量浓度为 31.25 μg/L，最佳封闭液为 10％马血清，待检血清的最佳稀释度为 1∶50，该方法检测猪瘟病毒、伪狂犬病病毒、猪圆环病毒 2 型、猪繁殖与呼吸综合征病毒阳性血清均为阴性，与中和试验方法的符合率为 97.9％，该方法特异性强、符合率高、重复性好，适合用于猪源 BVDV 的血清学抗体监测。ELISA 方法简单、快速、特异、敏感、经济，非常适合于临床大规模样品的检测。

26.3.2　防治

BVDV 是一种重要的家畜病原菌，在世界范围内广泛分布。必须了解动物传染病的三个先决条件（传染源、传播途径和易感动物），可以制定一个全面的计划来控制和消除 BVDV。疫苗接种作为一项独立的控制措施，并没有消除 BVDV 带来的损失，除了使用疫苗外，必须避免与牛直接或间接接触，此外，应避免用牛奶或牛内脏喂猪。但是，最重要的是，当使用活病毒疫苗时，由于生产疫苗所用的培养基/细胞受到污染，BVDV 的无意传播是一种风险。牛和非牛细胞株都可能受到病毒的污染，所有细胞培养物都需要仔细监测是否感染病毒，现在，大多数市面上出售的胎牛血清尽管其中一些标记为 BVDV 阴性，但该病毒检测呈阳性。因此，建议对牛血清和用于制备疫苗的生物制品进行系统的检测和处理。

参考文献

邓宇，孙春清，张宏彪，等. 1 株猪源牛病毒性腹泻病毒的分离与鉴定. 畜牧兽医学报，2012，43(3)：416-423.

邓宇，蔺涛，张荣，等. 猪源牛病毒性腹泻病毒套式 PCR 检测方法的建立. 中国兽医学报，2012，032(5)：654-657.

张倩. 猪源 BVDV-2 非结构蛋白 N^{pro} 的原核表达及其对猪 PBMCs 和相关细胞因子的影响. 扬州：扬州大学，2016.

Owens，Flores，Serio D，et al. Virus taxonomy：ninth report of the international committee on taxonomy of viruses//Ninth report of the international committee on taxonomy of viruses. Academic Press, 2012.

O'Connor M, Lenihan P, Dillon P. Pestivirus antibodies in pigs in Ireland. Veterinary Record, 1991, 129 (12): 269.

Passler T, Walz P H. Bovine viral diarrhea virus infections in heterologous species. Animal Health Research Reviews, 2010, 11(2): 191-205.

Pellerin C, Hurk J V D, Lecomte J, et al. Identification of a new group of bovine viral diarrhea virus strains associated with severe outbreaks and high mortalities. Virology, 1994, 203(2): 260-268.

Stewart W C, Miller L D, Kresse J I, et al. Bovine viral diarrhea infection in pregnant swine. American Journal of Veterinary Research, 1980, 41(4): 459-462.

Sullivan T, Friendship R, Carman S, et al. Seroprevalence of bovine viral diarrhea virus neutralizing antibodies in finisher hogs in Ontario swine herds and targeted diagnostic testing of 2 suspect herds. Canadian Veterinary Journal, 2011, 52(12): 1342.

Terpstra C, Wensvoort G. Bovine virus diarrhea virus infections in swine. Tijdschrift Voor Diergeneeskunde, 1991, 116(19): 943.

Terpstra C, Wensvoort G. Natural infections of pigs with bovine viral diarrhea virus associated with signs resembling swine fever. Research in Veterinary Science, 1988, 45(2): 137-142.

Vilcek S, Nettleton P F, Paton D J, et al. Molecular characterization of ovine pestiviruses. Journal of General Virology, 1997, 78(4): 725-735.

Yu, Deng , Chun-Qing, et al. High prevalence of bovine viral diarrhea virus 1 in Chinese swine herd. Veterinary Microbiology, 2012, 159(3-4): 490-493.

（付利芝，余远迪）

第 27 章 猪瘟

本章提要

猪瘟是由猪瘟病毒引起的一种烈性传染病。该病自发现以来已有百余年的历史，呈世界范围流行，在养猪国家均有过不同程度的流行，对养猪业危害严重，给疫区国家造成了巨大的经济损失，是各国防控和检疫的重要传染病。随着养猪业的集约化和生猪贸易的全球化，猪瘟的亚急性/隐性和混合感染较为普遍，同时猪瘟在一些国家消灭后又再次暴发。本章主要针对猪瘟的流行现状、病原学、致病机制和防控策略等做一综述，以期对该病的防控和净化提供借鉴和参考。

27.1 猪瘟概述

猪瘟(classical swine fever，CSF)是由猪瘟病毒(classical swine fever virus，CSFV)引起的一种烈性传染病，临床上以高热稽留、广泛性出血和高死亡率为主要特征(Blome et al.，2017)。该病被世界动物卫生组织(WOAH)列入须申报的(notifiable)动物疫病名录，我国在国家中长期动物疫病防治规划(2012—2020 年)中将其列为五种优先防治的一类动物疫病之一。

27.1.1 流行现状

CSF 于 1833 年在美国的俄亥俄州最先被确认。该病呈世界范围流行。有关猪瘟在中国的起源无确切记载，但是东南大学于 1925 年开始研制抗血清防治该病。CSFV 的自然宿主是家猪和野猪。该病的主要传染源是发病猪和带毒猪，病毒主要通过消化道、呼吸道黏膜和眼结膜传染，也可以通过破损的皮肤感染。本病一年四季均可发生，以春、秋两季最为严重。该病病程呈急性、亚急性或慢性经过(Terpstra，1991)。

WOAH 最新 CSF 全球流行数据显示，截至 2022 年 5 月，全球有 38 个国家根除 CSF，包括美国、加拿大、澳大利亚、欧盟等部分地区。此外，WOAH 宣布巴西、哥伦比亚和厄瓜多尔的特定区域无 CSF，但是这些国家的其他地区仍然是 CSF 流行区域。该病仍持续对亚洲、东欧、中南美洲大部及加勒比海地区造成严重危害，尤其对发展中国家的食品安全和养猪业影响较大，一些无 CSF 国家也面临着传入该病的高风险(Beer et al.，2015)。目前，除大洋洲和北美洲以外，CSF 在欧洲、亚洲、中南美洲和少数非洲国家仍然存在地方性流行。其中，中南美洲为疫情稳定区，疫病流行逐年减少；东欧地区为流行活跃区；亚洲属于老疫区，由于控制措施不力，疫情仍然较严重。非洲除南非、马达加斯加和毛里求斯有 CSF 流行外，没有公开的疫情资料表明非洲大陆其他国家有 CSF 的流行(王琴，2015)。

尽管许多国家对 CSF 的防治都非常重视，采取了控制和扑灭的措施，宣布消灭了 CSF。但随着养猪业的集约化和生猪贸易的全球化，CSF 在已宣布根除的国家消灭后又出现死灰复燃的迹象，如 2018 年 CSF 在已宣布根除的日本重新出现(Postel et al.,2018)。在我国由于动物流动、疫苗质量不稳定、防疫规章措施不力、免疫程序不合理、种猪带毒和亚临床感染等原因，CSF 仍然是危害我国养猪业发展的重要传染病之一。

CSFV 有 3 个基因型和 11 个基因亚型。基因 1 型主要分布在南美、亚洲和俄罗斯；基因 2 型主要分布于欧洲、亚洲等。目前，我国流行的 CSFV 以 2.1、2.2 和 1.1 基因亚型为主，偶有 2.3 和 3.4 亚型，其中 2.1 亚型为优势基因型。全球 CSF 亚型分布见表 27-1。

表 27-1　全球 CSFV 基因亚型分布

猪瘟病毒基因型	国家或地区
1.1	阿根廷、巴西、哥伦比亚、墨西哥、意大利、俄罗斯、印度、中国
1.3	洪都拉斯、危地马拉
1.4	古巴
2.1	南非、德国、荷兰、意大利、西班牙、比利时、克罗地亚、立陶宛、以色列、印度、韩国、中国、中国台湾、老挝、日本
2.2	德国、意大利、捷克、马其顿、印度、尼泊尔、老挝、中国
2.3	意大利、克罗地亚、法国、罗马尼亚、保加利亚、塞尔维亚、斯洛伐克、捷克、俄罗斯、中国
3.2	韩国
3.4	中国台湾

该表中数据根据近 20 年已发表文献整理。

当前世界范围内 CSF 的流行发生了很大的变化，经典的 CSF 在成年猪中少见，中等、低毒力的 CSFV 引起的非典型 CSF 和持续性感染比较常见，造成的经济损失不容小视(Muñoz-González et al.,2015)。我国当前 CSF 的流行形势和发病特点主要表现为：流行范围广，全国范围内均有流行，但以散发流行为主。成年猪很少出现发病症状，但可持续带毒，并且可通过水平传播和垂直传播在猪场内循环。非典型(亚临床感染)和隐性感染增多，成为 CSF 流行最危险的传染源。另外，CSF 与猪繁殖与呼吸综合征、伪狂犬病、猪细小病毒病、猪圆环病毒病等混合感染十分普遍(王琴等,2015)。

27.1.2　临床症状

感染猪可表现急性、亚急性、慢性、持续性和隐性感染，这些不同的感染类型与毒株的毒力、宿主种类与日龄、免疫状态和感染时机等有关。强毒株引起典型的临床症状包括高热稽留，常超过 40 ℃，食欲减退或废绝，先便秘后腹泻，皮肤和黏膜呈点状出血，特别是耳尖、四肢、腹部等处出现斑点状或片状出血斑，眼睛分泌物增多，结膜炎(图 27-1)。

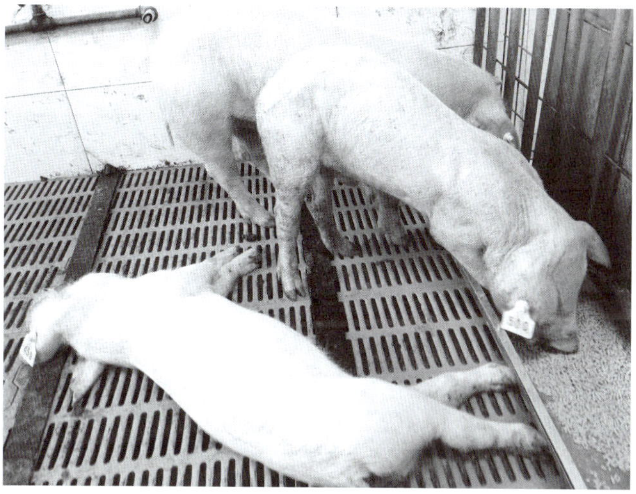

图 27-1　CSF 的典型临床表现

猪瘟强毒感染猪出现发热，耳尖、四肢、腹部等处的皮肤和黏膜的点状或片状出血。

27.1.3　病理变化

CSFV 主要损伤小血管内皮组织，引起各器官组织出血，在皮肤、浆膜、黏膜、淋巴结、肾、膀胱、胆囊等处常有不同程度的出血变化，一般呈斑点状，有的出血点少而散在，有的星罗棋布，以肾和淋巴结出血最为常见。淋巴结的变化有一定特征，外表肿大，呈暗红色，切面呈弥漫性出血或周边性出血，红白颜色相杂呈大理石样，多见于腹腔内淋巴结和颌下淋巴结。肾颜色变淡，表层有圆形小出血点，切开肾脏可见皮质、髓质、肾盂部有出血。脾脏边缘可见紫黑色突起（出血梗死灶），这是 CSF 特征性病变。剪开肠管，在盲、结肠黏膜部位（回盲口）可见到轮层状溃疡（扣状肿），若继发细菌感染，则在轮层状溃疡的基础上，会有弥漫性坏死性肠炎的变化。

典型的组织病理学变化包括肺的间质性肺炎，扁桃体和淋巴结的淋巴细胞弥漫性减少、淋巴滤泡萎缩或结构消失（图 27-2）等。

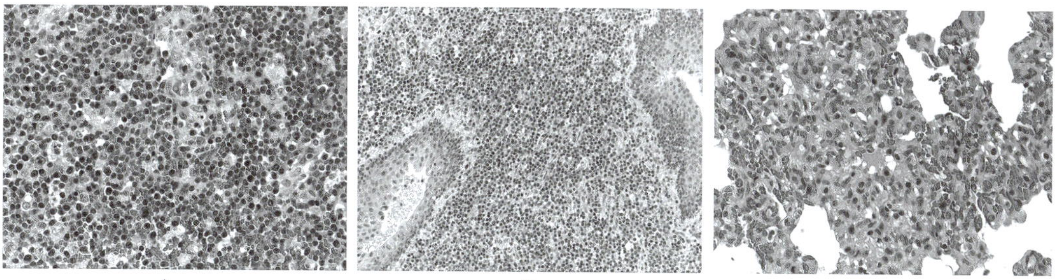

A　　B　　C

图 27-2　CSF 的典型病理组织学变化（哈尔滨兽医研究所猪烈性传染病创新团队供图）

A.肺的间质性肺炎　B.扁桃体淋巴滤泡结构消失　C.淋巴结淋巴细胞弥漫性减少、皮质部萎缩。

27.2 猪瘟病毒

27.2.1 分类及分型

猪瘟病毒是有囊膜的单股正链 RNA 病毒，属于黄病毒科(*Flaviviridae*)瘟病毒属(*Pestivirus*)成员，该属还包括以下几个成员：牛病毒性腹泻病毒(bovine viral diarrhea virus，BVDV)、羊边界病病毒(border disease virus，BDV)、非典型瘟病毒(atypical porcine pestivirus，APPV)以及长颈鹿瘟病毒(giraffe pestivirus)(Postel et al.，2018)。

27.2.2 基因组

CSFV 基因组全长约 12.3 kb，两端为非编码区(noncoding region，NCR)5′-NCR 和 3′-NCR，中间为一个大的开放阅读框(open reading frame，ORF)(Meyers et al.，1989)，基因组 5′端无甲基化的帽子结构，3′端无 poly(A)尾巴。ORF 编码一个由 3 898 个氨基酸残基组成的多蛋白，分子质量约为 438 kDa。该前体蛋白以共翻译和后翻译的形式在病毒特异性蛋白酶和宿主细胞蛋白酶的作用下进一步加工水解产生 4 种结构蛋白(C、E^{rns}、E1 和 E2)和 8 种非结构蛋白(N^{pro}、p7、NS2、NS3、NS4A、NS4B、NS5A 和 NS5B)(Rümenapf et al.，1993)。CSFV 蛋白前体的加工过程可以分以下几步：首先，N^{pro}将其 C 末端催化水解与后面的 C 蛋白断裂；其次，细胞信号肽酶在多蛋白内部 $Gly^{1\,062}$ 的位置切割形成 C-E^{rns}-E1-E2 的前体蛋白，C 蛋白与前体蛋白分开；最后，E2 脱离 E^{rns}-E1-E2 的前体蛋白，从而 E^{rns} 和 E1 形成二聚体蛋白，游离的二聚体 E^{rns}-E1 蛋白在其内部进一步被切割生成独立的 E^{rns} 和 E1 蛋白。

27.2.3 形态及结构

完整的 CSFV 粒子呈球形，直径为 30～70 nm，病毒粒子表面含有 6～8 nm 的纤突结构，具有脂蛋白双层囊膜，内部为二十面体对称的核衣壳，由单一的 C 蛋白组成，包裹着单股正链 RNA 分子。病毒粒子沉降系数为 40～50 S，在蔗糖密度梯度中的浮密度为 1.15～1.16 g/cm^3。CSFV 不耐热，56 ℃、60 min 可以使其灭活，病毒对酸碱敏感，当 pH 大于 11 或者小于 3 时病毒便迅速失活。在化学试剂方面，CSFV 对氯仿、乙醚和去氧胆酸盐敏感，可迅速丧失感染性。

27.2.4 复制周期

一般认为 CSFV 感染的过程是病毒感染宿主后，首先进入它的靶器官扁桃体，并在此器官中增殖，血液在感染 16～18 h 后检测到致病量病毒，淋巴器官和血管壁在 15～24 h 就能检测到病毒，而各实质器官约在 48 h 才检测到有病毒的出现。

27.2.5 致病机制

急性猪瘟的致病机制主要包括两方面，一方面由于 CSFV 的感染引起淋巴细胞减少触发免疫系统的抑制功能，另外一方面由于 CSFV 的感染使血液系统紊乱而出现出血。

1.淋巴细胞减少

CSFV 对淋巴系统细胞有嗜性，在病毒感染早期白细胞减少特别是淋巴细胞减少是机体感染 CSFV 的特征性变化，在弱毒感染和强毒感染中都有这一现象。CSFV 对中性粒细胞和酸性粒细胞最敏感，因此感染时这几种细胞受损伤也最严重。强毒感染时，病毒作用于淋巴细胞导致淋巴细胞减少进而减少随后的抗体生成。对外周血 T 淋巴细胞免疫功能研究发现，在感染 CSFV 后 3～5 d 细胞免疫处于废止状态；同时研究发现感染 CSFV 后外周血中细胞表面免疫球蛋白 B 淋巴细胞会急剧下降。

2.组织器官出血

CSFV 对中胚层组织特别是造血组织和血管具有特殊的亲和力，这些组织损伤可导致淋巴结肿大和全身出血。研究发现，CSFV 感染后 3 h，猪体内的 IL-1、IL-6、IL-8 等炎性细胞因子水平出现短暂升高，随着病毒的繁殖数量不断增加，炎性因子也随之大量产生，使得炎性产物增多而导致血管的通透性升高。同时 CSFV 感染后，血管内皮细胞产生的血液凝聚因子、组织因子、血管内皮生长因子等与内皮细胞渗透性和血液凝聚有关的细胞因子的转录水平也明显升高。CSFV 诱导炎性因子和促凝血因子后，破坏了凝血-纤维间的平衡，导致凝血和血栓的形成，从而使血小板减少，导致组织出血，这是 CSF 出血性变化的重要原因。

3.机体免疫细胞凋亡

孙金福等研究发现 CSFV 强毒株感染后外周血白细胞凋亡显著高于对照组，在感染后第 4 天 CD4＋和 CD8＋T 淋巴细胞分别由感染前的 26.87％和 28.17％下降到 8.83％和 14.19％。周远成等研究人工接种 CSFV 后外周白细胞的变化结果表明，60 日龄长白猪接种强毒石门株后，WBC、LMY 和 PLT 都出现不同程度的下降。CSFV 感染后第 1 天循环血液中 T、B 淋巴细胞就减少，而第 3 天才能从血浆和淋巴细胞中检测到病毒，因此，导致的淋巴细胞减少并不是由病毒直接感染淋巴细胞的结果，而是病毒感染后激活了细胞程序性死亡机制。CSFV 感染早期，血液中 IFN-α、TNF-α、IL-10 等细胞因子水平显著提高，这些细胞因子相互作用是导致免疫细胞死亡的重要因素。CSFV 感染后机体免疫细胞凋亡是导致该病免疫抑制和持续性感染的重要原因。

此外，还有研究发现，CSFV 感染后可使一氧化氮水平降低。一氧化氮在机体抗感染防御体系中发挥着重要的作用，它能活化巨噬细胞，调节 Th1 和 Th2 的平衡以促进机体的免疫应答，在免疫应答中抑制和杀伤病原微生物。

27.3 诊断及防治

27.3.1 诊断

CSF 对养猪业造成毁灭性打击，限制动物性食品的国际贸易，一旦暴发将会造成巨大的经济损失，因此人们一直致力于 CSF 的最终消灭。我国于 1954 年研制出的 CSF 兔化弱毒(hog cholera lapiniszed virus，HCLV)疫苗，又称为 C 株疫苗，被公认为是安全有效的活疫苗，对怀孕母猪、胎儿和仔猪均无致病作用(仇华吉等，2005)。该疫苗对我国乃至世界范围内 CSF 的防控发挥了重要的作用。我国地域辽阔、养猪环境复杂、养殖模式多样、动物疫病种类繁多、养猪从业人员素质和意识水平参差不齐、生物安全防控水平低等严重制约了我国 CSF

的净化。但是多年以来，我国在CSF防控技术上取得了很大的进步。

CSF分子流行病学调查研究对阐明CSFV的遗传变异特征和规律，掌握当前的流行现状，溯源和追踪CSF疫情发生的来源和去向，监测现行使用疫苗的有效性，建立分子流行病学监测系统，提出新的防治策略具有十分重要的科学意义。诊断技术在CSF的分子流行病学研究中起着非常重要的作用。中国兽医药品监察所和军事兽医研究所研制的CSFV通用荧光RT-PCR试剂盒，可对所有猪瘟病毒进行检测，该方法十分成熟和稳定，获国家专利(200610109404.X)并形成国标(GB/T 27540—2011)，特别对非典型、温和型及持续感染CSF的诊断提供了一个快速、敏感、准确的方法，是适用于种猪净化的可靠手段。

由哈尔滨兽医研究所建立的鉴别CSF强毒株和兔化弱毒疫苗株的TaqMan荧光定量RT-PCR方法以及CSF强毒和弱毒荧光定量PCR方法，在该病毒的诊断中起到了重要的作用。在抗体检测上，建立了如SPA协同凝集及凝集抑制试验、免疫琼脂扩散试验、血清中和试验(SN)、间接血凝试验、火箭免疫电泳、免疫荧光试验(IFA)、免疫过氧化物酶单层试验(IPMA)及酶免疫分析技术等。这些技术对疫苗免疫效果的评价发挥了重要的作用。

27.3.2 防治

1.CSF兔化弱毒疫苗

20世纪50年代，中国学者通过将CSF强毒在兔体上连续传几百代后培育成功了一株CSF兔化弱毒疫苗(Chinese strain，C株)。20世纪60年代C株从中国被引入东欧和亚洲，被称为“K”株或“LC株”(lapinized Chinese strain)，之后又流传到西欧和拉美各国，Riems株就是C株的一个变种。因为C株高度安全有效，从创制至今被世界各国广泛应用。1976年在联合国粮农组织和欧洲共同体召开的专家会议上，专家一致认为C株的应用对控制和消灭欧洲国家的CSF做出了重大贡献。经历了半个多世纪的风雨洗礼，C株的地位和价值至今无可动摇。

2.疫苗生产技术

自CSF兔化弱毒疫苗脾淋苗之后，相继研制出了乳兔组织苗、牛体反应苗、乳猪肾细胞苗、绵羊肾细胞苗、犊牛睾丸细胞苗、ST细胞传代细胞苗，使疫苗的产量和质量大幅度提高。另外，还建立了CSF兔化弱毒疫苗效检替代方法，如荧光定量RT-PCR方法和直接免疫荧光检测方法。这些方法代替传统的兔体定型热反应方法，能更准确、快速地指导疫苗的生产，产生更高的经济和社会效益。

3.标记疫苗及配套诊断技术

我国在新型CSF标记疫苗的研制进展也非常顺利。相应的CSF检测、监测方法及与标记疫苗配套的鉴别诊断技术也已达到了国际水平。目前，我国已经有一项CSF标记疫苗即CSFV E2重组杆状病毒灭活疫苗获得新兽药证书[(2017)新兽药证字57号]，另外还有数项CSF标记疫苗完成了临床试验，包括CSF基因工程活疫苗(rAdV-SFV-E2株)(临床批件号2017065)、CSF基因工程亚单位疫苗(293T-E2)(临床批件号2017007)和CSFV E2重组杆状病毒载体灭活疫苗(WH-09株)(临床批件号20170015)等。

4.防控成效

改革开放40多年，我国CSF的防控取得了显著的成绩，该病的流行率明显降低(CSFV阳性率3%以下)，CSF免疫合格率明显上升，达到80%以上。已在全国范围内建立了许多规模化养猪示范场，使多个种猪场净化了 CSF。构建了符合我国国情的规模化猪场 CSF 净化模式，形成了一系列的指导方案，制定了《规模化猪场猪瘟、猪伪狂犬病综合防控技术集成与示范实施方案》《规模化猪场猪瘟净化技术指南》《集约化、规模化猪场生物安全体系的实施方案》和《“猪瘟、猪伪狂犬病综合防控技术集成与示范”课题种猪净化认证方案建议》等指南，取得的重要创新性成果，可用于指导我国 CSF 的防控和净化。

5.欧美净化 CSF 的经验

欧盟于 20 世纪 80 年代实施了 CSF 净化项目，首先采用 C 株疫苗进行免疫，当感染率降低到一定程度后，再采取非免疫结合扑杀策略，另外限制猪及猪产品的流通，从而使一些国家成功净化了 CSF(Vandeputte et al.,1999)。然而，1997 年荷兰、德国、比利时、西班牙等国再次暴发了 CSF。这些国家 CSF 的再次暴发主要是由野猪及国外进口猪制品所引起(Ribbens et al.,2004)。

参考文献

仇华吉，童光志，沈荣显. 猪瘟兔化弱毒疫苗半个世纪的回顾. 中国农业科学,2005,38(8):1675-1685.

王琴，涂长春. 猪瘟. 北京:中国农业出版社,2015.

Beer M, Goller K V, Staubach C, et al. Genetic variability and distribution of classical swine fever virus. Anim Health Res Rev,2015,16(1):33-39.

Blome S, Staubach C, Henke J, et al. Classical swine fever—an updated review. Viruses,2017,9(4):86.

Meyers G, Rümenapf T, Thiel H J. Molecular cloning and nucleotide sequence of the genome of hog cholera virus. Virology,1989,171:555-567.

Muñoz-González S, Ruggli N, Rosell R, et al. Postnatal persistent infection with classical swine fever virus and its immunological implications. PLoS One,2015,10(5):e0125692.

Postel A, Austermann-Busch S, Petrov A, et al. Epidemiology, diagnosis and control of classical swine fever: recent developments and future challenges. Transbound Emerg Dis,2018,65(1):248-261.

Ribbens S, Dewulf J, Koenen F, et al. Transmission of classical swine fever. A review. Vet Quart, 2004,26(4):146-155.

Rümenapf T, Unger G, Strauss JH, et al. Processing of the envelope glycoproteins of pestiviruses. J Virol,1993,67:3288-3294.

Terpstra C. Hog cholera: an update of present knowledge. Br Vet J,1991,147(5):397-406.

Vandeputte J, Chappuis G. Classical swine fever: the European experience and a guide for infected areas. Revue Scientifique et Technique (International Office of Epizootics),1999,18(3):638-647.

(罗玉子)

第 28 章 仔猪先天性震颤

本章提要

仔猪先天性震颤见于新生仔猪，临床表现为局部或全身肌肉发生阵发性痉挛，故又称“仔猪抖抖病”“仔猪跳跳病”。德国早在 1854 年报道本病，我国 1962 年首次报道，本病分布于全世界，呈散发性。本病的诱发因素有很多，或单个因素或多个因素引起，分为传染性病因和非传染性病因。对于传染性病因，学术界一直存在争议，2015 年美国科学家报告了通过测序技术鉴定出了非典型瘟病毒，随后多国证实存在非典型瘟病毒。本章节针对非典型瘟病毒，从流行现状、临床症状、病理变化介绍猪先天性震颤，从病毒的分类及分型、基因组、形态及结构、复制周期、致病机制、诊断及防治等论述非典型瘟病毒的研究现状，旨在为科研人员和临床工作者研究和防控本病提供参考。

28.1 仔猪先天性震颤概述

仔猪先天性震颤(congenital tremors of piglet，CT)，又称“仔猪抖抖病”“仔猪跳跳病”，是一种由于脊髓水平以上的中枢神经系统髓鞘形成阻滞而导致的仔猪局部或者全身肌肉发生阵发性痉挛的疾病。本病仅见于新生仔猪，各个品种的猪都可以感染，感染的母猪则无临床症状。本病的诱发因素有很多，或单个因素或多个因素共同引起，有传染性病因，也有非传染性病因。本病广泛分布于全世界，呈散发性，由传染性病原导致的先天性震颤可垂直传播、水平传播和配种传播，由非传染性病原导致的先天性震颤不具有传染性。

根据中枢神经系统的病理组织学病理变化，可将 CT 可分为 A 和 B 两种类型。A 型表现为肉眼可见明显的大脑和脊髓病变，小脑发育不全以及髓鞘形成不全；B 型无特征性症状(Stenberg et al.，2020)。A 型根据病因不同分为 A-Ⅰ～A-Ⅴ 5 个亚型，其中 A-Ⅰ、A-Ⅱ是由病毒引起的，也是危害最为严重的 CT。A-Ⅰ型主要的病理损害是小脑发育不全和脑脊髓鞘形成不全，由猪瘟病毒引起，导致死亡率高、感染期长、患病率低的特点，随着猪瘟防控水平和能力的提升，此型已较为少见。A-Ⅱ是常见的 CT 类型，呈零星或者偶发式，窝感染比例较高，感染猪的死亡率低，营养不良时可导致仔猪中低死亡率，主要的病理损害是少突胶质细胞肿胀。A-Ⅱ型的病因之前一直不明，曾认为猪圆环病毒Ⅱ(PCV-Ⅱ)、星形病毒、类 PCV 病毒等几种不同病毒是其病原。近年来美国和荷兰的研究人员都发现，非典型瘟病毒(atypical porcine pestivirus，APPV)是新生仔猪 CT-Ⅱ型的病原体。其中，非典型瘟病毒最早于 2015 年在美国通过下一代测序进行鉴定(Hause et al.，2015)。此后不久，在美国、德国、荷兰、西班牙、奥地利、中国和巴西等的猪中均发现了该病毒(Beer et al.，2017)。A-Ⅲ型见于长白猪，窝感染比例低，感染猪的死亡率高，以公猪感染为主，属于性染色体隐性遗传，主要特征是少突胶质细胞减少，髓鞘减少，脊椎发育不全。A-Ⅳ型又称长白猪白肩猪杂交综合征，窝感染比例低，感染猪的死亡率高，公猪母猪均可感染，属于白肩猪常染色体隐性遗传，主要特征是髓鞘脱失，大脑、小脑和脊髓发育不全。A-Ⅴ型由怀孕母猪暴露特定毒素如有机磷农药、敌百虫等而引起，发生在母猪怀孕期 45～75 d(尤其在 75～79 d)，窝感染比例低，感染猪的死亡率高，公猪母猪均可感染，主要特征是小脑发育不全。

28.1.1 流行现状

早在 1854 年在德国发现 CT，1962 年罗清生等在国内首次报道了此病，我国江苏、河北、江西、四川、广西、河南、广东等都相继报道了此病，发病率和死亡率都很高，给养猪业带来严重的经济损失(Yuan et al.，2017)。

关于 A-Ⅱ型 CT 的患病率目前尚无较深入研究，但来自我国的估计数据表明，1%～2%的仔猪受到影响(Yuan et al.，2017 年)。通常情况下，CT 以暴发的形式出现在农场，而事先没有任何母猪感染的迹象或临床症状(de Groof et al.，2016)。CT 流行通常持续 2～3 个月，发病率为 50%～100%，一般第一胎母猪所产仔猪发病比率最高。死亡率一般较低，但有时也能接近 15%～20%，据报道，在一些农场非典型瘟病毒暴发期间损失可高达 50%。

当由非典型瘟病毒引起的 CT 暴发发生在农场时，初产母猪所产的仔猪更容易受到影响，而经产母猪所产的仔猪通常不会受到影响。在 CT 暴发期间，非典型瘟病毒基因 PCR 阳性仔猪的窝内流行率在 10%～100%之间变化，在性别之间均匀分布，不影响活产仔猪的平均数量。对德国农场的 369 个猪血清样本进行研究发现，非典型瘟病毒在德国存在，个体患病率在 2.4%～10%，英国的非典型瘟病毒检出率为 2.3%，意大利的非典型瘟病毒检出率为 17.5%。

28.1.2 临床症状

根据病毒的种类和毒株，以及宿主的年龄和免疫状态，该病表现的临床症状有所不同。患病的母猪一般无任何临床症状，但妊娠期间可能对胚胎或胎儿产生有害影响，导致死胎、神经缺陷或畸形。

一般仔猪在出生后 3～4 h 或 3 日龄左右表现出典型症状，骨骼肌出现持续性有节奏地震颤，有的全窝猪发生，有的仅部分猪发生。症状表现有轻有重，主要在头部、四肢和尾部出现持续性震颤，症状较轻的仔猪只有耳和尾部出现震颤，病情较严重的仔猪出现全身震颤。有的患病症状严重的仔猪全身出现有节奏的震颤，后肢无力，站立不稳，行走与站立困难，被迫躺卧，倒地后震颤症状得到缓解或停止，然而当再次站立后重新全身开始震颤，受严重影响的仔猪可能会因为初乳摄入不足饥饿而死亡或者被压死。症状较轻者，仅表现为耳和尾部出现震颤，仍可运动，体温、呼吸和脉搏都无明显异常。但若受到外界巨大的应激，症状会加重或者出现突然死亡的情况。

CT 是一种动作性震颤，其特征是肌肉运动或受力时震颤加剧；仔猪在睡觉或休息时，肌肉放松，无神经症状。现在的医学方法尚无法治疗 CT，仔猪能否存活取决于它抓乳头和吮吸的能力以及避免被母猪压扁的能力。大多数猪在出生后 3 个月内自行恢复；然而，一些猪可能会成为持续震颤。有趣的是，在放松的状态时不再明显摇晃的猪，受到突然的噪音等外部刺激时，可能会再次出现肌肉震动现象。

仔猪病程多为 5～7 d，死亡率很低，多数预后良好。症状较轻的仔猪一般不会死亡，4 周后症状基本消失，仅见后肢轻微震颤。

28.1.3 病理变化

一般来说，对受影响仔猪的中枢神经系统、外周神经系统或骨骼肌的大体检查没有任何明显的眼观变化(Blomstrom et al.，2016)，对临床剖检病理变化的描述报道也较少。病死仔猪的组织学变化主要为：脑膜出现血管充血、扩张，脑膜下水肿。大脑皮质神经元未见明显变性、坏死及炎症细胞浸润，小脑发育不全，小脑硬膜纵沟窦有水肿、出血及增厚症状，髓鞘形成中神经纤维减少。肾皮质有散在的瘀点，白细胞内有少量空泡。脊髓白质中有明显的髓鞘减少并伴有髓鞘破裂和断裂，髓鞘的厚度明显减少，疏密不均一。在延髓和脊髓的白质中发现少量扩张的髓鞘和空泡。部分血管周围，脑和脊髓的局灶性胶质增生，胶质细胞略有增加，髓鞘片层多灶性广泛分离，严重失活，髓鞘球囊形成，轴突变性。病死猪喉头出血，肾脏点状出血，大部分病死猪的肠系膜淋巴结呈乳白色；其他组织器官无明显病理变化。肝脏色泽较深，肿大坚硬；全身淋巴结肿大，心包有积水，脾脏肿胀。病猪无肉眼可见的明显病变。

中枢神经的组织学检查，可见显著的髓鞘形成不全，脑血管周围充血、出血、小脑发育不全，小脑硬脑膜纵沟窦水肿、增厚和出血等。中枢神经系统髓鞘减少可能导致冲动传导和跳跃传导受损，导致神经症状，如震颤或共济失调。髓鞘减少通常是由有髓鞘的轴突和偶尔的非髓鞘轴突引起的；然而，存在的髓鞘具有正常的组织学外观。有趣的是，中枢神经系统髓鞘减退的程度在个体之间是不同的。

研究人员使用光学显微镜测量 CT 感染仔猪的脊髓直径，并报告 CT 感染仔猪的脊髓与健康仔猪对照相比，髓鞘平均减少了 12%。相反，Postel 等(2016)研究表明典型 CT 症状仔猪的脊髓中只有轻微的、不可量化的髓鞘形成，观察到为鲁索快速蓝染色强度轻微降低。在大脑中，髓鞘减少也可观察到大量的白质小空泡。

28.2 非典型瘟病毒

28.2.1 分类及分型

国际病毒分类委员会(International Committee on Taxonomy of Viruses，ICTV)在第十次病毒分类报告中，将瘟病毒属分为瘟病毒 A～K 共 11 个种。由于非典型瘟病毒和其他瘟病毒具有明显的遗传差异，非典型瘟病毒被列入黄病毒科瘟病毒属瘟病毒 K 种 (Lefkowitz et al.，2017；Smiths et al.，2017)。

基于 ORF 基因组分析，根据瘟病毒基因型命名惯例，将非典型瘟病毒暂时划分为三个分支，暂时命名为基因型 1、2 和 3。根据进化关系，基因型 1 包括两个亚类(1.1 和 1.2)。1.1 亚类可进一步分为 3 个小簇：1.1a、1.1b 和 1.1c。在德国发现的 4 个完整的非典型瘟病毒序列位于 1.1a 和 1.1b 簇中，从韩国分离的唯一完整的非典型瘟病毒序列属于 1.1b，1.1c 簇中的病毒都是从中国分离的。Xie 等(2019)新发现的 GD-LDCT1 和其他几株病毒被划入基因型 3，该型病毒与基因型 1 和基因型 2 的相似性相对较低。

28.2.2 基因组

非典型瘟病毒是一种高度可变的单链 RNA 病毒，基因组长度为 10.8～11.5 kb，它包含一个长的开放阅读框(ORF)，编码一个多蛋白，由四种结构蛋白(C、E^{rns}、E1 和 E2)和八种非结构蛋白(N^{pro}、p7、NS2、NS3、NS4A、NS4B、NS5A 和 NS5B)组成。非典型瘟病毒的 5′和3′UTRs 分别为 378 nt 和 276 nt。相比之下，其他典型的鼠疫病毒的 5′和 3′UTRs 在 369～498 nt 和 206～503 nt 的范围内，说明非典型瘟病毒的 5′UTR 和 3′UTR 序列可能完整或接近完整，但仍需要进一步的研究来确定其真实的 5′和 3′末端序列。

非结构蛋白 N^{pro}是瘟病毒属所有成员基因组 ORF 编码的第一个蛋白，具有蛋白水解酶活性的半胱氨酸蛋白酶，能够催化自身从多蛋白链中断裂并成为成熟蛋白，负责在 N^{pro}/C 位点自聚蛋白的自裂解。通过瘟病毒属成员氨基酸序列比较发现，N^{pro}的相似性大于 70%，但蛋白的水解活性位点 His 69 和 Cys 89 相对保守。在猪瘟病毒上研究发现，N^{pro}对病毒在传代细胞内的复制是非必需的，是猪瘟病毒的毒力相关因子，但对病毒毒力不起决定因素。N^{pro}对非典型瘟病毒的作用仍有待进一步研究。此外，瘟病毒属的病毒 N^{pro}中均有 TRASH 基序，而在非典型瘟病毒的 N^{pro}中没有发现该基序，非典型瘟病毒的 N^{pro}是否具有不同于其他瘟病毒 N^{pro}的新功能仍有待进一步证实。

瘟病毒属病毒的结构蛋白通常包括一个衣壳蛋白 C 和包含 E^{rns}、E1 和 E2 的三个包膜糖蛋白，而这三种糖蛋白与病毒进入靶细胞有关。衣壳蛋白 C 是非典型瘟病毒编码的第一个结构蛋白，位于 N^{pro}之后，是一种小的碱性蛋白，在 RNA 包装成熟病毒离子中起重要作用。目前推测其长度为 111 aa，比其他鼠疫病毒(97～102 aa)稍长。E^{rns}是一种结构蛋白，在非典型瘟病毒多蛋白的 319～373 aa 的位置发现了具有核糖核酸酶活性的 RNase T2 结构域，在瘟病毒属病毒中有独特的表达。E1 和 E2 异二聚体的形成对病毒感染很重要。E2 通常被认为是诱导产生抗瘟病毒中和抗体的主要保护性抗原，是决定病毒细胞嗜性的一个主要关键因素。此外，通过与瘟病毒糖蛋白 E2 的 pfam16329 的比对，在非典型瘟病毒多蛋白中 779～937 aa 位置(推定的 APPV-E2 区)发现了一个瘟病毒 E2 超家族结构域；而在推定的 APPV-E2 蛋白的 N-末端区域内似乎有一个大的“缺失”，导致 APPV-E2 的大小(241 aa)明显小于其他瘟病毒(373～378 aa)，已知的融合肽区位于上述“缺失”区域，这可能显著影响非典型瘟病毒进入宿主细胞的能力(Wang et al.,2015)。

非典型的非结构蛋白，包括 p7、NS2、NS3、NS4A、NS4B、NS5A 和 NS5B，在 E2 的下游区域编码。这些非结构蛋白与其他瘟病毒的相应蛋白缺乏显著的相似性(12%～74%的相似性)。不同瘟病毒之间以及同一瘟病毒的不同毒株之间，NS2/3 裂解位点的切割程度变化很大。对 CSFV 来说，对 NS2/3 位点的不完全切割，导致了 NS2-3 和 NS3 的产生；就 BVDV 而言，通常 NS2-3 裂解产生 NS3，后者是致病性 BVDV 的一个标志，相反，非致病性 BVDV 中，NS2/3 位点的裂解没有发生，仅可以观察到未裂解的 NS2-3；在非典型瘟病毒基因组中，在推定的 APPV-NS2 中未找到半胱氨酸蛋白酶结构域，而这个结构域在其他瘟病毒中负责 NS3 与 NS2 的裂解，推定 NS2/3 位点的裂解可能不会发生，也许这是导致非典型瘟病毒不产生细胞病变的原因。瘟病毒的 NS3 是一种具有顺式和反式切割活性的糜蛋白酶样丝氨酸蛋白酶。在推定的 APPV NS3 区域，非典型瘟病毒多蛋白的 1 320～1 530 aa 处发现了一个瘟病毒肽酶

S31 结构域，在 1 543～1 699 aa 处发现了一个类 DEAD 螺旋酶超家族结构域。NS5A 蛋白具有亲水性，黄病毒科各成员中的 NS5A 的丝氨酸和苏氨酸残基均有磷酸化现象，并在病毒生命周期中发挥重要作用，NS5A 被丝氨酸/苏氨酸激酶磷酸化后有助于病毒的增殖。BVDV 的 NS5A 蛋白和翻译延伸因子 1 的 α 亚基相互作用促进 BVDV 的复制。非典型瘟病毒的 NS5A 是否发生丝氨酸/苏氨酸激酶磷酸化以及是否和翻译延伸因子 1 的 α 亚基互作仍有待进一步证实。在推定的 APPV-NS5B 区域中，多蛋白的 3 153～3 466 aa 处还发现了一个 RNA 依赖性 RNA 聚合酶结构域。

28.2.3 形态及结构

瘟病毒的病毒粒子呈球形，直径较为均一，常为 40～60 nm，有囊膜，厚度约为 7 nm，内含二十面体对称的核衣壳，直径约 30 nm。囊膜上镶嵌有 E1 蛋白和 E2 蛋白异源二聚体或 E2 蛋白同源二聚体(图 28-1)。中间为病毒粒子示意图，其两侧是电子显微镜照片(左侧超薄切片为 BVDV，右侧为阴性染色的 CSFV)。

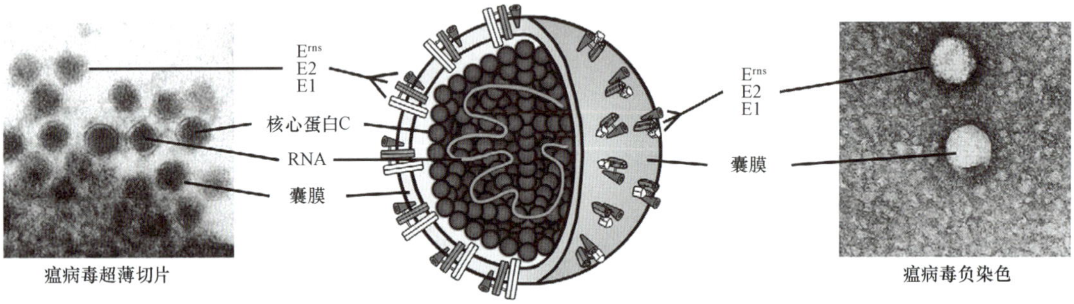

图 28-1 瘟病毒粒子的示意图(Tautz et al.，2015)

28.2.4 复制周期

目前对非典型瘟病毒的细胞内复制过程研究较少，但推测此过程可能同瘟病毒属的其他成员类似。在体内的研究初步明确了病毒的组织分布特性。Liu 等(2019)针对 E^{rns} 在瘟病毒感染和复制中的作用，以 E^{rns} 为靶点，采用定量 RT-PCR 和免疫组化检测方法，分析了非典型瘟病毒在自然感染仔猪不同组织中的病毒载量和组织学分布。结果表明，小脑、颌下腺淋巴结和胸腺的病毒拷贝数均高于其他组织，表明这些组织是非典型瘟病毒的重要靶器官。非典型瘟病毒的组织学分布主要在神经组织的基质和神经纤维、淋巴组织的内皮细胞和其他组织的上皮细胞中，提示这些细胞是非典型瘟病毒的靶细胞。

28.2.5 致病机制

如果母猪在妊娠期间短暂感染非典型瘟病毒，在产仔时检测不到或检测到较低含量的非典型瘟病毒基因组，而仔猪可以检测到非典型瘟病毒基因组，但部分仔猪出现 CT 临床症状，可造成垂直感染。母猪血清中含有中高水平 E^{rns} 抗体、E2 的抗体和中等水平的中和抗体；断奶前，母猪的抗体水平变化不大。仔猪通过母体获得高水平的 E^{rns} 和 E2 特异性抗体，母源抗体随着时间的推移而下降，并在 21～48 d 时达到最低抗体水平，但母源抗体水平与是否出现震颤症状无关(Possatti et al.,2018),部分新生仔猪可能出现病毒血症。尽管有母源抗体存在,断奶仔猪混群饲养时,非典型瘟病毒仍可发生水平传播。在猪瘟等其他病原感染时,一般认为母源抗体可能对仔猪进行被动保护,直到产生主动免疫(Postel et al.,2018),而在非典型瘟病毒感染过程中,母源抗体并不能提供抗病毒感染的保护,这一现象可能与母源抗体的中和能力有限且仔猪体内的母源抗体迅速下降有关。无论是暂时感染非典型瘟病毒的公猪还是没有 CT 临床病史的持续感染的公猪都可通过精液排毒,造成母猪感染。

水平感染非典型瘟病毒的猪不表现任何临床症状,但感染后会产生持续的高抗体水平的 E2 抗体,可建立对非典型瘟病毒的保护性免疫,这一免疫效果和水平感染的日龄有直接关系。由于猪的免疫系统在 4 周龄仔猪中已经完全成熟,在抗体成熟前后水平感染非典型瘟病毒的猪获得抗体反应比初生时感染的更强烈(Huang et al.,2014)。从急性 CSFV 和 BVDV 感染中恢复通常会导致数年甚至终生的长期免疫(Postel et al.,2018;Schweizer et al.,2014);在屠宰前,晚期水平感染非典型瘟病毒的猪检测不到排毒而部分垂直感染仔猪仍可以检测病毒携带。非典型瘟病毒感染后获得的保护性免疫持续时间尚不清楚,有待于进一步研究。

28.3 诊断及防治

28.3.1 诊断

1.临床诊断

CT 的病因复杂,主要根据临床症状和流行特点做出初步诊断,进一步确诊必须借助于病理切片、病原学检测等方法。根据中枢神经系统的病理组织学病变,重点关注大脑和脊髓病变、小脑发育不全以及髓鞘形成不全等情况,先区分属于 A 型 CT 或 B 型 CT,再结合临床症状、病理变化和流行病史等信息,进行进一步判断。也可结合肌肉发生阵发性痉挛的症状做出初诊,直接采用病原学检测方法进行确诊。

2.病原分离鉴定

国际上已有多个实验室利用 SPEV 细胞成功分离或培养出非典型瘟病毒。非典型瘟病毒病原分离可以通过在 SPEV、SK-6、PK-15 等细胞系上接种疑似非典型瘟病毒的组织悬液或血清进行。由于非典型瘟病毒在细胞培养过程中,不产生细胞病变,应结合间接免疫荧光进行检测。

3.病原学检测方法

针对非典型瘟病毒,RT-PCR 是目前最为常用的检测方法之一。已经建立的方法主要以 NS4B 编码区保守区、NS3 编码区保守区等为靶标来设计扩增引物。另外,也建立了荧光定量核酸检测方法,如针对非结构蛋白 NS5B 的基因建立的 APPV 特异性 RT-qPCR 方法。

除此之外,以非典型瘟病毒的 NS3 编码序列片段为靶点设计探针建立的荧光原位杂交技术,可以对福尔马林固定、石蜡包埋的仔猪脑组织中的病毒核酸进行检测和分析。

4.血清学检测技术

非典型瘟病毒血清抗体检测方法主要为 ELISA。包被抗原一般选用重组表达的 E^{rns} 蛋白和 E2 蛋白。

28.3.2 防治

目前，没有治疗非典型瘟病毒的特效方法，也没有针对非典型瘟病毒疫苗。对于本病仅可采取生物安全措施来防止本病进入猪群，如有临床症状，则针对症状进行对症缓解治疗。

(1)防止垂直传播。检查后备母猪有无患该病，若有及时淘汰，同时发过病的仔猪存活后即使没有症状也不能留做后备猪，避免本病通过垂直传播。

(2)加强猪舍的管理。确保清洁猪舍干燥，温度适宜，光照充足；注意猪舍通风，及时将猪舍内产生的有毒有害气体排出猪舍，冬春季节应该做好猪舍防寒保暖工作；注意消毒、灭鼠、杀虫等；及时清理粪污、污水、污物，维持良好的环境避免仔猪应激反应的发生。

(3)加强患病仔猪护理。对一些精神状态良好的患病仔猪给予人工辅助哺乳，可增加仔猪存活率避免患病仔猪由于共济失调吃不上奶，被饿死、踩死。同时，给仔猪注射含钙、含硒的药物，如维丁胶钙、亚硒酸钠。减少各种应激因素对仔猪的刺激，有利于促进其康复。

(4)科学饲喂哺乳期的母猪。适当添加蛋白质、维生素等，以便仔猪可以从母乳中得到足够的营养，提升仔猪的抵抗力。禁止饲喂发霉变质的饲料，可在饲料中添加霉菌毒素吸附剂。此外，对于遗传性类型，仔猪发病后护理得当可以活到成年且症状消失，但仍不能留作种用，以防止在猪群中再次传播此病。

(5)严格检查每一头种猪。发现阳性或是其后代有该病症状的应立即淘汰，防止交配时将病毒传染给母猪。发病康复的仔猪不可留用为后备猪。

(6)对症疗法。对患病的仔猪，可皮下注射硫酸镁来缓解肌肉痉挛，肌注复合维生素 B 注射液，同时饲喂葡萄糖等防止仔猪脱水，以减轻症状和病死率。有研究报道，用盐酸氯丙嗪每次 25 mg 和维丁胶钙每次 1 mL，每天两次，搭配维生素 AD 胶丸每次两粒，每天 3 次，连用一周，同时加强仔猪的护理。

参考文献

Beer M, Wernike K, Dräger C, et al. High prevalence of highly variable atypical porcine pestiviruses found in germany. Transbound Emerg Dis,2017,64:e22-26.

Blomstrom A L, Fossum C, Wallgren P, et al. Viral metagenomic analysis displays the co-infection situation in healthy and PMWS affected pigs. PLoS One,2016,11:e0166863.

De Groof A, Deijs M, Guelen L, et al. Atypical porcine pestivirus: a possible cause of congenital tremor type A-Ⅱ in newborn piglets. Viruses,2016,8:271.

Hause B M, Collin E A, Peddireddi L, et al. Discovery of a novel putative atypical porcine pestivirus in pigs in the USA. J Gen Virol,2015,96:2994-2998.

Huang Y L, Deng M C, Wang F I, et al. The challenges of classical swine fever control: modified live and e2 subunit vaccines. Virus Res,2014,179:1-11.

Lefkowitz E J, Dempsey D M, Hendrickson R C, et al. Virus taxonomy: the database of the international committee on taxonomy of viruses (ICTV). Nucleic Acids Res,2017,4(46):D708-717.

Liu J, Li Z, Ren X, et al. Viral load and histological distribution of atypical porcine pestivirus in different tissues of naturally infected piglets. Arch Virol,2019,164(10):2519-2523.

Possatti F, Headley S A, Leme R A, et al. Viruses associated with congenital tremor and high lethality in piglets. Transbound Emerg Dis,2018,65:331-335.

Postel A, Hansmann F, Baechlein C, et al. Presence of atypical porcine pestivirus (APPV) genomes in newborn piglets correlates with congenital tremor. Sci Rep,2016,6:27735.

Schweizer M, Peterhans E. Pestiviruses. Ann Rev Anim Biosci,2014,2:141-163.

Smith D B, Meyers G, Bukh J, et al. Proposed revision to the taxonomy of the genus pestivirus, family flaviviridae. J Gen Viro,2017,98:2106-2112.

Stenberg H, Jacobson M, Malmberg M. A review of congenital tremor type A-Ⅱ in piglets. Anim Health Res Rev,2020,1-5.DOI:10.1017/s146625232000002x.

Wang F I, Deng M C, Huang Y L, et al. Structures and functions of pestivirus glycoproteins: not simply surface matters. Viruses,2015,7(7):3506-3529.

Xie Y, Wang X, Su D, et al. Detection and genetic characterization of atypical porcine pestivirus in piglets with congenital tremors in southern china. Front Microbiol,2019,10:1406.

Yuan J, Han Z, Li J, et al. Atypical porcine pestivirus as a novel type of pestivirus in pigs in China. Front Microbiol,2017,8:862.

（曹宗喜）

第 29 章 猪流感

本章提要

猪流感是由正黏病毒科流感病毒属的猪流感病毒引起的猪的一种急性、高度接触传染性、群发性呼吸道疾病，主要特征为咳嗽、喷嚏、流涕、体温升高、嗜睡、呼吸困难和食欲下降。猪流感在猪群中的发病率较高，但病死率很低(1%～4%)。猪流感病毒很少感染人，但部分猪流感病毒可感染人，因此，研究猪流感具有一定的公共卫生意义。本章主要针对猪流感的流行现状、临床症状、病理变化及其病原的分类分型、形态结构、复制周期、致病机制和诊断与防治等做一综述，以期对猪流感的防治提供借鉴。

29.1 猪流感概述

猪流感(swine influenza, SI)是猪的一种急性呼吸道传染病，该病一年四季均可流行，临床上发病率高、死亡率低。该病常与胸膜肺炎放线杆菌、副猪嗜血杆菌、猪巴氏杆菌、猪 2 型链球菌、猪呼吸道冠状病毒、猪繁殖与呼吸综合征病毒、猪圆环病毒 2 型、猪瘟病毒、猪伪狂犬病毒等病原造成猪群继发或混合感染，使病情变得复杂，死亡率升高。

29.1.1 流行现状

目前，在全球范围内流行的猪流感病毒(swine influenza virus，SIV)亚型主要为 H1N1、H1N2 和 H3N2。在我国，SIV 的流行情况复杂，已先后在猪群中分离到 H1N1、H1N2、H3N2、H5N1、H6N6 和 H9N2 等 SIV(Yang et al.，2016)。其中 H1N1 亚型 SIV 又分为经典型、类禽型和类人型三个基因型，H3N2 亚型 SIV 分为类人型、类禽型、猪-人双重配型和猪-人-禽三重配型等。尤其是大流行 2009/H1N 病传入猪群之后，该病毒与猪群中早期流行的各个亚型病毒持续发生重组，使得 ISIV 的基因型变得更加的复杂多样性。

29.1.2 临床症状

不同品种、不同性别、各个日龄的猪都能够感染发病。该病全年任何季节都能够发生，其中在冬春季节的发病率相对较高。猪受到外界不良刺激，如长距离运输、饲养环境不良等，都会产生应激导致机体的免疫力降低，此时更易发病。另外，猪感染后，病毒可在呼吸道黏膜处长时间滞留，在打喷嚏时就会排至体外，通过空气传播该病。

该病具有非常短的潜伏期，从几小时至几天不等。病猪初期体温会急剧升高，往往可达到 40.3～41.5 ℃，食欲减退或者完全废绝，机体非常虚弱，甚至虚脱，往往卧地。呼吸加快，通常呈腹式呼吸，并伴有阵发性咳嗽。鼻会有黏液流出，有时鼻分泌物混杂血液。病猪相互挤卧在一处，不易移动，触摸发现肌肉僵硬，并伴有疼痛，呼吸顿挫，膈肌痉挛，即所谓的打嗝儿。如果出现继发感染或混合感染，会促使病情加重，常见肠炎或者纤维素性出血性肺炎。妊娠母猪感染病毒后，所产的后代仔猪在出生 2～5 d 就会出现严重发病，部分在哺乳期或者断奶前后发生死亡。

29.1.3 病理变化

SI 的病理变化主要在呼吸器官。鼻、咽、喉、气管和支气管的黏膜充血、肿胀，表面覆有黏稠的液体，小支气管和细支气管内充满泡沫样渗出液。胸腔、心包腔蓄积大量混有纤维素的浆液。肺脏的病变常发生于尖叶、心叶、中间叶、膈叶的背部与基底部，与周围组织有明显的界线，颜色由红至紫，塌陷、坚实，韧度似皮革，脾脏肿大，颈部淋巴结、纵隔淋巴结、支气管淋巴结肿大多汁。

29.2 猪流感病毒

29.2.1 分类及分型

猪流感病毒(swine influenza virus，SIV)属于正黏病毒科(*Orthomyxoviridae*)流感病毒属的 A 型流感病毒。正黏病毒科有流感病毒属(包括 A 型、B 型、C 型、D 型流感病毒)，还包括托高土病毒属(*Thogotovirus*)、*Quaranjavirus* 属和 *Isavirus* 属 infection almon anemia virus (ISAV)(Krammer et al.，2015；Peng et al.，2017)。目前，在世界范围内流行的 SIV 主要有 H1N1、H3N2 和 H1N2 等三个亚型。依据基因组成不同，H1N1 亚型 SIV 又分为经典猪 H1N1(classical swine H1N1，CS-H1N1)、欧亚类禽 H1N1 (eurasian avian-like H1N1，EA-H1N1)和类人 H1N1(human-like H1N1)(Qiao et al.，2014)。

29.2.2 基因组

SIV 属于单股负链 RNA 病毒，基因组大约为 13.6 kb，由大小不等的 8 个独立节段组成。全部的基因节段中，5′端前 13 个核苷酸都相似，序列为 GGAACAAAGAUGAppp5′，3′端 12 个核苷酸也高度保守，其序列为 HO-UCGU(C)UUUCGUCC-。每个基因片段靠近 5′端 15～21 核苷酸处有一保守区，形成 poly(U)，这一保守区在病毒 RNA 合成时产生 poly(A)的信号，而 cRNA 则没有 poly(U)结构，这也是区分 rRNA 和 cRNA 的标志。病毒基因组的 8 个基因片段，现已明确编码 8 种以上蛋白，分别为 PB2、PB1、PA、HA、NP、NA、M 和 NS 等(Urbaniak et al.，2014)。

29.2.3 形态及结构

电镜下，典型的 SIV 一般呈球形，在初代分离时也可呈现细丝状，丝状体长短不一，长度可达数微米。病毒直径为 80～120 nm，平均为 100 nm 左右。病毒具有囊膜，由脂质双层膜、糖蛋白突起和基质蛋白组成。囊膜表面有许多放射状排列的突起，即纤突和刺突，其长度为

12～14 nm。这些突起分为两类，分别由血凝素（HA）分子三聚体和神经氨酸酶（NA）分子四聚体构成，二者在囊膜上的比例约为 15∶4。病毒粒子的中心还有一直径 40～60 nm的高电子密度的锥状核心，即由病毒的核酸构成的芯髓（Chen et al.，2004）。

29.2.4 复制周期

流感病毒基因组复制经历两个步骤：一以 vRNA 为模板合成与其互补的全长 cRNA（+RNA）；二是以+RNA 为模板合成子代负链 RNA，即 vRNA。cRNA 是 vRNA 的完全转录物，5′末端为 pppA，而 3′末端没有 poly（A），mRNA 的合成不需要病毒蛋白即可进行，而 cRNA 必须在有功能性病毒蛋白合成后才能进行，因此其合成出现的时间比 mRNA 晚。cRNA 合成所需的酶是聚合酶复合物，但病毒的某些蛋白（如 NSl、NS2 和 M2）也参与这一转录过程。由于流感病毒基因组 8 个片段的末端序列都相同，cRNA 的转录既不需要帽子结构也没有引物的参与，转录酶识别每个片段的机会是均等的，故每个片段转录 cRNA 的速率都相同。在 cRNA 合成后，其作为模板在转录酶复合物的催化下忠实地合成出子代病毒 vRNA。一个复制周期约 8 h。

29.2.5 致病机制

SIV 传染的高峰时间发生在最初的 48 h 内。SIV 常通过猪与猪之间的直接接触、空气接触以及诸如分类板、加工车辆和设备等受污染物体传播。

这种病毒通常在生产的各个阶段都会感染猪，任何年龄的猪都易受感染。尤其是在早期，当猪断奶时，由于母体抗体下降，容易将疾病传播给仔猪。此外，由于 SIV 感染通常是亚临床感染或合并感染，所以不容易被检测到。病毒不仅能迅速传播，而且具有变异和形成新毒株的能力。

SIV 有两种传播方式，一种类型是横向传播或猪群传播。横向传播是从一个猪群到另一个猪群的传播。两个猪群间的距离可能超过半英里，从来没有真正接触过对方。在猪群密集地区，各个猪群相距很近，SIV 呈阴性，这意味着它们没有感染 SIV，也没有任何疾病的临床迹象。然而由于气溶胶是可以传播的，它们很有可能遭到附近猪群的横向感染。另一种类型是猪群内部传播，当母猪 SIV 呈阳性时，将病毒在产房排出，猪群中的其他母猪通过直接接触的方式遭到感染。研究表明，SIV 可以长期处于产房中，并可在猪和猪之间持续传播。

由于 SIV 具有较强的传播性，不但会直接感染还会交叉感染（Rahn et al.，2015），因此应加强饲养管理及安全防护，避免病猪与其他家禽或人类接触，以降低发病率及感染率，减少损失。

29.3 诊断及防治

29.3.1 诊断

临床上可根据 SI 的流行病学、临床症状和病理变化做出初步诊断，尤其是由于该病常与猪传染性胸膜肺炎等细菌病以及猪繁殖与呼吸障碍综合征等病毒病出现混合感染，因此需与其他疾病进行鉴别诊断，确诊仍需要进一步的实验室诊断。实验室诊断可分为直接(抗原)的和间接(抗体)的检测。抗原检测主要是通过采集生前的鼻腔棉拭子、收集鼻腔分泌物或口水等，死后样本则可以采集肺脏、气管等进行检测。对上述采集样本可以进行病毒分离或者进行反转录聚合酶链反应(RT-PCR)、实时荧光 RT-PCR 等方法特异性检测病毒核酸。

29.3.2 防治

1.疫苗研究及使用

SI 灭活疫苗能有效保护断奶仔猪和种猪，使发病率降低 30%～70%，使死亡率降低 60%～87%。在欧美多个国家，SI 灭活疫苗已实现了商品化供应，主要有 H1N1 亚型和 H3N2 亚型单价或双价灭活疫苗，多为油佐剂疫苗，灭活剂一般采用甲醛或 β-丙内酯(BPL)。在国内，现有 SI H1N1 亚型灭活疫苗(TJ 株)、SI H1N1 和 H3N2 二价灭活疫苗(华感建)、SI 二价灭活疫苗(H1N1 DBN-HB2 株+H3N2 DBN-HN3 株)三种。SIV 灭活疫苗具有安全、高效、生产成本低、有效抗体持续期长等优点，但也存在抗体产生速度较慢、诱导细胞免疫的能力弱、应激反应强等不足，并可能导致疫苗相关呼吸道疾病(VAERD)的发生。

亚单位疫苗是通过物理化学方法或基因工程手段获取病原体主要免疫原蛋白而制成的一种疫苗，可以制成多价、多联疫苗。流感亚单位疫苗的研制主要应用杆状表达系统、植物生物器表达系统和甲病毒复制子载体等。应用甲病毒复制子载体表达了 H3N2 亚型 SIV HA 基因，进行了猪体疫苗免疫效果评估，结果显示免疫猪只能够有效激发体液免疫和细胞免疫(Vander et al.,2012)。

SIV 活载体疫苗方面，常用的载体有人 5 型腺病毒载体、犬 2 型腺病毒载体、猪伪狂犬病病毒(PRV)载体等(Thacker et al.,2008)。以腺病毒载体疫苗为例，表达 H3N2 亚型 SIV HA 基因与 NP 基因的重组腺病毒的联合免疫能够缩短病程(Wesley et al.,2004)，并且能够克服母源抗体的干扰(Wesley et al.,2006)。应用重组质粒 pCAGGS-HA/重组腺病毒 rAd5-avH1HA 联合免疫，可为免疫小鼠提供抵抗同源和异源 H1N1 亚型流感病毒感染的有效保护(Wu et al.,2017)。应用表达了 H1N1 亚型 SIV HA 蛋白的伪狂犬病毒载体疫苗株免疫，能有效提高猪群抗体水平，对猪群有明显保护作用(Klingbeil et al.,2014)。活载体重组疫苗具有生产工艺简单且条件易于控制、抗体产生迅速、免疫期维持期长等优点。

核酸疫苗是指采用基因转移技术，将带有抗原基因的重组质粒导入动物细胞，在宿主细胞内表达出抗原蛋白。核酸疫苗可以携带多个抗原基因，对动物起到多重保护效果。应用真核表达载体 pCAGGS 表达 A/swine/Zhejiang/245/2013(H1N1)的 HA 基因，将所获重组质粒经肌注途径免疫小鼠，结果小鼠能够完全抵抗同源 A/swine/Zhejiang/245/2013 的感染及部分抵御异源 A/swine/Heilongjiang/44/2009(H1N1)感染(贾云慧等,2019)。

适时给猪群免疫接种疫苗是预防该病的最有效措施，现在常使用灭活疫苗，其中含有 H1N1 和 H3N2。需要注意的是，不同 SI 疫苗都具有特异性，即使用 H1N1 和 H3N2 疫苗不能够预防 H1N1 亚型 SI 的发生。因此，在不同养猪地区要分离当地病毒来制成灭活疫苗，适时给猪群进行免疫注射，预防效果较好(Ma and Richt,2010)。

2.抗病毒药物治疗

该病暴发时，病猪主要采取支持疗法、解热镇痛，避免继发感染。病猪可肌肉注射 5～

10 mL 复方氨基比林注射液、20 万 IU 青霉素，每天 2 次；同时在饮水或者饲料中加入替米考星(使用 75 mg/kg)和阿司匹林(使用 100 mg/kg)，连续使用 5～7 d。

对于症状严重的病猪，可按体重肌肉注射 0.2～0.5 mL/kg 清开灵注射液和盐酸林可霉素注射液，二者混合使用，每天 1 次，连续使用 3 d。

3.严格封闭管理

猪场要采取封闭式管理，不允许外来车辆、非管理人员等随意出入，禁止参观，这样不仅能够避免惊扰猪群，还可避免带入病毒。猪群加强检疫，对于疑似感染流感病毒的猪要尽快采取隔离诊治。加强日常护理，定期或者不定期进行组织血清学检查，以便及时了解猪群的免疫水平，并据此采取针对性的防疫措施。如果猪场条件允许，建议建立 SI 预报机制，以有效防病。

保持猪舍环境卫生良好，工作人员要确保猪舍干净、整洁，避免病毒滋生。特别是春初、秋冬季节交替时，更要加强猪舍管理，及时维修门窗，并填塞室内较大的缝隙，同时对易感猪群要采取有效的保护措施。如果舍内温度较低，应尽快加以保暖，并使用空调、保温灯等来调节温度。另外，要适当通风排气，保证舍内空气流通。

猪场最好采取自繁自养，逐渐培育本场的自繁种群。如果必须进行引种，要严格检疫种源，确认健康无病患后才可引进。对于引进的种猪，要采取早期隔离，不定期进行检疫，确认健康无病后才可考虑混群饲养。

病死猪的无害化处理也是防控 SI 疾病过程中的一个重要环节，如果病死猪处理方法不当，可能会导致其他猪感染，从而影响猪群的健康成长。对于病死猪尸体，禁止转运、出售、屠宰、食用，必须进行无害化处理，通常采取焚烧或者深埋。

参考文献

贾云慧，许程志，隋金钰，等.欧亚类禽型 H1N1 猪流感病毒 HA 蛋白的表达及免疫原性评估.中国农业科学，2019，52(5)：930-938.

Chen G W, Yang C C, Tsao K C, et al. Influenza A virus PB1-F2 gene in recent Taiwanese isolates. Emerg Infect Dis, 2004, 10(4): 630-636.

Klingbeil K, Lange E, Teifke J P, et al. Immunization of pigs with an attenuated pseudorabies virus recombinant expressing the haemagglutinin of pandemic swine origin H1N1 influenza A virus. J Gen Virol, 2014, 95(Pt 4): 948-959.

Krammer F, Palese P. Advanves in the development of influenza virus vaccines. Nat Rev Drug Discov, 2015, 14(4): 167-182.

Ma W, Richt J A. Swine influenza vaccines: current status and future perspectives. Anim Health Res Rev, 2010, 11(1): 81-96.

Peng R, Zhang S, Cui Y, et al. Structures of human-infecting Thogotovirus fusogens support a common ancestor with insect baculovirus. Proc Natl Acad Sci USA, 2017, 114(42): e8905-8912.

Qiao C, Liu L, Yang H, et al. Novel triple reassortant H1N2 influenza viruses bearing six internal genes of the pandemic 2009/H1N1 influenza virus were detected in pigs in China. J Clin Virol, 2014, 61(4): 529-534.

Rahn J, Hoffmann D, Harder T C, et al. Vaccines against influenza A viruses in poultry and swine: status and future developments. Vaccine,2015,33(21):2414-2424.

Thacker E, Janke B. Swine influenza virus: zoonotic potential and vaccination strategies for the control of avian and swine influenzas. J Infect Dis 197 Suppl,2008,1:S19-24.

Urbaniak K, Markowska-Daniel I. In vivo reassortment of influenza viruses. Acta Biochim Pol,2014,61(3):427-431.

Vander V R, Loynachan A T, Mogler M A, et al. Safety, immunogenicity, and efficacy of an alphavirus replicon-based swine influenza virus hemagglutinin vaccine. Vaccine,2012,30(11):1944-1950.

Wesley R D, Lager K M. Overcoming maternal antibody interference by vaccination with human adenovirus 5 recombinant viruses expressing the hemagglutinin and the nucleoprotein of swine influenza virus. Vet Microbiol,2006,118(1-2):67-75.

Wesley R D, Tang M, Lager K M. Protection of weaned pigs by vaccination with human adenovirus 5 recombinant viruses expressing the hemagglutinin and the nucleoprotein of H3N2 swine influenza virus. Vaccine,2004,22(25-26):3427-3434.

Wu Y, Yang D, Xu B, et al. Immune efficacy of an adenoviral vector-based swine influenza vaccine against antigenically distinct H1N1 strains in mice. Antiviral Res,2017,147:29-36.

Yang H, Chen Y, Qiao C, et al. Prevalence, genetics, and transmissibility in ferrets of eurasian avian-like H1N1 swine influenza viruses. Proc Natl AcadSci USA,2016,113(2):392-397.

（丛郢颖,乔传玲）

第30章 猪水疱性口炎

本章提要

猪水疱性口炎是由水疱性口炎病毒感染引起的高度接触传染性的疾病。感染猪临床症状主要表现在以舌部、唇部、口腔黏膜和蹄冠等处的上皮组织发生水疱性炎症。该病主要呈地方性流行，为世界动物卫生组织（WOAH）必须通报的动物传染病之一。本文主要针对水疱性口炎病毒的病原、分子生物学、致病机制和防控策略做一综述，以期对猪水疱性口炎的防治提供借鉴。

30.1 猪水疱性口炎概述

猪水疱性口炎（vesicular stomatitis，VS）是由水疱性口炎病毒（vesicular stomatitis virus，VSV）感染猪引起的高度接触传染性的病毒性疾病。感染猪的临床症状主要表现在以舌部、唇部、口腔黏膜和蹄冠等处的上皮组织发生水疱性炎症。VS一般呈地方性流行，也可能在多个国家出现，该病的临床表现与猪口蹄疫（FMD）、猪水疱性疹（SVES）和猪水疱病（SVD）等疫病难以区别（Letchworth，1999）。

30.1.1 流行现状

早在19世纪初，该病就在美国东部暴发过，被称作"舌溃疡"。到了1916年，VSV从北美洲传到了欧洲并引起了地方大面积流行。使该病在美洲、欧洲、非洲及亚洲等多个国家和地区引起猪、马、牛群发病，造成惨重经济损失。我国于2009年已有该病的报道，该病主要随着进境商品传入中国，造成国内大量的牲畜感染而死亡，给养猪业带来了严重的影响。

30.1.2 临床症状

该病潜伏期一般3～4 d。猪患该病时，体温先升高，一般可达40.5～41.6 ℃，同时在口腔、舌、牙床、唇和鼻端出现水疱，有时蹄部也出现水疱。由于水疱很容易破裂，所以水疱期非常短暂，随后表皮脱落，只留下糜烂和溃疡，体温也在几天内恢复正常。在没有并发症的情况下，该病病程较短，1～2周内就可康复，一般恢复良好，不留疤痕和其他永久损伤。在继发感染的情况下，会延长该病的康复时间，导致体温升高可持续1周或更长时间，病猪康复后，具有一定程度的免疫力，在血液中会长期存在抗体和补体结合抗体。当蹄部病变继发感染或病变严重时，可导致蹄壳脱落露出鲜红出血面，并出现明显的跛行，有时还可引起轻微食欲减退和精神沉郁。

30.1.3 病理变化

该病的剖检变化并不明显，主要通过组织学检查。病变始于棘细胞层上皮，细胞间桥上和细胞间隙扩张形成海绵样腔，使细胞变小并彼此分离，腔内充满液体，随着腔的融合而形成水疱。在水疱中有以细胞质破碎的感染细胞、外渗的红细胞和嗜中性白细胞为主的炎症细胞。病变可累积到基底层细胞和真皮层上部，呈水肿和炎性变化。在水疱破裂后，存留的基底层再生上皮会向中心生长，最后修复。镜检观察可见棘细胞间水肿，棘细胞中层细胞坏死。坏死细胞细胞质呈强嗜酸性，核浓缩。在黏膜上部的水肿区，特别是坏死区可见炎性细胞浸润。细胞超微结构病变观察可见：受害的角质细胞含有很多桥粒，细胞质内出现空泡，细胞质中张力原纤维减少，胞膜变厚，细胞质皱缩，细胞质间桥粒明显，常见球形或三角形细胞质碎块以桥粒与包膜相连，在游离角化细胞周围有嗜中性白细胞、细胞碎屑和液体围绕。

30.2 猪水疱性口炎病毒

30.2.1 分类及分型

水疱性口炎病毒为弹状病毒科（*Rhabdoviridae*）水疱病毒属（*Vesiculovirus*）的成员，是一种单股负链 RNA 病毒，RNA 本身并无感染性。应用中和试验和补体结合试验，可将 VSV 分为两个血清型，即新泽西型[New Jersey（NJ），初次分离鉴定于 1926 年]和印第安纳型[Indiana（IN），初次分离鉴定于 1925 年]，2 个血清型病毒不存在交叉免疫保护，两者又分别细分为 3 个亚型。新泽西 3 个基本亚型，在美国和墨西哥地区流行的毒株大多属于新泽西 1 亚型；来自萨尔瓦多和洪都拉斯等的毒株属于新泽西 2 亚型；来自尼加拉瓜和巴拿马的毒株属于新泽西 3 亚型。印第安纳 3 个亚型的分离主要来自牛、马、猪、昆虫和人等毒株。

30.2.2 基因组

VSV 的基因组为单股负链 RNA，全长 11.1 kb，基因组的结构为 3′-UTR-NP-M-G-L-UTR-5′，基因组编码的结构蛋白为 N、P、M、G 和 L（Bar，2001）。VSV 基因组的非编码区和基因间隔区从 5′到 3′序列通常较短，5′端非编码区长度为 59 个核苷酸，富含 A 碱基，3′端非编码区有 47 或 48 个核苷酸，各个基因之间的间隔为 2～3 个核苷酸，并且在基因间隔区的周围序列的同源性较高。

VSV 的 N 蛋白是病毒主要的核衣壳蛋白，它是病毒特异性的抗原，在弹状病毒属中，它与其他的病毒没有交叉反应性，不能产生中和抗体。VS 中的两个血清型中的 N 蛋白同源性为 68.7%。在病毒感染过程中，其 N 蛋白以单体、多聚体和与 P 蛋白结合 3 种形式存在。三种主要结构蛋白中，L 蛋白的分子质量最大，主要是因为 L 蛋白具有激酶活性，可以促进 P 蛋白的丝氨酸高度磷酸化。P 蛋白磷酸化程度与转录活性有关。L 和 P 蛋白共同组成 RNA 复制依赖的 RNA 聚合酶。N 蛋白与 RNA 一起形成 N 蛋白-RNA（RNP）核心复合物。形成的复合物与L蛋白及NS蛋白联合作用，共同构成转录复合体，具有转录活性和感染性。M蛋白由229个氨基酸构成，呈强碱性。M蛋白既可以与G蛋白结合形成三聚体，也可以结合在核衣壳上，在病毒囊膜糖蛋白和衣壳蛋白之间起到桥接作用(Kopecky，1997)。在M蛋白的20～35位氨基酸之间，含有Ser和Thr残基，这些氨基酸残基可以产生磷酸化，但M蛋白产生磷酸化修饰的功能仍不清楚。

30.2.3 形态及结构

病毒粒子呈子弹状或圆柱状，即一端呈圆弧形，而另一端平坦，纯化后的粒子呈明显的圆筒状。VSV病毒粒子大小约为176 nm×69 nm，分子质量约为65.6×10^3 kDa。通过电镜下观察可以看出，病毒粒子表面具有囊膜结构。病毒粒子内部的核衣壳呈密集卷曲的螺旋状结构。其外径约49 nm，内径约29 nm。另外，在电镜下常可以看到T型结构，T型结构内含有正常病毒粒子的全部结构蛋白，但没有转录酶活性，其RNA含量只占到正常含量的1/3左右。

30.2.4 致病机制

该病的发生具有明显的季节性，多见于夏季及秋初。病畜及患病的野生动物是该病的传染源，病毒从水疱液和唾液中排出，散播传染。该病扩散速度并不像口蹄疫快，主要经损伤的皮肤黏膜和消化道侵入机体。具体传播方式有：一是通过损伤的皮肤和黏膜(Hansen，1985)。水疱液和唾液中带有病毒，水疱形成前96h就可从唾液排出病毒而进行散播传染。VSV经伤口直接侵入上皮组织，增殖后通过血液循环到达其他易感部位而产生病变，其中，口腔黏膜的磨损被认为是接触传播的重要方面。尽管VSV可通过皮肤破损处的摩擦接触而感染，但感染并不能发生于上皮细胞完好的部位。二是通过双翅目的昆虫为媒介传播。节肢动物作为媒介，对易感动物进行叮咬来传播病毒，该传播方式波及范围很广(Fenner，1993)。三是通过呼吸道传播。能以气溶胶的形式，通过吸入而感染动物，但不引起典型的损伤症状。四是消化道。猪采食了被污染的饲料和饮水，VSV就可经口进入消化道，通过消化道上皮和黏膜侵入，经血液循环到达易感部位。

30.3 诊断及防治

初步诊断应该主要依据发病季节(夏季温度高时)，发病率和病死率低，以及在病畜的舌面、唇部黏膜上发生水疱及流涎的特征性症状。该病与猪口蹄疫、猪水疱病、猪水疱性疹极相似，仅仅通过上述的方法来鉴别该病还不够，必须结合实验室诊断方法才能确诊。

30.3.1 诊断

1.血清学

(1)中和试验(NT) 该方法不但可以用来检测VSV抗原或抗体，而且可以对病毒进行定性；但用于急性感染和早期诊断时，其敏感性会有所下降。尽管组织培养物、未断乳的小鼠和鸡胚都能做中和试验，但动物中和试验较少用。该试验要求严格无菌操作，需活的病毒及细胞培养，耗费时间较长，操作复杂。

(2)酶联免疫吸附试验(ELISA) 间接夹心 ELISA(ISELISA)是目前 VSV 和其他水疱病病毒血清型鉴定最广泛选用的诊断方法，也是国际贸易指定的抗原检测试验。用 IN 血清型 3 个亚型代表株的病毒颗粒制备的一套多价兔/豚鼠抗血清的 ELISA 方法，可以鉴定 VS 病毒 IN 血清型的所有毒株；对于 VSV NJ 毒株的检测，可利用单价兔/豚鼠抗血清试剂盒。除此之外，还有竞争 ELISA(CELISA)、液相阻断 ELISA (LP-ELISA)、间接 ELISA(IELISA)和 IgM 捕捉 ELISA(MC-ELISA)。

(3)补体结合试验(CFT) 可用于早期抗体的定量，一般在感染后 5～8 d 就能检测到抗体。该方法也是国际贸易中进行 VSV 检测的指定方法之一，当得不到 ELISA 试剂时，可进行 CFT。补体结合试验参与反应的成分多，影响因素复杂，操作步骤烦琐。猪血清在灭活后通常仍会有前补体物质存在，从而限制了 CF 在其检测中的应用，所以必须要有充足的正常猪血清对照以排除对 CF 试验结果的干扰。

2.病原学

采集感染动物的水疱液、未破裂或新破裂的水疱上皮、伤口的黏液或者血清、猪的咽喉拭子。鉴定方法：①细胞培养。VSV 可在多种脊椎动物细胞上生长，很快引起明显的细胞病变(CPE)，18～24 h 即可引起细胞快速圆缩、脱落，而感染昆虫细胞则引起持续性感染，无 CPE，可用非洲绿猴肾细胞(VERO)、幼仓鼠肾细胞(BHK-21)和 IB-RS-2 细胞培养物进行鉴别诊断 VSV，在这 3 个细胞系中均能产生细胞病变效应(CPE)。口蹄疫病毒(FMDV)只能在 BHK-21 和 IB-RS-2 产生 CPE，猪水疱病病毒(SVDV)只能在 IB-RS-2 产生 CPE。其他细胞系以及一些动物器官的原代细胞培养物，对 VSV 也有敏感性。②动物接种。猪接种于蹄的冠状带或口鼻部，而马和牛多在舌皮内接种，接种后 2～4 d，可在嘴、乳头和蹄部的上皮组织见到水疱性损害，但接种于牛肌肉内则不发病。通过 8～10 日龄鸡胚的尿囊膜对 2～7 日龄未断乳小鼠的任何途径接种或 3 周龄小鼠的脑内接种，皆能使 VSV 增殖分离出来，被接种动物会在 2～5 d 内死亡。还可以通过乳鼠和乳兔接种试验来鉴别 VSV、FMDV、SVDV 和 VEV 这 4 种病毒。VSV 接种于 2 日龄和 7～9 日龄乳鼠及乳兔的试验表明，乳兔不发病，乳鼠均发病；FMDV 用病料接种 2 日龄和 7～9 日龄乳鼠及乳兔均发病；SVDV 接种 2 日龄和 7～9 日龄乳鼠及乳兔，7～9 日龄乳鼠不发病，其余均发病；VE 用病料接种 2 日龄和 7～9 日龄乳鼠及乳兔均不发病。

RT-PCR 技术：RT-PCR 是近年来发展起来的一种快速诊断技术，具有快速(可在 1 d 内完成)、准确、安全、重复性较好等优点，特别适合没有 VSV 的国家和地区的口岸检疫。该方法是首先对 VSV 基因组中的某些小片段进行扩增，然后再被用来检测组织、水疱液样品和细胞培养物中 VSV 的 RNA。检测临床样品是比病毒分离或补体结合试验更敏感、更快速的方法，但不能确定是否有病毒感染，故不作为筛检 VSV 病例的常规方法。该方法与其他方法相互结合又产生了许多新检测技术，如半巢式 PCR(Hofner，1994)、RT-PCR-ELISA、实时荧光定量 RT-PCR 和多重 RT-PCR 技术等。

30.3.2 防治

VSV 具有高度感染性和变异性，多种动物对该病毒均易感，该病极易全球化。为了保障我国畜牧业的健康发展和日常公共卫生安全，预先做好对VS的防治工作非常关键。

杀灭蚊虫和定期消毒。VS一个重要的传播途径就是通过蚊虫，如白蛉、蚊子、蠓等节肢动物叮咬进行传播，因此杀灭这些媒介昆虫和防止它们的出现，对预防VS具有重要的意义。在夏秋温暖季节，猪群晚上睡眠时，最好给动物提供遮蔽物或者让其进入卫生的厩舍。定期对猪舍进行消毒，防止蚊虫的滋生。很多化合物被有效地用于灭活VSV，所以可以用作消毒剂，例如50%次氯酸钙、10%氯化苯甲烃铵、煤酚皂、福尔马林、六氯酚、季铵盐、漂白粉等。

应注意改善猪舍条件，特别要排除或避免容易使猪的吻突或蹄的表皮造成擦伤和伤害的物品或地面，以防止病毒的侵入。在流行地区若发现有牛或马发生感染，则应将猪与其隔开。如病情较轻又无并发症时，只需采取保守疗法，即饲喂软的食物，口腔黏膜有糜烂和溃疡时，可撒布硼酸粉或涂擦甘油。

30.3.3 疫苗研究

目前，对病猪尚无特异性治疗方法，同时研究VS的疫苗方面较少，除国外有报道研制出了VSV的灭活疫苗和弱毒疫苗外，对核酸疫苗、亚单位疫苗等新型疫苗方面的研究很少。

30.3.4 其他措施

除常规地严密消毒、认真检疫外，在发生过该病的地区可接种疫苗预防。一旦发生，应按国家指令进行隔离、消毒，或施以捕杀处理等措施尽快扑灭本病。

参考文献

Bar J N, Wertz G W. Polymerase slippage at vesicular stomatitis virus gene junctions to generate poly (A) is regulated by the upstream tetranucleotide, implication for the mechanism of transcription termination.J Virol,2001,75(15):6901-6913.

Fenner F J, Gibbs E P J, Murphy F A, et al. Rhabdoviridae. Veterinary Virology. San Dieg:Academic Press,1993.

Hansen D E, Thurmond M C, Thorburn M. Factor associated with the spread of clinical vesicular stomatitis in California dairy cattle. A M J Vet Res,1985,46(4):789-795.

Hofner M C, Carpenter W C, Ferris N P, et al. A hemi-nested PCR assay for the detection and identification of vesicular stomatitis virus nucleic acid.J Virol Methods,1994,50:11-20.

Kopecky S A, Willingham M C, Lyles D S. Protein and another viral component contribute to induction of apoptosis in cells infected with VSV. J Virol,1997,75(24):12168-12181.

Letchworth G J, Rodriguez L L, Delcbarrera J. Vesicular stomtitis. Cet J,1999,157(3):239-260.

（魏丽丽，王靖飞）

第31章 蓝眼病

本章提要

蓝眼病是由猪腮腺炎病毒引起的一种主要危害新生仔猪和哺乳仔猪的疾病，其主要临床症状表现为脑炎、肺炎及角膜混浊等。由于角膜混浊而导致瞳孔呈淡蓝色，故名蓝眼病。本章主要针对猪蓝眼病的流行病学、病原学以及防治手段等进行描述，为该病的防控提供参考依据。

31.1 蓝眼病概述

蓝眼病(blue eye disease，BED)是于20世纪80年代在墨西哥发现的一种猪传染病，发病猪主要表现出脑炎、肺炎、繁殖障碍以及角膜混浊等临床症状。出现角膜混浊的猪其瞳孔呈现出淡蓝色的临床表现，因此将该病称为"蓝眼病"。随后经病原学研究，确定该病为副黏病毒感染引起。除墨西哥之外，世界其他地区没有BED发生的报道。

31.1.1 流行现状

1980年，BED在墨西哥中部的一个大型养猪场首次发生(Stephan et al.，1988)，随后迅速扩散到11个其他州或地区，成为给养猪业造成严重损失的重要疾病。在首次暴发时，疾病主要在未断奶的30 d以内仔猪中流行。在1983年之后，该病开始引起年龄较大的猪发病，并导致成年母猪及公猪繁殖障碍。在1990年之后，很少有该病暴发或流行的报道。

31.1.2 临床症状

哺乳仔猪(2～15 d)是受BED影响最大的群体。在发病后，出现神经系统症状以及高致死率是最为明显的临床表现。发病初期的症状包括：发热、被毛粗乱、弓背，有时伴有肠道疾病临床症状(便秘和腹泻)；随后出现呼吸系统及神经系统症状，主要表现为运动失调、虚弱强直(常见于后肢)、肌肉震颤、体位异常(如犬坐样)等。患病猪若可以正常走动则一般无厌食现象出现，有些病猪在被驱赶时异常兴奋，尖叫及走路摇摆。患病猪眼部出现的症状包括：失明、眼球震颤、瞳孔散大以及色素沉着，并伴有眼睑水肿和流泪、眼睑紧闭、有分泌物等。有1%～10%感染猪呈单侧或双侧性角膜混浊，外观呈蓝色。通常情况下，仅有角膜混浊而无其他症状的患猪可以自愈。疾病暴发初期患病的仔猪在48 h内死亡，中后期出现的病例死亡日期延长至4～6 d。BED暴发期所生产的仔猪，同窝仔猪的感染率为20%～65%，感染仔猪的发病率为20%～50%，死亡率达87%～90%。

断奶仔猪患病时，引起的神经系统症状和死亡相对少见，但是非神经系统症状则较为普遍，包括发热、厌食，以及出现呼吸系统症状。也有育肥猪及成年猪出现神经症状以及致死的情况。

BED引起的繁殖障碍也是其常见的临床表现之一。后备母猪和其他成年猪偶见角膜混浊，怀孕母猪的繁殖障碍可持续数月(多数为4个月)。发病期间，孕猪返情率增加，产仔率低，死胎和木乃伊胎的概率增加。虽然流产并不是该病的主要临床症状，但在急性暴发期间，一些母猪有流产的现象。公猪一般不表现临床症状，有些种公猪单侧性睾丸增大，14%～40%的公猪繁殖力降低，睾丸萎缩并伴有附睾硬化。

31.1.3 病理变化

仔猪感染常见肺心叶的腹侧部有轻度的间质性肺炎；胃肠以及膀胱扩张；腹腔积有少量混有纤维素样的液体；脑充血、脊液增多；常见单侧性结膜炎、结膜水肿和不同程度的角膜混浊。偶有发现心包和肾脏出血现象。妊娠母猪胎盘和子宫内膜局部有充血，有胎儿发育不良、脱水、木乃伊胎等现象。公猪发生睾丸肿胀和附睾炎，由于水肿，导致睾丸体积增大、质量增加。睾丸炎及附睾炎常见于疾病的早期，疾病后期伴有附睾颗粒化的睾丸萎缩，睾丸或附睾偶见出血变化。

感染猪的组织学变化包括：感染动物丘脑、中脑和大脑灰质呈非化脓性脑炎变化，特征为多发性、散发性神经胶质细胞增生，淋巴细胞、浆细胞和组织细胞形成血管神经套；神经元坏死；脑膜炎和脉络膜炎；神经元内有细胞质包涵体出现。肺脏存在散在间质性肺炎，间质增厚伴有单核细胞渗出。眼部病变主要特征为角膜水肿和房前色素层炎；在虹膜、角膜内皮中有中性粒细胞、巨噬细胞和单核细胞浸润。感染公猪睾丸变形，发生上皮坏死，间质细胞增生，单核细胞浸润，纤维化；附睾表现为形成囊泡，上皮细胞纤毛缺失，上皮破裂，单核细胞大量渗出。

31.2 蓝眼病病毒

31.2.1 分类及分型

蓝眼病是由猪腮腺炎病毒(porcine rubulavirus，PoRV)感染引起的(Lamb et al.，2005)。猪腮腺炎病毒也被称为La pidedad michoacan病毒(LMPV)，来源于最早发现该病流行的地区名称。PoRV属副黏病毒科(*Paramyxoviridae*)腮腺炎病毒属(*Rubulavirus*)。目前的研究认为PoRV来源于果蝠，和分离于巴西的果蝠病毒*Mapuera*有很高的同源性。

根据PoRV的血凝素-神经氨酸酶(HN)基因的同源性，将该病毒分为5个不同的基因亚群。由于HN与病毒的毒力有关，HN氨基酸序列的差异会导致病毒致病性出现变化。基因Ⅰ型有两个分离株LPMV和PAC4/1993。基因Ⅱ型包括PAC6～PAC9，这些毒株均可在育肥猪及成年猪引起神经系统症状。基因Ⅲ型包括PAC6/2001、PAC7/200，PAC8/2002和PAC9/2003。基因Ⅳ型包括CⅠ/1991、CⅡ/1991和CⅢ/1999。基因Ⅴ型包括CⅣ/1999。

31.2.2 基因组

PoRV基因组为一个单股负链RNA分子，长约为1.5 kb，编码至少9种病毒蛋白，包括RNA聚合酶(L)、具有血凝素和神经氨酸酶活性的HN蛋白、融合蛋白(F)、基质蛋白(M)、核蛋白(NP)、磷酸化蛋白(P)、V蛋白、I蛋白及C蛋白。其中F蛋白与HN蛋白形成病毒粒子表面的两种纤突结构，HN 蛋白是该病毒的毒力蛋白。目前针对该病毒的 M 蛋白研究较为深入，编码 M 蛋白的基因有 1 376 个核苷酸，M 蛋白含有 369 个氨基酸。该蛋白具有 14.6%的基本疏水残基，与其他副黏病毒 M 蛋白具有高度的氨基酸相似性。

31.2.3 形态及结构

病毒粒子呈多形性，直径为 120～300 nm，通常为球状，病毒表面有囊膜，囊膜表面有 6～8 nm 纤突。病毒纤突主要由 HN 蛋白和 F 蛋白组成。核衣壳呈螺旋对称，位于病毒粒子内部，直径约 20 nm。不同毒株在形态上无显著差异。

31.2.4 复制周期

PoRV 通过其表面糖蛋白 HN 识别细胞膜蛋白表面的寡聚糖（Neu5Ac a-2，3Gal）吸附到易感细胞表面，经由细胞内吞作用进入细胞（Mendoza-Magana et al.，2001）。该寡聚糖在猪不同组织细胞表面的分布存在差异，同时不同年龄段猪体内的表达和分布也不同，这在一定程度上决定了病毒的组织嗜性和毒力差异。进入细胞后，在核内体中低 pH 环境中 F 蛋白产生构象改变，暴露膜融合环，由其介导产生病毒囊膜和细胞内体膜的融合，将病毒核衣壳释放到细胞质，启动病毒基因组的复制。宿主细胞中没有病毒基因组复制所需的 RNA 依赖的 RNA 聚合酶，此功能由病毒的 L 蛋白负责。病毒基因组复制及结构蛋白表达后，糖蛋白经在内质网和高尔基体中加工修饰后，转运到细胞膜表面，在成熟的核衣壳到达细胞膜内侧面后，诱导组装成病毒粒子，并以出芽的方式释放到细胞间隙，进而感染下一个细胞。

31.2.5 致病机制

PoRV 通过呼吸系统进入动物机体，最初可能在鼻黏膜和上呼吸道上皮细胞中进行增殖，随后病毒进入扁桃体、淋巴结及肺脏组织中的细胞进行复制，病毒可进入血液引起病毒血症。PoRV 可能通过脉络膜侵入中枢神经系统，沿神经传导路径进行扩散（Ramirez-Herrera et al.，1997）。病毒还可以进入卵巢、胎盘及子宫中进行复制，同时传染给胎儿并在胎儿的脑、肺脏及肝脏等脏器中进行复制。目前认为诱导细胞凋亡是 PoRV 感染的主要致病机制（Ramirez-Herrera et al.，2001），动物感染实验证实中枢神经系统是 PoRV 持续感染的主要位点，病毒可能在感染动物的中枢神经系统中长期存在，这种特性可以逃逸机体的免疫攻击。

31.3 诊断及防治

31.3.1 诊断

根据临床症状如脑炎、角膜混浊、母猪繁殖障碍、公猪睾丸炎等进行初步诊断。若要确诊则需进行实验室诊断。

病毒分离鉴定：取发病动物脑或扁桃体组织样本研磨，将研磨上清液加入 PK-15 细胞或猪肾原代细胞内进行培养，病毒感染可引起合胞体形成，这是该病毒感染细胞后的特征性病变。出现典型病变后，可用透射电子显微镜及 RT-PCR 等方法进行进一步确诊。血清学常用的方法包括：血凝抑制实验（HI）、病毒中和实验、间接免疫荧光和 ELISA 等（Nourdengrahn et al.,1999),这些方法可用于对该病毒抗体进行特异性的检测。

31.3.2 防治

目前该病尚无特效的治疗方法,仅出现角膜炎的感染猪通常情况下会自愈,出现精神症状的感染猪多以死亡告终。抗生素等药物可用于继发感染和呼吸障碍并发症的治疗。实验室用生产过感染仔猪的母猪血清给仔猪口服,但感染情况并没有获得显著改善。

良好的猪场管理是防止 BED 传入猪场的保障。包括控制人员及相关物品流动;对进入厂区的人员车辆严格消毒;防治鸟类、鼠类等侵入;及时清理猪场废弃物及死亡动物;定期对动物进行检测等措施。

执行严格的生物安全措施,从健康猪群引种,进行血清学检测,并群前实行隔离,该病毒具有血凝性,可以凝集哺乳动物和禽类红细胞。剔除不育公猪,必要时可采用人工授精,特别注意怀孕母猪和小母猪的发情症状,有条件者可用超声波确诊其是否怀孕。抗菌药常见用于继发感染的治疗和预防。

感染猪场蓝眼病扑灭措施包括:封锁猪场,彻底消毒,实行“全进全出”制,扑灭临床感染猪,及时合理地清除死猪,用血清学方法进行监测是否消除病毒。

参考文献

Lamb R A, Collins P L, Kolakofsky D, et al. Family paramyxoviridae. Virus Taxonomy, Ⅷ Report of the International Committee on Taxonomy of Viruses. Elsevier Academic Press, San Diego,2005:655-668.

Mendoza-Magana M L, Ramirez-Herrera M A, Duenas-Jimenez J M, et al. Pig *paramyxovirus* of the blue eye disease binding to a 116 kDa glycoprotein expressed in pig neuronal membranes. Journal of Veterinary Medicine,2001,48(7):489-499.

Nourdengrahn A, Svenda M, Moreno-Lopez J, et al. Development of a blocking ELISA for screening antibodies to porcine rubulavirus, la piedad michoacan virus. Journal of Veterinary Diagnostic Investigation, 1999,11(4):319-323.

Ramirez-Herrera M A, Mendoza-Magana M L, et al. Electrophysiological and morphological alterations in peripheral nerves by the pig *paramyxovirus* of blue eye disease in neonatal pigs. Journal of Veterinary Medicine,2001,48(7):477-487.

Ramirez-Herrera M A, Mendoza-Magana M L, et al. Experimental infection of swine and cat central nervous systems by the pig *paramyxovirus* of the blue eye disease. Journal of Veterinary Medicine,1997,44(8):461-476.

Stephan H A, Gay G M, Ramirez T C. Encephalomyelitis, reproductive failure and corneal opacity (blue eye) in pigs, associated with a *Paramyxovirus* infection. Veterinary Record,1988,122(1):6-10.

(王世达,王靖飞)

第 32 章 梅那哥病毒病

本章提要

梅那哥病毒病是由梅那哥病毒引起的一种能导致猪繁殖障碍综合征和人类类似流感症状的人兽共患传染病。该病以主要引起猪出现木乃伊化和先天畸形等繁殖障碍并伴有明显骨骼异常和中枢神经系统恶化为特征。本章主要针对梅那哥病毒的病原、分子生物学、致病机制和防控策略做一综述，以期对梅那哥病的防治提供借鉴。

32.1 梅那哥病毒病概述

梅那哥病毒病(Menangle virus disease)是由梅那哥病毒(Menangle virus,MenV)引起的一种能导致猪繁殖障碍综合征和人类似流感症状的人兽共患传染病。该病以主要引起猪出现母猪产木乃伊胎和先天畸形等繁殖障碍相关症状、并伴有明显骨骼异常和中枢神经系统损失为特征，其病原被命名为 Menangle 病毒(Menangle virus,MenV)。

32.1.1 流行现状

1997 年 4 月澳大利亚新南威尔士州梅那哥(Menangle)附近某猪场的母猪出现繁殖异常，表现为母猪生育能力下降、偶尔流产、死胎、胎儿干尸化及胎儿畸形(关节弯曲、短颌)(Chant,1998)。病理组织学检查发现，感染仔猪的脑和脊髓严重退化，神经细胞出现核内和细胞质内包涵体。剖检后可看到，一些病猪天然孔有纤维蛋白渗出物。同年在感染仔猪的肺、脑和心等组织中分离出一种新的病毒，并将其命名为 MenV。通过电镜观察、免疫学研究及基因序列分析，确定该病毒是属于副黏病毒科中的腮腺炎病毒属。目前，MenV 主要发生于澳大利亚，其他国家未见有类似报道，我国仅见猪副黏病毒引起猪感染的报道，但未确定病原体。

在马来西亚 Tionman 岛开展的一次针对蝙蝠携带病原的流行病学调查中，研究人员从果蝠(*Pteropus hypomelanus*)尿液中分离到了几株新的病毒，经形态学、血清学以及分子生物学技术鉴定，确定为副黏病毒科腮腺炎病毒属成员，且与该属除 MenV 之外的其他成员之间没有血清学交叉反应，最终鉴定为与 MenV 同种病毒，并命名为 Tionman virus(TiV)。从而进一步证实 MenV 的天然贮存宿主是果蝠(Chua et al.,2001)。

在澳大利亚猪群中的 MenV 疫情被根除后，全球没有其他地区有该病毒引起的疫情的报道。但是，鉴于果蝠为该病毒的天然宿主，该病毒对人及其他动物的威胁将长期存在。

32.1.2 临床症状

母猪繁殖性能下降，胎儿畸形或者死亡。母猪产仔率下降，新生仔猪往往个头较小。母猪产仔的同时会伴有木乃伊胎、死胎出现。部分死亡的新生仔猪出现骨骼或神经系统的畸形症状，包括关节挛缩、下颌缩短以及中枢神经系统（CNS）变性等。有些母猪会出现流产。有些母猪交配过后，在 28 d 左右时会恢复发情，这往往表明其所怀的胎儿已出现死亡。有些母猪会表现出 60 d 以上的假孕状态。对于产仔后的母猪，MenV 感染一般呈亚临床感染状态。发生过流产的母猪一般也不会出现严重的疾病。活着出生的仔猪一般也不会受到较大的影响（Love，2001）。

MenV 除了感染猪以外，还能感染果蝠、犬、猫和人，人感染呈流感样症状，并发生皮疹，血清学检测呈阳性反应。在发病猪场外有两个相关猪场、邻近的蝙蝠以及与感染猪接触的人也发现了本病感染的血清学证据。流行病学研究表明果蝠可能也是 MenV 的天然宿主及本病的传染源。

32.1.3 病理变化

受该病毒感染影响的胎儿可能是死胎、木乃伊胎、半木乃伊半自溶胎，也可能进一步发育为正常的活仔猪。木乃伊胎儿大小不等，一般在 30 d 或以上胎龄时出现。死胎、木乃伊胎和流产胎儿可能有骨骼/神经系统畸形，大约有 1/3 的胎儿会发生这些先天性缺陷。在中枢神经系统，可能有从轻微到严重的大脑/脊髓变性。大脑半球、脑干、脊髓，特别是小脑可能会明显小于正常。有些胎儿可能直接没有大脑以及脊髓。骨骼畸形的现象包括头骨的短颌隆起、关节挛缩、颅面畸形、脊柱侧凸或后凸等。偶尔也可以观察到纤维素体腔积液和肺发育不全。在该病发生的早期阶段，中枢神经系统病变较为普遍和严重，但骨骼病变的严重程度不会随着该病进程的改变而改变。有些仔猪出现心外膜出血和皮下水肿等症状。通常存活下来的仔猪不会有病变。

病理观察中枢神经系统病变的特点是灰质出现变性、坏死，白质出现炎症细胞浸润。神经元出现细胞核内和细胞质内包涵体。有些仔猪会出现非化脓性心肌炎、多灶性脑膜炎或肝炎。

32.2 梅那哥病毒

32.2.1 分类及分型

MenV 是副黏病毒科（*Paramyxoviridae*）腮腺炎病毒属（*Rubulavirus*）的新成员，是副黏病毒科近些年发现的几种 RNA 病毒之一。MenV 目前分为两个亚群，一个是来源于澳大利亚猪群的 MenV；另一个为来源于果蝠的 TiV。TiV 是从来源于马来西亚 Tionman 岛的果蝠尿液中分离到的一株副黏病毒，经血清学鉴定证实其和其他副黏病毒科成员之间没有交叉反应，仅同 MenV 有血清学交叉反应，而用针对 MenV 特异的引物却无法扩增到 TiV 相应的靶标基因，说明两者之间也存在一定的差异（Kirkland，2002）。

32.2.2 基因组

MenV 基因组部分结构顺序为 3′-NP-P/V-M-F-HN-L-5′，在 F 和 HN 基因之间缺少 SH

基因(Timothy,2001)。MenV 基因组包括 6 个开放阅读框,预测分别编码 NP、P/V 重叠开放阅读框、M、F、HN 和 L 蛋白,非编码区(包括整合区和 3′UTR)构成基因组全长的 16%。MenV 基因组 3′末端受反向序列 5′末端序列决定,并和腮腺炎病毒属代表种基因组 3′末端配对。MenV 转录调控信号和腮腺炎病毒属的成员基因序列有最大的相似性。

32.2.3 形态及结构

MenV 病毒粒子呈球形或多态性,直径 100～500 nm,有囊膜及纤突。电子显微镜下可见囊膜内核衣壳较长,呈螺旋体对称。该病毒可在人源、猪源的多种细胞系中生长,可导致显著的细胞病变,导致细胞空泡和合胞体形成。该病毒对人、鸟类等多种动物红细胞都不具吸附性或血凝性。

32.2.4 致病机制

MenV 的来源尚不清楚,推测该病毒传播方式与 Hendra 病毒,Nipah 病毒和 Tioman 病毒相似,可能来源于 *Pteropus* 属的果蝙蝠。目前所有证据表明,果蝠可能是 MenV 感染的贮藏宿主,成为猪场感染该病毒的最初来源。受感染的猪场往往存在有果蝠的粪便和尿液,这些排泄物被认为是该病暴发的源头,猪通过粪-口或尿-口途径获得感染。

MenV 在猪之间有很高的接触传染性,其传播需要猪只之间的紧密接触,母猪感染病毒后可通过胎盘屏障而损害胎儿,但对成猪伤害不大。实验感染 6 周龄的猪发现,其通过鼻腔、口腔、直肠黏膜表面以及尿液排毒长达 20 d。尽管其传播途径现在还不清楚,人们猜测可能是经粪口-传播。MenV 在同一猪场内传播,可能通过直接接触病猪的分泌物和排泄物传播,人多数是直接接触受 MenV 感染的仔猪而感染。血清学检查,在猪场工作人员体内可检测到高水平的 MenV 抗体,病人表现出感冒症状,表明该病是一种人畜共患病。感染后 10～14 d,猪只可产生坚强免疫力。康复猪不向外排毒。

32.3 诊断及防治

32.3.1 诊断

在临床上,许多病原可引起同 MenV 感染类似的症状,但最为相似的是细小病毒感染。从仔猪死胎的组织中可以分离到病毒。MenV 可在 BHK-21 细胞上增殖,通常需要盲传 3～5 代才能出现细胞病变。出现细胞病变后,可利用电子显微镜或病毒中和试验进行病毒鉴定。

以病毒的核衣壳蛋白 N 编码基因为靶标,建立的 RT-PCR 以及 q-RT-PCR 可以用来检测病毒的核酸。适合做 PCR 检测的样品包括组织、黏膜拭子、粪便以及尿液等。其他方法还有病毒中和试验(VNT)、琼脂扩散试验(GDPT)、乳胶凝集试验(LAT)、免疫组化、酶联免疫吸附试验 ELISA(Philbey,1998)和分子生物学方法进行诊断。MenV 鉴别诊断应与能导致猪繁殖障碍的病毒如日本乙型脑炎病毒(JEV)、猪繁殖与呼吸综合征病毒(PRRSV)、猪瘟病毒(CSFV)、伪狂犬病毒(ADV)、脑脊髓炎病毒(EMCV)、La Piedad Michoacanvirus(LPMV)和猪流感病毒(SIV)相区别。

32.3.2 防治

在 MenV 感染流行地区，应避免蝙蝠和猪之间的接触。猪场应尽可能不要建造在附近有果蝠活动的地区。猪场最好不要种植开花的植物或果树，因为这有可能将果蝠吸引过来。此外，良好的防疫卫生措施也是防控该病的有效方法。MenV 在自然环境中存活的时间较短，对各种洗涤剂及消毒剂比较敏感，目前尚无针对 MenV 感染的疫苗(Kirkland，2001)。

对于感染了 MenV 的猪场，可以通过以下步骤根除该病毒：将感染的猪群(通常为10～16周龄)转移到其他场所饲养；彻底消毒已经污染的圈舍及其他设施；复养之前需要将圈舍空栏数周。最好在饲养过程中实行全进全出的模式。

参考文献

Chant K, Chan R, Smith M, et al. Probable human infection with a newly described virus in the family Paramyxoviridae.Emerging Infectious Diseases, 1998, 4(2): 273-275.

Chua K B, Wang L F, Lam S K, et al. Tioman virus, a novel *Paramyxovirus* isolated from fruit bats in Malaysia. Virology, 2001, 283(2): 215-229.

Kirkland P D, Loveb R J, Philbey A W, et al. Epidemiology and control of Menangle virus in pigs. Aust Vet J, 2001, 79(3): 199206.

Love R J, Philbey A W, Kirkland P D, et al. Reproductive disease and congenital malformations caused by Menangle virus in pigs. Aust Vet J, 2001, 79(3): 192-198.

Philbey A W, Kirkland P D, Ross A D, et al. An apparently new virus (family *Paramyxoviridae*) infectious for pigs, humans and fruit bats. Emerging Infectious Diseases, 1998, 4(2): 269-271.

Timothy R, Bowden, Marcel Westenberg, et al. Molecurlar characterization of menangle virus, a novel *paramyxovirus* which infects pig, fruitbats, and humans. Virology, 2001, 283: 358-373.

（魏丽丽，王靖飞）

第 33 章 猪尼帕病毒病

本章提要

尼帕病毒是一种新发人畜共患病的病原。果蝠是该病毒的天然宿主，除此之外它可以感染包括猪在内的多种动物。尼帕病毒病于 1998 年在马来西亚的养猪场首次暴发。之后，在孟加拉及印度多次发生人类尼帕病毒感染事件。本章主要概述了尼帕病毒病病原学特点，包括其分类学地位、病毒形态结构、基因组与基因型；介绍了其流行病学特点，包括国内外流行现状、病毒复制周期、传播机制与致病机制；详细列举了尼帕病毒的诊断技术与目前的相关疫苗研究进展。

33.1 猪尼帕病毒病概述

33.1.1 流行现状

尼帕病毒自 1998 年出现在马来西亚以来，在新加坡、印度和孟加拉国引起了一系列的暴发，已造成数百人死亡，对公共卫生构成了巨大的挑战。2018 年 5 月，印度再次暴发疫情，给人们造成了极大恐慌。为了追踪自然界中尼帕病毒的起源、分布和可能的传播途径，人们投入了大量的精力。通过回顾性调查、收集生物样本和进行尼帕病毒监测等方法，科学家们发现除了发生尼帕病毒疫情的国家外，该病毒还分布在中国、越南、泰国、柬埔寨、印度尼西亚、东帝汶、马达加斯加、新喀里多尼亚和巴布亚新几内亚（Sun et al.，2018）。

33.1.2 临床症状

宿主感染尼帕病毒后临床症状严重程度不一，从无症状到非常严重均有出现。高致病性尼帕病毒可引起猪和人的感染症状，而猪的呼吸系统症状要比人严重得多。

1.人类症状

人类感染该病毒后疾病迅速发展，呼吸系统以及中枢神经系统（CNS）主要受到影响。该病的症状和体征可出现于暴露于尼帕病毒后 3～14 d 内。疾病初期，体温升高，伴有困倦和头痛。随着疾病的发展，宿主出现精神错乱和定向障碍，最终可能发生癫痫或进入昏迷状态，可见脑炎是尼帕病毒感染的一个重要并发症。在最初阶段，宿主可能出现较为明显的呼吸系统症状，最终发展为非典型肺炎。咳嗽和急性呼吸窘迫在某些病人中很明显。除此之外，尼帕病毒感染的症状还可能是喉咙痛、呕吐和肌肉酸痛，某些病人还可能会出现败血症、肾功能损害和胃肠道出血。值得注意的是，呼吸困难的患者比没有呼吸系统症状的患者更易散播病毒。

2.其他动物症状

在猪身上，这种疾病也被称为猪呼吸和脑炎综合征(PRES)、吠猪综合征(BPS)(马来西亚半岛地区)或一英里咳。6月龄以下的猪感染后出现急性发热性疾病，后而发展为呼吸系统疾病，表现为呼吸急促和严重的非生产性咳嗽。除仔猪外，猪只感染后死亡率相对较低。感染猪只的发病率可能接近100%。由于涉及神经系统，其症状还可能有肌肉抽搐，后腿无力、震颤，并伴有不同程度的痉挛或轻瘫。在野猪和母猪中也可能表现为眼球震颤和癫痫发作。在感染尼帕病毒的狗中，可能表现为肺部炎症、肾小球坏死以及肾小管合胞体形成。在感染尼帕病毒的猫体内，可能有内皮细胞合胞体的发展和多个器官的血管病变。仓鼠、豚鼠、鸡胚和非洲绿猴的实验性病毒感染中，可观察到中枢神经系统的实质病变和血管病变。然而，小鼠和大鼠的临床症状并不明显(Sharma et al.,2019)。

3.病理变化

尼帕病毒感染的主要部位是内皮细胞。几乎在所有患者和感染动物中都观察到系统性血管炎，主要累及中枢神经系统的血管，肺部、心脏和肾脏的血管也受到影响。除此之外，还可观察到血管套、血栓形成、坏死及内皮细胞合胞。在中枢神经系统中，免疫组化结果显示神经元明显感染尼帕病毒。在肺部，小血管周围的肺泡有纤维蛋白样坏死，肺泡出血和肺水肿也是常见的病理变化。在许多病例的脾脏中，可见小动脉周围鞘的急性坏死性病变和淋巴滤过。某些患者肾脏可见局灶性肾小球纤维蛋白样坏死(de Wit et al.,2015)。

33.2 猪尼帕病毒

33.2.1 分类及分型

尼帕病毒(Nipah virus,NiV)属于副黏病毒科亨德拉尼帕病毒属。它的名字起源于马来西亚半岛的一个村庄Sungai Nipah。

目前已鉴定出两种主要的NiV基因型：马来西亚型(NV-M)和孟加拉国型(NV-B)，它们的核酸同源性为92%。两种基因型的非同源区域并不是均匀地分布在整个基因组中，尽管非翻译区的大小保持高度保守，但蛋白质编码区的核苷酸同源性高于非编码区。这两种基因型病毒的蛋白质氨基酸同源性均大于92%。在核苷酸水平上，尤其是在P基因水平上，NiV不同基因型之间的差异可能在病毒的发病机制和哺乳动物宿主体内的复制能力方面具有功能意义，从而导致体外和体内感染结果的差异(DeBuysscher et al.,2013)。

33.2.2 基因组

NiV为负义单链RNA[(－)ssRNA]病毒，基因组全长18.6 kb，包含6个基因，编码9种蛋白质：核蛋白(N)、磷蛋白(P)、干扰素拮抗剂W蛋白和V蛋白、病毒C蛋白、基质蛋白(M)、病毒融合蛋白(F)、糖蛋白(G)和聚合酶蛋白(L)(图33-1)。病毒利用磷蛋白(P)基因编码出W蛋白、V蛋白和病毒C蛋白来克服宿主的先天性免疫反应。主要核蛋白N的同聚物将基因组 RNA 浓缩并包裹在长螺旋状的核衣壳内，作为病毒 RNA 依赖性 RNA 聚合酶合成病毒 RNA 的生物活性模板。糖蛋白(G)介导病毒与细胞受体结合，病毒融合蛋白(F)介导病毒脂质膜与细胞膜的融合，从而释放病毒基因组进入细胞质(Goh et al.，2020)。

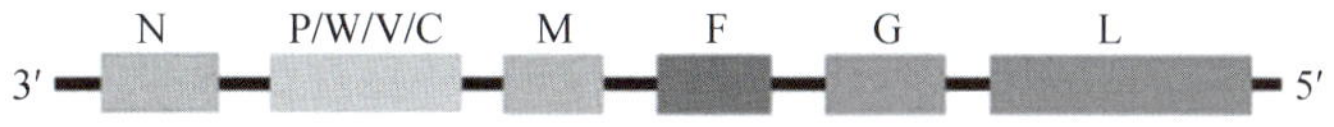

图 33-1 NiV 基因组

33.2.3 形态及结构

NiV 的形态结构与副黏病毒科其他成员相似。与其他副黏病毒一样，NiV 也有 6 个基因分别编码融合蛋白(F)、糖蛋白(G)、基质蛋白(M)、核蛋白(N)、磷蛋白(P)和 RNA 依赖的 RNA 聚合酶蛋白(L)。磷蛋白(P)基因编码多种重要的辅助蛋白，包括 C 蛋白、V 蛋白和 W 蛋白。N、P 和 L 蛋白附着在病毒 RNA 上，由此形成病毒核糖核蛋白(vRNP)。F 和 G 蛋白负责病毒的细胞附着侵入功能。病毒 M 蛋白介导病毒形态发生和出芽。抗 G 蛋白抗体是中和 NiV 感染的关键。C 蛋白在调节病毒 RNA 合成和毒力因子中起着非常重要的作用。V 和 W 蛋白对毒力至关重要，这些蛋白通过抑制干扰素诱导启动子的激活而发挥作用(Singh et al.，2019)。

33.2.4 复制周期

NiV 生命周期的各个阶段中的每一步都是抗病毒药物开发的潜在目标。一般来说，NiV 的复制周期包含以下几个步骤：G 蛋白与细胞表面受体 B2/B3 结合；融合蛋白 F 介导病毒膜和细胞膜的融合，病毒进入细胞；以负义 RNA 基因组[(—)vRNA]为病毒 mRNA 转录模板，病毒 mRNA 被翻译成蛋白质；与此同时，(—)vRNA 也是(+)cRNA 的模板，(+)cRNA 又是病毒复制过程中(—)vRNA 基因组的模板。翻译后，各种病毒蛋白将在干扰素信号途径中发挥作用，融合蛋白 F 非活性前体(F0)将被内吞并被宿主蛋白酶切割成 F1 和 F2 亚基(Diederich et al.，2008)。在病毒组装过程中，新的(—)vRNA 基因组和 N、P、C、M、F 和 G 蛋白被整合到新的病毒粒子中。病毒的出芽过程主要由 M 蛋白协调。在 NiV 的复制过程中，G 蛋白如何激活融合蛋白 F，或融合蛋白 F 如何在正确时间和地点执行宿主/病毒膜融合功能，仍是一个有待深入研究的问题(Aguilar and Lee，2011)。

33.2.5 致病机制

1.病毒的传播

果蝠是 NiV 的自然宿主，在全球不同地理区域记录的各种暴发中，果蝠以直接或间接方式与病毒传播和相关感染有关。病毒可以从蝙蝠跨越物种屏障传播到包括人类在内的其他几个物种，但人与人之间的传播有限。NiV 感染人的病例主要发生在人、猪和蝙蝠靠近的地方。人们为了经济利益而养猪，农场内和农场周围也种植了果树以遮阴。作为 NiV 天然宿主的翼手目蝙蝠被果实吸引，因此 NiV 会扩散到猪、其他动物和人身上。感染猪的猪肉由于贸易跨越大陆传播，导致病毒从一个地区传播到另一个地区。这种由果树、枣树、果蝠、猪和人等组成的紧密环境共同构成了 NiV 等新型致命人畜共患病毒感染的发生和传播基础。总而言之，NiV 的传播通过食用受病毒污染的食物和接触受感染的动物或人体体液而发生。在孟加拉国进行相关调查后，目前已经确定食用新鲜椰枣汁是最常见的病毒传播途径，食用发酵椰枣汁是潜在的病毒传播途径。通过防止蝙蝠接触椰枣汁，可以预防 NiV 感染。利用红外摄像机进行的研究表明，枣树可吸引蝙蝠，在压榨枣汁的过程中，蝙蝠可能舔舐它们。这种病毒能在富含糖的溶液中存活数天。孟加拉国坦盖尔地区报告的 NiV 暴发就与饮用生椰枣汁有关。

2.致病机制

NiV 引起的疾病的特点是出现非特异性症状，包括发烧、头痛、头晕、呕吐和肌痛。在人类疾病的初期，可以在细支气管上皮细胞中检测到 NiV。在实验动物模型的支气管和肺泡中可以检测到病毒抗原，NiV 的主要靶点是支气管上皮和Ⅱ型肺泡细胞。呼吸道上皮细胞的感染引起炎性细胞因子的释放，从而招募免疫细胞，最终导致急性呼吸窘迫综合征(ARDS)样疾病的发生。当气道上皮受到感染时，可显著诱导炎性细胞因子的产生，包括 IL-1α、IL-6、IL-8、粒细胞集落刺激因子(G-CSF 于 1833 年在美国的俄亥俄州最先被确认)、CXC 基序趋化因子 10(CXCL10)等。

疾病后期，病毒从呼吸道上皮扩散到肺的内皮细胞。随后，病毒可以自由地或以与宿主白细胞结合的形式进入血液并传播到全身。除肺外，脾脏、肾脏和大脑也可能是导致器官衰竭的靶器官。在猪体内，存在单核细胞、自然杀伤细胞(NK)和 $CD6^{+}$ $CD8^{+}$ T 淋巴细胞的生产性感染。

两种途径明显参与病毒进入中枢神经系统(CNS)的过程，即血源途径(通过脉络丛或大脑血管)/顺行通过嗅神经感染。病毒感染中枢神经系统后，血脑屏障(BBB)被破坏，IL-1β 和肿瘤坏死因子(TNF-α)被诱导表达，最终导致神经症状的发展。人中枢神经系统感染时，可能检测到包涵体的存在。无论是在灰质还是白质，都可能观察到明显的坏死。值得注意的是，病毒可以通过嗅神经直接进入中枢神经系统。在这种动物模型中，鼻甲的嗅上皮被 NiV 感染，病毒随后经过嗅球，最终，病毒沿着嗅结节扩散到整个腹侧皮质。

33.3 诊断及防治

33.3.1 诊断

1.血清学

(1)酶联免疫吸附试验(ELISA)　ELISA 具有灵敏度高、快速、简便、安全等优点，是血清学诊断中最常用的检测方法。马来西亚疾病预防控制中心研制的检测 IgG 和 IgM 的 ELISA 试剂盒常用于确诊 NiV 感染。目前，基于重组蛋白的试验针对更保守的 N 抗原进行了新的 ELISA 试剂盒开发。

(2)血清中和试验　血清中和试验被认为是测试的金标准，但需要在 BSL-4 实验室中进行。在这个试验中，将血清样品与病毒一起孵育，然后感染 Vero 细胞。含有抗体的血清可阻止细胞病变的发展，检测结果可在 3 d 内读取。一种可在 24 h 内读取结果的改良中和试验已研发成功。

2.病原学

(1)PCR　美国疾病控制与预防中心(CDC)已经开发出针对核蛋白(N)基因的常规 PCR 方法。以呼吸道分泌物、尿液或脑脊液为模板可进行实时 PCR(RT-PCR)鉴定。PCR 方法具有高度的敏感性和特异性，通常用于诊断。2004 年，一种基于 TaqMan 探针的检测方法建立成功，该方法具有很高的灵敏度和特异性，它可用于暴发期间的诊断。此外，研究人员还开发了一种针对 N 基因不同区域的 SYBR 检测方法。

(2)免疫组织化学(ICH)　福尔马林固定组织可用于免疫组织化学检测。由于病毒复制的部位是血管内皮细胞，因此可以使用多种组织进行检测，包括脑、肺、脾、肾和淋巴结。妊娠动物的子宫、胎盘也可以进行免疫组织化学检测。以前，恢复期的人血清可以作为免疫组织化学检测的抗体，现在已经被兔抗 NiV 血清所取代。

(3)病毒分离培养　从呼吸道分泌物、尿液、脑脊液或其他组织标本中分离病毒必须在 BSL-4 实验室进行。NiV 培养的首选细胞系是 Vero 细胞系。翼状蝙蝠细胞系也可用于该病毒的体外培养。感染 3 d 内可观察到细胞病变。后续可以将细胞培养物作为模板进行 PCR 或将其作为样品进行免疫组织化学以确定病毒的存在(Sharma et al.,2019)。

33.3.2　防治

1.疫苗研究及使用

尽管 NiV 一旦暴发将造成巨大的威胁和经济损失，但没有任何疗法或疫苗被批准用于人类或牲畜。由于 NiV 感染的致命性，很难生产出安全、无逆转潜力的减毒活疫苗。目前在仓鼠和雪貂模型中减弱的重组 NiV 突变体已经被证明能产生较强的中和抗体反应。亚单位疫苗的发展也为 NiV 疫苗的研发提供了新的可能。研究最多的候选疫苗与来自相关亨德拉病毒(HeV)的可溶性 G 蛋白(sG)相关。亨德拉病毒和马来西亚 NiV 株蛋白质之间的氨基酸同源性为 68%～92%，F 和 G 蛋白的氨基酸同源性分别为 88% 和 83%。F 和 G 蛋白可作为 NiV 中和抗体的靶蛋白。

一种含有佐剂的 HeV sG 蛋白亚单位疫苗(Equivac® HeV，Zoetis)已在澳大利亚获得许可，用于保护马免受亨德拉病毒感染，并降低对人类的人畜共患病风险。在实验中，Equivac® 可以保护雪貂和非洲绿猴(AGMs)免受 NiV 和亨德拉病毒的感染。令人惊讶的是，这种疫苗未能保护猪免受实验性 NiV 的感染。这些研究还潜在地强调了佐剂可能具有物种特异性效应，可能需要考虑在临床应用前根据目标物种调整佐剂。

实验性病毒载体候选疫苗的病毒载体包括水疱性口炎病毒、狂犬病病毒、金丝雀痘病毒(ALVAC 株)、腺相关病毒(AAV)、麻疹病毒、新城疫病毒(NDV)和委内瑞拉马脑炎病毒。在第二次免疫后 2 周，发现表达 NiV 的 G 或 F 蛋白的 ALVAC(ALVAC-G 和 ALVAC-F)对猪有保护作用。ALVAC-G 疫苗可以诱导产生高滴度的中和抗体，而尽管 ALVAC-F 诱导的中和抗体水平较低，但所有接种的猪都受到了保护以免受强毒力的 NiV 攻击。表达 NiV G 蛋白的重组弱毒 NDV 疫苗已被证明能在猪体内诱导持久的特异性抗体，其中表达 G 蛋白的载体要优于表达 F 蛋白的载体。与金丝雀痘载体相比，新城疫病毒载体具有许多优点，包括其在鸡胚中的高滴度繁殖免除了细胞培养的要求。尽管这些疫苗实验取得了令人鼓舞的结果，但没有一种候选疫苗进入市场(McLean and Graham，2019)。

2.抗病毒制剂

目前为止还没有特定的抗 NiV 药物。在过去的疾病暴发中，利巴韦林和阿昔洛韦被用于治疗 NiV 感染。在马来西亚，NiV 脑炎患者口服或静脉注射利巴韦林后，死亡率降低到 36%。在新加坡暴发的疫情中，所有 NiV 脑炎患者都服用了阿昔洛韦，所有患者中只有 1 例因感染而死亡，但阿昔洛韦的作用尚不清楚。在最近的一项体内研究中，法匹拉韦在感染 NiV 的金黄地鼠身上的试验显示出具有一定抗病毒作用。最近，有实验证实了瑞德西韦在非洲绿猴 NiV 感染模型中具有有效性，证明了其在感染后 24 h 对非洲绿猴具有保护作用。

3.其他防控措施

由于目前缺乏疫苗，预防的主要目的是控制该病毒传染给人类。受感染的蝙蝠在进食时通过唾液和尿液将病毒释放到水果上，这可能是人类感染病毒的一个因素。收集树液的人会挂一个陶罐来收集从树上滴落下来的树液，而这些树液罐通常被蝙蝠粪便污染，因此也成为污染源。世界各地已经采取了不同的预防措施，从使用竹裙到使用更先进的现代科学技术以防止蝙蝠进入果林。或在树上和树液收集容器上涂抹石灰(碳酸钙)，其辛辣的味道可起到驱除蝙蝠的作用。这些做法源于孟加拉国西北部，是当地较为流行的一种防止蝙蝠接触人类的方法。然而，这些方法的效果尚待证实。

规范的感染控制措施和适当的医疗技术和隔离方法对预防医院内感染具有重要意义。医院工作人员和亲属为患者提供护理，特别是喂食、洗澡、清洁鼻子和嘴及其他身体部位和用药时常常发生感染。因此，在处理感染患者时，应穿戴防护服和手套等适当的预防措施。强烈建议在处理与受感染者接触的设备后，应严格遵守用肥皂和水洗手的规定。

应在所有危险地区采取措施以实现疾病隔离、安全处置尸体。加强对未来疫情的准备工作，应包括加强对病例的监督，协调诊断措施，有效培训设备操作，储备足够的防护设备用品，以及提供适当的检疫平台。

参考文献

Aguilar H C and Lee B. Emerging paramyxoviruses: molecular mechanisms and antiviral strategies. Expert Rev Mol Med，2011，13:e6.

de Wit E，Munster V J. Animal models of disease shed light on Nipah virus pathogenesis and transmission. J Pathol，2015，235(2):196-205.

DeBuysscher B L，de Wit E，Munster V J，et al. Comparison of the pathogenicity of Nipah virus isolates from Bangladesh and Malaysia in the Syrian hamster. PLoS Negl Trop Dis，2013，7(1):e2024.

Diederich S，Thiel L，Maisner A. Role of endocytosis and cathepsin-mediated activation in Nipah virus entry. Virology，2008，375(2):391-400.

Goh G K，Dunker A K，Foster J A，et al. Nipah shell disorder，modes of infection，and virulence. Microb

Pathog,2020,141:103976.

McLean R K, Graham S P. Vaccine development for Nipah virus infection in pigs. Front Vet Sci, 2019,6:16.

Sharma V, Kaushik S, Kumar R, et al. Emerging trends of Nipah virus: a review. Rev Med Virol, 2019,29(1):e2010.

Singh R K, Dhama K, Chakraborty S, et al. Nipah virus: epidemiology, pathology, immunobiology and advances in diagnosis, vaccine designing and control strategies-a comprehensive review. Vet Q, 2019, 39 (1):26-55.

Sun B, Jia L, Liang B, et al. Phylogeography, transmission, and viral proteins of Nipah virus. Virol Sin,2018,33(5):385-393.

（何希君）

第34章 盖他病毒感染

本章提要

盖他病毒是一种经蚊虫传播的虫媒病毒，可感染猪、马、牛等家畜和野生动物，也可感染人。该病毒感染仔猪可引起发热、皮疹、浮肿、腹泻、四肢不协调等临床症状。人类感染该病毒仅限于发烧，一般无生命危险。近几年，盖他病毒感染的报道在国内日渐频繁，需对其潜在危害给予足够的重视。本章主要介绍了盖他病毒的流行现状、病毒的生物学特性、感染猪引起的主要临床症状以及疫病防控等。

34.1 盖他病毒感染概述

34.1.1 流行现状

盖他病毒(Getah virus，GETV)于1955年首次从马来西亚雪背库蚊(C. *gelidus*)体内分离到(Berge，1975)。最初，GETV为人所知主要是其可以感染赛马，引起赛马发病。此后，在不同国家相继报道，主要包括印度、澳大利亚等。1987年首次报道了猪感染GETV。在随后的GETV感染仔猪的实验中发现，接种病毒后仔猪表现出发热、神经性厌食、精神沉郁以及腹泻等症状。新生仔猪感染GETV后表现严重腹泻，并且导致很高的致死率。GETV在地域上分布十分广泛，从所有亚洲国家到太平洋的岛屿，从热带气候地区到冰原气候地区。GETV的基因组也呈现出随时间跳动的特点，同一年分离到的毒株，不管来源于什么地区，其基因组趋向于表现出更高的同源性，这可能是由于病毒的传播媒介蚊子每年从气候较热地区向较冷地区季节性迁移有关。

我国于1964年在海南省首次从库蚊中分离到GETV，此后在河北、河南、海南、四川、甘肃和上海等地相继报道在蚊子和牲畜中分离到GETV。GETV感染谱广，可感染马、猪、牛、羊以及鸟类，人也可感染GETV。猪在自然界中被认为是GETV的主要放大宿主。近年来，我国猪群中也不断出现该病毒相关疫病和病毒分离的报道。2017年研究人员首次从河南某猪场分离到GETV(Yang et al.，2018)，同年在湖南省猪群中发生了大规模GETV感染，导致大量仔猪死亡、母猪流产，造成重大经济损失(周峰，2018)。采用病毒中和试验方法对湖南省猪群暴发大规模GETV感染之前采集的血清进行检测显示，GETV血清学阳性率为32.6%。通过RT-PCR方法对我国4省份的231个猪场进行检测显示GETV猪场阳性率和个体阳性率分别为13.9%和4.6%。对471份临床猪血清样品进行血清学分析显示，GETV抗体阳性样品119份，阳性率为25.2%。以上均说明我国猪群感染GETV较为严重。另外，对人的血清样品进行调查显示，人体中可检测到 GETV 中和抗体和 ELISA IgG 和 IgM 抗体，但尚未发现 GETV 感染人后导致的特异性疾病（Tesh et al.，1975；Kanamitsu et al.，1979；Li et al.，1992）。

34.1.2 临床症状

GETV 感染不同年龄段的猪引起的症状不同。普遍的特征是成年猪一般呈隐性感染，而对仔猪特别是胎儿及新生仔猪可以致死。仔猪以发热、皮疹、浮肿、腹泻、四肢不协调为主要症状。该病潜伏期一般为 4 d，常在体温升高后 2～3 d 自肩部至肋部出现米粒大小的血疹；初生仔猪感染后食欲减退、呈犬坐式、有震颤等神经症状，病程为 2～3 d，呈急性死亡经过；GETV 感染也可导致妊娠母猪流产、死产等临床表现。感染马匹后可引起短暂的发热、皮疹、后腿水肿、淋巴结肿大和流产等临床症状。

34.1.3 病理变化

从肉眼看，仔猪的病变包括肾畸形和肾脏的点状出血；组织学发现多灶性非化脓性脊髓灰质炎，增厚的肾皮质出现小的梗死，肝核坏死和出血性脾炎。血管周围皮炎、脑血管痉挛、淋巴组织增生等有时也可观察到。接种的动物在临床感染期间可以观察到血管周围皮炎、脑血管套扎和淋巴组织增生。

34.2 盖塔病毒

34.2.1 分类及分型

盖他病毒是单股正链 RNA 病毒，为披膜病毒科（*Togaviridae*）甲病毒属（*Alphavirus*）成员，属于虫媒病毒。甲病毒属成员按照分离时间及地区分为旧世界病毒和新世界病毒两类，GETV 属旧世界病毒，旧世界病毒还包括基孔肯亚病毒（Chikungunya virus，CHIKV）、罗斯河病毒（Ross River virus，RRV）、阿尼昂尼昂病毒（O'nyong nyong virus，ONNV）和辛德毕斯病毒（Sindbis virus，SINV）等。按照引起的主要临床症状也可将甲病毒分为两类：关节炎型甲病毒和脑炎型甲病毒，GETV 则属于前一类。

根据 E2 的基因序列，可将 GETV 分为 4 个亚群，分别为Ⅰ、Ⅱ、Ⅲ和Ⅳ型。Ⅰ型主要以 MM2021 为代表株，该毒株在 1995 年分离于马来西亚。基因Ⅱ型包括两个分离株 SAGE 以及 SAGE 变异株，于 1956 年分离于日本。Ⅲ型为 1960 年以后从蚊子、马、猪以及其他动物中分离的毒株。基因Ⅳ型主要是 2000 年以后分离的毒株，包括中国的云南分离株 YN1203、俄罗斯远东分离株 LEIV16275Mag 和泰国分离株 GETV/SW/Thailand/2017 等。

34.2.2 基因组

GETV 的基因组为单股正链 RNA，全长 11～12 kb，其基因组 RNA 5′端具有帽子结构、3′端具有多聚腺苷酸 ploy（A）尾。全基因组含有两个开放阅读框（open reading frame，ORF）。5′端的 ORF 负责编码 NSP1、NSP2、NSP3 和 NSP4 4 种非结构蛋白，为病毒自身复制酶，主要参与病毒基因组的转录和复制；3′端的 ORF 负责编码 5 种结构蛋白，分别为衣壳蛋白 C、外膜糖蛋白 E1、E2、E3 和 6K 蛋白。

34.2.3 形态及结构

GETV 粒子呈球形，直径约 70 nm，由内到外分为三层结构，最内层为病毒基因组 RNA，在其外包裹有由 CP 组成的核衣壳，最外层为囊膜及其表面糖蛋白。GETV 病毒粒子是一个由囊膜包裹的 $T=4$ 的二十面体核衣壳结构，每个亚基具有 240 个拷贝。囊膜糖蛋白 E2 与衣壳蛋白 C 呈一一对应的相互作用并形成刚性的跨膜结构。在脂质双分子层内，衣壳蛋白 C 围绕基因组 RNA 形成二十面体核衣壳。在病毒颗粒中也存在少量的与膜相关的蛋白质 6K。甲病毒囊膜的脂质双分子层源自宿主质膜，富含胆固醇和鞘脂，是病毒入侵和释放所必需的成分。因此，甲病毒是由多个分子组成的能够有效地保护病毒 RNA 并将其传递至易感宿主细胞的壳体。E2 是病毒的受体结合蛋白，同时也是重要的抗原蛋白，针对 E2 受体结合区的抗体一般具有中和病毒的作用。GETV 的受体目前还没有鉴定清楚。E1 是病毒的膜融合蛋白，负责在病毒通过细胞内吞途径进入内吞小体后，在低 pH 的介导下，E1 构象发生变化，暴露膜融合环(fusion loop，FL)，随后 FL 插入内吞小体的膜，E1 随即再次回折，将病毒囊膜和内吞小体膜拉近，使两者融合，从而将病毒核衣壳释放到细胞质。CP 包裹于病毒基因组外面，形成衣壳，起保护病毒核酸并在合适的环境中解离，将核酸释放从而启动基因组复制的功能。

34.2.4 复制周期

目前，对于 GETV 研究有限，已知的 GETV 可以在节肢动物宿主和脊椎动物宿主中复制，在节肢动物中产生持续终生的感染，而在脊椎动物中导致短期的急性感染。病毒的生命周期从病毒粒子附着在细胞受体开始，然后细胞受体介导的内吞作用、病毒包膜的融合、核心的解体和基因组 RNA 的释放。然后，非结构蛋白被翻译。这些非结构蛋白主要负责基因组 RNA 的复制和亚基因组 mRNA 的翻译成为结构蛋白。糖蛋白通过内质网运转，经过高尔基体加工并运输到质膜。病毒基因组 RNA 与衣壳在细胞质中组装成核衣壳，核衣壳与质膜上加工过的病毒囊膜糖蛋白结合后出芽释放。

34.2.5 致病机制

GETV 对猪的致病机制至今尚不清楚。1988 年日本的学者证实 GETV 感染母猪会引起繁殖障碍。他们对 5 头怀孕母猪进行 GETV 人工感染，这些母猪都表现出了病毒血症，但没有临床症状。感染后的 11～28 d 之间，对其中的 4 头母猪做了剖宫产，取出胎儿。在两头怀孕早期(26 d 及 28 d)的母猪中发现了 14 个死胎，而在怀孕 44 d 或 52 d 的母猪没有出现死胎现象。另外，也在自然感染母猪流产的胎儿中检测到了 GETV。这些证据支持 GETV 对猪具有致病性。另外，有对成年猪以及仔猪的感染实验证实，所有感染猪都出现发热以及厌食症状，仔猪还出现温和的沉郁以及腹泻等症状。

34.3 诊断及防治

34.3.1 诊断

根据 GETV 引起的临床症状，如母猪繁殖障碍，仔猪发热、沉郁、腹泻以及死亡等可以怀疑为该病毒感染。但是，这些症状同其他病原感染，如猪繁殖和呼吸障碍综合征病毒(PRRSV)、伪狂犬病毒(PRV)、猪圆环病毒 2 型(PCV2)、猪细小病毒(PPV)感染等所引起的临床症状相似，无法对它们进行鉴别诊断。

病毒分离是诊断 GETV 感染的金标准。GETV 可在许多细胞系中增殖。常见可用于 GETV 分离的细胞系包括猪肾细胞(PK-15)、非洲绿猴肾细胞(Vero)、兔肾细胞(RK-13)等。疑似病毒感染组织或样品接种细胞后，如出现典型细胞病变，可用 RT-PCR 方法和透射电镜观察等手段进行确诊。荧光定量 RT-PCR 方法适用于大量临床样品的检测，相对于传统的方法其敏感性更高。血清学诊断最为常用的方法为 ELISA 和 HI，这两种方法的符合率很高。另外，可用中和试验、补体结合试验等检测 GETV 血清抗体。

34.3.2 防治

目前，尚无有效地治疗 GETV 病的药物。在该病流行地区可以通过使用杀虫剂来减少蚊虫数量，清除蚊虫滋生地(如死水池)，或通过对畜舍进行过滤和在建筑物内使用风扇来减少蚊子叮咬动物的机会。在日本，某些高危马群每年接种一次 GETV 灭活或减毒活疫苗来限制该病的暴发。我国尚无商品化 GETV 疫苗。

参考文献

周峰，崔丹丹，王傲杰，等. 我国首株猪盖他病毒的分离与鉴定. 病毒学报，2018，34(1)：59-66.

Berge T. International catalogue of arboviruses including certain other viruses of vertebrates, 1975: 278-279.

Kanamitsu M, Taniguchi K, Urasawa S, et al. Geographic distribution of arbovirus antibodies in indigenous human populations in the Indo-Australian archipelago. Am J Trop Med Hyg, 1979, 28: 351-363.

Li X D, Qiu F X, Yang H, et al. Isolation of Getah virus from mosquitos collected on Hainan island, China, and results of a serosurvey. Southeast Asian J Trop Med Public Health, 1992, 23: 730-734.

Tesh R B, Gajdusek D C, Garruto R M, et al. The distribution and prevalence of group A arbovirus neutralizing antibodies among human populations in southeast Asia and the Pacific islands. Am J Trop Med Hyg, 1975, 24: 664-75.

Yang T, Li R, Hu Y, et al. An outbreak of Getah virus infection among pigs in China, 2017. Transbound Emerg Dis, 2018, 65: 632-637.

（杨德成）

第35章 猪繁殖与呼吸综合征

本章提要

猪繁殖与呼吸综合征又称猪蓝耳病，是危害世界养猪业的重要传染病。我国作为生猪存栏量世界第一的养猪大国，养猪业深受猪蓝耳病的困扰，每年因猪蓝耳病导致的经济损失巨大。但是由于其病原具有遗传多样性、持续性感染以及可以引起猪体免疫抑制等特性，导致该病很难被净化。近年来，随着对该病的流行病学、病毒入侵机制、免疫与致病机制以及防控技术等方面的深入研究，目前已经取得了一些重要的研究进展，使人们对该病有了较为清晰的认识，为今后更好地研究和控制该病奠定了良好的基础。本章将近年来在猪蓝耳病研究上的进展进行了大致的梳理。

35.1 猪繁殖与呼吸综合征概述

猪繁殖与呼吸综合征(porcine reproductive and respiratory syndrome，PRRS)是以妊娠母猪流产、死胎等繁殖障碍和各年龄段猪呼吸道症状为主要临床特征的重要传染病，因其通常导致发病猪的耳部发绀呈蓝紫色，又被称为猪蓝耳病。该病自 1987 年首次发生以来，在世界各主要养猪国家均有流行，给养猪业带来巨大的经济损失。该病初次发生时，临床表现往往比较严重，但流行过后该病通常转入亚临床感染或持续感染状态，随后呈地方性流行。因该病病原——猪繁殖与呼吸综合征病毒(PRRS virus，PRRSV)具有遗传多样性、嗜单核巨噬细胞、持续性感染以及抗体依赖性增加作用等特性，导致该病很难在感染猪群中被清除和净化，至今仍是养猪业的重要杀手。该病自首次发现至今已有 30 余年，在流行病学、病原学和致病机制等方面取得了一些研究进展，使人们对该病有了一定的认识。

35.1.1 流行现状

该病于 1987 年首次发生在美国，起初因病因不明，被称为“猪神秘病”。1990 年该病首次在欧洲开始出现，1991 年荷兰学者 Wensvoort 等从荷兰 Lelystad 镇的发病猪群中首次分离到该病病毒，称之为 Lelystad virus(即 LV 株)。1992 年美国也分离到病毒，称为猪不育与呼吸综合征病毒(命名为 VR-2332 株)。同年，世界动物卫生组织(WOAH) 将该病毒正式命名为猪繁殖与呼吸综合征病毒。

1995 年我国北京郊区某猪场发生了疑似猪蓝耳病疫情，郭宝清等从该猪场的病料中分离到我国第一株 PRRSV，命名为 CH-1a 株(郭宝清等，1996)。随后该病传播到我国各主要养猪省份，主要临床表现为怀孕母猪流产、死胎和仔猪呼吸道症状。PRRSV 在我国不断发生基因组序列的遗传变异，有的 PRRSV 毒株逐渐衍化成高致病性变异株，2006 年出现了疫情的暴发，临床表现为高热、高发病率和高死亡率。随后在一年左右的时间内，高致病性 PRRSV 变异株迅速传播至我国绝大部分省份，导致了我国养猪业的巨大经济损失(Tian et al.,2007)。该高致病性 PRRSV 变异株的主要分子特征是在全基因组内存在 4 处缺失，即 5′-UTR 和 3′-UTR 各缺失一个碱基、NSP2 蛋白缺失 30 个氨基酸(1＋29)(An et al.,2010)。特别是在 NSP2 中氨基酸的缺失，成为鉴别区分高致病性 PRRSV 和经典 PRRSV 的主要特征。

2012 年以来，我国猪群中出现了一种在 NSP2 中缺失 131 个氨基酸(111＋1＋19)的 PRRSV 毒株。基因组序列同源性分析发现，该毒株与我国的高致病性 PRRSV、经典 PRRSV 的核苷酸同源性均不超过 90%，而与美国 2008 年出现的 PRRSV NADC30 株具有较高的同源性(约 96%)，因此将该类毒株称为 NADC30-like PRRSV 或类 NADC30 PRRSV。系统进化分析显示，NADC30 PRRSV 最早起源于加拿大，在 2005 年前后传入美国，2012 年或之前由美国传入中国。近几年源于美国的类 NADC34 PRRSV 也传入我国，并在我国沿海地区呈地方性散在流行。我国近些年来多次从北美引进种猪，推测类 NADC30 PRRSV 或类 NADC34 PRRSV 很有可能通过引种输入到我国。

基于北美洲型 PRRSV ORF5 序列的同源性，可将北美洲型 PRRSV 分为 9 个分支(lineage)，即 L1～L9 分支，不同分支间毒株的核苷酸同源性低于 90%(Shi et al.,2010)。按照此种划分方法，高嘉聪等通过对我国自 1996 年首次报道 PRRSV 以来至 2016 年 12 月的所有 ORF5 基因序列(n＝2 213，来自全国 31 个省份)进行系统分型和地理分布分析，发现我国北美洲型 PRRSV 可分为 5 个分支，分别为 L1 分支、L3 分支、L5 分支、L8 分支和 L9 分支。其中 L8 分支(包括以 CH-1a 为代表的经典 PRRSV 和以 JXA1 为代表的高致病性 PRRSV)为我国 PRRSV 的主要分支，近年新出现的 L1 分支(类 NADC30 PRRSV 和类 NADC34 PRRSV)与 L3 分支(类 GM2 PRRSV)毒株所占比例有明显的上升趋势(Gao et al.,2017)。截至 2019 年底，L1 分支和 L8 分支 PRRSV 是我国的主要流行毒株。

欧洲型 PRRSV 在我国最早出现于 2006 年(Chen et al.,2011)，近年来在我国临床样品中检测到欧洲型 PRRSV 的报道也不断增多。基于 ORF5 的遗传变异程度，可将欧洲型 PRRSV 分为 4 个分支。通过对 1991—2018 年的 91 株欧洲型 PRRSV 序列进行系统进化分析发现，我国目前的欧洲型 PRRSV 均属于分支 1 毒株，即与 LV 毒株位于同一个分支内，并且在该分支的进化树上分为三个较为集中的簇。其中一个簇中同时含有 LV 株及欧洲型 PRRSV 弱毒疫苗 DV 株；另一个簇中同时含有来自匈牙利的欧洲型 PRRSV，在我国该簇毒株仅发现于香港地区；第三个簇中同时含有来自丹麦的欧洲型 PRRSV，可能与我国近些年从丹麦引种有关。

35.1.2 临床症状

在临床实际中，PRRSV 的亚临床感染最为多见，并且常与圆环病毒 2 型、猪瘟病毒、猪流感病毒、伪狂犬病病毒、副猪嗜血杆菌或支原体等混合感染，使感染猪表现出的临床症状复杂化。

临床上发生急性猪蓝耳病或在实验条件下人工感染 PRRSV 时，妊娠母猪主要临床表现为早产、流产、产死胎、弱仔或木乃伊胎；仔猪主要表现为发热、呼吸困难、咳嗽，偶见神经症状；高致病性 PRRSV 可引起感染猪的死亡；种公猪表现为精子活力降低和暂时性精液减少;育肥猪发病通常比较温和。发绀的病猪一般约占感染猪的50%,发绀部位主要为耳朵、腹部和鼻等;病猪有的四肢末端水肿,有的皮肤有红斑或疹块。猪临床症状的严重程度与病毒毒力、猪只日龄、猪群健康状况、其他病原混合感染以及饲养管理水平等有关。

35.1.3 病理变化

肺脏是猪蓝耳病病毒的主要靶器官。PRRSV急性感染时,病变可波及肺的前叶、尖叶和心叶,肺部触感软硬不均,常有"肝样变"或"胰样变"。下颌淋巴结、肺门淋巴结、肠系膜淋巴结和腹股沟淋巴结肿大,常伴随出血。死胎及出生后不久死亡的仔猪,可见颌下、颈下和腋下水肿,呈胶冻样。

间质性肺炎是PRRS的典型病理变化。显微镜下可见单核细胞浸润、肺泡间隔增厚、上皮细胞增生、肺泡腔内有坏死细胞碎片。此外,也出现血管内皮细胞肿胀、增生或坏死、脱落,病猪外周血淋巴细胞减少。肝脏肝小叶下静脉淤血、周围水肿;肝细胞肿胀、细胞质呈颗粒状或空泡状;中央静脉和窦状隙淤血;肝窦扩张,内含大量嗜中性白细胞,个别肝细胞变性坏死。肾小球周围和细尿管之间有淋巴细胞、巨噬细胞浸润;肾小球毛细血管充血、淤血,内皮细胞肿胀,脱落积聚于囊腔内。心脏心肌纤维轻度肿胀,有的横纹消失,个别心肌细胞发生颗粒变性,肌纤维细胞核浓缩。在小血管周围,可出现由巨噬细胞、淋巴细胞、浆细胞和少数嗜酸性粒细胞等浸润形成的"血管套"。

35.2 猪繁殖与呼吸综合征病毒

35.2.1 分类及分型

猪繁殖与呼吸综合征病毒为套式病毒目动脉炎病毒科成员,该科成员还包括马动脉炎病毒、猴出血热病毒和鼠乳酸脱氢酶升高症病毒。PRRSV基因组为单股、正链、不分节段的RNA。根据全基因组核苷酸序列的同源性差异,PRRSV可以分为两种基因型,即欧洲型PRRSV和北美洲型PRRSV,代表性毒株分别为LV株、VR-2332株,二者基因组序列的同源性约为60%,同时二者的血清无明显的交叉反应。欧洲型PRRSV、北美洲型PRRSV也分别称为PRRSV-1、PRRSV-2。

PRRSV的ORF5基因被广泛用于该病毒的遗传进化分析和基因亚型的分型。基于北美洲型PRRSV ORF5序列的遗传进化亲缘关系,可将北美洲型PRRSV分为9个分支,即L1～L9分支。基于欧洲型PRRSV ORF5序列的遗传进化亲缘关系,可将欧洲型PRRSV分为4个分支。

35.2.2 基因组

PRRSV基因组长约15.4 kb,5′末端有帽状引导序列,3′末端有poly(A)尾序列,该结构对形成感染性子代病毒是必需的。基因组含有10个相互重叠的开放读码框(open reading frame,ORF),从5′端到3′端依次是:ORF1a、ORF1b、ORF2a、ORF2b、ORF3、ORF4、ORF5a和ORF5～ORF7。ORF1a和ORF1b占基因组全长的80%,编码病毒的RNA复制酶蛋白,因编码蛋白仅在病毒感染的细胞中存在,但在病毒粒子中不存在,因此称为非结构蛋白

(nonstructural proteins, NSP)，分别为 NSP1α、NSP1β 及 NSP2～NSP12。PRRSV 的复制酶复合体将基因组 RNA 复制为负链中间体，作为产生子代基因组 RNA 的模板，同时还产生一系列负链亚基因组 mRNA(sgmRNAs)，作为合成 ORF2a～ORF7 的模板。

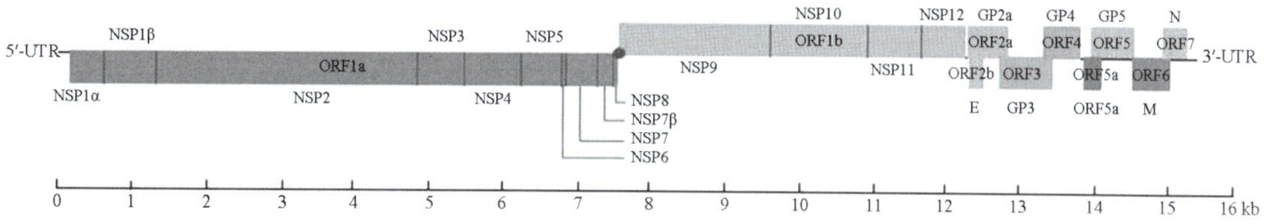

图 35-1 PRRSV 基因组示意图

35.2.3 形态及结构

PRRSV 为有囊膜，直径为 50～80 nm 的球形或椭球形结构，内有 25～35 nm 的二十面体核衣壳。在病毒结构蛋白中，核蛋白(N)含量最高，占整个病毒粒子蛋白含量的 20%～40%。N 蛋白由 ORF7 编码，约 15 kDa，富含碱性氨基酸，可通过与病毒 RNA 结合形成核衣壳。在成熟的 PRRSV 粒子中，N 蛋白以同源二聚体的形式存在，N 蛋白第 23 位半胱氨酸形成的分子间二硫键是形成同源二聚体的关键。将第 23 位半胱氨酸替换后，拯救出的子代病毒不具感染性。

M 蛋白是由 ORF6 编码的非糖基化蛋白，分子质量为 18～19 kDa，是 PRRSV 中最保守的蛋白，同基因型 PRRSV 毒株之间 M 蛋白的氨基酸序列同源性通常大于 95%。M 蛋白第 8 位的半胱氨酸与主要糖蛋白 GP5 第 50 位的半胱氨酸通过分子间二硫键形成异源二聚体。破坏分子间的二硫键，病毒的感染性丧失。M 蛋白与 PRRSV 的细胞受体硫酸乙酰肝素结合，参与 PRRSV 的吸附。

GP5 由 ORF5 编码，分子质量为 24.5～26 kDa，是病毒的主要中和抗原。病毒糖基化和非糖基化的 GP5 蛋白均可与中和性单抗反应。但研究表明，去掉 GP5 胞外区糖基化位点，可以增强病毒对中和抗体的敏感性，同时提高了附近中和表位的免疫原性。GP5 蛋白在不同的毒株之间遗传变异较大。同型毒株 GP5 氨基酸序列的同源性在 80%～100%，而欧、美型毒株之间 GP5 氨基酸序列的同源性在 52%～55%之间。

GP4、GP3 和 GP2a 是组成病毒粒子的次要囊膜蛋白，三者通过共价键形成异源三聚体，以异源三聚体的形式组装进 PRRSV 颗粒，对感染性病毒颗粒的形成是必要的。不表达 GP2a 或 GP3 或 GP4 蛋白的基因敲除突变体，虽然能够组装成病毒粒子，但不具感染性。GP3 是否为结构蛋白仍存争议。在加拿大分离株 IAF-klop 中未检出 GP3，而在感染 IAF-klop 的细胞培养上清中检测到少量的可溶性 GP3。

E 蛋白是近年新发现的蛋白，由 ORF2b 编码，该 ORF 的起始密码子位于原 ORF2 起始密码子下游+2 位，原 ORF2 则被称为 ORF2a。研究表明，E 蛋白在细胞中不形成半胱氨酸连接的多聚体，但可通过非共价相互作用，形成寡聚物。E 蛋白可能在病毒囊膜上形成孔隙，促使病毒粒子易于脱壳进入细胞质中进行复制。E 蛋白对于 PRRSV 的感染、复制是必要的，但对于病毒组装是非必需的。

此外，2011 年 Firth 等发现了 PRRSV 的一种结构蛋白，即 ORF5a 蛋白。ORF5a 的开放阅读框与 GP5 的交叉重叠，其 5′端的起始密码子位于 GP5 起始密码子上游 −10 位。在 PRRSV 感染 Marc-145 细胞 24～48 h 后，可在 Western blot 中检测到 ORF5a 条带；在 PRRSV 感染猪体内，可在感染 4 周后检测到 ORF5a 的抗体(Firth et al.,2011)。

35.2.4 复制周期

PRRSV 具有嗜单核/巨噬细胞特性，猪肺泡巨噬细胞(porcine alveolar macrophages, PAM)是该病毒感染的主要靶细胞。此外，PRRSV 也可以感染其他组织器官中的巨噬细胞，比如脾、扁桃体、淋巴结、肝、派氏结以及胸腺中的巨噬细胞。在体外，非洲绿猴肾细胞系 MA-104 及其衍生细胞系(Marc-145 细胞和 CL-2621 细胞)也可以支持 PRRSV 的感染与增殖。

研究表明，在 PAM 细胞和 Marc-145 细胞上，PRRSV 的入侵都是由受体介导的。目前在 PAM 细胞上鉴定出的 PRRSV 受体主要有：CD163(Calvert et al.,2007)、硫酸乙酰肝素(Delputte et al.,2002)、唾液酸黏附素(CD169)(Vanderheijden et al.,2003)和非肌肉肌球蛋白重链 9 蛋白分子(non-muscle myosin heavy chain 9,MYH9)。PRRSV GP2/GP4 与 CD163 受体结合，启动受体介导的内吞；此外 PRRSV M 蛋白与 PAM 细胞表面的硫酸乙酰肝素结合，使病毒吸附在细胞表面，然后 PRRSV 的 M/GP5 二聚体与唾液酸黏附素受体结合，也可以启动病毒的内吞。内吞时，在位于细胞膜底层的网格蛋白的作用下细胞膜内陷，将病毒包裹成囊泡吞入细胞内部。在囊泡的酸性环境中，病毒囊膜解体，病毒基因组 RNA 得以释放出来。PRRSV 进入 Marc-145 细胞的过程也依赖于受体，但与 PAM 细胞上的受体不尽相同，在 Marc-145 细胞上有 CD163 蛋白，但没有唾液酸黏附素。此外研究发现 Marc-145 细胞表面的波形蛋白(vimentin)可以结合 PRRSV，在 PRRSV 感染 Marc-145 细胞的过程中发挥重要的作用(Kim et al.,2006)。

在 PRRSV 复制过程中，已有多篇报道证实Ⅰ型干扰素可抑制该病毒在细胞中的复制。同时，PRRSV 感染 PAM 细胞后可以明显地抑制Ⅰ型 IFN 的产生，从而利于病毒的增殖。进一步研究发现 PRRSV 的 NSP1、NSP2、NSP4 和 NSP11 都能够不同程度地抑制Ⅰ型 IFN 的产生，其中 NSP1 的抑制效果最显著，其次为 NSP2、NSP4 和 NSP11(Beura et al.,2010)。RIG-Ⅰ通路是 PRRSV 抑制干扰素产生的重要信号通路。NSP1α 通过 RIG-Ⅰ通路抑制 NF-κB 结合到 IFN 启动子，同时 NSP1α 抑制 IκB 的磷酸化并导致 NF-κB 激活基因的表达也被抑制。NSP1β 能够强烈地抑制双链 RNA 合成的信号通路，包括抑制 IFN 调节因子 3(IRF3)和 NF-κB 通路。NSP2 通过抑制 IκB 的泛素化来防止 NF-κB 的激活，进而阻断 IFN 产生。NSP4 可切割 NSP11-NSP12 而迅速产生 NSP11，NSP11 通过阻断 RIG-Ⅰ信号通路抑制 IFN-β 启动子的活性。PRRSV NSP11 也可以抑制 NF-κB 启动子的激活，下调 IFN 的表达。JAK-STAT 通路是 IFN 产生的另一个重要信号通路。PRRSV NSP1 可以与 STAT 蛋白抑制物(PIAS1)结合。PIAS1 是 JAK-STAT 通路中 STAT 的负调控因子，与 NSP1 结合后，可以通过抑制 IFN 调节应答元件启动子的激活来抑制 IFN 的表达，从而有利于 PRRSV 的增殖。

32.2.5 致病机制

近年来在 PRRSV 感染性分子克隆的基础上，将不同毒力 PRRSV 的蛋白进行互换并拯救出嵌合病毒，通过比较嵌合病毒与亲本毒对猪的致病性，发现了一些毒力相关蛋白或关键氨基酸。已报道的毒力相关蛋白既有非结构蛋白也有结构蛋白，而且在不同毒株之间，这些毒力相关蛋白并不完全一致，提示存在一定的毒株特异性。

1.经典 PRRSV 致病性相关蛋白的鉴定

Wang 等在 PRRSV 强毒株 MN184 和疫苗株 Ingelvac PRRS MLV 的感染性分子克隆基础上，将 PRRSV 基因组分成两个大片段(5′UTR/ORF1、ORF2～7/3′UTR)进行互换，将得到的嵌合病毒进行仔猪致病性实验。结果表明，嵌合病毒的致病性均低于亲本毒株 MN184，而且含有 Ingelvac PRRS MLV 非结构蛋白的嵌合病毒的致病性更低一些(Wang et al.,2008)。这表明非结构蛋白和结构蛋白均可影响 PRRSV 的致病性，而且非结构蛋白的影响要大于结构蛋白。Kwon 等通过类似的方式，将 PRRSV 疫苗毒 PrimePac 的不同区域置换到强毒株 FL-12 骨架中，经人工感染妊娠母猪实验显示 PRRSV FL-12 株 NSP3～8 和 GP5 是其主要毒力相关蛋白，NSP1～3、NSP10～12 和 GP2 是次要毒力相关蛋白。

2.高致病性 PRRSV 的 30 个氨基酸缺失与致病性增强无关

2006 年我国及东南亚国家暴发了高致病性 PRRS，在病毒基因组的 NSP2 中缺失 30 个氨基酸(第 482 位、第 533～561 位分别缺失 1 和 29 个氨基酸)。为了探明该缺失与高致病性 PRRSV 的致病性是否有关，Zhou 等构建了低致病性 PRRSV 毒株 HB-1/3.9 和高致病性 PRRSV 毒株 JXwn06 的感染性分子克隆，动物致病性试验表明，JXwn06 对仔猪呈现致死性毒力，而 HB-1/3.9 对仔猪不致死。基于这两株病毒的感染性分子克隆，将高致病性 PRRSV JXwn06 中 NSP2 缺失的 30 个氨基酸用 HB-1/3.9 的序列补平，以及对 HB-1/3.9 中相应位置的 30 个氨基酸进行缺失。拯救病毒的致病性试验表明，该 30 个氨基酸缺失与高致病性 PRRSV 的致病性增强无关(Zhou et al.,2009)。

3.高致病性 PRRSV 的毒力相关蛋白或氨基酸

在 PRRSV JXwn06 和 HB-1/3.9 感染性分子克隆基础上，Li 等构建了一系列 JXwn06 株与 HB-1/3.9 株蛋白互换的嵌合病毒，并将拯救出来的嵌合病毒及其亲本病毒接种仔猪，观察对仔猪致病性的差异。先将这两株病毒的 5′-UTR + ORF1a、ORF1b、ORF2 ～ ORF7 + 3′-UTR 分别进行互换，结果表明 ORF1b 与 PRRSV 的毒力紧密相关。随后将 ORF1b 中的 NSP9、NSP10、NSP11 和 NSP12 分别互换，同时互换 NSP9～10 两个蛋白以及同时互换 NSP 9～11 三个蛋白。结果发现，JXwn06 株、以 JXwn06 株为骨架替换 HB-1/3.9 株 NSP9～10 的嵌合病毒、HB-1/3.9 株病毒引起仔猪死亡的比例分别为 5/5、3/5 和 0/5。从而认为，NSP9 和 NSP10 这两个蛋白与高致病性 PRRSV 的毒力有关(Li et al.,2014)。2018 年，Zhao 等通过对北美洲型 PRRSV 全基因组序列(n=204)分析发现，高致病性 PRRSV 和经典 PRRSV 之间存在两个规律性的氨基酸突变，分别位于 NSP9 的第 519 位和第 544 位。利用高致病性 PRRSV HuN4 株和经典 PRRSV CH-1a 株感染性克隆构建了一系列的 519 位或 544 位氨基酸互换和缺失的突变病毒。发现缺失这两个氨基酸中的任何一个都不能拯救出子代病毒。在 Marc-145 和 PAM 细胞上的复制动力学表明，以 HuN4 为骨架的突变病毒较其亲本复制效率明显降低，而以 CH-1a 骨架的突变病毒的复制效率明显提高。突变病毒的噬斑大小与其亲本病毒之间也存在明显差异。在仔猪感染实验中，通过对感染突变病毒与亲本病毒的仔猪临床症状、血清病毒载量、组织病理学和胸腺萎缩等检测发现，以 HuN4 为骨架的突变病毒对仔猪的致病性较其亲本明显降低(图 35-2)。结果表明，NSP9 的第 519 位和第 544 位是影响高致病性 PRRSV 高复制效率、高致病性的重要氨基酸位点(Zhao et al.,2018)。

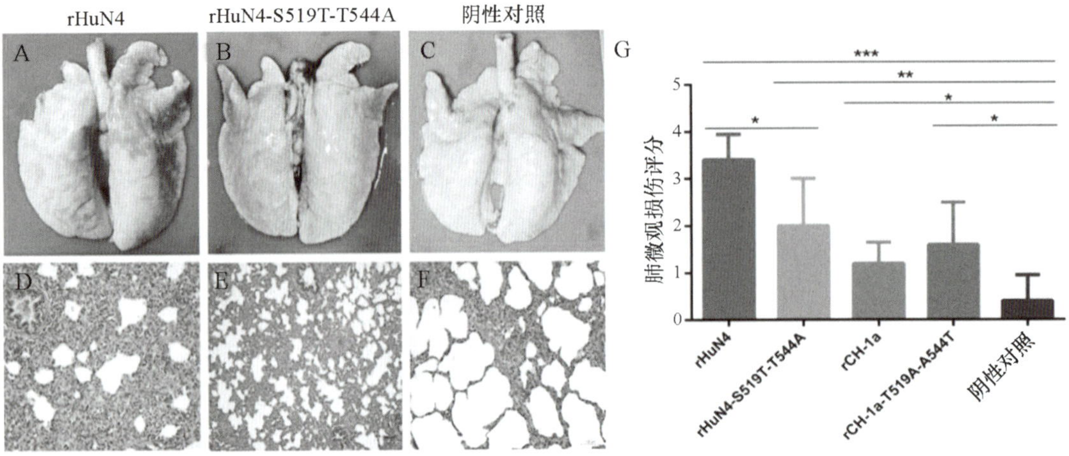

图 35-2 高致病性 PRRSV 拯救毒株 rHuN4 及突变毒株造成仔猪肺脏的病理变化

A、B 和 C 分别为高致病性 PRRSV 拯救毒株 rHuN4 感染仔猪肺脏、突变病毒 rHuN4-S519T-T544A 感染仔猪肺脏和未感染 PRRSV 的仔猪肺脏。D、E 和 F 分别为上述仔猪肺脏的组织病理切片。

4.过激炎症反应可加剧病毒对机体的致病性

天然免疫系统是机体抵御病毒感染的第一道防线，但过激的天然免疫应答会加剧对机体的病理损伤，比较典型的例子是 1918 年的西班牙流感。研究人员利用反向遗传操作技术拯救出了 1918 年西班牙流感病毒，并进行了猴体的致病性研究。结果发现，该病毒在猴体内高效复制并迅速扩散，导致肺部出血和免疫细胞浸润等严重损伤。异乎寻常的是，该病毒诱发了持续的、高水平的先天免疫应答，产生了大量促炎细胞因子和趋化因子，形成了“细胞因子风暴”，这种强烈的炎症反应加重了对机体组织的损伤。高致病性 PRRSV 感染仔猪后，也有类似的现象，促炎细胞因子和趋化因子的表达水平明显增高，表现出较为强烈的炎症反应。将高致病性 PRRSV HuN4 株、经典 PRRSV CH-1a 株分别接种仔猪后，CH-1a 接毒组仔猪出现一过性的发热和呼吸困难；而 HuN4 组仔猪出现明显体温升高和严重的呼吸道症状乃至死亡，同时各脏器组织出现明显的病理损伤。相对于 CH-1a 接种组，HuN4 接种组的炎性因子产生时间早、表达水平高，同时上调了 IL-4、IL-10 和 TGF-β 等多种细胞因子。在高致病性 PRRSV HuN4 感染的 PAM 细胞上，IL-8、IL-16 和趋化因子等基因的转录水平明显上升。至于高致病性 PRRSV 感染后机体产生大量炎性因子对机体的损失程度，尚有待进一步研究。

35.3 诊断及防治

35.3.1 诊断

一般根据临床症状、病理组织学变化、病毒分离鉴定、血清学方法等结果进行综合诊断。

(1)临床诊断　由于存在大量的亚临床感染，且不同猪群发病后的临床症状可能不同，因此，只有在暴发急性猪 PRRS 时临床诊断的重要性才能充分体现出来。在临床诊断中有 3 项指标：①流产或早产超过 8%；②死胎超过 20%；③仔猪出生后第一周死亡超过 25%。如果在临床症状出现后的 14 d 内，这 3 项指标中有 2 项符合，可临床诊断为猪蓝耳病。

(2)组织病理学检查　间质性肺炎是 PRRS 最常见的特征性组织病理学变化。在感染猪，有时可见鼻炎、脑炎和心肌炎等组织病理学变化。组织病理学检查主要适用于发病仔猪，对母猪、流产胎儿及育肥猪的诊断意义不大。单独感染高致病性 PRRSV 变异株时，可表现出明显的病理变化，但在单独感染经典 PRRSV 的情况下，感染猪一般不表现肉眼可见的病理变化。

(3)病毒分离鉴定　病毒分离与鉴定是最可靠的诊断方法。适于病毒分离的细胞包括 PAM、Marc-145 和 MA-104 细胞。不同的毒株对不同的细胞敏感性不一样，但大多数毒株，特别是从血清中初次分离病毒时，一般采用 PAM 细胞。据郭宝清等报道，PAM 初次分离培养物移到 Marc-145 细胞进行传代，出现 CPE 明显快且典型。分离 PRRSV 的材料包括肺脏、扁桃体、脾脏、淋巴结、血清及死产或流产胎儿的胸水。

(4)血清学诊断方法　目前主要有 4 种血清学方法用于检测 PRRSV 抗体，即酶联免疫吸附试验(ELISA)、间接免疫荧光试验(IFA)、血清中和试验(SN)和免疫过氧化物酶单层试验(IPMA)。ELISA 主要用于该病毒抗体检测，间接 ELISA 是目前 PRRS 监测的常规手段。PRRSV 的 N 蛋白由于抗原性较强，常作为诊断用包被抗原。IFA 和 IPMA 在敏感性及特异性上相似，均能从感染后 2～3 周的猪体内检出抗体，二者也适用于检测 PAM、Marc-145 和 MA-104 细胞中增殖的病毒抗原，但常受非特异性因素及主观因素的干扰。

(5)分子生物学检测技术　RT-PCR 是目前常用的 PRRSV 检测方法，该方法既可以进行病原的诊断，也可以将 PCR 扩增产物进行测序和基因序列分析。此外，还有实时定量 RT-PCR 法、免疫胶体金技术等检测方法。

35.3.2　防治

自 1987 年 PRRS 首次出现以来，各国在控制 PRRS 方面已经做出了很多努力。在众多控制措施中，疫苗接种是一种可行和低成本的策略，也是目前普遍采用的预防措施。目前 PRRS 的商品化疫苗包括灭活苗和弱毒苗两类。一般认为，灭活苗相对比较安全，但据报道保护效果往往不佳；弱毒苗免疫效果较好，但又存在毒力返强、与野毒株发生重组的可能性，给疫苗的安全性带来了隐患。

目前在使用的灭活疫苗有欧洲型 PRRSV 灭活苗 PRRomiSe®，北美洲型 PRRSV IAF-klop 株灭活苗、PRRS CH-1a 株灭活苗。在使用的北美洲型弱毒疫苗中，经典株 PRRS 弱毒疫苗有 Ingelvac® PRRS ATP、AMERVAC-PRRS 和 CH-1R 株；高致病性 PRRS 弱毒疫苗有 HuN4-F112 株、JXA1-R 株、TJM-F92 株和 GD-r180 株；欧洲型 PRRS 弱毒疫苗主要有 Porcilis PRRSV 和 PYRSVAC-183 株。这些疫苗的大量使用，为 PRRS 的防控做出了积极的贡献。但是由于现地猪场在使用过程中，有时存在弱毒疫苗滥用的现象，导致 PRRSV 遗传多样性更加复杂、频繁出现重组毒株，因此建议合理使用 PRRSV 弱毒活疫苗。此外，目前的 PRRS 弱毒活疫苗在异源毒株交叉保护与野毒株的鉴别诊断方面还不够理想，还需要进一步开发新型 PRRS 疫苗。近年来，人们也在不断探索 PRRS 的基因工程疫苗，如活载体疫苗、亚单位疫苗和 DNA 疫苗。

在抗 PRRS 育种方面，也取得了长足的进展。在 PRRSV 受体中，单独的 CD163 受体可以介导该病毒的感染与内吞。通过基因编辑技术敲除 CD163 受体 SRCR5 结构域而培育出来的猪，对 PRRSV 的易感性显著降低。

目前该病尚无有效的治疗措施。尽管采用高免血清对发病猪进行紧急治疗显示了一定的治疗效果，但高免血清的制备较为困难、异源毒株之间的交叉保护较差，加之高免血清的安全性也有待评估，因此高免血清治疗技术一直未在临床上推广。此外，做好生物安全防控措施可以降低本病的发生和传播。

参考文献

郭宝清，陈章水，刘文兴，等. 从疑似 PRRS 流产胎儿分离 PRRSV 的研究. 中国畜禽传染病，1996，2:3-7.

An T Q, Tian Z J, Xiao Y, et al. Origin of highly pathogenic porcine reproductive and respiratory syndrome virus, China. Emerg Infect Dis,2010,16(2):365-367.

Beura L K, Sarkar S N, Kwon B, et al. Porcine reproductive and respiratory syndrome virus nonstructural protein 1beta modulates host innate immune response by antagonizing IRF3 activation. J Virol,2010,84(3):1574-1584.

Calvert J G, Slade D E, Shields S L, et al. CD163 expression confers susceptibility to porcine reproductive and respiratory syndrome viruses. J Virol,2007,81(14):7371-7379.

Chen N, Cao Z, Yu X, et al. Emergence of novel European genotype porcine reproductive and respiratory syndrome virus in mainland China. J Gen Virol,2011,92(Pt 4):880-892.

Delputte P L, Vanderheijden N, Nauwynck H J, et al. Involvement of the matrix protein in the attachment of porcine reproductive and respiratory syndrome virus to a heparinlike receptor on porcine alveolar macrophages. J Virol,2002,76:4312-4320.

Firth A E, Zevenhoven-Dobbe J C, Wills N M, et al. Discovery of a small arterivirus gene that overlaps the GP5 coding sequence and is important for virus production. J Gen Virol,2011,92(Pt 5):1097-1106.

Gao J C, Xiong J Y, Ye C, et al. Genotypic and geographical distribution of porcine reproductive and respiratory syndrome viruses in mainland China in 1996—2016. Vet Microbiol,2017,208:164-172.

Kim J K, Fahad A M, Shanmukhappa K, et al. Defining the cellular target(s) of porcine reproductive and respiratory syndrome virus blocking monoclonal antibody 7G10. J Virol,2006,80(2):689-696.

Li Y, Zhou L, Zhang J, et al. NSP9 and NSP10 contribute to the fatal virulence of highly pathogenic porcine reproductive and respiratory syndrome virus emerging in China. PLoS Pathog,2014,10(7):e1004216.

Shi M, Lam T T, Hon C C, et al. Phylogeny-based evolutionary, demographical, and geographical dissection of North American type 2 porcine reproductive and respiratory syndrome viruses. J Virol, 2010, 84(17):8700-8711.

Tian K, Yu X, Zhao T, et al. Emergence of fatal PRRSV variants: unparalleled outbreaks of atypical PRRS in China and molecular dissection of the unique hallmark. PLoS One,2007,2:e526.

Vanderheijden N, Delputte P L, Favoreel H W, et al. Involvement of sialoadhesin in entry of porcine reproductive and respiratory syndrome virus into porcine alveolar macrophages. J Virol, 2003, 77(15):

8207-8215.

Wang Y, Liang Y, Han J, et al. Attenuation of porcine reproductive and respiratory syndrome virus strain MN184 using chimeric construction with vaccine sequence. Virology,2008,371(2):418-429.

Zhao K, Gao J C, Xiong J Y, et al. Two residues in NSP9 contribute to the enhanced replication and pathogenicity of highly pathogenic porcine reproductive and respiratory syndrome virus . J Virol, 2018, 92 (7):e02209-02217.

Zhou L, Zhang J, Zeng J, et al. The 30-amino-acid deletion in the NSP2 of highly pathogenic porcine reproductive and respiratory syndrome virus emerging in China is not related to its virulence. J Virol, 2009, 83 (10):5156-5167.

(安同庆)

第 36 章 猪轮状病毒感染

本章提要

猪轮状病毒是引起幼龄仔猪病毒性腹泻的主要病原之一。1～4 周龄仔猪发病率超过 80%，死亡率可达 7%～20%，是威胁养猪业的一个重要疫病。有证据表明猪轮状病毒有传染人的可能性，对人类的健康具有潜在的威胁。本章重点介绍猪轮状病毒流行现状、临床症状、分型、基因组以及病毒的入侵和复制机制，同时也对猪轮状病毒的诊断与防治进行了简要的总结。

36.1 猪轮状病毒感染概述

36.1.1 流行现状

猪轮状病毒(porcine rotavirus，PoRV)在世界范围内广泛存在。目前流行的 PoRV 共有 4 个血清群，分别命名为 A、B、C 和 E。其中以 A 群最为普遍，A 群轮状病毒在猪群中的流行率为 3.3%～67.3%，猪场阳性率为 61%～74%。A 群 PoRV 的 G 型中 G5 是全球最主要的流行基因型，占所有毒株的 45.8%，G3 占 11.2%，G4 占 9.6%，在欧洲流行的前三位基因型分别为 G5(20.29%)、G4(17.4%)和 G3(14.5%)，在美洲流行的前三位基因型分别为 G5(71.34%)、G4(8.2%)和 G11(1.9%)，在亚洲流行的前三位基因型分别为 G5(29.4%)、G3(25.4%)和 G9(11.37%)。A 群 PoRV 的所有 P 型中，P[7]是全球最主要的流行基因型，占所有毒株的 47.4%，P[6]占 15.9%，P[13]占 3.2%。在欧洲流行的主要基因型分别为 P[6](26.7%)、P[7](13.2%)和 P[5](8.4%)，在美洲流行的主要基因型分别为 P[7](77.22%)和 P[6](12.1%)，在亚洲流行的前三位基因型分别为 P[7](41.6%)、P[6](9.9%)和 P[23](8.73%)。G5P[7]是全球流行最广泛的毒株，占所有 A 群轮状病毒的 37.3%(Papp et al.，2013)。中国报道的 PoRV Ⅰ 型有 Ⅰ5、Ⅰ1 和 Ⅰ2，以 Ⅰ5 型最为普遍。P 型有 P[13]、P[19]、P[23]、P[34]、P[6]和 P[7]，以 P[23]、P[13]和 P[19]为主。G 型有 G9、G11、G2、G4、G5、G26、G3 基因型。G9 基因型是中国乃至亚洲最新流行的基因型(Shi et al.，2012；Zhang et al.，2015)。

36.1.2 临床症状

感染 PoRV 的仔猪主要表现为精神沉郁、食欲下降、呕吐、腹泻、排黏稠或水样粪便、粪便中含有血液且臭味较大，发病猪可能出现脱水、器官衰竭导致死亡，成年猪感染后不表现临床症状或临床症状轻微。症状的轻重取决于发病猪的日龄、免疫状态和环境条件，缺乏母源抗体保护的产后几天的仔猪症状最为严重。环境温度下降或继发大肠杆菌病时，常使病情加重，病死率增高。

36.1.3 病理变化

病猪主要是胃肠道发生病变，尤其是小肠发生病理变化最为明显，而胃的变化通常是由于小肠病变所致。剖检肉眼可见：仔猪胃壁松弛，膨大、扩张，里面含有大量乳汁和凝乳块；肠道臌气，肠内容物为黄色凝乳样和棕黄色水样物质，肠壁明显变薄，呈半透明状；部分仔猪小肠存在弥漫性出血，肠内容物呈灰黑色或者淡红色。肠系膜淋巴结发生肿大、充血，常发生浆液性淋巴结炎。镜检病变最明显的是回肠及空肠，典型特征是绒毛发生萎缩，且隐窝变长。

36.2 猪轮状病毒

36.2.1 分类及分型

轮状病毒具有不同的血清群和血清型，根据 VP6 分为 7 个抗原性存在差异的血清群(型)(A～G)及两个亚群(Ⅰ和Ⅱ)(Saif and Jiang，1994)。A 亚群轮状病毒是引起人类和动物胃肠道疾病的主要病原。PoRV 有四个血清群(型)(A、B、C 和 E)。其中 PoRV 血清 A 型轮状病毒，是引起断奶前后仔猪腹泻最常见的亚型，在由 PoRV 引起商品化猪群的腹泻病中占 90% 以上(Will et al.，1994)。

A 亚群轮状病毒粒子表面共有三种抗原，分别为群抗原、中和抗原和血凝素抗原。VP6 蛋白是群抗原，VP7 蛋白是中和抗原，VP4 蛋白是血凝素抗原。依据 VP4 的不同可将 PoRV 分为不同的 P 型，依据 VP7 的不同可将轮状病毒分为不同的 G 型。在人类和动物的轮状病毒中，外层衣壳蛋白 VP4 和 VP7 各自产生中和抗体，目前存在 27 个 G 血清型(VP7)和 37 个 P 血清型(VP4)。不同血清型之间的交叉反应性较差。因为同型免疫对于抵抗轮状病毒感染至关重要，所以确定病毒的 G 型和 P 型是非常重要的。迄今为止，已报道的 PoRV 有 4 个Ⅰ血清型(Ⅰ1、Ⅰ2、Ⅰ5 和Ⅰ14)，12 个 G 型(G1～G6、G8～G12 和 G26)和 16 个 P 型(P[1]～P[8]、P[11]、P[13]、P[19]、P[23]、P[26]、P[27]、P[32]和 P[34])。猪群中最普遍的Ⅰ型是Ⅰ5，猪群主要的 G 型为 G3(CRW-like)、G4(Gottfried-like)、G5(OSU-like)、G9 及 G11(YM-like)。而人类的 G1、G2 和 G9 型，牛的 G6、G8 和 G10 型在猪群中也有检测到。猪的主要 P 基因型是 P[2B]和 P[9]，分别属于 Gottfried-like 型和 OSU-like 型，猪的其他 P 基因型P[8]、P[6](M37-like)、P[13]和 P[28]，牛的 P 基因型 P[1]、P[5]和 P[11]也有报道检出。2000 年至 2002 年，在日本幼猪群腹泻病大暴发期间，主要检出的是 G9(P2B[13]和 P[23])PoRV(Teodoroff et al.，2005)。

36.2.2 基因组

轮状病毒包含 11 个双股 RNA 节段，A 群轮状病毒总基因组的核苷酸长度约为 18.5 kb，各节段的核苷酸长度从667 bp至3 302 bp不等(Estes and Cohen,1989)。轮状病毒第1～10个基因节段均只有一个开放式阅读框,而第11个基因节段有两个开放式阅读框。轮状病毒的mRNA具有5′m7GpppGm的帽子结构,而无3′poly(A)尾。不同轮状病毒毒株的同源基因的5′和3′非编码区均是高度保守的。目前,非编码区的功能尚不清楚,可能是结合蛋白的靶标序列,与基因组的包装、合成和表达有关。

轮状病毒的11节段双股RNA共编码11种蛋白,分别是6种结构蛋白(VP1～VP4,VP6,VP7)和5种非结构蛋白(NSP1～NSP5)。

VP1蛋白由1 088个氨基酸组成,分子质量为125 kDa,是一种偏碱性的疏水蛋白。目前,一般认为VP1蛋白可能是病毒RNA依赖的RNA聚合酶,在病毒复制中发挥重要作用(Valenzuela et al.,1991)。

VP2蛋白由880个氨基酸组成,分子质量为102 kDa。其主要功能是组装病毒粒子,参与病毒核酸形成的RNA-蛋白复合物。VP2又是病毒亚群的特异性抗原,能够刺激机体产生抗体(Desselberger and McCrae,1994)。

VP3蛋白由835个氨基酸组成,分子质量为98 kDa,主要参与轮状病毒的复制和转录,是mRNA成熟所必需的。

VP4蛋白由776个氨基酸组成,分子质量为88 kDa,是一种中和抗原,一般认为VP4是轮状病毒的中和抗原,可以在机体自然感染时产生中和抗体,根据抗原性不同,可将轮状病毒分为不同的血清型(P型)。对蛋白水解酶敏感,在胰蛋白酶作用下可裂解为两条长度不等的肽段VP8和VP5,其中VP8由247个氨基酸构成,能吸附宿主细胞;VP5由529个氨基酸构成,主要与病毒穿入宿主细胞有关。

VP6蛋白由397个氨基酸组成,分子质量为45 kDa,是轮状病毒粒子中含量最多的蛋白。它是主要的诊断抗原,根据VP6抗原性可将轮状病毒分为7个不同的群(A～G)和2个亚群(Ⅰ～Ⅱ)。

VP7是一种N－联低聚甘露糖糖蛋白,含有一个糖基化位点,其与VP4构成了轮状病毒的外衣壳。VP7由326个氨基酸组成,分子质量为37 kDa,是轮状病毒的主要中和抗原,决定了病毒的血清型(G型),因此,VP7蛋白一直是轮状病毒研究中的热点。

5种非结构蛋白都是与病毒RNA相结合的蛋白质,与病毒基因组复制、合成和表达有关。NSP1蛋白在不同毒株大小不同,分子质量约为58 kDa,属于金属蛋白,主要出现在病毒感染早期的细胞内,该蛋白可与病毒RNA结合,与病毒的复制和致病性有关。

NSP2蛋白分子质量36 kDa,存在于感染细胞细胞质内的病毒复制区域,该蛋白除了可以对RNA的二级结构进行修饰;还可以与病毒聚合酶复合体协同,更有效地复制轮状病毒RNA。

NSP3蛋白分子质量为34 kDa,一般认为它与正链RNA的补充有关。

NSP4蛋白分子质量为28 kDa,该蛋白与病毒外衣壳装配和病毒内质网出芽有关,可作为在细胞质中未成熟病毒的受体,是病毒的肠毒素,可使上皮细胞分泌增强从而导致腹泻。

NSP5始终存在于原质体中,可能起到骨架作用。是细胞质内的磷蛋白,与病毒的复制有关。

36.2.3 形态及结构

具有感染性的轮状病毒粒子由三层病毒蛋白组成，称为三层病毒粒子(triple-layered particles，TLPs)。电镜下观察，TLPs 的形态像车轮一样，因此命名为轮状病毒(Flewett et al.，1974)。根据冷冻电镜观察以及图像重建数据，可以看到轮状病毒粒子呈二十面体对称结构。单层病毒粒子(single layered particle，SLP)由 120 个分子 VP2 蛋白形成，排列成 60 个二聚体。5 个二聚体围绕对称轴形成 1 个十聚体，12 个这样的十聚体组成了轮状病毒的核心蛋白层(McClain et al.，2010)。复制酶复合物，由 RNA 依赖的 RNA 聚合酶(RdRp)VP1 蛋白和加帽酶 VP3 蛋白组成(Patton et al.，1997)，位于核心内部。核壳中含有病毒基因组 11 条双链 RNA(dsRNA)片段，分别编码 6 个结构蛋白(VP1～VP4，VP6 和 VP7)、5 个(或 6 个)非结构蛋白(NSP1～NSP5/6)。

36.2.4 复制周期

轮状病毒为分节段双链 RNA 病毒，病毒全基因组包含 11 个分节段的双链 RNA，11 个基因节段编码 6 种结构蛋白(VP1～4 和 VP6～7)和 5 种非结构蛋白(NSP2～NSP5)，其中 VP1、VP3、VP4、VP7、NSP2、NSP5 以及 NSP4 是参与病毒复制过程的主要蛋白。轮状病毒的复制主要包括吸附、细胞进入、脱衣壳、转录(mRNA 合成)、病毒原浆体形成、负链 RNA 合成(RNA 复制)、RNA 包装及双层核衣壳(DLPs)的形成、三层核衣壳(TLPs)的形成(病毒粒子成熟)和释放。

1.病毒吸附

轮状病毒的吸附主要由 VP4 蛋白介导，方式主要有两种，一种是通过由 VP4 蛋白裂解而来的 VP8 亚单位介导的受体结合的方式，另一种是通过由 VP4 蛋白裂解而来的 VP5 亚单位介导的疏水性氨基酸直接结合的方式。

2.病毒细胞进入

轮状病毒进入细胞的途径有两种，分别为受体介导的内吞途径和直接穿膜途径。而轮状病毒进入细胞的模型中，两种进入途径都依赖于 VP4 蛋白，在直接穿膜途径中，VP4 蛋白通过构象改变后，暴露的 VP5 亚基疏水性氨基酸与细胞膜结合，而后再通过 VP4 的构象改变，进而裂解细胞膜；在细胞内吞途径中，VP5 亚基与细胞膜表面受体结合，同时在 VP7 蛋白的参与下，在网格蛋白和肌动蛋白的介导下，完成细胞内吞。

3.病毒脱衣壳

轮状病毒进入细胞后迅速开启脱衣壳步骤，表现为外层核衣壳 VP4 和 VP7 脱去后，病毒粒子由 TLP 变为 DLP。内体中钙离子浓度的改变，是轮状病毒脱壳的主要机制；VP4 的构象改变也可能触发脱衣壳过程。

4.病毒转录

轮状病毒颗粒拥有自己独立的转录复合物(transcription complexes，TCs)，包括 RNA 依赖 RNA 聚合酶(RdRp)VP1 和冒化酶 VP3。TCs 位于核心衣壳蛋白 VP2 的五重轴，每个 TC 特异性负责一个 RNA 节段的转录。内层核衣壳蛋白 VP6 包裹核心颗粒(VP1、VP2、VP3 以及基因组 RNA)而形成的 DLP 是完成转录反应的最小单元。轮状病毒在细胞内脱衣壳后，病毒粒子由 TLP 转变为 DLP,DLP 不再发生构象变化，而是在特定环境下结构松散化，并在 VP1 和 VP3 蛋白的作用下，以原始 RNA 为模板完成转录反应。转录生成的新生 mRNA 在复制早期主要用于翻译病毒蛋白，在复制晚期用于病毒 RNA 的复制。

5.病毒原质体的形成

病毒原质体(viroplasm)是轮状病毒复制过程中形成的细胞质包涵体结构，病毒新翻译生成的 VP1、VP2、VP3 和 VP6 蛋白以及新合成的双链 RNA，积聚在病毒原质体内，在 NSP2 和 NSP5 蛋白的作用下组装为 DLP。病毒原质体的形成是轮状病毒复制过程中重要的一环，而 NSP2 和 NSP5 蛋白对病毒原质体的形成至关重要。有研究显示，下调 NSP2 和 NSP5 蛋白的表达可抑制病毒原质体的形成、病毒粒子形态成熟以及子代病毒的产生。

6.RNA 包装、负链 RNA 合成以及 DLP 形成

11 个分节段 RNA 的总长度达到 1 130 Å，因此裸露的 RNA 不能被包装进核心颗粒，只有 11 个不同的 RNA 节段进行重组、并与核心蛋白 VP1/VP3 相互作用后形成一个复合体，之后才被 VP2 蛋白包裹形成核心颗粒。核心颗粒一旦形成，迅速被 VP6 蛋白包裹，进而形成 DLP。

7.病毒粒子的成熟与释放

DLPs 离开病毒原质体以后，以出芽的方式进入内质网(ER)，并在 ER 中进行组装和成熟。在 DLPs 进入 ER 的穿膜过程中，NSP4 蛋白作为膜间受体与 DLPs 的 VP6 蛋白相互作用，并在 VP4 和 VP7 蛋白共同作用下，由 VP7、VP4 和 NSP4 蛋白形成一个临时的、包裹 DLPs 的囊膜结构，进一步囊膜结构消失、VP7 和 VP4 蛋白进行重排，病毒粒子成熟，最后以细胞溶解的方式释放子代病毒。

36.2.5 致病机制

目前认为轮状病毒的感染与 Ca^{2+} 浓度有关，轮状病毒通过受体介导的 Ca^{2+} 依赖的细胞内吞作用进入细胞，当轮状病毒通过内吞作用进入细胞时，Ca^{2+} 流向细胞质，当内吞小泡中 Ca^{2+} 浓度低于维持 VP7 稳定所需要的浓度时，病毒外衣壳脱落，病毒随着内吞小泡进入细胞质。也有研究证明轮状病毒非结构蛋白 NSP4 可以引发动物腹泻，其原因可能是 NSP4 及肠神经系统(ENS)等共同作用的结果，ENS 内存在大量的分布于肠肌神经丛内的 NO 神经元，而 NO 是一种重要的胃肠神经递质，调节胃肠的生理功能。机体感染轮状病毒后，病毒粒子及 NSP4 同时作用于绒毛上皮细胞，激活肠黏膜中的 ENS，导致大量 NO 生成，促使肠黏膜分泌大量的水和氯离子，从而导致腹泻。当机体感染轮状病毒时，ENS 被认为是导致水和氯离子分泌的关键因素。

36.3 诊断及防治

36.3.1 诊断

1.临床诊断

根据临床症状、流行情况及剖检变化可初步确诊是否是轮状病毒感染。

2.实验室诊断

(1)电镜观察　轮状病毒在电子显微镜下观察其形状呈现特殊的轮状,将发生腹泻的仔猪粪便或小肠内容物离心后加双抗灭菌,然后用磷钨酸负染,在电镜下观察,就会看到特异的病毒粒子。

(2)免疫荧光技术　取腹泻早期的仔猪十二指肠、空肠、回肠黏膜做涂片,用冷丙酮固定,然后用荧光素标记特异荧光抗体于室温下染色,冲洗后在荧光显微镜下观察。如观察到阳性荧光细胞,即可诊断为该病。本法在国内外常用,也是比较快速的常规检测方法。

(3)酶联免疫吸附试验　此法可以检测粪便上清液中的病毒抗原,抗原和抗体结合,同时酶对底物作用而显色。具有较高的敏感性和特异性,而且实验条件简便,适合检测大批量的样本。此种方法敏感易行,而且实用性强。

(4)核酸电泳法　轮状病毒的核酸有 11 个节段,在 PAGE 电泳时呈现特异的电泳图谱,不仅能与其他病毒区别开,而且能初步鉴定轮状病毒的种群。这是研究轮状病毒分类学和流行病学最常用的方法。通过电泳图谱中第 10 条带和第 11 条带的距离可以区分出人和动物的轮状病毒。此法快速简便,目前应用较为广泛。

(5)RT-PCR 法　轮状病毒的核酸是 RNA,通过反转录扩增,能够快速检出病毒。灵敏性高,适合早期诊断和分子流行病学检测。

(6)核酸探针检测　用光敏生物素标记 A 群轮状病毒的核酸,其敏感性接近于国内报道的非同位素探针水平,特异性好,适合于 A 群轮状病毒的检测。

36.3.2 防治

目前还没有治疗轮状病毒的特效药物,应以预防为主,加强母猪饲养管理,使仔猪从初乳中获得免疫。疫苗可能是减少相关发病率、病死率和经济损失的唯一途径。

参考文献

Desselberger U, McCrae M A. The rotavirus genome. Curr Top Microbiol Immunol,1994,185:31-66.

Estes M K, Cohen J. Rotavirus gene structure and function. Microbiol Rev,1989,53:410-449.

Flewett T H, Bryden A S, Davies H, et al. Relation between viruses from acute gastroenteritis of children and newborn calves. Lancet,1974,2:61-63.

McClain B, Settembre E, Temple B R, et al. X-ray crystal structure of the rotavirus inner capsid particle at 3.8 A resolution. J Mol Biol,2010,397:587-599.

Patton J T, Jones M T, Kalbach A N, et al. Rotavirus RNA polymerase requires the core shell protein to synthesize the double-stranded RNA genome. J Virol, 1997, 71: 9618-9626.

Saif L J, Jiang B. Nongroup A rotaviruses of humans and animals. Curr Top Microbiol Immunol, 1994, 185: 339-371.

Shi H, Chen J, Li H, et al. Molecular characterization of a rare G9P[23] porcine rotavirus isolate from China. Arch Virol, 2012, 157: 1897-1903.

Teodoroff T A, Tsunemitsu H, Okamoto K, et al. Predominance of porcine rotavirus G9 in Japanese piglets with diarrhea: close relationship of their VP7 genes with those of recent human G9 strains. J Clin Microbiol, 2005, 43: 1377-1384.

Valenzuela S, Pizarro J, Sandino A M, et al. Photoaffinity labeling of rotavirus VP1 with 8-azido-ATP: identification of the viral RNA polymerase. J Virol, 1991, 65: 3964-3967.

Will L A, Paul P S, Proescholdt T A, et al. Evaluation of rotavirus infection and diarrhea in Iowa commercial pigs based on an epidemiologic study of a population represented by diagnostic laboratory cases. J Vet Diagn Invest, 1994, 6: 416-422.

Zhang H, Zhang Z, Wang Y, et al. Isolation, molecular characterization and evaluation of the pathogenicity of a porcine rotavirus isolated from Jiangsu Province, China. Arch Virol, 2015, 160: 1333-1338.

（杨德成）

第 37 章 猪戊型肝炎

本章提要

戊型肝炎是由戊型肝炎病毒感染所致的一种人兽共患病，其主要经粪-口途径传播，每年因戊型肝炎病毒感染死亡的人数不断增加，因此，戊型肝炎已逐渐成为一个重要的公共卫生问题。在戊型肝炎病毒易感的多种宿主中，以猪感染率最高。本章内容分别从戊型肝炎病毒流行现状、临床症状、病毒基因组、入侵和复制等方面系统介绍该病毒的特性，并对戊型肝炎病毒的防控措施进行汇总，同时为戊肝病毒的深入研究提出指导建议。

37.1 猪戊型肝炎概述

戊型肝炎(hepatitis E，HE)是由戊型肝炎病毒(Hepatitis E virus，HEV)所引起经由肠道感染的一种人兽共患病，以急性病毒性肝炎为主要特征。HEV 可感染家猪、野猪、鸡、牛、绵羊、山羊、鹿、犬、贝类、灵长类、啮齿类等多种动物，其中以猪的感染率最高。

本病在世界范围内流行比较广泛，曾在亚洲、非洲等许多发展中国家暴发，自 1955 年印度因为水源污染发生了第 1 次 HE 大暴发以来，先后在印度、尼泊尔、苏丹、俄罗斯、吉尔吉斯斯坦及我国新疆等地都有流行。1997 年猪戊型肝炎病毒(swine hepatitis E virus)在美国首次被学者 Meng 分离并报道，由于从猪体中分离到的病毒和人源毒株的同源性较高，提示猪戊型肝炎是一种重要的人兽共患病，研究其致病机制对防控 HE 具有重要的公共卫生学意义。

37.1.1 流行现状

HEV 可感染人、猪、牛、鸡、犬、鼠及灵长类等多种动物，其主要经粪-口途径传播。研究表明 HEV 可在宿主的肝脏、肠及淋巴结等器官中复制，通过粪便排出体外，可污染水源或食物，其他动物通过摄入被病原污染的食物或水而感染。

HE 是一个重大的全球健康问题，该病流行病学分为疫情高发区、地方流行区、特殊流行区、零星散发区等四个不同的区域。其中，HEV 高发地区包括：印度、巴基斯坦、利比亚、苏丹、巴西；地方流行区：中国和沙特阿拉伯；特殊流行区：埃及；零星散发区：俄罗斯、美国、加拿大、澳大利亚(Khuroo et al.，2016)。根据世界卫生组织 2016 年 7 月公布的数据，每年全球约有 2 000 万人感染 HEV，导致约 330 万急性肝炎病例和 56 600 人死亡与 HE 相关。1988—1989 年我国新疆暴发 HE，发生过 10 万余人感染 HEV，死亡 707 人(Huang et al.，1992)。随着对该病流行病学调查发现，该病在我国多数省份均有暴发且处于不断上升的趋势（Guo et al.，2010；Ma et al.，2015）。

37.1.2 临床症状

在 HEV 流行地区，猪感染该病毒的情况普遍存在。猪 HE 可分为临床型、亚临床型和健康型。多数病猪为亚临床型即无临床症状，但有肝炎的病理变化。采食、饮水未见异常，但体型比同龄猪较小，瘦弱。临床型即病猪有典型的特征性黄疸表现。极少数病猪发病急，体温升高 0.5～1.0 ℃，咳嗽、鼻塞、呼吸困难、精神沉郁、食欲下降，严重的食欲废绝，有的出现呕吐、腹痛、腹胀、腹泻，尿液呈浅黄色。少数猪可视黏膜如眼结膜、巩膜、口腔黏膜均黄染。采血进行肝功能检查，血液分析得出谷丙转氨酶（ALT）和谷草转氨酶（AST）升高明显，猪只黄疸可持续数周，极个别猪虚弱，消瘦死亡。怀孕母猪还会出现流产和死胎。

37.1.3 病理变化

HEV 感染的仔猪肝脏和其他组织器官都没有明显的病理损伤，但镜检可见所有的仔猪都出现了轻度到中度的以多灶性和门静脉周围淋巴细胞炎性肝细胞坏死为特征的肝炎。在 HEV 感染 7～55 d 后，猪有轻度到中度的肝肿大和肠系膜淋巴结肿大。

37.2 猪戊型肝炎病毒

1983 年苏联病毒学家 Mikhail Balayan 首次发现和分离到 HEV。由于 HEV 结构外观与杯状病毒相似，导致其最初被错误地归入杯状病毒科。后来通过基因组测序最终于 1989 年 9 月在东京国际 HNANB 及血液传染病会议正式被命名为戊型肝炎病毒（hepatitis E virus，HEV），在分类学上属于戊型肝炎病毒科（*Hepeviridae*）戊型肝炎病毒属（*Hepevirus*）。

37.2.1 分类及分型

目前 HEV 虽然只有一个血清型，但是由于不同毒株核酸序列的差异性，HEV 被分为四种基因型（Ⅰ～Ⅳ）：HEV 各基因型在不同的国家和地区有不同的分布。基因Ⅰ型 HEV 主要在亚洲（印度、尼泊尔、巴基斯坦、中国等）和非洲（埃及、尼日利亚等）流行传播，基因Ⅱ型来源于墨西哥和非洲，HEV 基因Ⅰ和Ⅱ型主要感染人，主要在热带和一些亚热带地区暴发和流行，通常是由排泄物污染饮用水进行传播。基因Ⅲ型（包括人和猪 HEV）主要分布在美洲、欧洲、亚洲、澳大利亚等国家和地区，Ⅳ型主要在中国、印度、印度尼西亚、日本、越南、西班牙、法国和意大利的人群和猪群中广泛流行。基因Ⅲ和Ⅳ型 HEV 主要感染人、猪和其他物种。猪 HEV 属于Ⅲ和Ⅳ基因型，是目前重要的人兽共患病病原，其中Ⅳ型是优势基因型。

37.2.2 基因组

HEV 基因组全长为 7.2～7.4 kb，包含 5′及 3′非编码区（UTRs）以及 ORF1、ORF2 和 ORF3 三个开放阅读框，另外在 3′端还有一个 ploy（A）尾。其中，HEV 5′的非编码区具有严格的帽子结构，能够使病毒保持较好的感染性；病毒 ORF1 基因编码一个由1 700个氨基酸组成的非结构蛋白，主要是与 RNA 复制相关的酶，包括甲基转移酶（MeT）、番木瓜蛋白样蛋白酶(PCP)、解旋酶(Hel)以及 RNA 依赖性核糖核酸聚合酶(RdRp)。值得注意的是,基因Ⅰ型 HEV 的 ORF1 包含一个额外的开放阅读框 ORF4,病毒在内质网应激下与真核细胞伸长因子 1α1 互作后,激活病毒的聚合酶活性,由此产生 ORF4 蛋白;ORF2 由 660 个氨基酸组成,包含 3 个糖基化位点(Asn132,Asn310 和 Asn562)以及一个引导其进入内质网的氨基酸末端信号肽。ORF2 负责编码病毒衣壳蛋白,主要分为三个 domain,即 Shell、Middle 和 Protruding domain,其中 Protruding domain 是主要的病毒抗原表位,能诱导机体产生中和抗体,对于该区域深入研究有助于 HEV 疫苗开发;ORF3 基因在戊型肝炎病毒不同基因型有所差异,在基因Ⅰ、Ⅱ和Ⅳ型中由 114 个氨基酸组成,而基因Ⅲ型 HEV 的 ORF3 由 113 个氨基酸组成。与 ORF2 部分重叠,编码一个磷酸化蛋白,研究发现 ORF3 可能在病毒的分泌和释放过程中发挥重要作用(Debing et al.,2016);3′非编码区全长约 64～75 nt,以 ploy(A)结尾,研究证实在此区域含有一个茎环结构,能够特异性结合 RNA 依赖的 RNA 聚合酶(RdRp),从而指导互补链的合成(图 37-1 所示)。

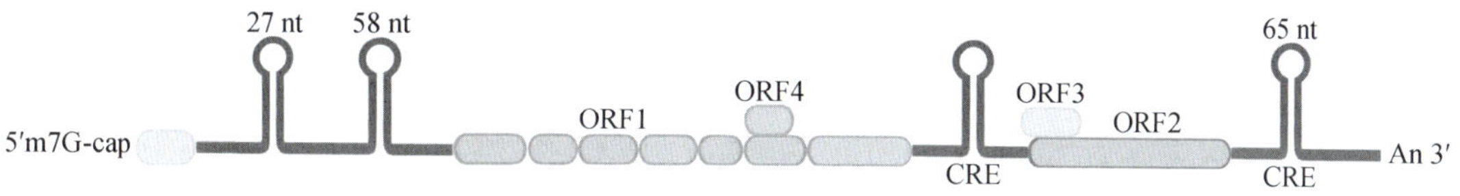

图 37-1　HEV 基因组示意图

37.2.3　形态及结构

HEV 病毒粒子呈正二十面体对称,无囊膜,直径为 27～34 nm,表面有刺突。HEV 主要呈现两种不同形态:在粪便和胆汁中分离的 HEV 不具有囊膜结构(无囊膜病毒),然而血清中和在细胞培养液中分离的病毒粒子表面附着有由 ORF3 编码蛋白组成的液态囊膜(类囊膜病毒)。完整病毒粒子在蔗糖中的沉降系数在 165～185 S 之间,在氯化铯中浮密度约 130 mg/cm^3。

37.2.4　复制周期

由于 HEV 研究缺乏有效的体外培养系统或者动物感染模型,导致该病毒复制的详细机理研究尚不完全清楚,目前人们对其复制模型的认识主要基于其他类似的单股正链病毒中推断获得。

HEV 的形态包含两种类型,即无囊膜和类囊膜,不同形态的病毒粒子具有不同的入侵宿主细胞机制。

无囊膜 HEV 颗粒主要存在于 HEV 感染动物的胆汁和粪便中,这类 HEV 可以较好地在环境中存活,它们是建立 HEV 首轮感染的必要条件。由于体外缺乏高效易感细胞系,主要借助荧光标记的病毒样颗粒(VLPs)来研究细胞进入的早期步骤,包括初始细胞附着和内化。目前 HEV 入侵肝细胞的相关受体尚不明确,已知硫酸乙酰肝素蛋白多糖(heparan sulfate proteoglycans,HSGPs)、葡萄糖调节蛋白(glucose-regulated protein 78,GRP78)、去唾液酸糖蛋白受体(asialoglycoprotein receptor,ASGPR)、ATP 合酶 5β 亚基(ATP synthase subunit 5β,ATP5B),整合素 α3(integrin alpha 3,ITGA3)等细胞宿主蛋白与 HEV 感染关系密切

(Yin and Feng,2019)。

Kapur 等(2012)利用绿色荧光蛋白和萤火虫荧光素酶标记的 VLPs 和无囊膜 HEV 颗粒,研究病毒入侵宿主细胞依靠网格蛋白,发动蛋白 2 在介导病毒内化过程发挥重要作用。Holla 等(2015)研究发现 HEV 最初借助 Rab5 胞内运输至酸性溶酶体发生降解,同时 PI3K 信号通路、细胞膜胆固醇和肌丝蛋白参与到 HEV 内化过程。HEV 作为胞内复制的 RNA 病毒,其基因组需要经由内含体膜传递到细胞质中进行翻译和复制,该过程如何完成?目前为止仍知之甚少。对于其他非囊膜 RNA 病毒的研究表明,病毒结合受体后,病毒粒子发生结构重排,导致疏水肽外化(Bubeck et al.,2005)。这些疏水肽随后插入核内体膜中,形成一个通道/孔,基因组通过该通道穿过核内体膜进入细胞质。留在核内体的病毒衣壳最终在溶酶体中降解。由于无囊膜 HEV 颗粒不与 Rab5 和 Rab7 共定位,所以在脱壳过程中 HEV 衣壳可能发生较大的构象变化。

由于类囊膜 HEV 表面无病毒蛋白,其吸附细胞能力明显低于无囊膜病毒,类囊膜 HEV 必须借助一些因子或受体协助其吸附细胞,研究发现类囊膜 HEV 表面存在磷脂酰丝氨酸,可能与靶细胞上的 TIM-1 等受体结合(Jemielity et al.,2013)。与无囊膜 HEV 颗粒相似,类囊膜 HEV 颗粒主要通过网格蛋白和动力蛋白介导途径进入肝细胞。类囊膜 HEV 颗粒被细胞内吞作用后,依次运输到 Rab5 早期内含体、Rab7 晚期内含体,并最终在溶酶体中完成脱壳(Holla et al.,2015)。Yin 等研究发现用巴伐洛霉素 A1(bafilomycin A1)、氯化铵(NH_4Cl)等溶酶活性药物处理细胞可显著降低 HEV 的感染,提示 HEV 入侵宿主细胞需要内含体酸化。类囊膜 HEV 进入细胞可能需要透过两层膜,第一层为病毒表面类囊膜,以便暴露出病毒表面蛋白,结合细胞表面受体蛋白,随之被逐步运送至溶酶体中。

HEV 入侵细胞,经由溶酶体脱衣壳,进入细胞质后开启基因组不对称复制和病毒蛋白复制,该病毒包含三个开放阅读框(a),HEV 中的 ORF1 区域被宿主核糖体翻译成包含 RdRp 的多蛋白(b),RdRp 聚合酶以 HEV(+)链合成(−)链(c),以(−)基因组为模板合成(+)链 RNAs 两部分(亚基因全长;亚基因组启动子)(d),由亚基因组合成 HEV 衣壳蛋白和其他蛋白(e),包装生成子代病毒(LeDesma et al.,2019)。

37.2.5 致病机制

猪是Ⅲ型和Ⅳ型 HEV 的主要动物源宿主,感染的猪一般有短暂的病毒血症,持续 1~2 周,病程期间从粪便中排出病毒。大部分成年猪包括母猪和公猪,虽然检测呈阳性但无明显的临床症状,被感染猪的粪便含有大量的感染性病毒,是病毒传播的主要来源,健康猪通过与被感染猪直接接触或食入被污染的粪便或水而感染。

接触传播是 HEV 感染的另外一个途径。与感染该病毒动物的直接或间接接触,以及食用该病毒污染的肉类产品都是人类感染基因Ⅲ、Ⅳ型 HEV 的主要途径。有研究发现猪场工作人员体内猪戊型肝炎抗体阳性率高于一般人群的 1.5 倍左右,提示 HEV 阳性猪可将病毒传染给人;同时有研究报道显示人食用未煮熟的鹿肉或野猪肉引起 HEV 发病;国内科研人员对山东省的血清学调查发现海产品加工人群体有更高的 HEV IgG 血清阳性率。

37.3 诊断及防治

37.3.1 诊断

由于猪 HEV 的感染在猪群中是亚临床病变，对于 HEV 在猪群中的感染评估主要依靠实验室检测技术。

1.血清学检测方法

临床上常用酶联免疫吸附试验（enzyme linked immunosorbent assay，ELISA）来检测 HEV 特异性的 IgM 和 IgG。HEV IgM 抗体产生时间较早，一般在发病后 3 个月内消失，可作为早期诊断的指标。而抗体 HEV IgG 在抗体 HEV IgM 之后出现，并能持续 1～14 年，故作为既往感染的判定指标。ELISA 中包被的 HEV 抗原通常有三种：全病毒抗原、合成肽抗原和表达抗原。由于 HEV 抗原表位主要集中于 ORF2 和 ORF3 上，因此，目前应用最广的抗原是 ORF2、ORF3 及两者联合的重组表达蛋白。人 HEV 衣壳蛋白重组抗原与猪 HEV 的抗体用 ELISA 方法检测时，可发生交叉反应，故可用人商品化的抗 HEV IgG 或 IgM 试剂盒来检测猪群的感染情况。

2.分子生物学方法

如何快速鉴定待测样本中是否存在 HEV RNA，RT-PCR 方法是分子生物学诊断的"金标准"。通过提取待测样本中的 RNA，反转录合成 cDNA，借助 HEV 特异性引物进行 PCR 扩增，最后通过琼脂糖凝胶电泳观察结果或将 PCR 产物送测序。猪感染 HEV 发病后的 1～6 周，在其粪便中可以检测到病毒。

实时荧光定量 PCR（real-time fluorescence quantitative PCR，qPCR）技术是在常规 PCR 基础上加入荧光染料或荧光标记探针来实现定量检测特定核酸。目前采用 SYBR Green Ⅰ 染料或 Taq man 探针标记的 ORF2 或 ORF3 来检测猪场 HEV。其原理是随着 PCR 反应的进行，PCR 反应产物和荧光信号强度也等比例增加。每经过一个循环，收集一个荧光强度信号，这样我们就可以通过荧光强度变化监测产物量的变化，从而完成对起始模板定量分析。该方法与常规 PCR 技术相比，具有特异性强、灵敏度高和安全省时等特点。

3.免疫电镜技术（immunoclectron microscopy，IEM）

关于 HEV 报道中，最先用来检测该病毒的方法是免疫电镜技术，该技术选择急性期或者恢复期的 HEV 感染的动物血清作为抗体，用来检测潜伏期和急性期的 HEV 病人或感染动物的粪便及胆汁标本中的 HEV 颗粒（Locasciulli et al.，1983）。这个试验方法的优点是便于直接观察。该实验方法难度大且灵敏度非常低，已经不适用于常规诊断。

4.免疫荧光试验（immunofluorescence assay，IFA）

在 HEV 感染期间，用荧光标记的抗体可以检测疑似病毒性肝炎细胞组织中是否存在 HEV 抗原。

37.3.2 防治

虽然各国学者对猪 HE 开展了大量的研究，预防 HEV 的发生仍是一个世界性难题，针对 HEV 防治，采用疫苗免疫是最经济和有效可行的手段。由于缺乏有效的 HEV 细胞培养系统，不能制备 HE 灭活疫苗或弱毒活疫苗。因此市场上尚无安全有效的 HE 疫苗。目前科研人员主要集中研制的 HE 疫苗包括基因工程疫苗和 DNA 疫苗。由于 HEV ORF2 上存在多个 B 细胞抗原表位和产生中和抗体的抗原位点，所以 ORF2 基因便成为 HE 基因工程疫苗的研究靶蛋白。目前原核细胞表达的重组蛋白、昆虫细胞表达的重组蛋白和 DNA 疫苗是在动物实验中普遍应用的 HE 候选疫苗，已经取得较大的进展。Tuteja 等研究了细胞因子对猪 HE DNA 疫苗的协同作用，这为核酸疫苗的研发打下了良好的基础。虽然戊型肝炎病毒对猪并没有特别强的致病性，但该病与其他病原体之间是否有协同效应还不十分清楚，因此通过研制疫苗来防止养猪业中猪对 HEV 的感染和猪对人的传染是非常必要的。

另外，加强猪场饲养管理包括提供清洁的饮用水、适当的卫生设施和严格的污水处理以及饲养人员保持良好的卫生习惯，以减少 HEV 传播机会。

37.4 小结

有学者认为猪很有可能就是 HEV 的贮存宿主，其在人类病毒性肝炎的流行中发挥重要的作用。开展猪 HE 的研究，对畜牧业发展、畜产品质量安全、公共卫生安全有重要的意义。虽然目前对 HEV 研究已经取得很大进展，但仍然有一些困难尚未解决，如 HEV 的传播机制和致病的分子机制还没有阐明，多种动物对 HEV 都易感，使得在疫病防控方面变得困难。寻找合适的细胞系来培养病毒，开发新型蛋白表达系统来研制 HE 的亚单位疫苗是目前亟待解决的问题之一。但随着分子生物学的迅猛发展和越来越多研究的不断深入，HE 将会得到有效的控制。

参考文献

Bubeck D，Filman D J，Cheng N，et al. The structure of the poliovirus 135S cell entry intermediate at 10 – angstrom resolution reveals the location of an externalized polypeptide that binds to membranes. J Virol，2005，79(12)：7745-7755.

Debing Y，Moradpour D，Neyts J，et al. Update on hepatitis E virology：implications for clinical practice. J Hepatol，2016，65(1)：200-212.

Guo Q S，Yan Q，Xiong J H，et al. Prevalence of hepatitis E virus in Chinese blood donors. J Clin Microbiol，2010，48(1)：317-318.

Holla P，Ahmad I，Ahmed Z，et al. Hepatitis E virus enters liver cells through a dynamin-2，clathrin and membrane cholesterol-dependent pathway. Traffic，2015，16(4)：398-416.

Huang R T，Li D R，Wei J，et al. Isolation and identification of hepatitis E virus in Xinjiang，China. J Gen Virol，1992，73 (Pt 5)：1143-1148.

Jemielity S，Wang J J，Chan Y K，et al. TIM-family proteins promote infection of multiple enveloped viruses through virion-associated phosphatidylserine. PLoS Pathog，2013，9(3)：e1003232.

Kapur N，Thakral D，Durgapal H，et al. Hepatitis E virus enters liver cells through receptor-dependent clathrin-mediated endocytosis. J Viral Hepat，2012，19(6)：436-48.

Khuroo M S，Khuroo N S. Hepatitis E：discovery，global impact，control and cure. World J Gastroenterol，2016，22(31)：7030-7045.

LeDesma R，Nimgaonkar I，Ploss A. Hepatitis E Virus Replication. Viruses，2019，11(8)：719.

Locasciulli A, Alberti A, Barbieri R, et al. Evidence of non-A, non-B hepatitis in children with acute leukemia and chronic liver disease. Am J Dis Child,1983,137(4):354-356.

Ma L, Sun P, Lin F, et al. Prevalence of hepatitis E virus in Chinese blood donors. J Int Med Res, 2015,43(2):257-262.

Wen G P, Tang Z M, Wang S L, et al. Classification of human and zoonotic group hepatitis E virus (HEV) using antigen detection. Appl Microbiol Biotechnol,2017,101(23-24):8585-8594.

Yin X, Feng Z. Hepatitis E virus entry. Viruses,2019,11(10):883.

（李亮亮）

第38章 猪水疱疹

本章提要

猪水疱疹是由猪水疱疹病毒感染引起的一种急性、热性和高度接触性传染病，临床症状主要表现为感染猪唇、齿龈、舌、腭、鼻镜及四肢的蹄踵和趾间发生水疱，与口蹄疫、猪水疱病、水疱性口炎等临床症状难以区别。

38.1 猪水疱疹概述

猪水疱疹是由猪水疱疹病毒（vesicular exanthema of swine virus，VESV）感染引起的。猪水疱疹于1932年首次发现于美国的加利福尼亚州，此后蔓延到美国诸州，随后每年均有发生，给美国的养猪业带来了巨大的经济损失（Smith and Akers，1976）。1959年美国宣布彻底根除了该病。除了美国，冰岛出现过几次大的流行，该病在其他地区尚未被报道。1973年从海狮体内分离到的圣米格尔海狮病毒（San Miguel sea lion virus，SMSV），其特性与水疱疹病毒相同，接种猪后亦可引起典型的水疱疹病变（Gelberg and Lewis，1982）。经全基因组序列分析发现，圣米格尔海狮病毒与VESV的核苷酸和氨基酸序列均相似（Neill et al.，1998；Neill and Seal，1995）。通过回溯性研究认为VESV起源于圣米格尔海狮病毒。海鱼被认为是VESV的贮存宿主。

除感染猪之外，水生水疱疹病毒还能感染鳍脚亚目动物、鲸目动物、牛、马、臭鼬、灵长类、爬行类以及鱼等。VESV偶尔也会感染人，引起水疱，但一般不认为该病毒会对人的健康造成严重威胁。当前认为该病毒在全世界的猪群中均不存在，其他的水生水疱疹病毒仍然在美国的太平洋沿岸流行。现在认为，1932年VESV在美国猪群中的暴发是由给猪饲喂未煮熟的厨余垃圾引起的。该病毒可以通过直接接触患有水疱疹动物的液体、口鼻分泌物以及水疱痂皮而传播。

38.1.1 临床症状

VESV的潜伏期一般为1～2 d。发病初期，病猪发热，体温迅速上升至40 ℃以上，同时伴有食欲减退、精神萎靡。随后，病猪的舌、唇、乳头、四肢蹄部等部位，率先出现充血症状，随后出现橙黄色的水疱，慢慢开始融合形成较大的水疱。病猪出现跛行、行走困难等症状，病重者可发生蹄壳脱落。病程约1周时间，之后渐渐恢复。成年患病猪死亡率较低，不会超过5%，然而，哺乳期的仔猪死亡率较高。病毒感染也能引起母猪繁殖障碍。

38.1.2 剖检症状

组织学以及免疫荧光抗体检测发现，病毒抗原在鼻、舌、蹄和扁桃体上皮细胞中均有分布，细胞外液体聚集导致上皮细胞脱落，真皮中大量炎性细胞聚集，血管周围炎性细胞浸润，淋巴结水肿并伴有坏死灶形成。

38.2 猪水疱疹病毒

38.2.1 分类及分型

VESV 为无囊膜的单股正链 RNA 病毒，属杯状病毒科水疱疹病毒属。VESV 具有高度的变异性，大约有 40 个血清型，统称为水生水疱疹病毒，其中 13 个为 VESV（如 VESV-A48、VESV-B34 等），17 个为 SMSV（如 SMSV-1、SMSV-2 等），其余血清型的病毒按照病毒分离的宿主来源命名，如牛杯状病毒 Bos-1（BCV Bos-1）。不同血清型病毒之间在遗传特征上相似，没有宿主特异性，血清型之间不具有交叉保护作用。

38.2.2 基因组

VESV 的基因组为单股正链 RNA，全长为 7.4～7.7 kb，基因组 RNA 的 5′末端无帽结构，仅与一个小分子质量的蛋白（VPg）共价连接，3′末端为 poly（A）尾结构。基因组中含有 3 个开放阅读框（ORF），ORF1 编码 7 种非结构蛋白 NS1、NS2、NS3、NS4、NS5（VPg）、NS6 和 NS7；ORF2 编码主要衣壳蛋白 VP1；ORF3 编码次要衣壳蛋白 VP2。

38.2.3 形态及结构

病毒粒子呈球形或近球形，直径 35～38 nm，无囊膜，核衣壳为 $T=3$ 的二十面体对称结构。病毒的衣壳是由 180 个拷贝的主要结构蛋白 VP1 以三种类似的对称模式装配而成，这三种 VP1 的构象异构体分别称为 A、B 和 C，它们组合成了 90 个同源二聚体的壳粒，其中 A-B 壳粒排列在 5 次对称轴的周围，C-C 壳粒位于 2 次轴。VP1 由三个结构域组成，一个 N 末端的手臂区（N-terminal arm），一个壳区（shell domain，S）和一个凸起区（protruding domain，P）。S 区由 8 个反平行的 β 片层组成，P 区又分为 P1 和 P2 两个结构域，后者负责和病毒受体结合，也是主要的抗原决定簇的所在位置。VP2 在病毒粒子上组装的数量少，但为病毒粒子成功组装所必需。

38.3 诊断及防治

38.3.1 诊断

本病的临床表现与口蹄疫、水疱性口炎及猪水疱病相似，很难鉴别。如需确诊，要进行病毒分离，并应用中和试验进行鉴定，也可进行病毒核酸检测以及血清学试验进行诊断。对病原检测时可以采集损伤的上皮细胞或口鼻拭子。VESV 能在哺乳动物细胞中传代，常用的细胞系为非洲绿猴肾细胞或猪肾细胞，病毒复制会引起明显的细胞病变。可以用 RT-PCR 方法检测病毒的核酸。病毒抗体检测可以用补体结合试验、病毒中和试验以及 ELISA 等。

38.3.2 防治

目前还没有针对 VESV 的疫苗，各血清型病毒之间也不存在交叉保护。

当前世界范围内猪群中均没发现 VESV 的存在，但鉴于水生动物携带的 SMSV 仍在部分地区（如美国太平洋西海岸）流行，因此，这些动物携带的病毒溢出造成猪群感染的风险仍然存在。防止这类事件发生的主要手段是在给猪饲喂水产类厨余垃圾时必须高温处理，一般需在 100 ℃处理 30 min 以上。

对于感染猪，本病无特效疗法，发生本病时应加强饲养管理，并使用抗生素防止继发感染。该病发生 5～7 d 后能自愈。禁止在流行猪水疱疹的国家和地区进行引种，在引进猪时要进行严格的检疫，VESV 呈阳性的猪严禁引入。定期对饲养场内的猪进行猪水疱疹的病原检测，发现阳性猪应立即淘汰，并进行无害化处理，防止造成大规模的猪发生感染。

参考文献

Gelberg H B，Lewis R M. The pathogenesis of vesicular exanthema of swine virus and San Miguel sea lion virus in swine. Vet Pathol，1982，19：424-443.

Neill J D，Meyer R F，Seal B S. The capsid protein of vesicular exanthema of swine virus serotype A48：relationship to the capsid protein of other animal caliciviruses. Virus Res，1998，54：39-50.

Neill J D，Seal B S. Development of PCR primers for specific amplification of two distinct regions of the genomes of San Miguel sea-lion and vesicular exanthema of swine viruses. Mol Cell Probes，1995，9：33-37.

Smith A W，Akers T G. Vesicular exanthema of swine. J Am Vet Med Assoc，1976，169：700-703.

（杨德成）

第39章 猪札幌病毒病

本章提要

猪札幌病毒是一种经粪-口途径传播引起猪急性胃肠炎的肠道病毒，对养殖业构成一定威胁。迄今为止，从世界范围内的家猪中检测到的该病毒可分为8个基因型（GⅢ，Ⅴ-Ⅸ）。研究表明，某些猪札幌病毒与人札幌病毒核苷酸序列具有很高的同源性，且越来越多来源于人和猪的札幌病毒重组新毒株被发现，提示猪札幌病毒具有跨种间感染及传播给人的潜在风险。

39.1 猪札幌病毒病概述

39.1.1 流行现状

猪札幌病毒(porcine sapovirus，PSaV)最早于1980年在美国发现(Saif et al.，1980)，人们在一头27日龄的腹泻仔猪的肠道内容物中发现并通过电子显微镜观察到了该病毒，即Cowden株，经全基因组序列分析，将其归类为Ⅲ型(GⅢ)基因型。随后在许多国家都发现了该病毒，给养猪业造成了一定的威胁和损失。中国最早于2008年从腹泻猪的粪便中分离出了该病毒，随后的研究发现，该病毒不仅存在于腹泻猪群中，而且在无症状猪群中也有一定的检出率，存在隐性带毒现象，对养猪业生产和公共卫生存在潜在的威胁，因此全面了解该病毒的生物学特性，探究该病毒在引起仔猪尤其是断奶仔猪腹泻中所起的作用，对于降低经济损失、保障人类健康，具有重要的意义。

PSaV呈全球性分布，美国、荷兰、加拿大、英国、意大利、韩国等国家均有报道，多表现为复杂的遗传多样性。PSaV在各年龄段的猪体内均检测到，猪在生命早期及断奶后感染率高于其他年龄组。有研究表明，哺乳期猪感染PSaV后获得的免疫力可降低再次感染的概率，这可解释成年猪感染率下降的现象。PSaV的颗粒小、无包膜等形态学特征导致其在环境中的抵抗力较强，增加了无症状或亚临床症状猪体内该病毒的阳性率。有研究显示，无症状猪与腹泻猪体内PSaV阳性率几乎没有差别，并且该病毒与其他肠道病原体共同感染是十分常见的。但大多数研究证实，PSaV在腹泻中充当重要角色，并可引起胃肠炎。此外，PSaV常与其他病毒混合感染，从感染PSaV的猪或野猪身上可能同时检测到A、B、C群轮状病毒，猪嵴病毒，猪星形病毒，猪流行性腹泻病毒，肠道病毒，猪德尔他冠状病毒，小核糖核酸病毒，波状病毒，萨佩罗病毒，日本猪小核糖核酸病毒，猪肠病毒，猪博卡病毒，猪粪便相关单链DNA病毒，猪托罗病毒，大肠杆菌，球虫和细小隐孢子虫。

PSaV各种的分离株中，最常见的是GⅢ型，这类病毒在各日龄猪群中总流行率为62%，其中断乳仔猪中的流行率最高，达83%，保育猪流行率最低，为21%。猪群中存在诺如病毒和札幌病毒共同感染的现象。

39.1.2 临床症状

猪札幌病毒的大多数基因群发病机理尚不清楚。发现PSaV Cowden株的原始现场样本不仅含有PSaV颗粒（直径33 nm），还含有轮状病毒（单衣壳和双衣壳颗粒直径分别为55 nm和70 nm）的病毒样颗粒。新生猪口服接种GⅢ Cowden株后，病毒在绒毛上皮细胞中复制并引起近端小肠肠组织损伤（主要是十二指肠和较少的空肠），导致轻度至重度腹泻，但是PSaV对田间不同龄猪腹泻的意义尚不清楚。

39.2 猪札幌病毒

39.2.1 分类及分型

札幌病毒（Sapovirus，SaV）属于杯状病毒科，能够引起人类及动物的胃肠道炎症，1977年于日本札幌的儿童中心暴发了胃肠炎疫情，在这次疫情中研究人员首次检测到了病毒，因此得名。1980年首次发现PSaV毒株。SaV具有高度的遗传多样性，根据VP1序列可分为19个基因组。其中，从猪和野猪中分别检测到8个SaV基因组（GⅢ、GⅤ、GⅥ、GⅦ、GⅧ、GⅨ、GⅩ、GⅪ）和3个基因组（GⅢ、GⅤ、GⅥ）。猪GⅤ SaV与人类GⅤ SaV在基因上密切相关；而猪GⅤ除人GⅤ.1～2外，还分为GⅤ.3和GⅤ.5基因型。猪与人之间相同基因型SaV的人畜共患传播尚未见报道。PSaV GⅥ、GⅦ、GⅩ和GⅪ比其他SaV基因组具有更多的共同基因组特征：①它们的基因组长度（7 124～7 201 nt）比人类和动物SaV的其他基因组短（7 320～7 695 nt），包括GⅢ、GⅤ和GⅧ PSaV（7 320～7 498 nt）；②它们的ORF1氨基酸（aa）长度（2 198～2 218 aa）短于其他SaV（2 254～2 301 aa）；③它们在ORF1蛋白的起始部分有一个共同的氨基酸基序，MxAxCxHxxC。此外，利用全基因组核苷酸序列和VP1序列进行系统发育分析表明，GⅥ、GⅦ、GⅨ、GⅩ和GⅪ株形成了一个仅由猪和野猪SaV组成的独特分支，它们与其他PSaV（GⅢ、GⅤ和GⅧ）在两个进化树中均存在远亲关系。这表明这些猪SaVs拥有共同的祖先，并与猪群体中的其他SaVs有远亲关系。虽然PSaV及其他SaV的VP2末端高度可变，但与猪流行性腹泻病毒SINDEL株的VP2末端一样，未见缺失或插入的报道。

39.2.2 基因组

SaV基因组长度为7.1～7.5 kb，RNA的3′末端为poly(A)结构，5′末端无帽结构，5′非编码区（noncoding region，NCR）不存在内部核糖体进入位点（internal ribosome entry site，IRES），它的翻译机制既不依赖帽子结构也不依赖IRES，而是共价结合病毒基因组连接蛋白（viral protein genome-linked，VPg），采用不依赖于帽子结构的翻译机制（cap-independent translation)起始翻译。在这种机制中 VPg 的作用可能是把病毒基因组转运到负链 RNA 合成的部位。SaV 基因中有 2 个开放阅读框(ORFs),ORF1 和 ORF2。其中 GⅠ、GⅣ、GⅤ基因组包含 3 个 ORF,GⅡ型基因组只包含 2 个 ORF。ORF1 编码非结构蛋白和衣壳蛋白,包括 RNA 依赖性的 RNA 聚合酶(RdRp)和衣壳蛋白(VP1),其衣壳蛋白被分为三个不同区域:区域Ⅰ高度保守,包括大量氨基酸;区域Ⅱ变异性很高,这个区域包含能被单克隆抗体识别的多血清特异决定位点;区域Ⅲ以碳为终点,有一定的保守性,但不如区域Ⅰ的保守性高,此区域有一些氨基酸残基参与抗原决定簇的形成。ORF2 编码次要结构蛋白 VP2,该蛋白对完整病毒粒子组装具有重要作用,可能也参与病毒基因组的释放及复制。

39.2.3 形态及结构

成熟的 SaV 粒子为无囊膜的球型粒子,直径为 35~40 nm,病毒结构呈二十面体对称。病毒的衣壳仅由 90 个拷贝的主要结构蛋白 VP1 二聚体按照 $T=3$ 的对称性组装而成,在每个五次轴和三次轴形成"杯"状的结构,这样在整个衣壳表面有 32 个这种结构,是杯状病毒的典型形态。VP1 由三个结构域组成,分别为 S 区、P1 区和 P2 区。P2 区为病毒的受体结合区,同时也是主要的抗原位点所在区。

39.2.4 复制周期

利用原代猪肾细胞(LLC-PK)从无菌猪的大肠内容物中成功分离到 PSaV Cowden 株。该毒株为唯一的可培养的肠道杯状病毒,直至 2014 年人们在 B 细胞和 2016 年在肠干细胞衍生的人类类肠中成功培育诺如病毒。有趣的是,猪肾原代细胞对 PSaV 的初步适应以及在 LLC-PK(一种连续传代的猪肾上皮细胞系)的后续适应需要补充无感染的无菌猪中收集的肠道内容。后来,肠道里的关键成分经鉴定为胆汁酸。只有培养基中添加胆汁酸时才可生长。胆汁酸是在肝脏合成,随胆汁释放到十二指肠腔,大部分在回肠中循环到肝脏。所以,胆汁酸在近端肠中的浓度远高于其他器官,这可能是 PSaV 主要在十二指肠复制的限制因素之一。

利用 LLC-PK 细胞培养系统,已确定 O-连接的糖蛋白上的 α-2,3-和 α-2,6-连接末端唾液酸为 PSaV Cowden 株的结合受体(Kim et al.,2014)。同一组研究人员还发现,(TJ)蛋白 occludin 在 LLC-PK 细胞中是 PSaV 的功能性受体(Alfajaro et al.,2019)。PSaV、病毒样颗粒或胆汁酸单独与 LLCPK 细胞结合,导致 TJs 解离和 occludin 的暴露用以结合 PSaV。然后 PSaV 和 occludin 形成复合物,并通过 Rab5 和 rab7 依赖的转运转移到晚期核内体,开始复制。不止一个受体参与 PSaV 的结合和入侵,这一事实与其他杯状病毒的发现相似。猫杯状病毒(FCV)F9 株通过与 N-连接糖蛋白上的 a-2,6-连接唾液酸结合,连接黏附分子 1(JAM-1)使病毒进入细胞。一些鼠诺如病毒通过唾液酸与神经节苷脂(CW3 样株)或蛋白(CR3 株)相结合,再与蛋白受体 CD300lf 和/或 CD300ld 结合进入细胞。

细胞受体(O-连接糖蛋白和 occludin 上的 α-2,3-和 α-2,6-连接唾液酸)和胆汁酸是 PSaV 在近端小肠复制的一些限制因子。这也可以解释为什么猪静脉接种 PSaV Cowden 株不能在其他器官复制。

39.2.5 致病机制

有研究表明18头猪口服接种PSaV Cowden株后，监测14天的临床体征，并在接种后的不同天对猪实施安乐死(dpi)，以检查与相似年龄的模拟接种猪相比的组织病理学变化。发现PSaV Cowden株在接种后3 d引起所有猪腹泻，并持续3～7 d。大部分猪在感染时出现轻度腹泻，2头猪(2/18)在接种后4～5 d时出现重度腹泻。利用猪抗PSaV Cowden株超免疫血清进行免疫荧光试验，发现PSaV主要在绒毛上皮细胞中复制，而在隐窝细胞中不复制，主要在十二指肠中复制，空肠和回肠中复制较少，而在大肠中不复制。组织学上，接种猪的十二指肠出现轻度至重度绒毛萎缩，绒毛短而扁平，有剥落的区域。通过免疫电镜检测发现，接种了PSaV的猪在1～7 d，其粪便和大肠内容物中均可检测到典型的PSaV病毒颗粒。

39.3 诊断及防治

39.3.1 诊断

SaV最开始是在电子显微镜下被发现，但该方法所需病毒粒子数量较多，所以应用不是很广泛。现在许多研究机构用酶联免疫分析法(ELISA法)检测SaV抗体。最近，研究人员设计了一种基于超免疫兔子和几内亚猪抗SaV病毒样粒子(VLPs)的抗血清ELISA方法，与单轮RT-PCR和巢式RT-PCR相比，ELISA方法的特异性达到100%，但灵敏度仅为单轮RT-PCR和巢式RT-PCR的60%和25%。大量临床检测结果显示，ELISA方法在检测SaV抗原方面十分有用。然而，由于ELISA方法灵敏度不够，巢式RT-PCR比较费时，所以现今使用最广泛的是RT-PCR方法，该方法不仅具有更高的灵敏度，而且可以用于基因分析，一些研究机构已经设计出了能检测很大范围SaV基因型的RT-PCR引物。最近一种探针实时RT-PCR法被用于实验，该方法具有很高的敏感性而且可以测定很广泛的变异株。

39.3.2 防治

目前还没有针对PSaV的疫苗。环境中长期存在该种病毒，粪-口途径是该病毒的重要传播方式，所以应将病猪尽早隔离，加强防护，对已经受到污染的猪舍进行彻底消毒，对病猪粪便进行无害化处理。目前还没有治疗PSaV感染的方法，清洁和消毒是控制该病毒的关键，PSaV在56 ℃和pH 3～8的情况下保持稳定，用2.5 mg/L的次氯酸钠处理PSaV，30 min可灭活病毒。PSaV可能对醋酸等酸类、戊二醛等醛类、氢氧化钠等碱类及Virkon-S等氧化剂消毒敏感。

参考文献

Alfajaro M M, Cho E H, Kim D S, et al. Early porcine Sapovirus infection disrupts tight junctions and uses occludin as a coreceptor. J Virol,2019 Fed 593(4):e01773-0177318.

Kim D S, Hosmillo M, Alfajaro M M, et al. Both alpha2,3-and alpha2,6-linked sialic acids on O-linked glycoproteins act as functional receptors for porcine Sapovirus. PLoS Pathog,2014,10:e1004172.

Saif L J, Bohl E H, Theil K W, et al. Rotavirus-like, calicivirus-like, and 23-nm virus-like particles associated with diarrhea in young pigs. J Clin Microbiol,1980,12:105-111.

(刘在斯,王靖飞)